完全学习手册

天正建筑 TArch 2014
完全实战技术手册

陈志民 / 编著

U0321121

清华大学出版社
北京

内容简介

本书是一本天正建筑 TArch 2014 的完全实战技术手册,通过别墅、住宅、写字楼、门诊大楼和室内装潢等典型案例,深入、全面地讲解该软件的各项功能及其在室内外施工图设计中的应用。

全书共 18 章,按照建筑施工图的设计流程,循序渐进地介绍了天正建筑 TArch 2014 的基础知识、轴网、柱子、墙体、门窗、楼梯、室内外设施、房间及屋顶的创建与编辑,立面图和剖面图的生成,以及文字、表格、标注、文件布图、图块图案和三维建模等内容。最后 4 章通过多个全套施工图案例,全面实战演练本书所学知识,可为读者积累实际工作经验。

本书配套光盘除了提供相关实例的 DWG 源文件外,还免费赠送 4 大综合案例和 140 多个典型案例的实战视频教学,成倍提高读者的学习兴趣和效率。

本书案例丰富,技术实用,特别适合教师讲解和学生自学,同时还适合具备计算机基础知识的建筑设计师、工程技术人员及其他对天正建筑软件感兴趣的读者使用,也可作为各高等院校相关专业的教材。

本书封面贴有清华大学出版社防伪标签,无标签者不得销售。

版权所有,侵权必究。侵权举报电话: 010-62782989 13701121933

图书在版编目(CIP)数据

天正建筑TArch 2014完全实战技术手册 / 陈志民编著. -- 北京 : 清华大学出版社,2015

(完全学习手册)

ISBN 978-7-302-39570-6

Ⅰ. ①天… Ⅱ. ①陈… Ⅲ. ①建筑设计—计算机辅助设计—应用软件—手册 Ⅳ. ①TU201.4-62

中国版本图书馆CIP数据核字(2015)第046552号

责任编辑: 陈绿春
封面设计: 潘国文
责任校对: 胡伟民
责任印制: 李红英

出版发行: 清华大学出版社
　　　　　 网　　　址:http://www.tup.com.cn,http://www.wqbook.com
　　　　　 地　　　址:北京清华大学学研大厦A座　　　　　　　邮　　编:100084
　　　　　 社 总 机:010-62770175　　　　　　　　　　　　　邮　　购:010-62786544
　　　　　 投稿与读者服务:010-62776969,c-service@tup.tsinghua.edu.cn
　　　　　 质 量 反 馈:010-62772015,zhiliang@tup.tsinghua.edu.cn
印 装 者: 清华大学印刷厂
经　　销: 全国新华书店
开　　本: 188mm×260mm　　　　印　张:31　　　　字　　数:960千字
　　　　　 (附DVD 1张)
版　　次: 2015年10月第1版　　　　　　　　　　　　　印　次:2015年10月第1次印刷
印　　数: 1~3000
定　　价: 79.00元

产品编号:054361-01

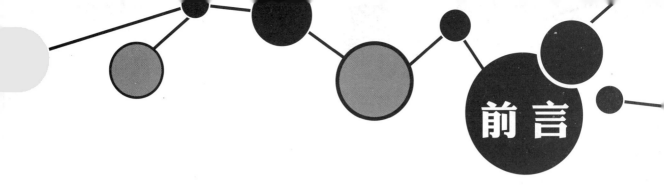

前 言

1. 关于天正建筑

天正建筑TArch是北京天正工程软件有限公司开发的优秀国产软件,是目前国内使用最广泛的建筑设计绘图软件。使用天正建筑软件绘制建筑施工图,不仅可以减轻工作强度,还可以提高出图的效率和质量。在国内各级建筑设计单位中,有90%以上的设计师都在使用天正软件,国内最高的建筑上海金茂大厦的施工图也是由天正软件辅助完成的。因此可以说,天正建筑软件已经成为建筑设计人员必不可少的绘图工具之一。为了满足建筑设计的需求,目前各大院校的建筑专业都已经开设了关于天正建筑软件的专业课程。

TArch 2014是天正建筑软件的最新版本。在我国建筑设计领域内,天正建筑软件有很大的影响力,事实上早已成为全国建筑设计AutoCAD的行业标准。

2. 本书内容

全书主要内容如下:

第1章　天正建筑软件概述。介绍了软件的启动与设置、建筑对象兼容性和天正建筑软件的基础操作。同时也介绍了在建筑方面的基础知识、基本原理和规范等。

第2章　AutoCAD操作基础。因为TArch 2014是基于AutoCAD平台开发的,所以还需要对AutoCAD软件有所了解。本章介绍AutoCAD中的操作界面、菜单命令、基本输入操作、绘图和编辑的操作。

第3～11章　按照建筑绘图的流程,分别介绍轴网、柱子、墙体、门窗、楼梯、室内外设施、房间、屋顶等的创建与编辑;介绍天正文字和表格工具以及尺寸和符号标注在建筑设计图中的常见操作;同时还介绍通过工程管理生成立面图和剖面图的方法。

第12章　文件与布图。介绍在天正文件布局、格式转换等命令。

第13章　图块图案。介绍天正图块的概念、图块管理工具和图案工具等。

第14章　三维模型。介绍在天正建筑软件中绘制三维图形,以及通过工程管理生成三维模型并对其渲染的方法。

第15～18章　这4章通过多层住宅建筑、医院门诊大楼建筑、专业写字楼建筑和室内装潢施工设计4大工程案例,综合演练前面所学知识,为读者积累实际工作经验。

3. 本书特色

绘图快速起步 天正功能全面掌握	本书从建筑的基本组成讲起，由浅入深，逐渐深入，全面讲解了天正建筑TArch 2014的轴线、墙体、柱子、门窗、房顶、室内外设施、立面、剖面、三维工具、打印等所有功能，使广大读者全面掌握天正建筑软件的所有知识。
案例全面实战 举一反三全面精通	本书以案例讲方法，以实战讲操作，让读者在动手实践中领会每个工具和命令的使用方法和技巧。在一些重点和要点处，还添加了大量的提示和技巧讲解，以此帮助读者理解和加深认识，从而真正掌握，以达到举一反三、灵活运用的目的。
多种建筑类型 各类绘图全面接触	本书案例涉及别墅、住宅、办公楼、专业写字楼、医疗建筑等多种常见的建筑类型，具有典型性和实用性。读者可以从中积累相关经验，以快速适应灵活多变的建筑设计行业。
140个课堂实例 操作技能快速提升	本书的每个案例都经过作者精挑细选，具有典型性和实用性，具有重要的参考价值，读者可以边做边学，从新手快速成长为天正建筑绘图高手。
高清视频讲解 学习效率轻松翻倍	本书配套光盘收录全书140多个实例的长达600多分钟的高清语音视频教学，可以在家享受专家课堂式的讲解，成倍提高读者的学习兴趣和效率。

4. 本书光盘

　　本书附赠DVD多媒体学习光盘，配备了全书所有实例素材和高清语音视频教学，细心讲解每个实例的制作方法和过程，可以成倍提高读者的学习兴趣和效率，真正的物超所值。

5. 本书作者

　　本书由陈志民编著，具体参加编写的还包括：陈运炳、李红萍、李红艺、李红术、陈云香、陈文香、陈军云、彭斌全、林小群、刘清平、钟睦、江凡、张洁、刘里锋、朱海涛、廖博、喻文明、易盛、陈晶、黄柯、黄华、陈文轶、杨少波、杨芳、刘有良、张小雪、李雨旦、何辉、梅文等。由于作者水平有限，书中错误、疏漏之处在所难免。在感谢您选择本书的同时，也希望您能够把对本书的意见和建议告诉我们。

　　作者邮箱：lushanbook@qq.com

　　读者群：327209040

编　者

目录

第3章 绘制轴网

第4章 绘制柱子

第7章 楼梯及室内外设施

第8章 房间与屋顶

第9章 尺寸、文字与符号标注

第10章 立面

第11章 剖面

第12章　文件与布图

第13章　天正图库与图案管理

第14章　三维建模及图形导出

第18章　住宅室内装潢设计

第1章
TArch 2014天正建筑软件概述

　　天正建筑TArch 2014是北京天正工程软件有限公司开发的优秀国产软件，是目前国内使用最广泛的建筑设计绘图软件之一。使用天正建筑绘制建筑施工图，不仅可以减轻工作强度，还可以提高出图的效率和质量。在国内各级建筑设计单位中，有90%以上的设计师都在使用天正软件，国内最高的建筑上海金茂大厦的施工图正是由天正软件辅助完成的。

　　本章首先介绍天正建筑软件与建筑设计的基本知识，使读者对建筑构造及天正建筑软件有一个全面的了解和认识，为本书后面的深入学习打下坚实的基础。

天正建筑
TArch 2014
完全实战技术手册

1.1 天正建筑软件简介

在中国的建筑设计领域内，天正建筑软件的影响力可以说是无处不在，目前已经成为全国建筑设计CAD事实上的标准。

1.1.1 天正建筑绘图的优点

与AutoCAD软件相比较，使用TArch软件绘制建筑图形，特别是复杂且大型工程的建筑施工图纸的时候，不但可以保证绘制的速度和图形的准确性，还可以大大节省绘图人员的工作量。

总的来说，天正建筑软件具有以下优点。

★ 在AutoCAD的基础上增加了用于绘制建筑构件的专用工具，在调取用于绘制建筑构件的绘图命令后，会弹出相应的对话框，在该对话框中设置参数后，就能够快速、精确地绘制出墙体、柱子、门窗等建筑图形，如图1-1所示。

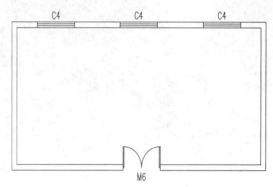

图1-1 自定义建筑构件

★ 预设了许多智能特征，例如插入的门窗碰到墙，墙即自动开洞并嵌入门窗，如图1-2所示，从而大大提高了绘图的效率。

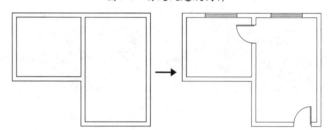

图1-2 智能插入门窗

★ 预设了图纸绘图比例和符合国家规范的制图标准，从而可以帮助用户快速绘制出满足国家标准的图纸，如图1-3所示。

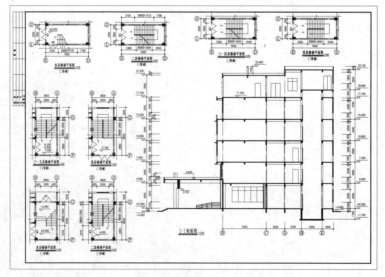

图1-3 绘制规范的建筑图形

★ 可以方便地书写和修改中
西文混排文字，还可以输
入和变换文字的上下标、
特殊字等。此外，还提供
了非常灵活的表格内容编
辑器，如图1-4所示。

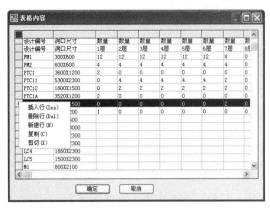

图1-4 灵活的表格编辑

★ 当使用TArch绘制建筑二
维图形时，基于二维图形
的三维图形也可以同步生
成。二维图形绘制完成
后，单击绘图区左上角的
【视图控件】按钮，将视
图转换成东北等轴测视图
即可观看其三维效果，如
图1-5所示。

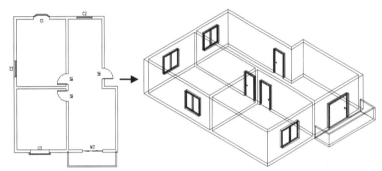

图1-5 同步生成三维模型

★ TArch有丰富的图块图库，
里面收录了带有材质的二
维视图和三维视图。打开
【天正图库管理系统】对
话框，在选取所需的图块
后对其参数进行设置，即
可插入至图纸。图1-6所示
为【天正图库管理系统】
对话框。

图1-6 【天正图库管理系统】对话框

▌1.1.2 天正建筑与AutoCAD的关系

TArch软件需要在AutoCAD的平台上运行，不同版本的TArch软件需要在其相对应的AutoCAD
平台上才能运行。天正建筑T-Arch 2014需要在32位或64位AutoCAD2010~2014平台上运行。

因为天正建筑软件是在AutoCAD的基础上进行二次研发的，所以其操作方式与AutoCAD大同小
异，但是它同时也保持了自身的特点。在天正建筑软件中，可以使用基本编辑命令、夹点编辑、对
象编辑、对象特性编辑、特性匹配（格式刷）等AutoCAD通用的编辑功能。此外，在天正建筑软件
中编辑图形对象，可以用鼠标双击天正对象，直接进入对象编辑或者对象特性编辑。

1.1.3 天正建筑与AutoCAD的兼容性

由于自定义对象的导入，产生了图纸交流的问题，普通AutoCAD不能观察与操作图纸中的天正对象，为了保持紧凑的DWG文件的容量，天正默认关闭了代理对象的显示，使得在标准的AutoCAD中无法显示这些图形。如果要在AutoCAD中显示天正图形，可以使用以下方法。

★ 安装天正插件。可以在天正官方网站（www.tangent.com.cn）下载"天正建筑-2014插件"并安装。天正建筑-2014插件支持32位以及64位AutoCAD2010~2014平台。

★ 图形导出。如果不方便安装插件，可以在天正建筑中执行【文件布图】|【图形导出】菜单命令，将天正建筑绘制的图形导出为"天正3"文件格式。此格式的天正文件可以被AutoCAD的大多数版本直接打开。

★ 分解天正图形。在天正建筑软件中执行【文件布图】|【分解对象】菜单命令，对天正对象进行分解。分解后的图可以被AutoCAD直接打开，但是无法再使用天正的相关编辑工具对其进行编辑，也会失去部分特性。如墙体被分解后，便不能双击墙体进入墙体编辑状态来修改墙高、材料、用途、尺寸等参数。

安装TArch软件后，在首次运行的时候，系统会出现提示对话框，提醒用户选择该TArch软件在哪个AutoCAD平台上运行；假如用户所选择的AutoCAD版本与目前计算机中所安装的TArch软件不兼容，则用户需要更换AutoCAD版本以适应TArch软件，从而保证其正常运行。

1.1.4 启动和退出天正建筑

在使用天正建筑软件绘制建筑施工图之前，首先应正确安装并启动该程序，在绘制完成后还应及时保存图形并正常退出。

1. 天正建筑软件的启动

首次启动天正建筑软件，系统会弹出【天正建筑启动平台选择】对话框，如图1-7所示。用户需要在该对话框中选择AutoCAD平台，勾选【下次不再提问】复选项，单击【确定】按钮即可启动天正建筑软件。

天正建筑软件的启动结果如图1-8所示。

图1-7 【天正建筑启动平台选择】对话框

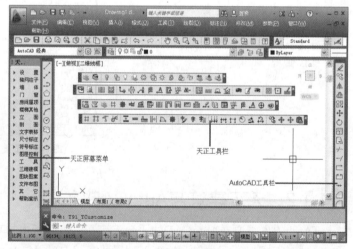

图1-8 天正建筑软件工作界面

2. 天正建筑软件的退出

天正建筑软件的退出与AutoCAD绘图软件的退出方法一致。

★ 单击软件左上角的AutoCAD图标，在弹出的下拉菜单中单击【关闭】按钮，选择【关闭当前图形】选项，如图1-9所示；此时系统弹出【AutoCAD】信息提示框，如图1-10所示，根据需要选择是否保存当前图形。

图1-9　选择【关闭当前图形】选项

图1-10　【AutoCAD】提示框

★　执行【文件】|【关闭】命令，在弹出的下拉
　　列表中选择【关闭】选项，如图1-11所示，即

可关闭当前图形。

图1-11　选择【关闭】选项

★　单击软件界面右上角的【关闭】按钮，如图
　　1-12所示，也可以关闭当前图形。

图1-12　单击【关闭】按钮

★　此外，按【Ctrl+F4】快捷键也可以关闭当前
　　图形；按下【Alt+F4】快捷键，可以关闭当
　　前软件的所有窗口。

1.2 建筑基础知识

建筑施工图是根据正投影原理绘制的，即用图形表明房屋建筑的设计及构造做法，所以要看懂并绘制施工图，应掌握正投影原理，同时还要熟悉房屋建筑的组成、结构等基本知识。

1.2.1　建筑的类型

由于建筑各方面的特性不尽相同，因此建筑的分类方法也不相同。

1. 按建筑的使用性质分

根据使用性质的不同，建筑物可分为民用建筑、公共建筑、工业建筑和农业建筑共4大类。

民用建筑：供人们工作、学习、生活、居住等建筑的总称，包括居住建筑（如住宅、宿舍）和公共建筑（如办公楼、科教楼、文体楼、商业楼、医疗楼、邮电楼等），如图1-13～图1-16所示。

公共建筑：主要指提供人们进行各种社会活动的建筑物，例如文教建筑、医疗建筑、体育建筑等。

工业建筑：是指供人们进行生产活动的建筑，包括各种主要生产车间、辅助车间、动力设施、仓库等。

工业建筑：各类厂房和为生产服务的附属用房，如图1-17所示。

农业建筑：是指供人们进行农牧业的种植、养殖、贮存等活动的建筑。如牲畜饲养场、拖拉机站、排灌站等。

农业建筑：供农业生产使用的房屋，如种子库、拖拉机站等。

图1-13 住宅楼

图1-14 宿舍楼

图1-15 办公楼

图1-16 商业楼

图1-17 工业厂房

2．按建筑层数或高度分类

1～3层的住宅建筑为低层，4～6层为多层，7～9层为中高层（小高层），10层及以上为高层。

公共建筑及综合性建筑的总高度≤24m为多层，建筑总高度＞24m为高层，建筑总高度＞100m为超高层。

3．按建筑结构类型分类

砖木结构：用砖墙、砖柱、木屋架作为主要承重结构的建筑，像大多数农村的屋舍、庙宇等。这种结构建造简单，材料容易准备，费用较低。

砖混结构：用砖墙或砖柱、钢筋混凝土楼板和屋顶承重构件作为主要承重结构的建筑。这是目前在住宅建设中建造量最大、采用最普遍的结构类型。

钢筋混凝土结构：该结构的主要承重构件包括梁、板、柱全部采用钢筋混凝土结构。此类结构类型主要用于大型公共建筑、工业建筑和高层住宅。此外，钢筋混凝土建筑里又有"框架结构"、"框架-剪力墙结构"、"框-筒结构"等。目前25～30层的高层住宅通常采用框架-剪力墙结构。

钢结构：主要的承重构件全部采用钢材制作，它自重轻，能建超高摩天大楼；又能制成大跨度、高净高的空间，特别适合于构建大型公共建筑。

▊ 1.2.2 建筑的组成

虽然建筑物的形式各种各样，但一般建筑物都是由基础、墙或柱、楼层与地面、楼梯、屋顶和门窗等几大部分组成的，如图1-18所示。此外，一般建筑物还有其他的配件和设施，如阳台、雨篷、雨水管、勒脚、散水等。

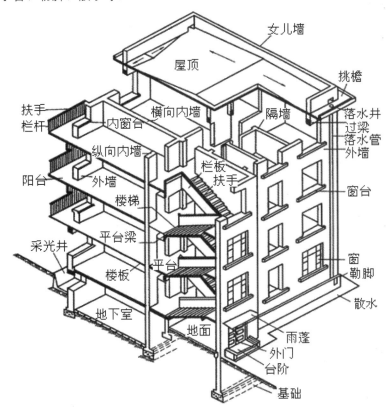

图1-18 建筑的组成

基础：建筑最下部的承重构件，具有承担建筑的全部荷载并下传给地基的作用。

墙体和柱：墙体是建筑物的承重和围护构件。在框架承重结构中，柱是主要的竖向承重构件。

屋顶：是建筑顶部的承重和围护构件，一般由屋面、保温(隔热)层和承重结构三部分组成。它和外墙组成了房屋的外壳，起围护作用，抵御自然界中风、雨、雪、太阳辐射等环境的侵蚀，同时又承受各种外力作用。

楼地层：是楼房建筑中的水平承重构件，包括底层地面和中间的楼板层。楼面在垂直方向上将房屋空间分隔成若干层。

楼梯：楼房建筑的垂直交通设施，供人们平时上下和紧急疏散时使用。

门窗：门主要用作内外交通联系及分隔房间。窗的主要作用是采光和通风。门窗属于非承重构件。

圈梁：在房屋的外墙和部分内墙中设置在同一水平面上的连续而封闭的梁，用于增强房屋的整体刚度，减少地基不均匀沉降引起的墙体开裂，从而提高房屋的抗震刚度。

勒脚：勒脚是建筑物外墙接近室外地坪的表面部分，其作用是使接近地面的墙身不因雨、雪的侵袭而受潮、受冻而至破坏。

窗台：窗台用于及时排除自窗扇部分淌下的雨水，防止雨水沿窗下砖缝侵入墙身或透进室内。

过梁：过梁是设置在门或窗洞上方的一根横梁，用于支撑门窗洞口上部砌体重量和梁板传下来的荷载，并将这些载荷传递给门窗之间的墙体。

散水：散水指的是靠近勒脚下部的排水坡。它的作用是为了迅速排除从屋檐下滴的雨水，防止因积水渗入地基而造成建筑物的下沉。散水的宽度应稍大于屋檐的挑出尺寸且不应小于600mm。散水坡度一般在5%左右。散水的常用材料为混凝土、砖、炉渣等。

雨篷：雨篷是用来遮挡雨水、保护门窗免受雨水侵蚀的水平构件。雨篷对建筑立面的造型影响较大，是建筑立面的重点部位。

▍1.2.3 建筑的结构

　　建筑结构是指在建筑物（包括构筑物）中，由建筑材料做成用来承受各种荷载或者作用，以起骨架作用的空间受力体系，简单地说就是房屋的承重骨架，如图1-19所示。建筑结构因所用的建筑材料不同，可分为混凝土结构、砌体结构、钢结构、轻型钢结构、木结构和组合结构等。

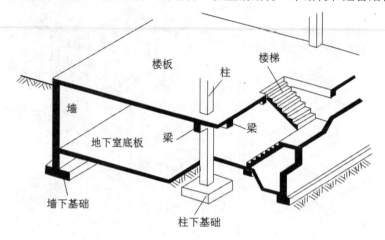

图1-19　建筑结构的组成

1. 砖混结构

　　砖混结构是指建筑物中竖向承重结构的墙、柱等采用砖或者砌块砌筑，横向承重的梁、楼板、屋面板等采用钢筋混凝土结构。也就是说砖混结构是以小部分钢筋混凝土及大部分砖墙承重的结构。

　　砖混结构适合开间进深较小，房间面积小，多层（4~7层）或低层（1~3层）的建筑，对于承重墙体不能改动。

2. 框架结构

　　框架结构是指由梁和柱以钢接或者铰接相连接从而构成承重体系的结构，即由梁和柱组成框架共同抵抗适用过程中出现的水平荷载和竖向荷载，如图1-20所示。采用框架结构的房屋墙体不承重，仅起到围护和分隔作用，一般用预制的加气混凝土、膨胀珍珠岩、空心砖或多孔砖、浮石、蛭石、陶粒等轻质板材等材料砌筑或装配而成。

　　框架结构可以建造较大的室内空间，房间分隔灵活，便于使用；工艺布置灵活性大，便于布置设备；抗震性能优越，具有较好的结构延性等优点。

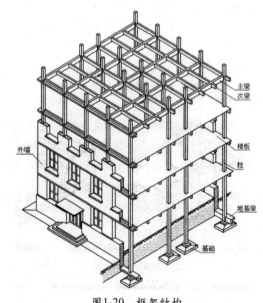

图1-20　框架结构

3. 剪力墙结构

　　剪力墙结构是用钢筋混凝土墙板来代替框架结构中的梁柱，能承担各类荷载引起的内力，并能有效控制结构的水平力，这种用钢筋混凝土墙板来承受竖向和水平力的结构称为剪力墙结构，如图1-21所示。

剪力墙的主要作用是承担竖向荷载（重力）、抵抗水平荷载（风、地震等）；剪力墙结构中墙与楼板组成受力体系，缺点是剪力墙不能拆除或破坏，不利于形成大空间，住户无法对室内布局自行改造。

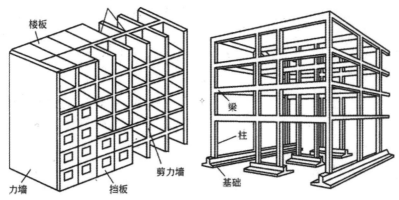

图1-21　剪力墙结构

4．框架-剪力墙结构

框架-剪力墙结构也称框剪结构，这种结构是在框架结构中布置一定数量的剪力墙，构成灵活自由的使用空间，满足不同建筑功能的要求，同样又有足够的剪力墙，有相当大的刚度。

框剪结构的受力特点，是由框架和剪力墙结构两种不同的抗侧力结构组成的新的受力形式，所以它的框架不同于纯框架结构中的框架，剪力墙在框剪结构中也不同于剪力墙结构中的剪力墙。

5．筒体结构

筒体结构是由框架-剪力墙结构与全剪力墙结构综合演变和发展而来的。筒体结构是将剪力墙或密柱框架集中到房屋的内部和外围而形成的空间封闭式的筒体。其特点是剪力墙集中从而可以获得较大的自由分割空间，多用于写字楼建筑。

6．钢结构

钢结构工程是以钢材制作为主的结构，是主要的建筑结构类型之一。钢结构是现代建筑工程中较普通的结构形式之一。

钢结构的特点是强度高、自重轻、刚度大，故适宜建造大跨度和超高、超重型的建筑物；材料匀质性和各向同性好，属理想弹性体，最符合一般工程力学的基本假定；材料塑性、韧性好，可有较大变形，能很好地承受动力荷载；建筑工期短；其工业化程度高，可进行机械化程度高的专业化生产；加工精度高、效率高、密闭性好，故可用于建造气罐、油罐和变压器等。

1.2.4　开间/进深

1．开间

在住宅设计中，住宅的宽度是指一间房间内一面墙皮到另一面墙皮之间的实际距离。因为是就一个自然间的宽度而言，故又称为开间，如图1-22所示。

住宅建筑的开间常采用下列参数：2.1米、2.4米、2.7米、3.0米、3.3米、3.6米、3.9米、4.2米。规定较小的开间尺度可缩短楼板的空间跨度，从而增强住宅结构整体性、稳定性和抗震性。

开间5米以上、进深7米以上的大开间住宅可为住户提供一个40~50平方米甚至更大的居住空间，与同样建筑面积的小开间住宅相比，承重墙减少一半，使用面积增加2%，这样便于灵活隔断、装修改造。

2．进深

在住宅设计中，进深在建筑学上是指一间独立的房屋或一幢居住建筑从前墙皮到后墙皮之间的实际长度，如图1-23所示。

住宅建筑的开间常采用下列参数：3.0米、3.3米、3.6米、3.9米、4.2米、4.5米、4.8米、5.1米、5.4米、5.7米、6.0米。

住宅的进深不宜超过14米，因为这关系到室内的空气流通，否则不利于组织穿堂风，居室必须要有自然通风。

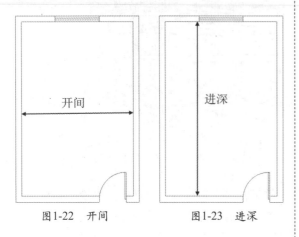

图1-22 开间   图1-23 进深

1.2.5 标高

标高表示建筑物各部分的高度，分为绝对标高、相对标高、结构标高和建筑标高。

1. 绝对标高和相对标高

绝对标高是以一个国家或地区统一规定的基准面作为零点的标高。我国规定以青岛附近黄海的平均海平面作为标高的零点。

相对标高是以建筑物室内首层主要地面高度为零所计算的标高。

2. 结构标高

在相对标高中，凡是不包括装饰层厚度的标高称为结构标高，注写在构件的底部，是构件的安装或施工高度。一般情况下，只有在施工图中才会出现结构标高。

建筑物图样上的标高以细实线绘制的三角形加引出线表示，总图上的标高以涂黑的三角形表示。标高符号的尖端指至被标注高度，箭头可向上向下。标高数字以m为单位，精确到小数点后三位但都不标注在图纸上。

3. 建筑标高

在相对标高中，凡是包括装饰层厚度的标高称为建筑标高，由于注写在构件的装饰层面上，所以也叫面层标高。也即是装饰装修完成后的标高，如"地面工程一层建筑地面标高为±0.000"。

1.3 建筑施工图的形成及组成

一套完整的建筑设计图纸应该包括平面图、立面图以及剖面图、详图等，本节分别介绍图纸种类的概念以及图示内容。

1.3.1 建筑平面图

1. 建筑平面图的含义

建筑平面图是假想用一水平剖切平面从建筑窗台上一点剖切建筑，移去上面的部分，向下所做的正投影图，称为建筑平面图，简称平面图。图1-24所示是建筑平面图的形成原理。

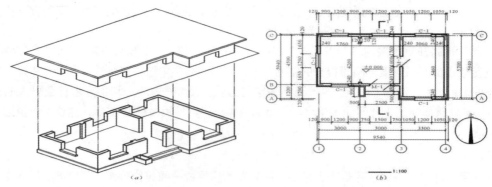

图1-24 平面图的形成原理

2．建筑平面图的作用

建筑平面图反映建筑物的平面形状和大小、内部布置、墙的位置、厚度和材料、门窗的位置和类型以及交通等情况，可作为建筑施工定位、放线、砌墙、安装门窗、室内装修、编制预算的依据。

3．建筑平面图的图示内容

★ 表示所有轴线及其编号，以及墙、柱、墩的位置、尺寸。

★ 表示所有房间的名称及其门窗的位置、编号与大小。

★ 注出室内外的有关尺寸及室内楼地面的标高。

★ 表示电梯、楼梯的位置及楼梯上下行方向及主要尺寸。

★ 表示阳台、雨篷、台阶、斜坡、烟道、通风道、管井、消防梯、雨水管、散水、排水沟、花池等的位置及尺寸。

★ 画出室内设备，如卫生器具、水池、工作台、隔断及重要设备的位置、形状。

★ 在底层平面图上还应画出剖面图的剖切符号及编号，在左下方或右下方画出指北针。

★ 表示地下室、地坑、地沟、墙上预留洞、高窗等的位置及尺寸。

★ 标注有关部位的详图索引符号。

★ 屋顶平面图上一般应表示出女儿墙、檐沟、屋面坡度、分水线与雨水口、变形缝、楼梯间、水箱间、天窗、上人孔、消防梯及其他构筑物、索引符号等。

图1-25所示为绘制完成的建筑平面图。

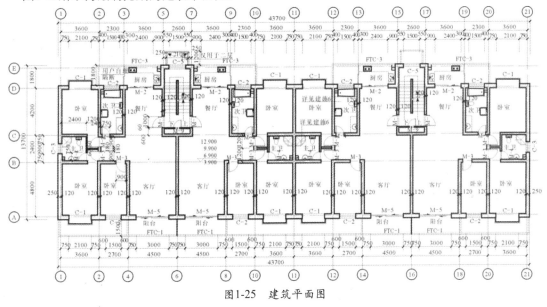

图1-25　建筑平面图

1.3.2　建筑立面图

1．建筑立面图的含义

在与建筑立面平行的铅直投影面上所做的正投影图称为建筑立面图，简称立面图，如图1-26所示。

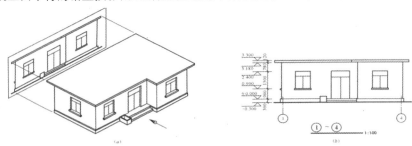

图1-26　建筑立面图的形成

2．建筑立面图的作用

建筑立面图可以反映建筑各部分的高度、外观、外墙面装修要求，是建筑外装修和工程概预算的依据。

3．建筑立面图的图示内容

★ 画出从建筑物外可以看见的室外地面线、房屋的勒脚、台阶、花池、门、窗、雨篷、阳台、室外楼梯、墙体外边线、檐口、屋顶、雨水管、墙面分格线等内容。

★ 标出建筑物立面上的主要标高。

★ 注出建筑物两端的定位轴线及其编号。

★ 注出需详图表示的索引符号。

★ 用文字说明外墙面装修的材料及其做法。

图1-27所示为绘制完成的建筑立面图。

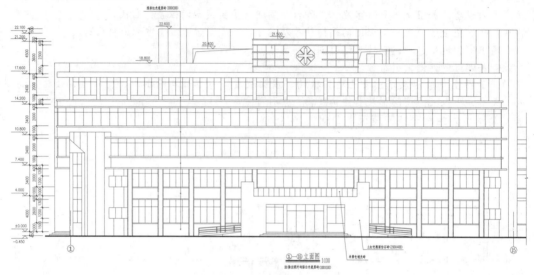

图1-27　建筑立面图

1.3.3　建筑剖面图

1．建筑剖面图的含义

假想用一个或一个以上垂直于外墙轴线的铅垂剖切平面剖切建筑所得到的剖面图称为建筑剖面图，简称剖面图，如图1-28所示。

2．建筑剖面图的作用

建筑剖面图用以表示建筑内部的结构构造、垂直方向的分层情况和各层楼地面、屋顶的构造及相关尺寸、标高等。

3．建筑剖面图的图示内容

★ 表示被剖切到的墙、梁及其定位轴线。

★ 表示室内底层地面、各层楼面、屋顶、门窗、楼梯、阳台、雨篷、防潮层、踢脚板、室外地面、散水、明沟及室内外装修等剖切到和可见的内容。

★ 标注尺寸和标高。剖面图中应标注相应的标高与尺寸。

★ 表示楼地面、屋顶各层的构造。一般用引出线说明楼地面、屋顶的构造做法。

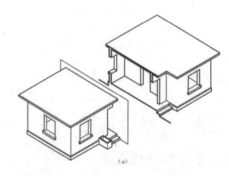

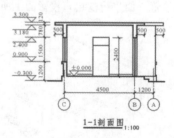

图1-28　建筑剖面图的形成

图1-29所示为绘制完成的建筑剖面图。

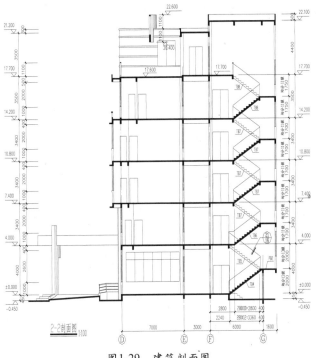

图1-29 建筑剖面图

1.3.4 建筑详图

1. 建筑详图的含义

建筑平面图、立面图、剖面图表达建筑的平面布置、外部形状和主要尺寸，但因反映的内容范围大，比例尺小，对建筑的细部构造难以表达清楚，为了满足施工要求，需要将建筑的细部构造用较大的比例详细地表达出来，这种图叫作建筑详图，有时也叫做大样图。

2. 建筑详图的分类

★ 表示局部构造的详图，如外墙身详图、楼梯详图、阳台详图等。

★ 表示房屋设备的详图，如卫生间、厨房、实验室内设备的位置及构造等。

★ 表示房屋特殊装修部位的详图，如吊顶、花饰等。

图1-30所示为绘制完成的建筑详图。

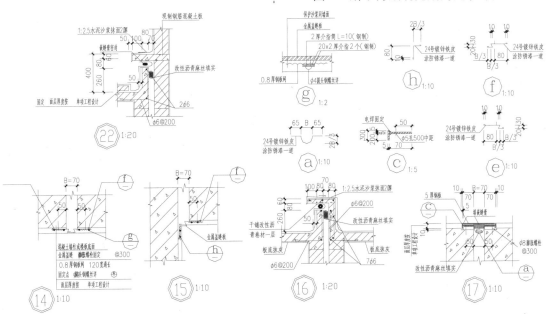

图1-30 建筑详图

1.4 天正建筑操作界面

天正建筑的操作界面包括：折叠式屏幕菜单、常用工具栏、自定义工具栏、文档标签、状态栏、工程管理工具等，如图1-31所示。

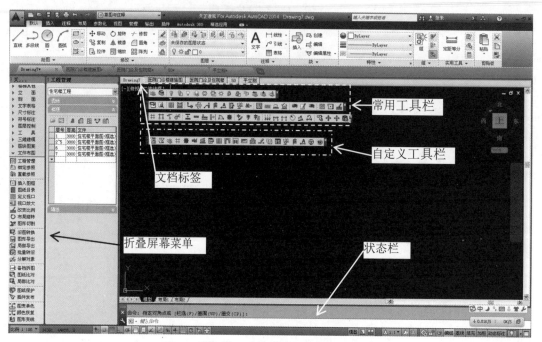

图1-31 天正建筑工作界面

▌1.4.1 折叠式屏幕菜单

天正建筑软件创新设计了折叠式的屏幕菜单，在开启下一个菜单命令后，上一个打开的菜单命令会自动关闭以适应下一个菜单的开启。

图1-32所示为正在开启的【门窗】屏幕菜单，在开启【房间屋顶】屏幕菜单后，【门窗】菜单会自动关闭。

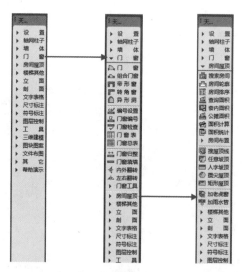

图1-32 折叠式屏幕菜单

▌1.4.2 常用和自定义工具栏

天正建筑软件有4个工具栏，分别是3个常用工具栏和1个自定义工具栏。在常用工具栏上有常用的绘制图形命令，比如绘制轴网、绘制墙体等。图1-33所示为常用工具栏。

图1-33 常用工具栏

在自定义工具栏上可以自定义屏幕菜单、工具栏和快捷键，如图1-34所示。

图1-34 自定义工具栏

执行【设置】|【自定义】命令，打开【天正自定义】对话框，选择【工具条】选项卡，通过单击【加入】或【删除】按钮即可向"自定义工具栏"中添加或删除天正工具按钮。

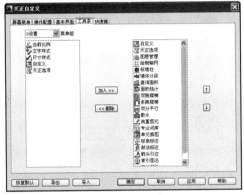

图1-35 【天正自定义】对话框

提示

通过执行【工具】|【工具栏】|【TCH】菜单命令可控制天正各工具栏的显示或隐藏，如图1-36所示，在其名称左侧显示有"√"标记的，表示该工具栏已经显示在工作界面中。

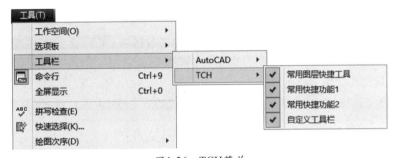

图1-36 TCH菜单

1.4.3 文档标签

天正建筑支持同时打开多个图形文件。为方便在几个图形文件之间切换，天正建筑提供了文档标签功能，单击某一标签即可将该标签中的图形切换为当前图形，如图1-37所示。

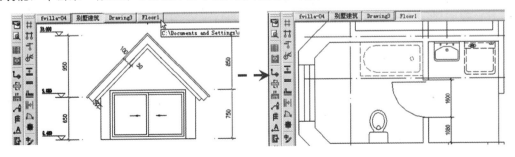

图1-37 文档标签

在文档标签上单击鼠标右键，在弹出的快捷菜单中可以执行文档操作的相关命令，如图1-38所示。

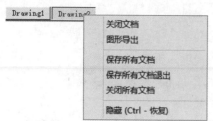

图1-38　快捷菜单

图1-39　【图形导出】对话框

执行【关闭文档】命令，可以关闭当前的文档；选择【图形导出】命令，可以在【图形导出】对话框中设置文件名称、保存类型和CAD版本等参数，然后对图形进行导出，如图1-39所示。执行【保存所有文档】命令，系统弹出【图形另存为】对话框，如图1-40所示，提示用户对当前打开的文档逐一进行保存。

执行【保存所有文档退出】命令可以将当前的文档进行保存后退出软件。

图1-40　【图形另存为】对话框

1.4.4　状态栏

天正建筑在AutoCAD状态栏的基础上增加了比例设置下拉列表以及多个功能切换开关，如基线、填充、加粗和动态标注等，如图1-41所示。

图1-41　状态栏

天正各项工具的功能如下所述。

★　比例1:100：单击此按钮，可在弹出的下拉列表中设定新创建的对象采用的出图比例。

★　基线：此按钮用于控制墙基线的显示和关闭。

★　填充：此按钮用于控制墙和柱填充的显示和关闭。

★　加粗：此按钮用于控制墙和柱加粗的显示和关闭。

★　动态标注：此按钮用于控制移动和复制坐标或标高时，是否改变原值并自动获取新值。

1.4.5　工程管理工具

在使用TArch软件绘制立面图和剖面图的时候，需要先调用工程管理命令来新建工程和创建楼层表。在完成了这一系列操作后，才能在此基础上生成建筑立面图或者建筑剖面图。

工程管理工具主要用于管理属于同一个工程下的所有图纸。执行【文件布图】|【工程管理】菜单命令，可打开【工程管理】面板。在该面板的【工程管理】下拉列表中可以执行新建工程管理等操作，如图1-42所示。

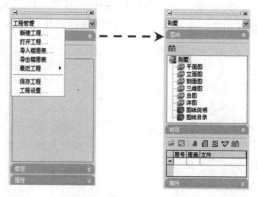

图1-42　工程管理工具

1.5 天正建筑的软件设置

天正建筑软件安装完成之后，可以先对软件进行设置，包括热键、图层等各项参数的设置。本节为读者介绍天正建筑软件的设置方法。

1.5.1 热键与自定义热键

用户可以根据个人习惯和绘图需要自定义天正建筑的热键，执行"ZDY"命令，弹出图1-43所示的【天正自定义】对话框，选择【快捷键】选项卡，在其中可以设置绘图的快捷键，其中包括【普通快捷键】和【一键快捷】两种快捷键类型。

图1-43 【快捷键】选项卡

1.5.2 图层设置

与AutoCAD不同，天正建筑软件在绘制图形的时候可以自动创建相应的图层并按照建筑绘图规范设置相应的图层属性，而无须用户手工设置。当然用户也可以根据需要对图层的设置进行修改。

输入"TCGL"命令并按回车键，打开图1-44所示的【图层管理】对话框，用户即可查看并修改相应默认图层设置。

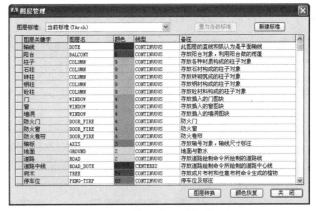

图1-44 【图层管理】对话框

【图层管理】对话框中各项主要选项的含义如下所述。

★ 图层标准：在【图层标准】的下拉列表中提供了3个图层标准，分别是当前标准（TArch）、GBT18112—2000标准、TArch标准。选择了某个图层标准后，单击【置为当前标准】按钮即可将所选标准设置为当前的图层标准。

★ 修改图层属性：在图层编辑区中选择【图层名】【颜色】【线型】【备注】等选项可以修改图层的相应属性。

★ 新建标准：单击【新建标准】按钮，在弹出的【新建标准】对话框中输入标准名称，单击【确定】按钮即可新建图层标准。新建标准后，用户可自行对各图层的属性进行重新设置。

★ 图层转换：单击【图层转换】按钮，在弹出的【图层转换】对话框中分别选择原图层标准和目标图层标准，单击【转换】按钮即可完成图层的转换。

1.5.3 视口控制

TArch绘图软件在绘图区中可以设置视口的显示方式,这个功能与AutoCAD绘图软件相同。单击绘图区左上角的【视口控件】按钮[-],在弹出的下拉菜单中选择【视口配置表】选项,在其右边的快捷菜单中选择视口的配置方式,如图1-45所示。视口配置的结果如图1-46所示。

图1-45 选择"视口配置表"选项

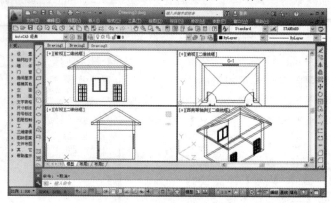

图1-46 视口配置

TArch 2014提供了创建视口、编辑视口大小及删除视口的快捷方式。

★ 新建视口:将鼠标移到视口边缘线,当光标变成双向箭头时,按下Ctrl键或Shift键的同时,按住鼠标左键并拖动鼠标即可创建新视口。

★ 编辑视口大小:将鼠标移到视口边缘线,当光标变成双向箭头时,通过上下左右拖动鼠标即可调节视口的大小。

★ 删除视口:将鼠标移到视口边缘线,当光标变成双向箭头时,拖动视口边缘线并向其对边方向移动,使两条边重合,即可删除视口。

1.5.4 软件初始化设置

天正软件为用户提供了个性化设置软件的3种方式,分别是基本设定、加粗填充以及高级选项。"基本设定"选项可以对图形、符号和圆圈文字进行设置;"加粗填充"选项可以对墙体和柱子的填充方式进行设置;"高级选项"可以对尺寸标注、符号标注等的标注方式和显示效果进行设置。

执行"TZXX"命令并按回车键,在弹出的【天正选项】对话框中选择【基本设定】选项卡,如图1-47所示。在其中可以对图形的比例、当前层高以及标号标注、圆圈文字的标注进行详细的设置。

选择【加粗填充】选项卡可以对选中的"轻质隔墙"、"填充墙"等类型墙体的填充方式、填充颜色以及线宽等参数进行设置,如图1-48所示。

图1-47 【基本设定】选项卡

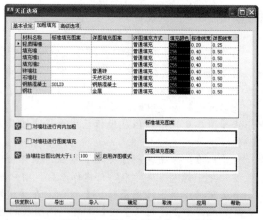

图1-48 【加粗填充】选项卡

选择【高级选项】选项卡可以对尺寸符号标注、建筑立剖面的显示样式进行设置，如图1-49所示。

参数设置完成之后，单击【确定】按钮即可保存参数的设置。

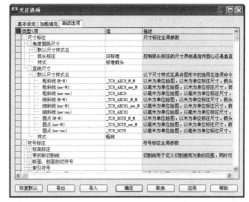

图1-49　【高级选项】选项卡

1.6　建筑制图统一标准

为了使建筑图纸规格统一、图面简洁清晰，符合施工要求和技术交流，建筑工程设计遵守相应专业的制图规范。目前国家已经发布了总图以及建筑、结构、给水排水、暖通空调、电器等各类专业的制图标准。

1.6.1　图纸幅面规格及图纸编排顺序

1.　图纸幅面规格

纸张的规格是指纸张制成后，经过修整切边并裁成一定的尺寸。过去是以多少"开"（例如8开或16开等）来表示纸张的大小，现在我国采用国际标准，规定以A0、A1、A2、B1、B2等标记来表示纸张的幅面规格，其中常用的图纸幅面规格如表1-1所示。

图纸的长度用"图纸的短边×图线的长边＝B×L"来表示。

表1-1　图纸幅面规格

幅面代号 尺寸代号	A0	A1	A2	A3	A4
B×L	841×1189	594×841	420×594	297×420	210×297
c		10		5	
a			25		

2.　图纸编排顺序

工程图应按专业顺序编排，一般的顺序应为图纸目录、总图及说明、建筑图、结构图、给排水图、采暖通风图、电气图。

1.6.2　比例

图样的比例应为图形与实物相对应的线性尺寸之比。比例大小是指比值的大小。比例应用阿拉伯数字表示，如1∶1、1∶2、1∶100等。

建筑专业、室内设计专业制图选用的各种比例宜符合表1-2的规定。

表1-2　建筑专业制图选用的比例

图名	比例
建筑物或构筑物的平面图、立面图、剖面图	1∶50、1∶100、1∶150、1∶200、1∶300
建筑物或构筑物的局部放大图	1∶10、1∶20、1∶25、1∶30、1∶50
配件及构造详图	1∶1、1∶2、1∶5、1∶10、1∶15、1∶20、1∶30、1∶50

1.6.3 字体

图纸上所需书写的文字、数字或符号等均应笔画清晰、字体端正、排列整齐；标点符号应清楚正确。

1. 字高

文字的字高应从如下系列中选用:3.5mm、5mm、7mm、10mm、14mm、20mm。如需书写更大的字，其高度应按比值递增。字体高度代表字体的号数，例如10号字即表示字高为10mm。

2. 汉字

图样及说明中的汉字宜采用长仿宋体，汉字的高度h不应小于3.5mm。大标题、图册封面、地形图等处的汉字也可书写成其他字体，但应易于辨认。汉字的简化字书写必须符合国务院公布的《汉字简化方案》和有关规定。书写长仿宋体汉字的要领是：横平竖直，起落分明，结构均匀，粗细一致，呈长方形。

3. 字母和数字

拉丁字母、阿拉伯数字与罗马数字的字高应不小于2.5mm。分数、百分数和比例数的注写应采用阿拉伯数字和数学符号，例如:四分之三、百分之二十五和一比二十应分别写成3/4、25%和1:20。当注写的数字小于1时，必须写出个位的"0"，小数点应采用圆点，齐基准线书写，例如0.01。

对于字体的要求，如下所示。

（1）图纸上所需书写的文字、数字或符号等均应笔画清晰、字体端正、排列整齐；标点符号应清楚正确。

（2）图样及说明中的汉字宜采用长仿宋体，宽度与高度的关系应符合表1-3所示的规定。大标题、图册封面、地形图等处的汉字也可书写成其他字体，但应易于辨认。

表1-3 长仿宋体字高宽关系

字高	20	14	10	7	5	3.5
字宽	14	10	7	5	3.5	2.5

（3）拉丁字母、阿拉伯数字与罗马数字的书写与排列应符合表1-4所示的规定。

表1-4 拉丁字母、阿拉伯数字和罗马数字书写规则

书写格式	一般字体	窄字体
大写字母高度	h	H
小写字母高度	7/10h	10/14 h
小写字母伸出的头部或尾部	3/10 h	4/14 h
笔画宽度	1/10 h	1/14 h
字母行距	2/10 h	2/14 h
上下行基准线最小间距	15/10 h	21/14 h
词间距	6/10 h	6/14 h

（4）拉丁字母、阿拉伯数字与罗马数字，如需写成斜体字，其斜度应是从字的底线逆时针向上倾斜75°。斜体字的高度与宽度应与相应的直体字相等。

（5）分数、百分数和比例数的注写应采用阿拉伯数字和数学符号，例如：四分之三、百分之二十五和一比二十应分别写成3/4、25%和1:20。

1.6.4　图线

在图样中为了表示不同内容，同时确保主次分明，绘图时须选用不同线型和线宽的图线。

表中d为粗实线的宽度，应根据图形大小和复杂程度而定。在房屋建筑图中，图线的宽度宜从下列线宽系列中选取：2.0mm、1.4mm、1.0mm、0.7mm、0.5mm、0.35mm，如表1-5所示。

表1-5　图线

名称		线型	线宽	一般用途
实 线	粗		d	主要可见轮廓线
	中		0.5d	可见轮廓线
	细		0.25d	可见轮廓线、图例线
虚 线	粗		d	见各有关专业制图标准
	中		0.5d	不可见轮廓线
	细		0.25d	不可见轮廓线、图例线
单点长画线	粗		d	见各有关专业制图标准
	中		0.5d	见各有关专业制图标准
	细		0.25d	中心线、对称线
双点长画线	粗		d	见各有关专业制图标准
	中		0.5d	见各有关专业制图标准
	细		0.25d	假想轮廓线
折断线			0.25d	断开线
波浪线			0.25d	断开线

1.6.5　尺寸标注

虽然建筑形体的投影图已经清楚地表达出形体的形状和各部分的相互关系，但还必须注上足够的尺寸，才能明确形体的实际大小和各部分的相对位置。在标注建筑形体的尺寸时，要考虑两个问题，即投影图上应标注哪些尺寸和尺寸应标注在投影图的什么位置。

一个完整的尺寸标注包括尺寸界线、尺寸线、尺寸起止符号、尺寸数字几个部分，如图1-50所示。

图1-50　尺寸标注的组成

1.6.6 符号

1. 剖切符号

剖面的剖切符号应由剖切位置线及剖视方向线组成，均应以粗实线绘制。剖切位置线的长度宜为6~10mm，剖视方向线应垂直于剖切位置线，长度应短于剖切位置线，宜为4~6mm。

剖切符号的编号宜采用阿拉伯数字并应注写在剖视方向线的端部。

2. 引出线

引出线应以细实线绘制，斜线与水平方向成30°、45°、60°，文字说明宜注写在横线的上方，也可注写在横线的端部，如图1-51所示。

同时引出几个相同部分的引出线，宜相互平行，也可画成集中于一点的放射线，如图1-52所示。

图1-51 文字说明　　　　　　　图1-52 文字说明

3. 其他符号

其他符号包括对称符号、断开符号、指北针，如图1-53所示。

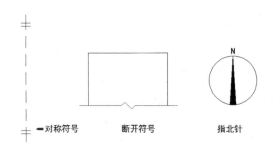

对称符号　　断开符号　　指北针

图1-53 其他符号

1.6.7 定位轴线

定位轴线应用细实线绘制。

定位轴线一般应编号，编号应注写在轴线端部的圆内。圆应用细实线绘制，直径应为8mm，详图上可增为10mm。

平面图上定位轴线的编号宜标注在图样的下方与左侧。横向编号应用阿拉伯数字，从左至右顺序编写，竖向编号应用大写拉丁字母，从下自上顺序编写。

附加轴线的编号应以分数表示并按下列规定编写。

★ 两根轴线之间的附加轴线应以分母表示前一根轴线的编号，分子表示附加轴线的编号，编号宜用阿拉伯数字编写。图1-54表示的是3号轴线后附加的第一根轴线。

★ 1号轴线或A号轴线之前的附加轴线应以分母01、0A分别表示1号轴线或A号轴线之前的轴线。

图1-54 附加轴号

1.6.8 建筑材料常用图例

在建筑物中使用的材料统称为建筑材料。新型的建筑材料包括的范围很广，有保温材料、隔热材料、高强度材料、会呼吸的材料等。建筑材料是土木工程和建筑工程中使用的材料的统称。其常用图例详见表1-6。

表1-6 建筑材料常用图例

序号	名称	图例
1	土壤	
2	夯实土壤	
3	砂、灰土	
4	砂砾石、碎砖三合土	
5	石材	
6	毛石	
7	普通砖	
8	耐火砖	
9	空心砖	
10	饰面砖	
11	焦渣、矿渣	
12	混凝土	
13	钢筋混凝土	
14	多孔材料	

1.7 综合实战——绘制楼梯间标准层平面图

素材：素材\第01章\1.7综合实例-绘制楼梯间标准层平面图.dwg

视频：视频\第01章\1.7综合实例-绘制楼梯间标准层平面图.mp4

本节以某楼梯间的标准平面图为例，介绍TArch 2014绘制建筑图形的流程和方法。

01 首先绘制轴线。在命令行中输入"HZZW"命令并按回车键，在弹出的【绘制轴网】对话框中选中【下开】单选项，设置【下开】参数如图1-55所示。

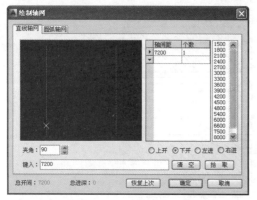

图1-55　设置【下开】参数

02 选中【左进】单选项，设置左进参数，如图1-56所示。

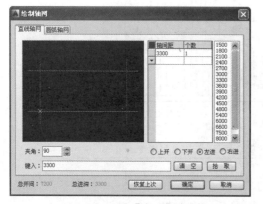

图1-56　设置【左进】参数

03 单击【确定】按钮，关闭对话框，在绘图区点取插入位置即可创建轴网，如图1-57所示。

04 绘制楼梯墙体。在命令行中输入"HZQT"命令并按回车键，在弹出的【绘制墙体】对话框中设置墙体参数，如图1-58所示。

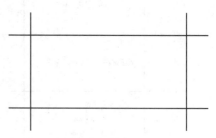

图1-57　创建轴网

图1-58　设置参数

05 设置完参数后，分别在绘图区单击各轴线的起点和终点，绘制4段墙体，如图1-59所示。

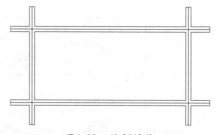

图1-59　绘制墙体

06 绘制墙柱。在命令行中输入"BZZ"命令并按回车键，在弹出的【标准柱】对话框中设置参数，如图1-60所示。

图1-60　设置参数

07 在绘图区中分别拾取轴线的4个交点，创建4根标准柱，如图1-61所示。

图1-61　创建标准柱

08 绘制楼梯窗户。在命令行中输入"MC"命令并按回车键，在弹出的【窗】对话框中设置参数，如图1-62所示。

图1-62　设置窗参数

09 在绘图区中点取窗的大致位置，窗自动插入在2根轴线之间的位置，如图1-63所示。

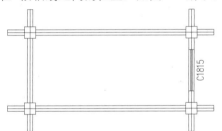

图1-63　绘制窗户

10 在【窗】对话框中单击 按钮，切换至【门】对话框，单击【门】对话框左边的平面门样式图标，在弹出的【天正图库管理系统】对话框中选择门样式，如图1-64所示。双击选择所需的门样式图标，返回【门】对话框。

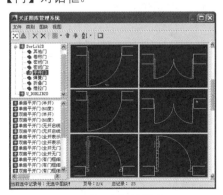

图1-64　选择门样式

11 单击【门】对话框右边的立门样式图标，在弹出的【天正图库管理系统】中选择门立面样式，如图1-65所示，双击所需的门样式并返回【门】对话框。

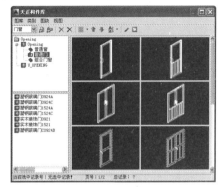

图1-65　【天正构件库】对话框

12 在【门】对话框中设置门的参数，如图1-66所示。

图1-66　门参数设置

13 在绘图区点取门的大致位置和开向，绘制的结果如图1-67所示。

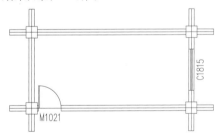

图1-67　绘制门

14 在命令行中输入"SPLT"并按回车键，在弹出的【双跑楼梯】对话框中设置参数，如图1-68所示。

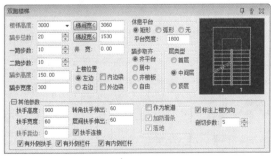

图1-68　设置楼梯参数

15 在命令行中输入"A",将楼梯图形旋转90度,根据设计要求插入楼梯至楼梯间,如图1-69所示。

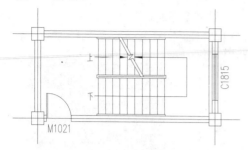

图1-69 绘制楼梯

16 在命令行中输入"REC"命令并按回车键,绘制楼梯间的矩形范围框,如图1-70所示。

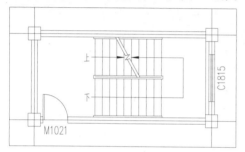

图1-70 绘制矩形

17 在命令行中输入"JZDX"命令并按回车键,根据命令行的提示输入S(选多段线)命令,选择闭合的多段线(矩形),弹出【编辑切割线】对话框,如图1-71所示。

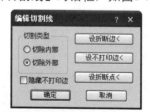

图1-71 【编辑切割线】对话框

18 单击【设折断边】按钮,选取切割线的一条边,将折断数目设为1并按回车键,如图1-72所示。

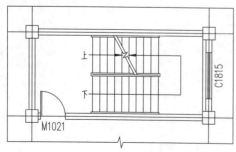

图1-72 加折断线

19 重复选择切割线的一条边,按回车键,返回【编辑切割线】对话框,单击【确定】按钮结束命令,结果如图1-73所示。

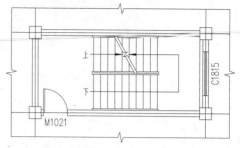

图1-73 绘制折断线

20 标注轴线。在命令行中输入"DZBZ"命令并按回车键,在弹出的【单轴标注】对话框中设置参数,如图1-74所示。

图1-74 【单轴标注】对话框

21 在绘图区选取需要标注的轴线,单轴标注的结果如图1-75所示。

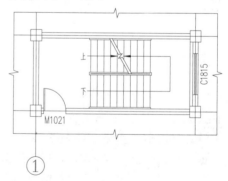

图1-75 单轴标注

22 在【单轴标注】对话框中修改轴号参数,完成的结果如图1-76所示。

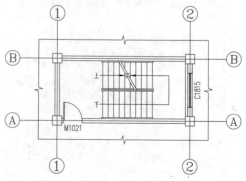

图1-76 标注结果

第2章
AutoCAD建筑绘图入门

　　AutoCAD是由美国Autodesk公司于20世纪80年代初开发的一种通用计算机设计绘图程序软件包，是国际上最通用的绘图工具之一。AutoCAD 2014是Autodesk公司推出的最新版本，在界面设计、三维建模、渲染等方面做了很大的改进。

　　由于TArch（天正建筑）是基于AutoCAD图形平台的二次开发软件，因此熟练使用AutoCAD也是正确使用TArch的基础和前提。

　　本章将介绍AutoCAD 2014的界面组成、命令输入方式、图层设置、图形绘制和编辑的基础知识，以便读者能够尽快熟悉AutoCAD的操作环境和工作方式。

天正建筑
TArch 2014
完全实战技术手册

2.1 AutoCAD 2014工作空间

视频位置：视频\第02章\2.1实战-切换工作空间.mp4

为了满足不同用户的需要，中文版AutoCAD 2014提供了"草图与注释"、"三维基础"、"AutoCAD经典"和"三维建模"4种工作空间，用户可以根据绘图的需要选择相应的工作空间。

切换工作空间方法如下：

★ 单击展开AutoCAD 2014界面左上方【快速访问工具栏】中的【工作空间列表框】，如图2-1所示，从该列表中可以快速选择相应的工作空间。

★ 单击状态栏上的【切换工作空间】按钮，在弹出的菜单中选择相应的工作空间，如图2-2所示。

图2-1　工作空间列表

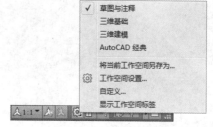

图2-2　工作空间菜单

2.1.1 草图与注释空间

AutoCAD 2014系统默认打开的便是"草图与注释"空间，该空间界面主要由【应用程序】按钮、【功能区】选项板、快速访问工具栏、绘图区、命令行和状态栏构成。

绘制和标注二维图形可以通过选择【功能区】选项面板中的各个选项卡进行，以提高绘图速度。其界面如图2-3所示。

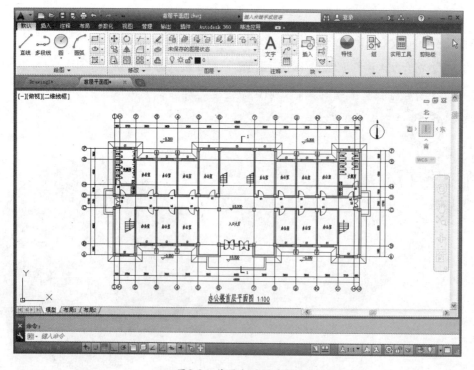

图2-3　草图与注释空间

2.1.2 三维基础空间

三维基础空间能够非常方便地调用三维建模功能、布尔运算功能以及三维编辑功能来创建出简单的三维图形。其工作界面如图2-4所示。

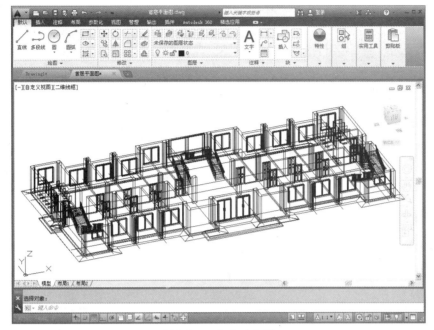

图2-4 三维基础空间

2.1.3 三维建模空间

在三维建模空间中，可以更加方便快捷地绘制复杂的三维图形，该空间"功能区"中集合了【常用】、【实体】、【曲面】、【网格】、【渲染】、【插入】、【注释】、【视图】、【管理】和【输出】等面板，能完成诸如三维曲面、实体、网格模型的制作、细节的观察与调整，并对材质和灯光效果的制作、渲染以及输出提供非常便利的操作环境。"三维建模"空间界面如图2-5所示。

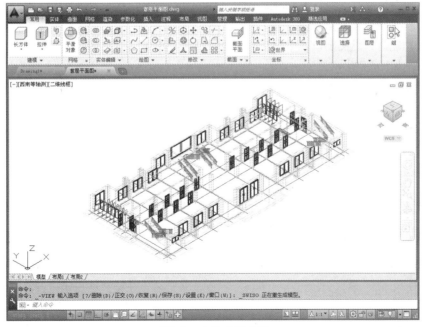

图2-5 三维建模空间

2.1.4 AutoCAD 2014经典空间

对于已经习惯AutoCAD传统界面的用户来说，可以采用"AutoCAD经典"工作空间以沿用以前的绘图习惯和操作方式。经典空间在体现AutoCAD 2014新的功能与效果的前提下，最大限度地保留了传统的界面布局。经典工作空间界面构成如图2-6所示。

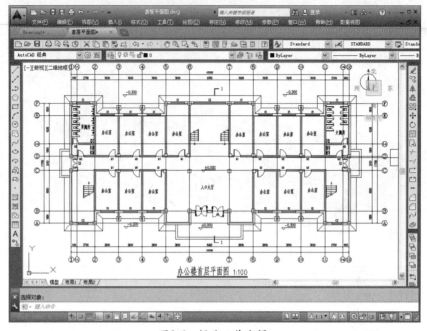

图2-6 经典工作空间

2.2 AutoCAD 2014工作界面

在学习AutoCAD 2014之前，首先需要对其工作界面进行认识和了解。为了方便老版本用户快速过渡到新版本，本书以"AutoCAD经典"空间为例进行讲解。

AutoCAD 2014操作界面包括应用程序按钮、标题栏、菜单栏、标准工具栏、快速访问工具栏、标签栏、功能区、绘图窗口、十字光标、坐标系、命令窗口、绘图工具栏、修改工具栏、滚动条、状态栏等，如图2-7所示。

2.2.1 应用程序按钮

【应用程序】按钮▲位于界面左上角，单击该按钮，系统将弹出用于管理AutoCAD图形文件的命令列表，包括【新建】、【打开】、【保存】、【另存为】、【输出】、【发布】、【打印】、【图形实用工具】及【关闭】等命令。

【应用程序】菜单除了可以调用如上所述的常规命令外，还可以调整其显示为"小图像"或"大图像"，然后将鼠标置于菜单右侧排列的【最近使用文档】名称上，可以快速预览打开过的图像文件内容。

2.2.2 标题栏

标题栏位于AutoCAD绘图窗口的最上端，它显示了系统正在运行的应用程序和用户正在编辑的图形文件信息。

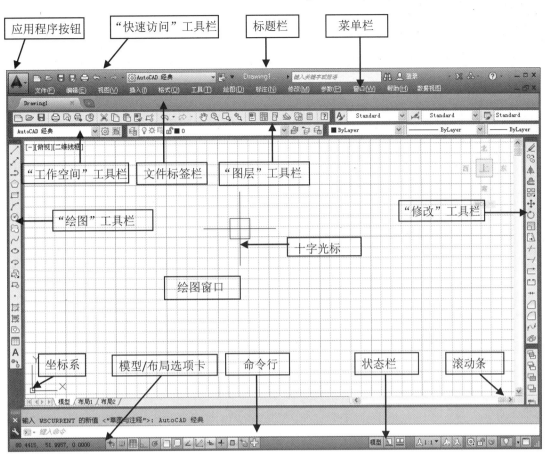

图2-7 AutoCAD 2014的经典工作界面

2.2.3 菜单栏

在菜单栏中，每个主菜单都包含了数目不等的子菜单，有的子菜单下还包含下一级子菜单，这些菜单中几乎包含了AutoCAD 2014全部的功能和命令。

> **提示**
>
> 在【草图与注释】、【三维基础】和【三维建模】工作空间中，也可以显示菜单栏，方法是单击【速访问工具栏】右侧下拉按钮，在快捷菜单中运行【显示菜单栏】命令。

2.2.4 快速访问工具栏

快速访问工具栏位于标题栏左上角，它包括了常用的快捷按钮，可以给用户提供更多的方便。默认状态下由7个快捷按钮组成，依次为新建、打开、保存、另存为、放弃、重做和打印，如图2-8所示。

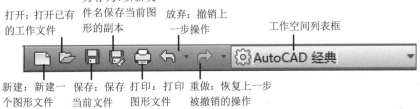

图2-8 快速访问工具栏

快速访问工具栏可以增加或删除按钮，用鼠标右键单击快速访问工具栏，在弹出的快捷菜单中执行"自定义快速访问工具栏"命令，在弹出的【自定义用户界面】对话框中进行设置。

2.2.5 工具栏

工具栏直观地展现了AutoCAD的各种命令，每一个图标都代表一个命令按钮，使用工具栏可以快速地执行各种命令。

AutoCAD包含了大量的绘图工具和编辑工具，但是为了方便显示和操作，在默认状态下只显示绘图、修改等常用的工具栏，如果需要调用其他工具栏，可以在任意工具栏上单击鼠标右键，在弹出的快捷菜单中进行相应的选择即可，或者使用【工具】|【工具栏】|【AutoCAD】菜单命令。

2.2.6 绘图窗口

绘图窗口是绘制与编辑图形及文字的工作区域，一个图形对应一个绘图窗口。绘图窗口的大小并不是一成不变的，用户可以通过关闭多余的工具栏以增大绘图空间，如图2-9所示。

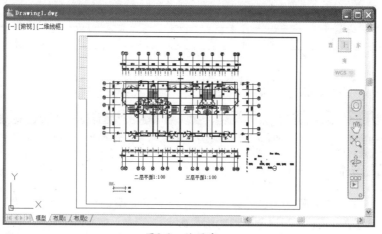

图2-9　绘图窗口

2.2.7 命令行与文本窗口

命令行窗口位于绘图窗口的底部，用于命令的接收和输入并显示AutoCAD提示信息，如图2-10所示。用户可以拖动鼠标调整命令窗口的大小。

在AutoCAD 2014中，系统会在用户键入命令行时自动完成命令名或系统变量，此外，还会显示一个有效选择列表和相关命令功能的信息，如图2-10所示。用户可以按Tab键从中进行选择，从而为用户快速使用命令提供了极大的方便。

按【Ctrl+F2】快捷键还能打开AutoCAD 2014文本窗口。当用户需要查询大流量信息的时候，该窗口就会显得非常有用。

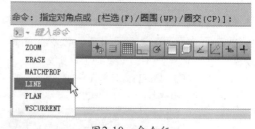

图2-10　命令行

2.2.8 状态栏

状态栏位于屏幕的底部，由5个部分组成，如图2-11所示。

1．坐标值

坐标值显示了绘图区中光标的位置，若移动光标，则坐标值也会随之变化。

图2-11　状态栏

2．绘图辅助工具

主要用于控制绘图的性能，包括推断约束、捕捉模式、栅格显示、正交模式、极轴追踪、对象捕捉、三维对象捕捉、对象捕捉追踪、允许/禁止动态UCS、动态输入、显示/隐藏线宽、显示/隐藏透明度、快捷特性和选择循环等工具。

3．快速查看工具

使用其中的工具可以轻松预览打开的图形和打开图形的模型空间与布局，并在其间进行切换，图形将以缩略图形式显示在应用程序窗口的底部。

4．注释工具

用于控制缩放注释的若干工具。对于模型空间和图纸空间，将显示不同的工具。

5．工作空间工具

用于切换AutoCAD 2014的工作空间，以及对工作空间进行自定义设置等操作。

2.3 AutoCAD命令的调用

AutoCAD调用命令的方式非常灵活，主要采用键盘和鼠标结合的命令输入方式，通过键盘输入命令和参数，通过鼠标执行工具栏中的命令、选择对象、捕捉关键点以及拾取点等。

2.3.1 命令调用方式

1．通过功能区执行命令

功能区分门别类的列出了AutoCAD绝大多数常用的工具按钮，例如在【功能区】单击【常用】功能选项卡内的【绘制圆】按钮，在绘图区内即可绘制圆图形，如图2-12所示。

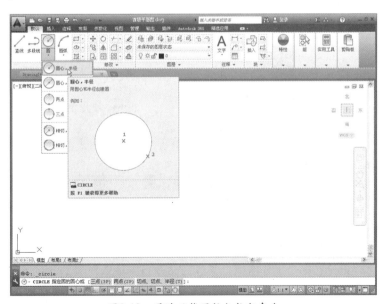

图2-12　通过功能区按钮执行命令

2. 通过工具栏执行命令

【AutoCAD经典】工作空间以工具栏的形式显示常用的工具按钮，单击工具栏上的工具按钮即可执行相关的命令，如图2-13所示。

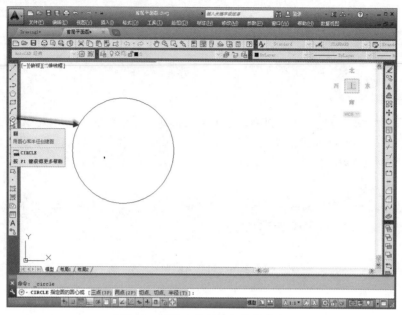

图2-13 通过工具栏按钮执行命令

3. 通过菜单栏执行命令

在【AutoCAD经典】工作空间中还可以通过菜单栏调用命令，如要绘制圆，执行【绘图】|【圆】命令即可在绘图区根据提示绘制圆，如图2-14所示。

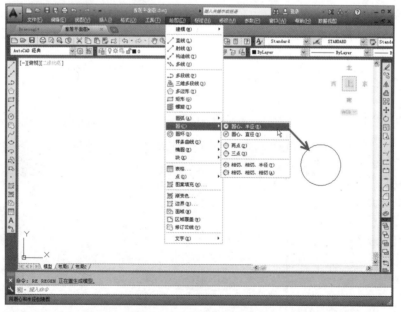

图2-14 通过菜单执行命令

4. 通过键盘输入执行命令

无论在哪个工作空间，通过在命令行内输入对应的命令字符或是快捷命令均可执行命令，如在命令行中输入"Circle"或"C"（快捷命令）并按回车键执行，即可在绘图区绘制圆，如图2-15所示。

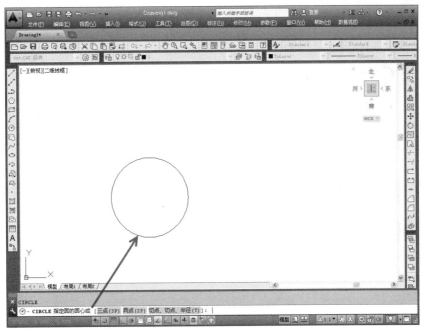

图2-15　通过命令行执行命令

5．通过键盘快捷键执行命令

AutoCAD 2014还可以通过键盘直接执行Windows程序通用的一些快捷键，如可以使用【Ctrl+O】快捷键打开文件，用【Alt+F4】快捷键关闭程序等。此外，AutoCAD 2014也赋予了键盘上的功能键对应的快捷功能，如F3键为开启或关闭对象捕捉的快捷键。

2.3.2　鼠标在AutoCAD中的应用

除了通过键盘按键直接执行命令外，在AutoCAD中通过鼠标左、中、右3个按钮单独或是配合键盘按键也可以执行一些常用的命令。具体按键与其对应的功能如表2-1所示。

表2-1　鼠标按键功能列表

鼠标键	操作方法	操作结果
左键	单击	拾取键
	双击	进入对象特性修改对话框
右键	在绘图区单击右键	快捷菜单或者Enter键功能
	Shift键+右键	对象捕捉快捷菜单
	在工具栏中单击右键	快捷菜单
中间滚轮	滚动轮子向前或向后	实时缩放
	按住轮子不放和拖曳	实时平移
	按住轮子不放和拖曳+Shift键	垂直或水平的实时平移
	Shift键+按住轮子不放和拖曳	随意式三维旋转
	双击	缩放成实际范围

2.3.3　中止当前命令

按Esc键可以快速中止当前正在执行的命令。

2.3.4　重复命令

在绘图过程中经常会重复使用同一个命令，如果每一次都重复输入，会使绘图效率大大降低。3种常用的重复命令方法如下所示。

★ 快捷键：按回车键或空格键，重复使用上一个命令。
★ 命令行：MULTIPLE/MUL。
★ 快捷菜单：单击鼠标右键，在弹出的快捷菜单中执行"重复**"命令。

▌2.3.5 撤销命令

在绘图过程中，有时需要取消某个操作，返回到之前的某一操作，这时需要用撤销命令。执行该命令的方法有以下几种。

★ 快捷键：Ctrl＋Z。
★ 命令行：UNDO。
★ 菜单栏：编辑→放弃。
★ 工具栏：单击快速访问工具栏中的【放弃】按钮。

▌2.3.6 重做撤销命令

使用重做撤销命令，可以重做撤销的命令，具体方法如下。

★ 命令行：REDO。
★ 快捷键：CTRL+Y。
★ 菜单栏：编辑→重做。
★ 工具栏：单击快速访问工具栏中的【重做】按钮。

2.4 图层的设置

图层是AutoCAD提供给用户的组织图形的强有力工具。AutoCAD的图形对象必须绘制在某个图层上，它可以是默认的图层，也可以是用户自己创建的图层。利用图层的特性，如颜色、线型、线宽等，可以非常方便地区分不同的对象。此外，AutoCAD还提供了大量的图层管理功能（打开/关闭、冻结/解冻、加锁/解锁等），这些功能使用户在组织图层时非常方便。

▌2.4.1 图层特性管理器

【图层特性管理器】是AutoCAD提供给用户的强有力的图层管理工具。在该对话框中，可以创建、重命名和删除图层并设置相关的图层特性。

执行【格式】|【图层】命令，打开图2-16所示的【图层特性管理器】对话框，用户可以根据自己的需要对图层进行设置。

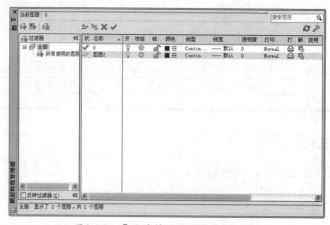

图2-16 【图层特性管理器】对话框

【图层特性管理器】对话框中各个选项的含义如下所示。

★ 新建图层：单击对话框顶部的【新建图层】按钮可以新建一个图层，用户可对新建图层进行重命名。在实际绘图中可以建立"轴线"、"墙体"、"门"等图层。

★ 删除图层：单击对话框顶部的【删除图层】按钮可以删除当前选择的图层。

★ 状态栏：双击状态栏下的 图标，当图标显示为 状态时，表明该图层为当前图层。当设定某一图层为当前层后，接下来所绘制的全部图形对象都将位于该图层中。如果以后想在其他图层中绘图，就需要更改当前层设置。

★ 名称栏：在名称栏下单击鼠标右键，在弹出的菜单栏中执行"重命名"命令即可对选中的图层进行重命名。

★ 打开或关闭图层：单击图层名称后的 按钮，若"灯"图形亮显，则所选图层为打开状态；若"灯"图形关闭，则所选图层为关闭状态。当图层上的图形对象较多而可能干扰绘图过程时，可以利用打开/关闭功能暂时关闭某些图层。关闭的图层与图形一起重生成，但不能在绘图窗口中被显示或打印。

★ 冻结或解冻图层：单击【冻结】栏下的 按钮，当按钮显示为 时，表明所选图层为冻结状态，反之则为解冻状态。冻结图层有利于减少系统重生成图形的时间，冻结图层不参与重生成计算而且不显示在绘图区中，不能对其进行编辑。

★ 锁定或解锁图层：单击【锁定】栏下的 按钮，当按钮显示为 时，表明所选图层为锁定状态，反之则为解锁状态。图层被锁定后，该图层的实体仍然显示在屏幕上，而且可以在该图层上添加新的图形对象。但不能对其进行编辑、选择和删除等操作。

★ 改变图层颜色：单击【颜色】栏下的■按钮，在弹出的【选择颜色】对话框中可以对图层的颜色进行设置。

★ 修改图层的线型：单击【线型】栏下的 Contin... 按钮，在弹出的【选择线型】对话框中可以对图层的线型进行设置。

★ 修改图层的线宽：单击【线宽】栏下的—默认 按钮，在弹出的【线宽】对话框中可以对图层的线宽进行设置。

★ 打印栏：单击【打印】栏下的 按钮，当按钮显示为 时，表明该图层不能被打印输出，反之图层则处于可以被打印输出的状态。

■ 2.4.2 创建与设置图层

绘制建筑设计施工图时，根据所绘制图形的不同来创建不同的图层，以便于用户对其进行管理和观察，从而提高绘图的效率。

下面以创建【轴线】图层为例，介绍创建图层及设置图层的方法。

01 在命令行中输入"LAYER/LA"并按回车键或执行【格式】|【图层】命令，打开图2-17所示的【图层特性管理器】对话框。

图2-17　【图层特性管理器】对话框

02 单击对话框中的【新建图层】按钮 ，创建一个新的图层，在【名称】框中输入新图层的名称为"轴线"，如图2-18所示。

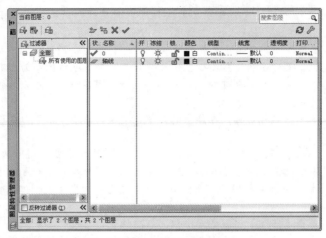

图2-18　创建轴线图层

03 设置图层颜色。为了区分不同图层上的图线，增加图形不同部分的对比性，可以在【图层特性管理器】对话框中单击相应图层【颜色】标签下的颜色色块，打开【选择颜色】对话框，如图2-19所示。在该对话框中选择需要的颜色，结果如图2-20所示。轴线图层通常设置为红色。

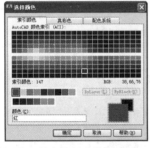

图2-19　【选择颜色】对话框

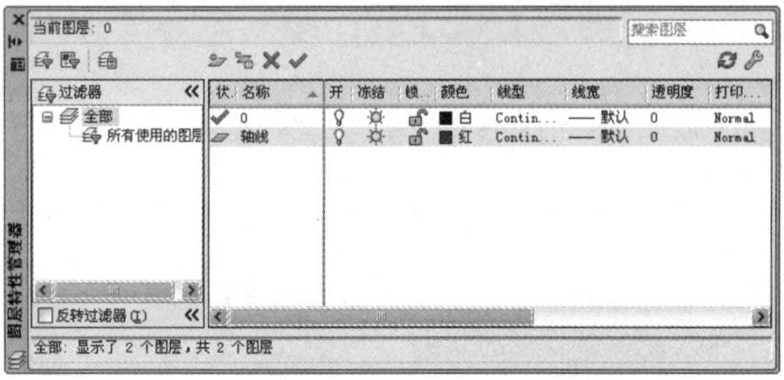

图2-20　创建轴线图层

04 设置图层的线型。单击【轴线】图层【线型】标签下的 Contin 图标，弹出图2-21所示的【选择线型】对话框，单击 加载(L)... 按钮，在弹出的【加载或重载线型】对话框中选择所需要的线型，如图2-22所示，单击【确定】按钮来确认选择，完成线型的设置。

图2-21　"选择线型"对话框

图2-22　选择线型

05 "轴线"图层的其他特性保持为默认值，完成图层创建，结果如图2-23所示。

图2-23　图层创建结果

2.5 绘制基本图形

任何复杂的建筑施工图都是由点、直线、圆、圆弧和矩形等基本元素构成的，只有熟练掌握这些基本元素的绘制方法，才能绘制出各种复杂的图形对象。通过本节的学习，读者将会对二维图形的基本绘制方法有一个全面的认识并能熟练使用常用的绘图命令。

2.5.1 直线

绘图中最简单、最常用的图形对象就是直线。在绘图区指定直线的起点和中点即可绘制一条直线。当一条直线绘制完成以后，可以继续以该线段的终点作为起点，然后指定下一个终点，依此类推即可绘制首尾相连的图形，按Esc键就可以退出直线绘制状态。

绘制直线要首先执行直线的命令，调用该命令的方法有：

★ 命令行：LINE / L。
★ 工具栏：【绘图】工具栏中的【直线】按钮 。
★ 菜单栏：【绘图】|【直线】命令。

2.5.2 射线

射线是一端固定而另一端无限延伸的直线。它只有起点和方向，没有终点，一般用来作为辅助线。

调用绘制射线命令的方法有：

★ 命令行：RAY。
★ 功能区：【绘图】工具栏中的 按钮。

2.5.3 构造线

没有起点和终点，两端可以无限延长的直线称为构造线。构造线常作为辅助线来使用。

启动绘制构造线命令的方法有：

★ 命令行：XLINE / XL。
★ 菜单栏：【绘图】|【构造线】命令。
★ 工具栏：【绘图】工具栏中的【构造线】按钮 。

启动绘制构造线命令后，命令行提示如下：

```
命令：XLINE
指定点或 [水平(H)/垂直(V)/角度(A)/二等分(B)/偏移(O)]：
```

各选项的含义如下：

★ 水平（H）：输入H即可绘制水平的构造线。
★ 垂直（V）：输入V即可绘制垂直的构造线。
★ 角度（A）：输入A即可按指定的角度绘制一条构造线。
★ 二等分（B）：输入B即可创建已知角的角平分线。使用该选项创建的构造线平分指定的两条线之间的夹角，而且通过该夹角的顶点。在绘制角平分线的时候，系统要求用户指定已知角的顶点、起点以及终点。
★ 偏移（O）：输入O即可创建平行于另一个对象的平行线，这条平行线可以偏移一段距离与对象平行，也可以通过指定的点与对象平行。

2.5.4 多段线

由等宽或是不等宽的直线或圆弧等多条线段构成的特殊线段称为多段线。这些线段所构成的图形是一个整体，可以对其进行编辑。

启动绘制多段线命令的方法有：
★ 命令行：PLINE/PL。
★ 工具栏：【绘图】工具栏中的【多段线】按钮 。
★ 菜单栏：【绘图】|【多段线】命令。
绘制多段线命令行提示如下：

命令：PLINE	//调用PLINE命令绘制多段线
指定起点：	//单击鼠标左键在绘图区指定一点作为多段线的起点
当前线宽为 0.0000	//显示0表示当前没有线宽
指定下一个点或 [圆弧(A)/半宽(H)/长度(L)/放弃(U)/宽度(W)]：	

各命令选项的含义如下：
★ 圆弧（A）：输入A，将以绘制圆弧的方式绘制多段线，其下的"半宽"、"长度"、"放弃"以及"宽度"选项与主提示中的各选项含义相同。
★ 半宽（H）：输入H，用来指定多段线的半宽值。系统将提示用户输入多段线的起点半宽值与终点半宽值。
★ 长度（L）：输入L，将定义多段线的长度。系统将按照上一条线段的方向绘制这一条多段线。如果上一段是圆弧，将绘制与此圆弧相切的线段。
★ 放弃（U）：输入U，将取消上一次绘制的多段线。
★ 宽度（W）：输入W，可以设置多段线的宽度值。

2.5.5 多线

多线由一系列相互平行的直线组成，组合范围为1～16条平行线，每一条直线都称为多线的一个元素。使用多线命令可通过确定起点和终点位置，一次性画出一组平行直线，而不需要逐一画出每一条平行线。常用于绘制建筑平面图中的墙体、门窗和规划图中的道路等。

1. 多线样式设置

在绘制多线前，首先要根据需要对多线样式进行设置以定义多线元素的数量和相互之间的距离。
启动【多线样式】命令方法如下：
★ 命令行：MLSTYLE。
★ 菜单栏：【格式】|【多线样式】。
这里以创建"墙体"多线样式为例，介绍多线样式的创建方法。

01 执行【格式】|【多线样式】命令，打开【多线样式】对话框，如图2-24所示。
02 单击【新建】按钮，打开【创建新的多线样式】对话框，在【新样式名】文本框中输入样式的名称，这里输入"墙体"文本，单击【继续】按钮，对创建的多线样式进行设置，如图2-25所示。

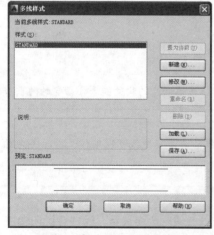

图2-24 【多线样式】对话框

图2-25 新建多线样式

03 在打开的【新建多线样式：墙体】对话框中，对新建的多样式的封口、直线之间的距离、颜色和线型等因素进行设置，在【说明】文本框中还可以对新建多线样式进行用途、创建者、创建时间等进行说明，方便以后在选用多线样式的时候加以判断，如图2-26所示。

图2-26　设置多线样式

04 设置完成后单击【确定】按钮来保存设置，返回【多线样式】对话框。【多线样式】对话框中的【样式】列表框中将显示之前设置完成的多线样式。

在【多线样式】对话框的【样式】列表框中选择需要使用的多线样式，单击【置为当前】按钮，将选择的多线样式设置为当前系统默认的样式；单击【修改】按钮，将打开【修改多线样式】对话框，该对话框与【新建多线样式】对话框的选项完全一致，在其中可对指定样式的各选项进行修改；单击【重命名】按钮，可将选择的多线样式重新命名；单击【删除】按钮，可以将选择的多线样式删除。

2. 多线的绘制

多线样式创建完成后，即可使用多线命令进行绘制。

启动绘制多线命令方法如下：

★　菜单栏：【绘图】|【多线】。
★　命令行：MLINE / ML。

这里以绘制图2-27所示的240墙体为例，介绍多线的绘制方法，命令行提示如下：

```
命令：MLINE                                    //调用绘制多线命令
当前设置：对正 = 上，比例 = 20.00，样式 = STANDARD
指定起点或 [对正(J)/比例(S)/样式(ST)]：S↙       //选择"比例（S）"选项
输入多线比例 <20.00>：240↙                     //根据墙宽进行设置
当前设置：对正 = 上，比例 = 240.00，样式 = STANDARD
指定起点或 [对正(J)/比例(S)/样式(ST)]：J↙       //选择"对正（J）"选项
输入对正类型 [上(T)/无(Z)/下(B)] <上>：Z↙       //选择"无（Z）"选项
当前设置：对正 = 无，比例 = 240.00，样式 = STANDARD
指定起点或 [对正(J)/比例(S)/样式(ST)]：         //捕捉并单击轴线交点
指定下一点：                                   //继续捕捉并单击轴线交点
……                    //续捕捉并单击轴线交点，直至完成所有墙体的绘制
```

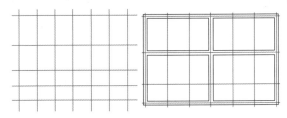

图2-27　使用多线绘制墙体

3.多线的编辑

多线墙体绘制完成后，还需要对相接位置的墙体进行编辑，以完善图形。

01 执行【修改】|【对象】|【多线】命令，打开图2-28所示的【多线编辑工具】对话框。

02 在【多线编辑工具】对话框中选择相应的多线编辑方式，对绘制完成的多线进行编辑。

03 图2-29所示为使用"角点结合"编辑方式对墙体进行编辑的效果。

04 图2-30所示为使用"T形打开"编辑方式来编辑墙体的效果。

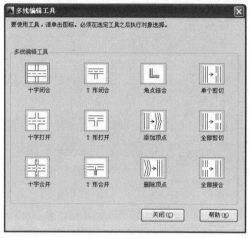

图2-28【多线编辑工具】对话框

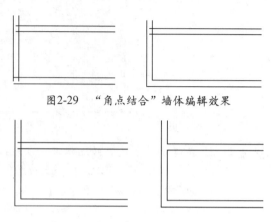

图2-29 "角点结合"墙体编辑效果

图2-30 "T形打开"墙体编辑效果

2.6 绘制多边形对象

矩形和正多边形都是在绘图中经常用到的图形元素。

▎▎2.6.1 矩形

启动绘制矩形命令的方法有以下3种。

★ 命令行：RECTANG / REC。

★ 工具栏：【绘图】工具栏中的【矩形】按钮□。

★ 菜单栏：【绘图】|【矩形】命令。

命令行提示如下：

```
命令：RECTANG
指定第一个角点或 [倒角(C)/标高(E)/圆角(F)/厚度
(T)/宽度(W)]:
```

各选项的含义如下：

★ 倒角（C）：绘制的矩形带倒角。

★ 标高（E）：表示矩形的高度。在系统的默认情况下，矩形在X、Y平面之内。该选项一般用于三维绘图。

★ 圆角（F）：绘制的矩形带圆角。

★ 厚度（T）：表示矩形的厚度，该选项一般用于三维绘图。

★ 宽度（W）：表示矩形的宽度。

图2-31所示为各种矩形的绘制效果。

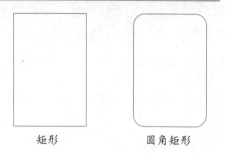

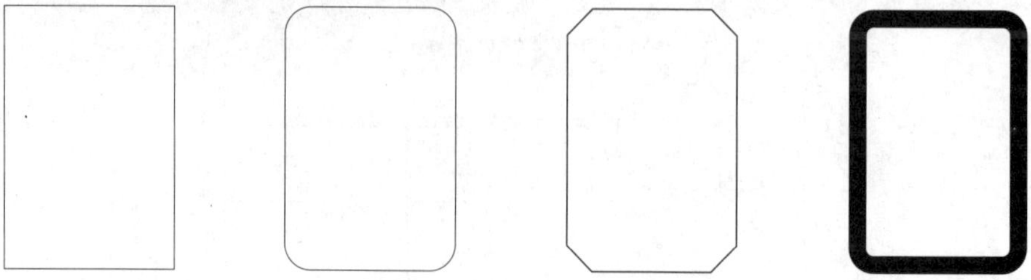

矩形　　　　　　圆角矩形　　　　　　倒角矩形　　　　　有宽度的矩形

图2-31 绘制各种矩形

2.6.2 正多边形

由三条或三条以上长度相等的线段首尾相接形成的闭合图形称为正多变形。正多边形的边数范围在3~1024之间。图2-32所示为各种正多边形的绘制效果。

图2-32 绘制各种正多边形

绘制正多边形的命令调用方法有：

★ 命令行：POLYGON / POL。
★ 工具栏：【绘图】工具栏中的【正多边形】按钮。
★ 菜单栏：【绘图】|【正多边形】命令。

命令行提示如下：

命令：POL↙	//启动命令
POLYGON输入侧面数<4>: 6↙ //输入边数	//输入边数
指定正多边形的中心点或[边(E)]:	//单击鼠标来确定外接圆或内切圆的圆心
输入选项[内接于圆(I)/外切于圆(c)]<I>: I↙	//选择绘制的方法
指定圆的半径: 200↙	//输入内接圆或外切圆半径值

在正多边形的绘制过程中，各选项的含义如下：

★ 中心点：通过指定正多边形中心点的方式来绘制正多边形，选择该选项之后，系统会提示"输入选项 [内接于圆(I)/外切于圆(C)] <I>:"的信息，内接于圆表示以指定正多边形外接圆半径的方式来绘制正多边形，如图2-33所示；而外切于圆则表示以指定正多边形内切圆半径的方式来绘制正多边形，如图2-34所示。

★ 边：通过指定多边形的方式来绘制正多边形。该方式将通过边的数量和长度来确定正多边形，如图2-35所示。

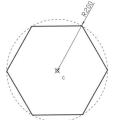  

图2-33 内接于圆法画正六边形　　图2-34 外切于圆法画正五边形　　图2-35 边长法画正七边形

2.7 绘制曲线对象

圆、圆弧、椭圆、椭圆弧以及圆环都属于曲线对象，其绘制方法相对于直线类对象来说要复杂一些。

2.7.1 样条曲线

样条曲线是一种能够自由编辑的曲线，如图2-36所示。在选择需要编辑的样条曲线之后，曲线周围会显示控制点，用户可以根据自己的实际需要，通过调整曲线上的起点、控制点来控制曲线的形状，如图2-37所示。

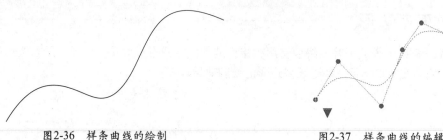

图2-36 样条曲线的绘制　　　　　　　　　　图2-37 样条曲线的编辑

绘制样条曲线的命令调用方法有：

★ 命令行：SPLINE / SPL。
★ 工具栏：【绘图】工具栏中的【样条曲线】按钮～。
★ 菜单栏：【绘图】|【样条曲线】|【拟合】或【控制点】命令。

2.7.2　圆

圆在AutoCAD建筑制图中常常用来表示柱子、孔洞、轴等基本构件，使用也相当的频繁。

绘制样圆的命令调用方法有：

★ 命令行：CIRCLE / C。
★ 工具栏：【绘图】工具栏中的【圆】按钮◉。
★ 菜单栏：【绘图】|【圆】命令。

菜单栏中的【绘图】|【圆】命令为用户提供了6种绘制圆的子命令，绘制的效果如图2-38所示。其中各项子命令的含义如下：

★ 圆心、半径：用于指定圆心和半径的方式绘制圆。
★ 圆心、直径：用于指定圆心和半径的方式绘制圆。
★ 两点：通过确定的两个点绘制圆，系统会提示指定圆直径的第一端点和第二端点。
★ 三点：通过确定的三个点绘制圆，系统会提示指定圆直径的第一端点、第二端点以及第三端点。
★ 相切、相切、半径：通过其他两个对象的切点和输入半径值来绘制圆。系统会提示指定圆的第一切线和第二切线上的点及圆的半径。
★ 相切、相切、相切：通过三条切线来绘制圆。

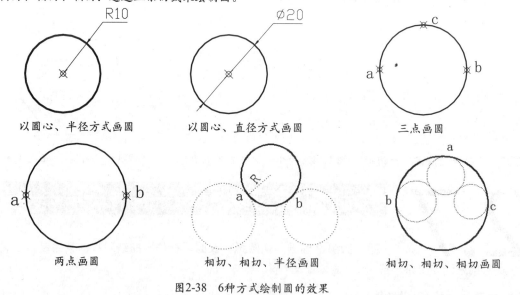

图2-38　6种方式绘制圆的效果

2.7.3　圆弧

圆弧是与其等半径的圆周的一部分，执行【圆弧】命令有以下几种常用方法：

★　命令行：ARC/A。
★　工具栏：【绘图】工具栏中的【圆弧】按钮 。
★　菜单栏：【绘图】|【圆弧】命令。

菜单栏【绘图】|【圆弧】子菜单为用户提供了11种绘制圆弧的子命令，常见的绘制方法及效果如图2-39所示。

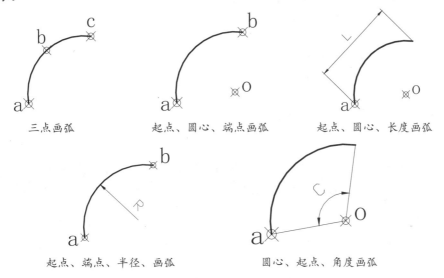

图 2-39　常见绘制圆弧方法

2.7.4　椭圆

椭圆是特殊样式的圆，与圆相比，椭圆的半径长度不一。其形状由定义其长度和宽度的两条轴决定，较长的轴称为长轴，较短的轴称为短轴，如图2-40所示。

启动绘制【椭圆】命令有以下几种常用方法：
★　命令行：ELLIPSE / EL。
★　工具栏：【绘图】工具栏中的【椭圆】按钮 。
★　菜单栏：【绘图】|【椭圆】命令。

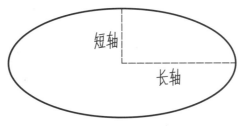

图2-40　椭圆的绘制

执行椭圆命令后，命令行提示如下：

指定椭圆的轴端点或　［圆弧(A)/中心点(C)］：　//输入坐标值或用鼠标拾取椭圆长轴或短轴的一个端点
指定轴的另一个端点：　//输入坐标值或用鼠标拾取椭圆的另一个端点
指定另一条半轴长度或　［旋转(R)］：　//输入坐标值或用鼠标拾取椭圆的另一条半长轴的长度

菜单栏中【绘图】|【椭圆】子菜单中提供了两种绘制椭圆的子命令，各子命令的含义如下：
★　圆心：通过指定椭圆的中心点、一条轴的一个端点及另一条轴的半轴长度来绘制椭圆。
★　轴、端点：通过指定椭圆一条轴的两个端点及另一条轴的半轴长度来绘制椭圆。

2.7.5 椭圆弧

椭圆弧是椭圆的一部分，它类似于椭圆，不同的是它的起点和终点没有闭合，如图2-41所示。绘制椭圆弧需要确定的参数有：椭圆弧所在椭圆的两条轴及椭圆弧的起点和终点的角度。

绘制椭圆弧的方法有以下两种。

★ 工具栏：【绘图】工具栏中的【椭圆弧】按钮 ⭕ 。

★ 菜单栏：【绘图】|【椭圆】|【圆弧】命令。

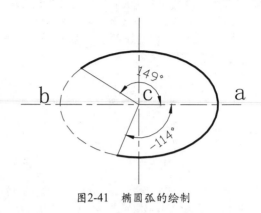

图2-41　椭圆弧的绘制

2.8 编辑图形

本节介绍编辑二维图形的基本方法，使用编辑命令能够方便地改变图形的大小、位置、方向、数量及形状，从而绘制出更为复杂的图形。

2.8.1 选择对象的方法

在编辑图形之前，首先需要对编辑的图形进行选择。AutoCAD 2014提供了多种选择对象的方法，如点选、框选、栏选、围选等。

1. 直接选取

直接用鼠标在绘图区单击即可选中需要选择的对象，被选择的对象将呈虚线显示，如图2-42所示。连续单击需要选择的对象，可以同时选择多个对象，如图2-43所示。

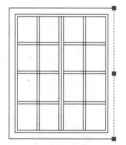 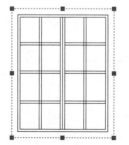

图2-42　选择单个对象　　图2-43　选择多个对象

> **提示**
>
> 对于多选的对象，可以按住Shift键并单击鼠标，将其从当前选择集中去除。

2. 窗口选取

窗口选择对象是指按住鼠标并向右上方或右下方拖动，框住需要选择的对象，此时绘图区将出现一个实线的矩形方框，如图2-44所示。

释放鼠标后，被方框完全包围的对象将被选中，如图2-45所示。

 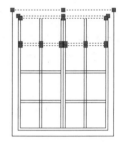

图2-44　窗口选取前　　图2-45　窗口选取后

3. 交叉窗口选取

交叉窗口选择对象的选择方向正好与窗口选择相反，它是按住鼠标左键并向左上方或左下方拖动，框住需要选择的对象，此时绘图区将出现一个虚线的矩形方框，如图2-46所示。释放鼠标后，与方框相交和被方框完全包围的对象都将被选中，如图2-47所示。

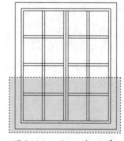 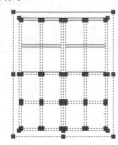

图2-46　交叉选取前　　图2-47　交叉选取后

4．不规则窗口选取

该方法是一种多边形窗口选择方法，与窗口选择对象的方法类似，不同的是该方法可以构造任意形状的多边形，根据命令行的提示输入WP（圈围）或CP（圈交），绘制不规则窗口并进行选取，如图2-48与图2-49所示。

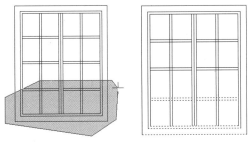

图2-48　使用圈围进行选择

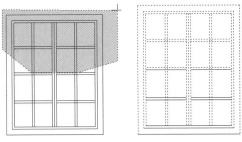

图2-49　使用圈交进行选择

5．栏选选取

栏选图形即在选择图形时拖曳出任意折线，凡是与折线相交的图形对象均被选中。

这里以绘制楼梯井为例来介绍栏选的方法，命令行操作如下：

```
命令：TR✓            TRIM            //调用修剪命令
当前设置：投影=UCS，边=无
选择剪切边...
选择对象：                          //选择楼梯井矩形外轮廓
选择要修剪的对象，或按住Shift键选择要延伸的对象，或[栏选(F)/窗交(C)/投影(P)/边(E)/删除(R)/放弃
(U)]：F✓                           //选择"栏选(F)"选项
指定第一个栏选点：                  //指定第一个栏选点，如图2-50所示
指定下一个栏选点或 [放弃(U)]：✓     //指定第二个栏选点，如图2-51所示，按回车键结束绘制，修剪
                                    结果如图2-52所示
```

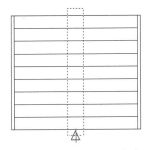
图2-50　指定第一个栏选点

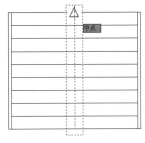
图2-51　指定第二个栏选点

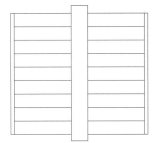
图2-52　修剪结果

6．快速选择

使用快速选择，即可以根据制定的过滤条件实现快速选择对象。

执行菜单栏【工具】|【快速选择】命令，打开【快速选择】对话框，如图2-53所示。根据实际使用需要来设置选择范围，单击【确定】按钮即完成选择操作。

图2-53　【快速选择】对话框

2.8.2 基础编辑命令

1. 删除对象

对于不需要的图形，应将其从窗口中删除。启用【删除】命令的方法有：

★ 命令行：ERASE / E。

★ 工具栏：【修改】工具栏中的【删除】按钮 ✎。

执行删除命令后，命令行提示如下。

选择对象：	//选择要删除的对象
选择对象：	//继续选择删除对象，或回车结束选择

2. 复制对象

启用【复制】命令的方法有：

★ 命令行：COPY / CO / CP。

★ 工具栏：【修改】工具栏中的【复制】按钮 ⁰₃。

★ 菜单栏：【修改】|【复制】命令。

这里以复制卫生间蹲便器为例，讲解复制的方法，如图2-54所示。命令行提示如下：

命令：COPY✓	//调用复制命令
选择对象：找到 1 个	//选择蹲便器图形
选择对象：	//按空格键结束对象的选择
当前设置：复制模式 = 多个	//系统提示当前的复制模式
指定基点或 [位移(D)/模式(O)] <位移>：	//指定对象移动的基点
指定第二个点或 [阵列(A)] <使用第一个点作为位移>：	//指定对象移动的目标点
指定第二个点或 [阵列(A)/退出(E)/放弃(U)] <退出>：	//连续单击指定目标点，进行多重复制，复制
	效果如图2-55所示

图2-54 对象复制前

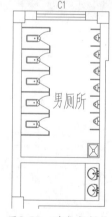

图2-55 对象复制后

3. 镜像对象

【镜像】命令可以生成与所选对象相对称的图形。启动【镜像】命令的方法如下：

★ 命令行：MIRROR / MI。

★ 工具栏：【修改】工具栏中的【镜像】按钮 ⚎。

★ 菜单栏：【修改】|【镜像】命令。

这里以绘制卫生间隔断为例，讲解镜像的操作方法。命令选项如下：

命令：MIRROR✓	//调用镜像命令
选择对象：找到 1 个	//选择左边的卫生间隔断
选择对象：	//按空格键结束对象的选择

指定镜像线的第一点：	//捕捉如图2-56所示的墙体中点作为镜像的第一点
指定镜像线的第二点：	//垂直向上移动光标，单击鼠标左键
要删除源对象吗？[是(Y)/否(N)] <N>:✓	//按空格键结束镜像，效果如图2-57所示

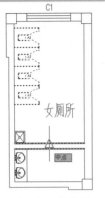
图2-56　选取镜像第一点

图2-57　镜像复制后

4．偏移对象

【偏移】命令是一种特殊的复制对象的方法，它是根据指定的距离或通过点来建立一个与所选对象平行的形体，从而使对象数量得到增加。

启动【偏移】命令的方法如下：

★　命令行：OFFSET / O。

★　工具栏：【修改】工具栏中的【偏移】按钮。

★　菜单栏：【修改】|【偏移】命令。

调用【偏移】命令后，输入偏移距离后，选取要偏移的对象，在对象所要偏移的方向上单击鼠标即可完成偏移的操作。

这里使用【偏移】命令来绘制洗手台台面，命令行提示如下：

命令：OFFSET✓	//调用偏移命令
当前设置：删除源=否　图层=源　OFFSETGAPTYPE=0	//系统显示的相关信息
指定偏移距离或 [通过(T)/删除(E)/图层(L)] <500.0000>: 600✓	//指定偏移距离
选择要偏移的对象，或 [退出(E)/放弃(U)] <退出>:	//选择需要偏移的对象，这里选择内墙线如图2-58所示
指定要偏移的那一侧上的点，或 [退出(E)/多个(M)/放弃(U)] <退出>: ✓	//在内墙线右侧单击，指定偏移方向，按空格键结束偏移，效果如图2-59所示

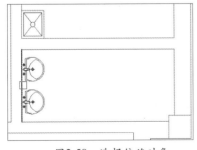
图2-58　选择偏移对象

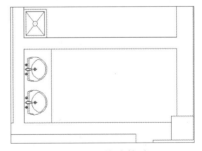
图2-59　偏移结果

5．移动对象

【移动】命令是将图形从一个位置平移到另一个位置，在移动过程中图形的大小、形状和倾斜角度均不改变。

启用【移动】命令方法如下：

★ 命令行：MOVE / M。

★ 工具栏：【修改】工具栏中的【移动】按钮✛。

★ 菜单栏：【修改】|【移动】命令。

在绘制平面图时，经常需要将洗脸盆、马桶等家具、洁具图块移动到室内空间中，此时操作如下：

命令：MOVE1↙	//调用移动命令
选择对象：指定对角点：找到 1 个	//选择洁具图形，如图2-60所示
指定基点或 [位移(D)] <位移>：	//捕捉需要移动的对象的基点
指定第二个点或 <使用第一个点作为位移>：	//指定移动对象目标点，释放鼠标得到效果如图2-61所示

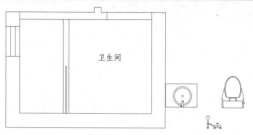

图2-60 移动前的图形

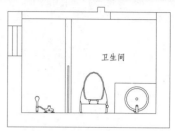

图2-61 移动后的图形

6. 旋转对象

【旋转】命令是将图形对象绕一个固定的点(基点)旋转一定的角度。

启动【旋转】命令方法如下：

★ 命令行：ROTATE / RO。

★ 工具栏：【修改】工具栏中的【旋转】按钮↻。

★ 菜单栏：【修改】|【旋转】命令。

这里以调整坐便器的方向为例，介绍【旋转】命令的用法。命令行提示如下：

命令：ROTATE1↙	//调用旋转命令
UCS 当前的正角方向：ANGDIR=逆时针 ANGBASE=0	//系统显示相关信息
选择对象：找到 1 个	//选择图2-62中的坐便器图形
指定基点：	//捕捉绘图区任意一点作为图形旋转的基点
指定旋转角度，或 [复制(C)/参照(R)]<270>：901	//指定旋转的角度，旋转结果如图2-63所示

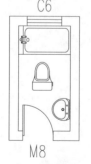

图2-62 旋转前的图形

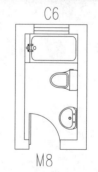

图2-63 旋转后的图形

提示

在输入旋转角度数值时，逆时针旋转的角度为正值，顺时针旋转的角度为负值。

7. 矩形阵列对象

【阵列】命令是一个功能强大的多重复制命令，它可以一次将选择的对象复制多个，并按一定规律进行排列，共有矩形、环形和路径3种阵列方式。

调用【阵列】命令的方法如下：

★ 命令行：ARRAY/AR。

★ 工具栏：【修改】工具栏中的【阵列】按钮器。

菜单栏：【修改】|【阵列】子菜单。

在ARRAY命令提示行中选择"矩形(R)"选项、单击【矩形阵列】按钮器或直接输入"ARRAYRECT"命令即可进行矩形阵列。图2-64所示为矩形阵列实例。

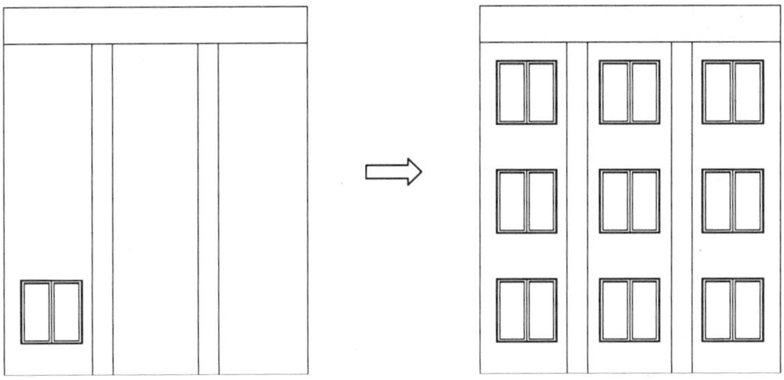

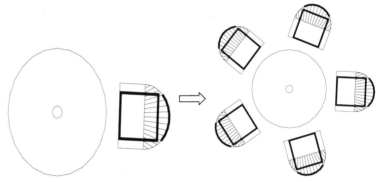

图2-64　矩形阵列示例

8．极轴阵列

在"ARRAY"命令提示行中选择"极轴(PO)"选项、单击【环形阵列】按钮器或直接输入"ARRAYPOLAR"命令即可进行环形阵列。

图2-65所示为环形阵列的示例。

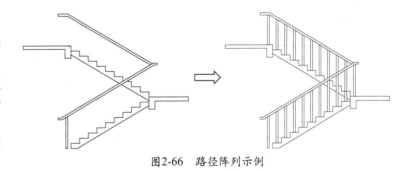

图2-65　环形阵列示例

9．路径阵列

在"ARRAY"命令提示行中选择"路径(PA)"选项、单击【路径阵列】按钮或直接输入"ARRAYPATH"命令即可进行路径阵列。

图2-66所示为路径阵列的示例。

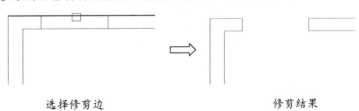

图2-66　路径阵列示例

2.8.3　高级编辑命令

1．修剪对象

【修剪】命令是将超出边界的多余部分修剪并删除掉。启用【修剪】命令方法如下：

★ 命令行：TRIM / TR。

★ 工具栏：【修改】工具栏中的【修剪】按钮。

★ 菜单栏：【修改】|【修剪】命令。

绘制完成的门洞经常需要使用修剪命令来进行修剪，如图2-67所示。

选择修剪边　　　　　　　　　　　　　　　修剪结果

图2-67　门洞修剪实例

2．延伸对象

【延伸】命令是将没有和边界相交的部分延伸补齐。启用【延伸】命令的方法如下：

★ 命令行：EXTEND / EX。

★ 工具栏：【修改】工具栏中的【延伸】按钮 ～ /。

★ 菜单栏：【修改】|【延伸】命令。

延伸对象的示例如图2-68所示。

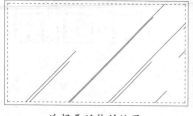 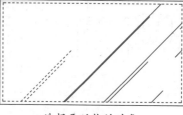 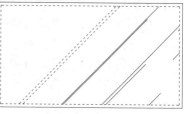

选择要延伸的边界　　　　　　选择要延伸的对象　　　　　按回车键结束延伸

图2-68　延伸对象实例

3．缩放对象

【缩放】命令是将已有图形对象以基点为参照进行等比例缩放。

启用【缩放】命令的方法如下：

★ 命令行：SCALE / SC。

★ 工具栏：【修改】工具栏中的【缩放】按钮 🔲。

★ 菜单栏：【修改】|【缩放】命令。

执行【缩放】命令后，命令行提示如下。

选择对象：	//选择缩放的图形对象
选择对象：	//继续选择缩放对象，或回车结束选择
指定基点：	//指定基点，该点在缩放后位置不变
指定比例因子或 〔复制(C)/参照(R)〕 <2.0000>：	//指定比例因子或选择缩放的方式

此时有两种缩放对象的方式可供选择。

指定比例因子：在命令行提示下输入比例因子，比例因子的数值大于1将使图形对象放大，在0～1之间将使图形对象缩小。此外，还可以通过拖动光标对图形进行放大和缩小。

"参照（R）"方式：使用参照方式无须计算缩放比例，只需先后指定参照长度和新长度即可。这里以门图形缩放为例进行说明，如图2-69所示。命令行提示如下：

指定比例因子或 〔复制(C)/参照(R)〕 <2.0000>:R	//选择"参照(R)"选项
指定参照长度 <1.0000>：	//先后捕捉A点和B点，指定参照长度
指定新的长度或 〔点(P)〕 <1.0000>：	//先后捕捉A点和C点，指定新长度，缩放结果如图2-69所示

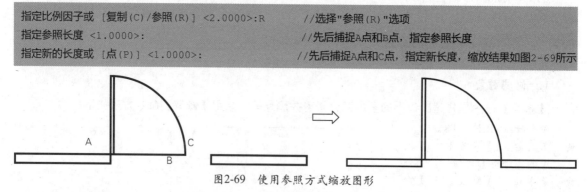

图2-69　使用参照方式缩放图形

4．拉伸对象

【拉伸】命令通过沿拉伸路径平移图形夹点的位置，使图形产生拉伸变形的效果。所谓夹点指的是图形对象上的一些特征点，如端点、顶点、中点、中心点等，图形的位置和形状通常是由夹点的位置决定的。

启用【拉伸】命令的方法如下：
- ★ 命令行：STRETCH / S。
- ★ 工具栏：【修改】工具栏中的【拉伸】按钮。
- ★ 菜单栏：【修改】|【拉伸】命令。

使用"STRETCH"命令对窗户图形进行拉伸调整，命令行提示如下：

```
命令：STRETCH✓                                    //调用拉伸命令
以交叉窗口或交叉多边形选择要拉伸的对象...
选择对象：指定对角点：找到 1 个                     //交叉框选上侧的墙体与窗线
选择对象：                                         //按空格键结束对象的选择
指定基点或 [位移(D)] <位移>：                       //捕捉拾取墙体的端点
指定第二个点或 <使用第一个点作为位移>： 500✓        //垂直向上移动光标，指定拉伸的方向，然后
                                                  在命令行输入拉伸距离，完成效果如图2-70所示
```

5．分解对象

【分解】命令是将某些特殊的对象分解成多个独立的部分，以便于编辑。

启用【分解】命令的方法如下：
- ★ 命令行：EXPLODE / X。
- ★ 工具栏：【修改】工具栏中的【分解】按钮。

执行上述任意一种操作之后，命令行提示如下：

```
命令：EXPLODE✓                                    //调用分解命令
选择对象：指定对角点：找到 1 个                     //选择要分解的对象
选择对象：                                         //按空格键结束对象的选择，选择的对象即被分解
```

图2-71所示为使用【分解】命令分解对象的效果，图块等对象分解后，即可分别选择各个部分进行编辑修改。

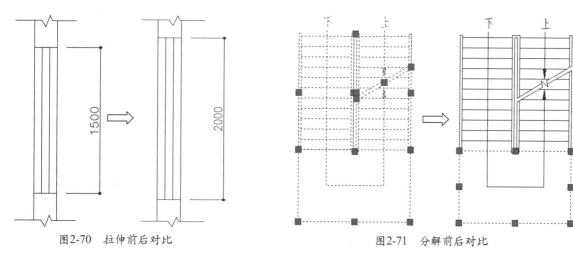

图2-70　拉伸前后对比　　　　图2-71　分解前后对比

6．倒角对象

【倒角】命令用于将两条非平行直线或多段线做出有斜度的倒角。

启用【倒角】命令方法如下：
- ★ 命令行：CHAMFER / CHA。
- ★ 工具栏：【修改】工具栏中的【倒角】按钮。
- ★ 菜单栏：【修改】|【倒角】命令。

执行上述任意一项操作之后，命令行提示如下：

命令：CHAMFER✓	//调用倒角命令
（"修剪"模式）当前倒角距离 1 = 0.0000，距离 2 = 0.0000	//系统提示当前倒角设置
选择第一条直线或 [放弃(U)/多段线(P)/距离(D)/角度(A)/修剪(T)/方式(E)/多个(M)]：	//选择第一条倒角直线
选择第二条直线，或按住 Shift 键选择要应用角点的直线：	//选择第二条倒角直线，倒角结果如图2-72所示

7. 圆角对象

【圆角】命令与【倒角】命令类似，它是将两条相交的直线通过一个圆弧连接起来。

启用【圆角】命令的方法如下：

★ 命令行：FILLET / F。

★ 工具栏：【修改】工具栏中的【圆角】按钮◻。

★ 菜单栏：【修改】|【圆角】命令。

执行上述任意一种操作后，命令行提示如下：

命令：FILLET✓	//调用圆角命令
当前设置：模式 = 修剪，半径 = 0.0000	//系统提示当前圆角设置
选择第一个对象或 [放弃(U)/多段线(P)/半径(R)/修剪(T)/多个(M)]：R✓	
指定圆角半径 <0.0000>：500✓	//输入圆角半径
选择第一个对象或 [放弃(U)/多段线(P)/半径(R)/修剪(T)/多个(M)]：	//选择第一个圆角对象
选择第二个对象，或按住 Shift 键选择要应用角点的对象：	//选择第二个圆角对象，完成圆角的绘制，如图2-73所示

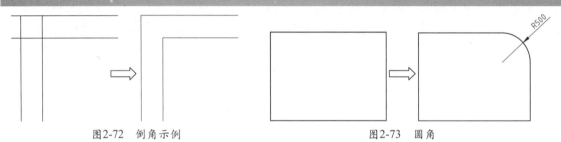

图2-72　倒角示例　　　　　　　　　　　图2-73　圆角

2.9　文字和尺寸标注

　　文字标注和尺寸标注表达了重要的图形信息，在建筑设计施工图中是不可缺少的重要组成部分。文字标注可以对图纸中不便于表达的内容加以说明，使图纸的含义更加清晰，使施工或加工人员对图纸一目了然。尺寸标注则是建筑施工人员进行施工的依据。

2.9.1　设置文字样式

　　文字样式是同一类文字的格式设置的集合，包括字体、字高、显示效果等。在创建文字之前，首先应设置相应的文字样式。

　　设置文字样式需要在【文字样式】对话框中进行设置，打开该对话框有以下3种方法：

★ 命令行：STYLE / ST。

★ 样式工具栏：【样式】工具栏中的【文字样式】按钮。

★ 菜单栏：【格式】|【文字样式】命令。

　　使用上述任意方法执行"文字样式"命令后，系统弹出【文字样式】对话框，在对话框中设置相应的参数，即可完成文字样式的设置，如图2-74所示。

图2-74　设置文字样式

2.9.2　文字的输入与编辑

建立文字样式后，就可以使用相关的命令进行文字的输入。

1. 输入单行文字

单行文字的每一行都是一个文字对象，常用来输入简短的文字内容。

启用【单行文字】命令方法如下：

★　命令行：DTEXT / TEXT。
★　工具栏：【绘图】工具栏中的【单行文字】按钮AI。
★　菜单栏：【绘图】|【文字】|【单行文字】命令。

执行该命令后，命令行提示如下：

命令：TEXT
当前文字样式："Standard" 文字高度：2.5000 注释性：否
指定文字的起点或 [对正(J)/样式(S)]：

此时可以设置文字对象的对齐方式和所关联的文字样式。

2. 输入多行文字

多行文字常用于创建字数较多、字体变化较为复杂，甚至字号不一的文字标注，它可以对文字进行更为复杂的编辑，如为文字添加下划线，设置文字段落对齐方式，为段落添加编号和项目符号等。

启用【多行文字】命令方法如下：

★　命令行：MTEXT / MT。
★　工具栏：【绘图】工具栏中的【多行文字】按钮A。
★　菜单栏：【绘图】|【文字】|【多行文字】命令。

调用【多行文字】命令后，在需要进行文字标注的区域绘制一个矩形框，在弹出的文本框中输入文字，按回车键进行换行，结果如图2-75所示。

选中标题，单击对话框上的【居中】按钮，如图2-76所示，可将标题居中对齐，如图2-77所示。

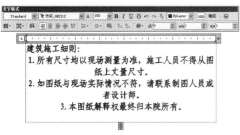

图2-75　输入多行文字

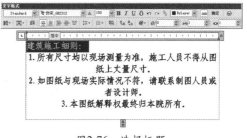

图2-76　选择标题

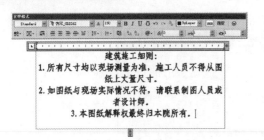

图2-77　对齐结果

单击对话框上的【多行文字对正】按钮，在其下拉菜单中选择【左上】的对齐方式，如图2-78所示，对齐的结果如图2-79所示。

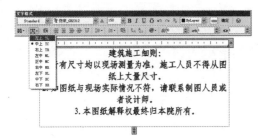

图2-78　选择对齐方式

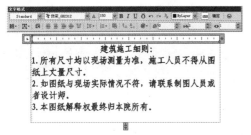

图2-79　对齐结果

此外，用户还可以选择其他的对正方式来进行对多行文字的编辑，比如【右上】、【左中】、【正中】等对齐方式。

2.9.3　设置尺寸标注样式

标注样式用来控制标注的外观，如箭头样式、文字设置、文字高度和尺寸公差等，是标注设置的命名集合。AutoCAD中用户可以创建标注样式，用来快速指定标注的格式并确保标注符合行业或项目标准。

下面以创建"建筑标注样式"为例，介绍尺寸标注样式的创建方法。

01 执行【格式】|【标注样式】菜单命令，打开图2-80所示的【标注样式管理器】对话框。

02 单击【新建】按钮，在弹出的【创建新标注样式】对话框中新建一个建筑标注样式并

单击【继续】按钮，在弹出的【新建标注样式：建筑标注】对话框中对新建的标注样式进行设置。

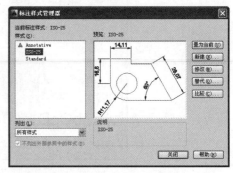

图2-80　【标注样式管理器】对话框

03 单击其中的【线】选项卡，对其中的参数进行设置，如图2-81所示。

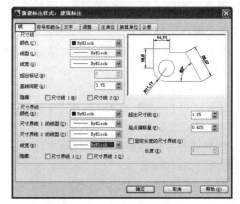

图2-81　【线】选项卡

04 单击其中的【符号和箭头】选项卡，对其中的参数进行设置，如图2-82所示。

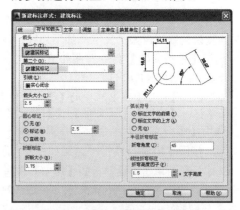

图2-82　【符号和箭头】选项卡

05 单击其中的【文字】选项卡，对其中的参数进行设置，如图2-83所示。

06 单击其中的【调整】选项卡，对其中的参数进行设置，如图2-84所示。

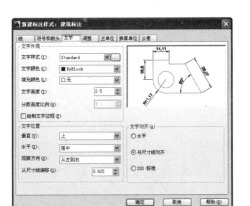

图2-83　【文字】选项卡

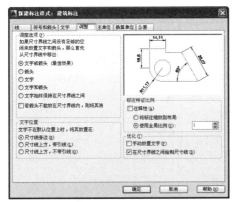

图2-84　【调整】选项卡

07 单击其中的【主单位】选项卡，对其中的
参数进行设置，如图2-85所示，完成设置
后，单击【确定】按钮返回【标注样式管
理器】对话框，单击【置为当前】按钮，
完成"建筑标注样式"的创建。

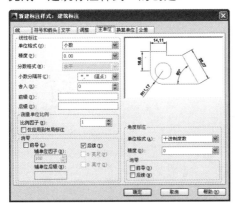

图2-85　【主单位】选项卡

08 图2-86所示为建筑标注样式的标注效果。

图2-86　标注样式的标注效果

2.9.4　尺寸标注

在创建了标注样式之后，即可使用该样式
进行尺寸标注。

1．线性标注

【线性标注】命令包括水平标注和垂直标
注两种类型，用于标注任意两点之间的距离。

调用【线性标注】命令的方法有：

★ 命令行：DIMLINEAR / DLI。
★ 工具栏：【标注】工具栏中的【线性】按
钮。
★ 菜单栏：【标注】|【线性标注】命令。

图2-87所示为使用【线性标注】命令标注
建筑户型图的效果。

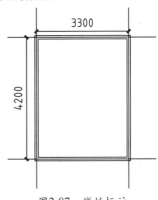

图2-87　线性标注

2．直径标注

【直径标注】命令用于标注圆或弧的直
径。在标注时，选择需要标注的圆或弧，以及
确定尺寸线位置。拖动尺寸线即可以创建直径
标注。如果选用AutoCAD的默认值，那么直径
符号"φ"会自动加注，如图2-88所示。

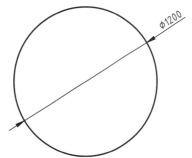

图2-88　直径标注

启用【直径标注】命令的方法有：

★ 命令行：DIMDIAMETER / DDI。
★ 工具栏：【标注】工具栏中的【直径】按
钮。
★ 菜单栏：【标注】|【直径标注】命令。

3. 半径标注

【半径标注】命令用于标注圆或弧的半径，标注的半径数值前会自动添加"R"符号，如图2-89所示。

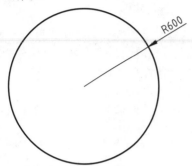

图2-89　半径标注

启用【半径标注】命令的方法有：

★　命令行：DIMRADIUS / DRA。
★　工具栏：【标注】工具栏中的【半径】按钮◎。
★　菜单栏：【标注】|【半径标注】命令。

4. 角度标注

【角度标注】命令用于标注圆弧对应的中心角、相交直线形成的夹角或者三点形成的夹角，如图2-90所示。

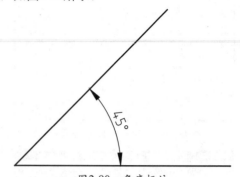

图2-90　角度标注

启用【角度标注】命令的方法有：

★　命令行：DIMANGULAR / DAN。
★　工具栏：【标注】工具栏中的【角度】按钮△。
★　菜单栏：【标注】|【角度标注】命令。

第3章
绘制轴网

在绘制建筑平面图之前，首先需要绘制轴网。轴网是由建筑轴线组成的网格，是人为地在建筑图纸中为了标示构件的详细尺寸，按照一般的习惯标准虚设的，习惯上标注在对称界面或截面构件的中心线上。轴网是建筑制图的主体框架，建筑物的主要支承构件按照轴网定位排列，达到井然有序。本章将介绍轴网的绘制方法。

天正建筑
TArch 2014
完全实战技术手册

3.1 轴网概念

轴网是由两组到多组轴线与轴号、尺寸标注组成的平面网格，是建筑物单体平面布置和墙柱构件定位的依据。完整的轴网由轴线、轴号和尺寸标注3个相对独立的系统构成，如图3-1所示。

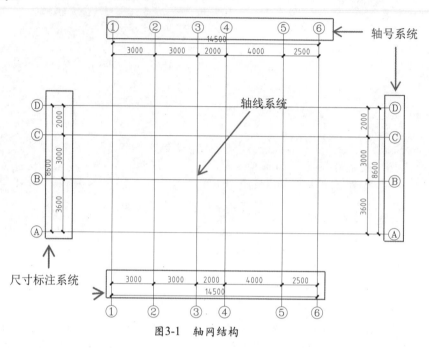

图3-1　轴网结构

▌3.1.1　轴线系统

对于AutoCAD的基本图形对象，包括LINE、ARC、CIRCLE等，天正软件可将其识别为轴线对象。

天正软件默认轴线的图层是"DOTE"，当然，用户也可以通过【设置】菜单中的【图层管理】命令修改默认的图层标准。

默认轴线使用的线型是细实线，这样是为了绘图过程中方便捕捉。用户在出图前应该用【轴改线型】命令将其改为规范要求的点画线。

▌3.1.2　轴号系统

轴号是内部带有比例的自定义专业对象，是按照《房屋建筑制图统一标准》（GB/T50001—2010）的规定编制的，它默认的是在轴线两端成对出现，可以通过对象编辑单独控制个别轴号或其某一端的显示，轴号的大小与编号方式符合现行制图规范要求，保证出图后号圈直径的大小是8，不规范字符不得用于轴号的字母，轴号对象预设有用于编辑的夹点，拖动夹点的功能包括轴号偏移、改变引线长度、轴号横向移动等。

▌3.1.3　尺寸标注系统

尺寸标注系统由自定义尺寸标注对象构成，在标注轴网时自动生成于轴线图层AXIS上。除了图层不同外，它与其他命令的尺寸标注没有区别。

3.2 创建轴网

在天正建筑TArch 2014中，创建轴网的方法有以下3种。

★ 使用【绘制轴网】命令生成标准的直线轴网或圆弧轴网。
★ 根据已有的建筑平面布置图，使用【墙生轴网】命令生成轴网。
★ 在轴线图层上绘制line、arc或circle，轴网标注命令识别为轴线。

本节重点介绍前两种创建轴网的方法。

▌3.2.1 绘制直线轴网

直线轴网功能用于生成正交轴网、斜交轴网或单向轴网。在【绘制轴网】对话框中的【直线轴网】选项卡中执行该命令。

调用【绘制轴网】命令方法如下。

★ 菜单栏：执行【轴网柱子】|【绘制轴网】菜单命令。
★ 命令行：在命令行中输入"HZZW"命令并按回车键。

调用【绘制轴网】命令后，弹出【绘制轴网】对话框，在其中选择【直线轴网】选项卡，分别选择【上开】、【下开】、【左进】和【右进】单选项，输入相应的轴间距和个数，如图3-2所示。最后单击【确定】按钮，在绘图区单击鼠标即可创建直线轴网。

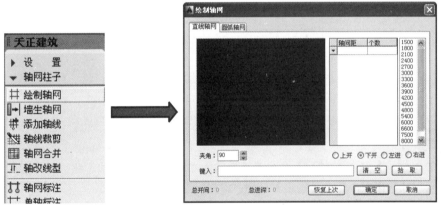

图3-2 绘制轴网

1. 输入轴网数据的方法

★ 直接在【键入】栏内键入轴网数据，每个数据之间用空格或英文逗号隔开，输入完毕后按回车键生效。如可以输入3000、3000，也可以用3000*2代替前者。
★ 在电子表格中键入"轴间距"和"个数"的数值，其常用值可通过直接单击右方数据栏或下拉列表的预设数据来选取。
★ 直接双击右方数据，系统默认的个数是1，如果是多个，可在"个数"一列中单击向下的箭头，再选取需要的开间个数。其实这也是大多数用户相对来说最喜欢的输入轴网数据的方法，因为这样最简洁，最方便。

系统默认的首先是下开间和左进深，若当夹角设置为90°时，可以理解为X轴方向数据和Y轴方向数据，这也与所熟悉笛卡尔坐标系统有关。

2. 对话框控件的说明

[上开]：在轴网上方进行轴网标注的房间开间尺寸，如图3-3所示。
[下开]：在轴网下方进行轴网标注的房间开间尺寸，如图3-3所示。
[左进]：在轴网左侧进行轴网标注的房间进深尺寸，如图3-3所示。
[右进]：在轴网右侧进行轴网标注的房间进深尺寸，如图3-3所示。

[个数]、[尺寸]：栏中数据的重复次数，可以通过单击右方数值栏或下拉列表获得，也可以直接键入数值。

[轴间距]：开间或进深的尺寸数据，可以通过单击右方数值栏或下拉列表获得，也可以直接键入数值。

[键入]：键入一组尺寸数据，用空格或英文逗点隔开，按回车键将数据输入到电子表。

[夹角]：输入开间与进深轴线之间的夹角数据，默认为夹角90°的正交轴网。

[偏移]：输入数据的辅助工具，在上下开间（左右进深）不同时，输入错开的数值。

[清空]：把某一组开间或者某一组进深数据清空，同时保留其他组的数据。

[恢复上次]：把上次绘制直线轴网的参数恢复到对话框中。

[确定]、[取消]：单击【确定】按钮后开始绘制直线轴网并保存数据；单击【取消】按钮取消绘制轴网并放弃输入数据。

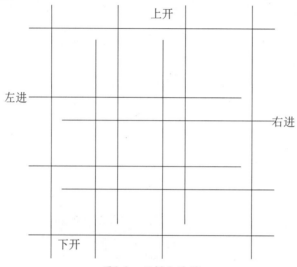

图3-3　开间和进深

3．绘制轴网

执行【轴网柱子】|【绘制轴网】命令或直接输入"HZZW"并按回车键，在【绘制轴网】对话框中输入所有尺寸数据后，单击【确定】按钮，命令行显示：

点取位置或[转90° (A) /左右翻(S) /上下翻(D) /对齐(F) /改转角(R) /改基点(T)]<退出>：

此时可通过拖动基点来插入轴网，直接点取轴网目标位置或按命令行提示操作。

注意

输入的尺寸定位以轴网的左下角轴线交点为基点，多层建筑各平面同号轴线交点位置应一致。

【案例3-1】：绘制直线轴网

视频：视频\第03章\案例3-1 绘制直线轴网.mp4

绘制某中学学生宿舍的轴网，绘制参数如下。

下开间：4×3900，4200，4×3900

左进深：6000，2400，6000

01 执行【轴网柱子】|【绘制轴网】命令或输入"HZZW"命令并按回车键，在弹出的【绘制轴网】对话框中单击【直线轴网】标签，选择【下开】单选项，设置【下开】参数，依次为3900*4，4200，3900*4，如图3-4所示。

02 选择【左进】单选项，设置【左进】参数，依次为6000、2400、6000，如图3-5所示。

图3-4　下开间输入

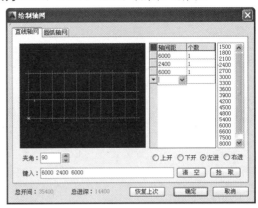

图3-5　左进深输入

03 单击【确定】按钮，在绘图区中点取轴网插入位置，创建的轴网如图3-6所示。

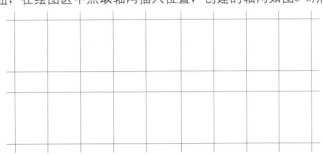

图3-6　绘制的轴网

注意

在【绘制轴网】对话框中输入数据，下开间是红色线，上开间是黄色线；左进深是绿色线，右进深是蓝色线。

3.2.2　绘制圆弧轴网

圆弧轴网是由一组同心弧线和不过圆心的径向直线组成的，常用于组合其他轴网，端径向轴线由两轴网共用，在【绘制轴网】对话框中的【圆弧轴网】选项卡下执行。

执行【绘制轴网】命令后，弹出【绘制轴网】对话框，在其中选择【圆弧轴网】选项卡，选择【进深】单选项，并输入轴间距、个数和内弧半径等参数，如图3-7所示。

选择【圆心角】单选项并输入轴夹角和个数，如图3-8所示。

图3-7　输入进深

图3-8　输入圆心角

1. 输入轴网数据的方法

★ 直接在【键入】栏内输入轴网数据，每个数据之间用空格或英文逗号隔开，输入完毕后按回车键使其生效。

★ 在右边表格中输入[轴间距]/[轴夹角]和[个数]，常用值可通过直接单击右方数据栏或下拉列表的预设数据来获得。

2. 对话框控件的说明

[进深]：在轴网径向，由圆心起算到外圆的轴线尺寸序列，单位为mm，如图3-9所示。

[圆心角]：由起始角起算，按旋转方向排列的轴线开间序列，单位为°(度)。

[轴间距]：进深尺寸数据，可以通过单击右方数值栏或下拉列表获得，也可以直接输入。

[轴夹角]：开间轴线之间的夹角数据，其常用数据可以从下拉列表获得，也可以直接输入，如图3-9所示。

[个数]：栏中数据的重复次数，可以通过单击右方数值栏或下拉列表获得，也可以直接输入。

[内弧半径]：从圆心起算的最内侧环向轴线半径，可从图上取两点获得，也可以为0，如图3-9所示。

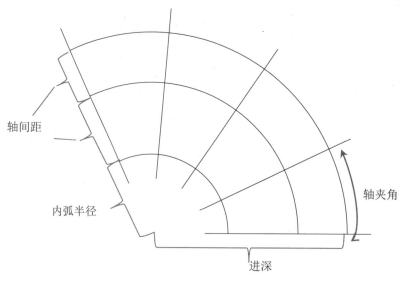

图3-9 弧轴网

[起始角]：x轴正方向到起始径向轴线的夹角（按旋转方向定）。

[逆时针]：指定径向轴线的旋转方向为逆时针方向。

[顺时针]：指定径向轴线的旋转方向为顺时针方向。

[共用轴线]：在与其他轴网共用一根径向轴线时，从图上指定该径向轴线，不再重复绘出，点取时通过拖动圆轴网来确定与其他轴网连接的方向。

[键入]：输入一组尺寸数据，用空格或英文逗点隔开，按回车键后输入到电子表格中。

[插入点]：单击【插入点】按钮可改变默认的轴网插入基点位置。

[清空]：把某一组圆心角或者某一组进深数据栏清空，同时保留其他数据。

[恢复上次]：把上次绘制圆弧轴网的参数恢复到对话框中。

[确定]、[取消]：单击【确定】按钮后开始绘制圆弧轴网并保存数据；单击【取消】按钮则取消绘制轴网并放弃输入数据。

3. 绘制弧轴网

在对话框中输入所有尺寸数据后，单击【确定】按钮，命令行显示：

点取位置或[转90度(A)/左右翻(S)/上下翻(D)/对齐(F)/改转角(R)/改基点(T)]<退出>：

此时可拖动基点并将其插入至绘图区，直接点取轴网目标位置或者按命令行提示进行操作。

注意

当圆心角的总夹角为360°时，生成弧线轴网的特例"圆轴网"。

【案例3-2】：绘制圆弧轴网

素材：素材\第03章\3.2.2绘制圆弧轴网.dwg
视频：视频\第03章\案例3-2 绘制圆弧轴网.mp4

在图3-10所示的直线轴网中添加圆弧轴网。

01 按【Ctrl+O】快捷键，打开配套光盘提供的"第3章/3.2.2绘制圆弧轴网.dwg"素材文件，如图3-10所示。

02 执行【轴网柱子】|【绘制轴网】命令或输入"HZZW"命令并按回车键，弹出【绘制轴网】对话框，单击【圆弧轴网】选项卡，如图3-11所示。

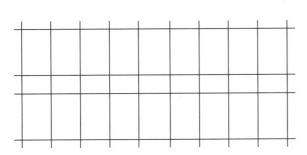

图3-10 直线轴网

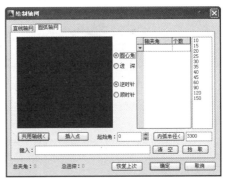

图3-11 进入【圆弧轴网】选项卡

03 选择【圆心角】单选项，设置角度参数依次为15、60、15，将【内弧半径】的参数设置为3300，如图3-12所示。选择"进深"单选项，在【键入】框中输入6000、2400、6000，如图3-13所示。

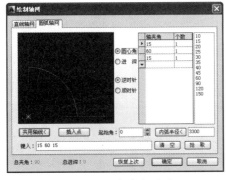

图3-12 圆心角参数设置

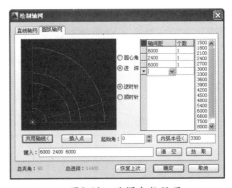

图3-13 进深参数设置

04 单击【确定】按钮，在绘图区插入圆弧轴网，使其与直线轴网右边轴线对齐，如图3-14所示。

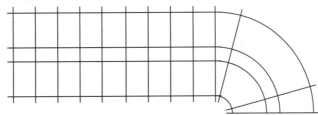

图3-14 插入的圆弧轴网

3.2.3 墙生轴网

在方案设计中，建筑师需反复修改平面图，如增加墙体、删除墙体、修改开间和进深数据等，这时用轴线定位就不太方便了，为此天正软件提供了根据墙体直接生成轴网的功能。建筑师可以在参考栅格点上直接进行设计，待平面方案确定后，再用本命令生成轴网；也可以用墙体命令绘制平面草图，然后生成轴网。

执行调用【绘制轴网】命令方法如下。

★ 菜单栏：执行【轴网柱子】|【墙生轴网】菜单命令。

★ 命令行：在命令行中输入"QSZW"命令并按回车键。

执行命令后，命令行提示：

请选择要从中生成轴网的墙体：

点取要生成轴网的所有墙体，然后按回车键确认，即可在墙体基线位置上自动生成没有标注轴号和尺寸的轴网。

【案例3-3】：墙生轴网

素材：素材\第03章\3.2.3墙生轴网设计.dwg
视频：视频\第03章\案例3-3 绘制墙生轴网.mp4

在图3-15所示的墙体中添加轴线。

01 按【Ctrl+O】快捷键，打开配套光盘提供的"第3章/3.2.3墙生轴网设计.dwg"素材文件，如图3-15所示。

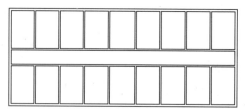

图3-15 墙体

02 执行【轴网柱子】|【墙生轴网】命令或输入"QSZW"命令并按回车键，框选需要生成轴线的墙体，按回车键，生成的轴网如图3-16所示。

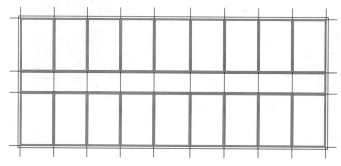

图3-16 从墙体生成的轴网

3.2.4 实战——绘制写字楼轴网

素材：素材\第03章\3.2.4实战-绘制写字楼轴网.dwg
视频：视频\第03章\3.2.4实战-绘制写字楼轴网.mp4

本节以写字楼轴网为例，介绍建筑轴网的绘制流程和方法。

01 执行【轴网柱子】|【绘制轴网】命令，在弹出的【绘制轴网】对话框中单击【直线轴网】选项

卡，选择【下开】单选项，设置【下开】参数，轴间距为8400，个数为7，如图3-17所示。

02 选择【左进】单选项，设置【左进】参数，依次为8400、4200、8400，如图3-18所示。

图3-17 设置【下开】参数

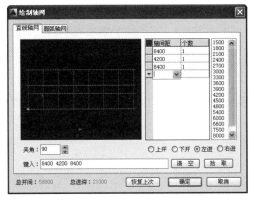

图3-18 设置【左进】参数

03 参数设置完成后，单击【确定】按钮。在绘图区中选择轴网的插入位置，绘制的写字楼轴网如图3-19所示。

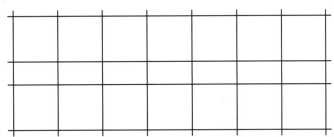

图3-19 写字楼轴网

3.3 轴网标注与编辑

轴网的标注包括轴号标注和尺寸标注。轴号可按规范要求用数字、大写字母、小写字母、双字母、双字母间隔连字符等方式标注，可适应各种复杂分区轴网。系统按照《房屋建筑制图统一标准》的规定，要求字母I、O、Z不能用于轴号，在排序时会自动跳过这些字母。

尽管轴网标注命令能一次完成轴号和尺寸的标注，但轴号和尺寸标注属于独立存在的不同对象，不能联动编辑，用户修改轴网时应注意自行处理。

3.3.1 轴网标注

【轴网标注】命令用于对始末轴线间的一组平行轴线（直线轴网与圆弧轴网的进深）或者径向轴线（圆弧轴线的圆心角）进行轴号和尺寸标注。

调用【轴网标注】命令后，在弹出的【轴网标注】对话框中设置相应的参数，依次选择起始轴和结束轴，按回车键或单击右键即可完成轴网标注的操作。

调用【轴网标注】命令方法如下。

★ 菜单栏：运行【轴网柱子】|【轴网标注】菜

单命令。

★ 命令行：在命令行中输入"ZWBZ"命令并按回车键。

调用【轴网标注】命令后，将打开【轴网标注】对话框，如图3-20所示。

图3-20 【轴网标注】对话框

1. 对话框控件的说明

[起始轴号]：当起始轴号不是默认值1或者A时，在此处输入自定义的起始轴号可以使用字母和数字组合轴号。

[共用轴号]：勾选此复选项表示起始轴号由所选择的已有轴号的后继数字或字母决定。

[单侧标注]：表示在当前选择一侧的开间（进深）标注轴号和尺寸，如图3-21所示。

[双侧标注]：表示在两侧的开间（进深）均标注轴号和尺寸，如图3-22所示。

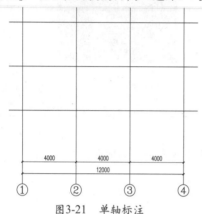

图3-21 单轴标注

图3-22 双轴标注

2. 轴网标注命令提示

在【轴网标注】对话框中设置完参数后，命令行显示如下：

请选择起始轴线<退出>：	//选择一个轴网某开间（进深）一侧的起始轴线
请选择终止轴线<退出>：	//选择一个轴网某开间（进深）同侧的末轴线
请选择不需要标注的轴线：	//若有则点取轴线并按回车键；若没有则直接按回车键

在单侧标注的情况下，选择轴线的哪一侧就标在哪一侧。双侧标注则两侧都要标注。

> **注意**
>
> 按照《房屋建筑制图统一标准》，本命令支持类似1-1、A-1的轴号分区标注与AA、A1这样的双字母标注；在对话框中默认起始轴号为1和A，按方向自动标注。

【案例3-4】：绘制轴网标注

素材：素材\第03章\3.3.1绘制轴网标注.dwg
视频：视频\第03章\案例3-4绘制轴网标注.mp4

绘制图3-23所示轴网的标注。

01 按【Ctrl+O】快捷键，打开配套光盘提供的"第3章/3.3.1绘制轴网标注.dwg"素材文件，如图3-23所示。

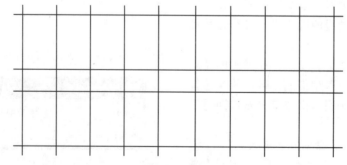

图3-23 轴网

02 在命令行输入"ZWBZ"并按回车键，或执行【轴网柱子】|【轴网标注】命令，在弹出的【轴网标注】对话框中设置参数，结果如图3-24所示。

03 在【起始轴号】文本框输入"1"以用来标注竖向轴线，并选择【双侧标注】单选项，如图3-25所示。

图3-24 【轴网标注】对话框　　　　　　　　图3-25 参数设置

04 选择起始轴线和终止轴线。在命令行提示"请选择不需要标注的轴线"时按回车键，结果如图3-26所示。

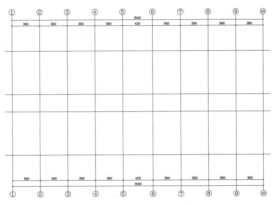

图3-26 竖向轴线标注

05 在命令行输入"ZWBA"命令并按回车键，再次打开【轴网标注】对话框，在【起始轴号】文本框中输入"A"以用来标注水平轴线，并选择【双侧标注】单选项，分别选择起始轴线和终止轴线，轴网标注的最终结果如图3-27所示。

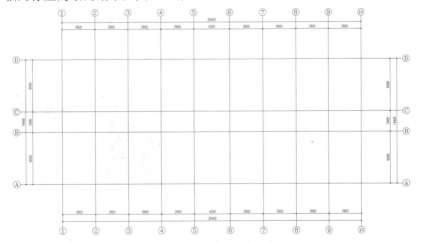

图3-27 轴网标注的最终成果

3.3.2 单轴标注

【单轴标注】命令用于逐个选择轴号标注互不相关的多个轴号。

在TArch 2014中调用【轴网标注】命令，在弹出的【单轴标注】对话框中设置相应的参数，选择待标注的轴线，即可完成单轴标注的操作。

调用【轴网标注】命令方法如下。

★ 菜单栏：执行【轴网柱子】|【单轴标注】菜单命令。
★ 命令行：在命令行中输入"DZBZ"命令并按回车键。

本命令只对单个轴线标注轴号，轴号独立生成，不与已经存在的轴号系统和尺寸系统发生关联。不适用于一般的平面图轴网，常用于立面与剖面、详图等个别单独的轴线标注。

1. 对话框控件的说明

[引线长度]：在其中可以设置轴号的引线长度。

[多轴号]：选择该单选项，可以连续进行相同的轴号标注，如图3-28所示。

[连续]：勾选该复选项，可以设置起始轴号和终止轴号，标注的结果如图3-29所示。

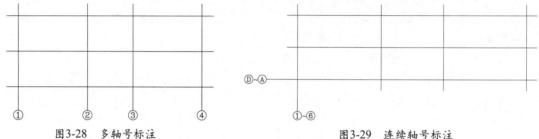

图3-28 多轴号标注　　　　　　　　　　　　　图3-29 连续轴号标注

2. 单轴标注命令提示

执行【单轴标注】菜单命令后，命令行显示如下：

点取待标注的轴线<退出>:　　　　　　　　　　　//点取要标注的某根轴线或按回车键

按回车键即标注选中的轴线，命令行会继续显示以上提示，可对多个轴线进行标注。

【案例3-5】：单轴标注

素材：素材\第03章\3.3.2创建单轴标.dwg
视频：视频\第03章\案例3-5绘制单轴标注.mp4

在图3-30所示的轴网上进行单轴标号。

01 按【Ctrl+O】快捷键，打开配套光盘提供的"第3章/3.3.2创建单轴标注.dwg"素材文件，如图3-30所示。

02 在命令行输入"DZBZ"命令并按回车键或执行【轴网柱子】|【单轴标注】命令，在弹出的【单轴标注】对话框中设置参数，如图3-31所示。

图3-30 轴网

图3-31 设置参数

03 在绘图区点取待标注的轴线，完成单轴标注，结果如图3-32所示。

04 重复操作，在【单轴标注】对话框中修改轴号参数即可对自定义轴号进行标注，结果如图3-33所示。

图3-32 单轴标注

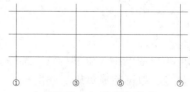

图3-33 标注其他轴线

3.3.3 添加轴线

【添加轴线】命令用于在已有的轴网基础上增加轴线。

在TArch 2014中调用【添加轴线】命令，在绘图区中选择参考轴线并指定距参考轴线的距离，按回车键即可完成添加轴线的操作。

调用【添加轴线】命令方法如下。

★ 菜单栏：执行【轴网柱子】|【添加轴线】菜单命令。

★ 命令行：在命令行中输入"TJZX"命令并按回车键。

本命令应在【轴网标注】命令完成后执行，功能是参考某一根已经存在的轴线，在其任意一侧添加一根新轴线，同时根据用户的选择赋予新的轴号，把新轴线和轴号一起融入到存在的参考轴号系统中。

在命令行输入"TJZX"命令并按回车键或执行【轴网柱子】|【添加轴线】命令，命令行显示：

选择参考轴线 <退出>:   //点选一根参考轴线
新增轴线是否为附加轴线?[是(Y)/否(N)]<N>:

若添加的轴线是附加轴线，则应输入"Y"并按回车键。若添加的轴线不是附加轴线，则输入"N"并按回车键。

是否重排轴号?[是(Y)/否(N)]<Y>:

若需要重排轴号，则输入"Y"并按回车键；若不需要重排，则输入"N"并按回车键。

距参考轴线的距离<退出>:

输入距离参考轴线的距离数值并按回车键。

【案例3-6】：添加轴线

素材：素材\第03章\3.3.3添加一根轴线.dwg
视频：视频\第03章\案例3-6绘制添加轴线.mp4

在图3-34所示的轴网上创建附加轴线。

01 按【Ctrl+O】快捷键，打开配套光盘提供的"第3章/3.3.3添加一根轴线.dwg"素材文件，如图3-34所示。

02 在命令行输入"TJZX"命令并按回车键，在绘图区中选择1号轴线作为参考轴线。

03 在命令行提示"新增轴线是否为附加轴线"时，输入"Y"并按回车键。

04 在命令行提示"是否重排轴号"时，输入"Y"并按回车键。

05 在1号轴线右侧单击鼠标，指定附加轴线偏移方向，并输入偏移距离为2846。

06 按回车键结束绘制，添加轴线的结果如图3-35所示。

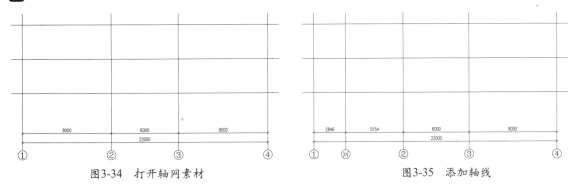

图3-34 打开轴网素材　　　　　　　　　　　图3-35 添加轴线

3.3.4 轴线裁剪

　　绘制完成的轴网通常还需要删除不需要的部分，从而可以方便绘制墙体等图形。【轴线裁剪】命令可以矩形裁剪或多边形裁剪等方式裁剪掉轴网不需要的内容。

　　在TArch 2014中调用【轴线裁剪】命令，根据命令行的提示选择裁剪方式并指定裁剪区域，即可完成轴线裁剪的操作。

　　调用【轴线裁剪】命令方法如下。

★　菜单栏：执行【轴网柱子】|【轴线裁剪】菜单命令。

★　命令行：在命令行中输入"ZXCJ'命令并按回车键。

　　调用【轴线裁剪】命令后，命令行显示如下：

```
矩形的第一个角点或 〔多边形裁剪(P)/轴线取齐(F)〕<退出>：          //指定一个角点
另一个角点<退出>：                                              //指定另一个角点，完成轴线裁剪
```

　　【案例3-7】：轴线裁剪

　　素材：素材\第03章\3.3.4裁剪轴线.dwg

　　视频：视频\第03章\案例3-7绘制轴线裁剪.mp4

　　在图3-36所示的轴网中裁剪轴线。

01 按【Ctrl+O】快捷键，打开配套光盘提供的"第3章/3.3.4裁剪轴线.dwg"素材文件，如图3-36所示。

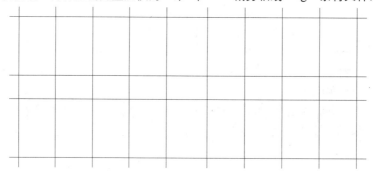

图3-36　轴网

02 执行【轴网柱子】|【轴线裁剪】命令，指定一个裁剪角点。

03 指定矩形的另一个角点，完成裁剪，结果如图3-37所示。

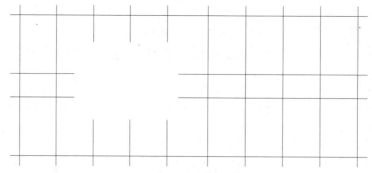

图3-37　轴线剪裁完成

> **注意**
>
> 　　【轴线裁剪】命令默认的剪裁方式是"矩形裁剪"，如果想要选择另外的裁剪方式，可在调用命令后，根据命令行的提示来选择相应的选项以调用不同的剪裁方式。

3.3.5 轴网合并

【轴网合并】命令用于将选定的多组轴线延伸到指定的对齐边界，从而组成一组轴网。

在TArch 2014中调用【轴网合并】命令，根据命令行的提示选择需合并的轴网并选择指定延伸的边界，即可完成轴网合并的操作。

调用【轴网合并】命令方法如下。

★ 菜单栏：执行【轴网柱子】|【轴网合并】菜单命令。

★ 命令行：在命令行中输入"ZWHB"命令并按回车键。

调用【轴网合并】命令后，命令行显示如下：

请选择需要合并对齐的轴线<退出>:	//点选或框选需要合并对齐的轴线
请选择对齐边界<退出>:	//点选或框选对其边界，轴网合并完成

【案例3-8】：合并两个轴网

素材：素材\第03章\3.3.5合并两个轴网.dwg
视频：视频\第03章\案例3-8合并两个轴网.mp4

将图3-38所示的两个轴网进行合并。

01 按【Ctrl+O】快捷键，打开配套光盘提供的"第3章/3.3.5合并两个轴网"素材文件，如图3-38所示。

02 执行【轴网柱子】|【轴网合并】命令，在绘图区中选择需要合并的两个轴网并按回车键确认，如图3-39所示。

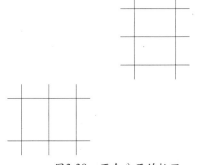

图3-38 两个分开的轴网

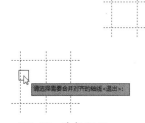

图3-39 选择轴网

03 在绘图区中分别选择轴网对齐边界，如图3-40所示。轴网合并的结果如图3-41所示。

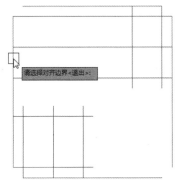

图3-40 选择对齐边界

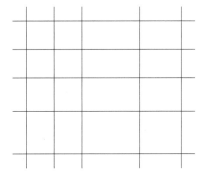

图3-41 合并轴网结果

3.3.6 轴改线型

【轴改线型】命令用于切换轴线的线型。

调用【轴改线型】命令方法如下。

★ 菜单栏：执行【轴网柱子】|【轴改线型】菜单命令。

★ 命令行：在命令行中输入"ZGXX"命令并回车键。

　　本命令可以在点划线和连续线两种线型之间切换。建筑制图要求轴线必须使用点划线，但由于点划线不便于对象捕捉，常在绘图过程使用连续线，在输出的时候再切换为点划线。如果使用模型空间出图，则线型比例用10×当前比例决定，当出图比例为1:100时，默认线型比例为1:1000。如果使用图纸空间出图，天正建筑软件内部已经考虑了自动缩放。

　　【案例3-9】：轴改线型

> 素材：素材\第03章\3.3.6轴改线型.dwg
> 视频：视频\第03章\案例3-9轴改线型.mp4

　　改变图3-42所示轴网的轴线线型。

01 按【Ctrl+O】快捷键，打开配套光盘提供的"第3章/3.3.6轴改线型.dwg"素材文件，如图3-42所示。

02 在命令行输入"ZGXX"命令并按回车键，或执行【轴网柱子】|【轴改线型】命令即可完成轴线线型的切换，如图3-43所示。

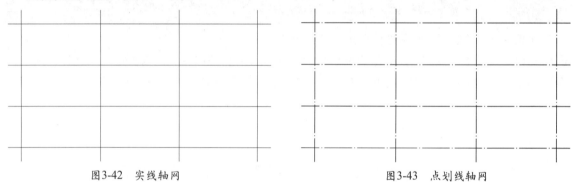

图3-42　实线轴网　　　　　　　　　　　　　图3-43　点划线轴网

3.3.7　实战——标注与编辑写字楼轴网

> 素材：素材\第03章\3.3.7实战——标注与编辑写字楼轴网编号.dwg
> 视频：视频\第03章\3.3.7实战——标注与编辑写字楼轴网编号.mp4

　　本节以写字楼轴网为例来介绍轴网的标注和编辑方法。

01 按【Ctrl+O】快捷键，打开配套光盘提供的"第3章/3.3.7标注与编辑写字楼轴网.dwg"素材文件，如图3-44所示。

02 执行【轴网柱子】|【轴网标注】命令，在弹出的【轴网标注】对话框中设置参数，如图3-45所示。

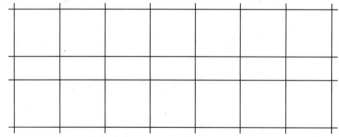

图3-44　写字楼轴网

图3-45　【轴网标注】对话框

03 在绘图区中分别选择起始轴线和终止轴线。在命令行提示"请选择不需要标注的轴线"时按下回车键，标注的结果如图3-46所示。

04 重复操作，继续标注水平轴线，分别选择起始轴线和终止轴线，轴网标注的最终结果如图3-47所示。

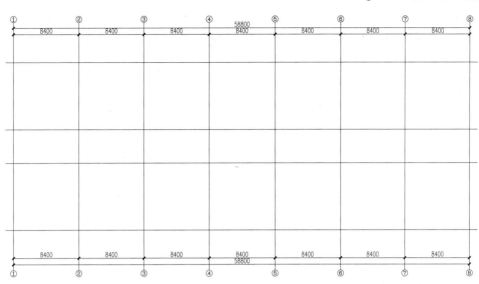

图3-46 竖向轴线标注

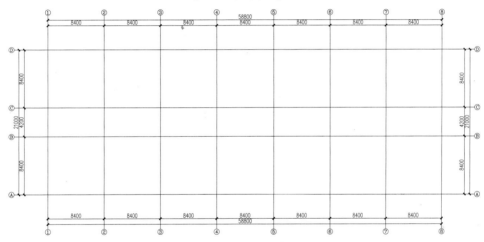

图3-47 水平轴线标注

05 执行【轴网柱子】|【添加轴线】命令，选择C、B轴线。在命令行提示"新增轴线是否为附加轴线"时，输入"Y"并按回车键。在命令行提示"是否重排轴号"时，输入"Y"并按回车键。指定附加轴线偏移方向，并输入偏移参考轴线的距离为1000。按回车键结束操作，添加轴线的结果如图3-48所示。

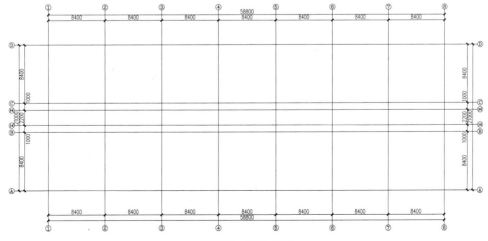

图3-48 添加轴线

3.4 轴号编辑

轴号对象是一组专门为建筑轴网定义的标注符号，通常就是轴网的开间或进深方向上的一排轴号。TArch 2014提供了添补、删除、一轴多号、轴号隐现以及主附转换等相关命令以对轴号进行相关编辑。

3.4.1 添补轴号

【添补轴号】命令可在矩形、弧形、圆形轴网中对新增轴线添加轴号，新添轴号成为原有轴网轴号对象的一部分，但不会生成轴线，也不会更新尺寸标注，适合为以其他方式增添或修改轴线后进行的轴号标注。

调用【添补轴号】命令的方法如下。
★ 菜单栏：执行【轴网柱子】|【添补轴号】菜单命令。
★ 命令行：在命令行中输入"TBZH"命令并按回车键。
【添补轴号】命令行显示如下：

请选择轴号对象<退出>：	//选择与新轴号相邻的已有的轴号对象
请点取新轴号的位置或〔参考点(R)〕<退出>：	//选择需要标注新轴号的位置
新增轴号是否双侧标注?[是(Y)/否(N)]<Y>：	//设置是否双侧标注
新增轴号是否为附加轴号?[是(Y)/否(N)]<N>：	//设置是否为附加轴号
是否重排轴号?[是(Y)/否(N)]<Y>：	//设置是否重排轴号

【案例3-10】：添补轴号

素材：素材\第03章\3.4.1在轴网中添加轴号.dwg
视频：视频\第03章\案例3-10绘制添补轴号.mp4

在图3-49所示的轴网上添加轴号。

01 按【Ctrl+O】快捷键，打开配套光盘提供的"第3章/3.4.1在轴网中添加轴号.dwg"素材文件，如图3-49所示。

02 执行【轴网柱子】|【添补轴号】命令，在轴网上选择任意一个轴号对象，按回车键确认。

03 选择未标注的轴线，指定新轴号的位置，在命令行提示"新增轴号是否双侧标注？"时，输入"N"并按回车键。

04 在命令行提示"是否重排轴号？"时，输入"Y"并按回车键，添补轴号的结果如图3-50所示。

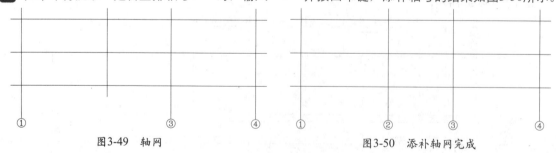

图3-49 轴网   图3-50 添补轴网完成

3.4.2 删除轴号

本命令用于在平面图中删除个别不需要的轴号的情况，可根据需要决定是否重排轴号，从TArch 6.5版本开始支持多选轴号并进行一次删除。

调用【删除轴号】命令方法如下。

★ 菜单栏：执行【轴网柱子】|【删除轴号】菜单命令。

★ 命令行：在命令行中输入"SCZH"命令并按回车键。

执行【删除轴号】命令，命令行显示如下：

请框选轴号对象<退出>：	//使用窗选方式选取1个或多个需要删除的轴号
请框选轴号对象：✓	//回车结束选择
是否重排轴号?[是(Y)/否(N)]<Y>：	//设置是否重排轴号

【案例3-11】：删除轴号

素材：素材\第03章\3.4.2删除轴网中的轴号.dwg
视频：视频\第03章\案例3-11 绘制删除轴号.mp4

在图3-51所示的轴网中删除轴号。

01 按【Ctrl+O】快捷键，打开配套光盘提供的"第3章/3.4.2删除轴网中的轴号.dwg"素材文件，如图3-51所示。

02 执行【轴网柱子】|【删除轴号】命令，在绘图区中框选轴号2并按回车键。

03 在命令行提示"是否重排轴号"时，输入"Y"并按回车键。删除轴号的结果如图3-52所示。

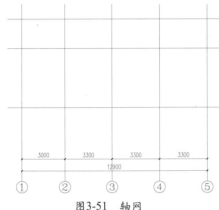

图3-51 轴网

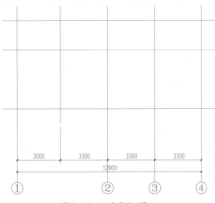

图3-52 删除轴号

3.4.3 一轴多号

【一轴多号】命令用于在原轴号下增加新轴号，表示多个轴号共用一根轴线的情况。图3-53和图3-54所示分别是一轴一号和一轴多号的效果。

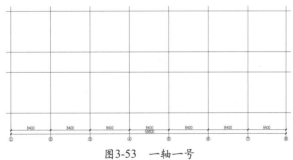

图3-53 一轴一号

在TArch 2014中调用【一轴多号】命令，选择已有的轴号并输入新轴号，按回车键即可完成一轴多号的操作。

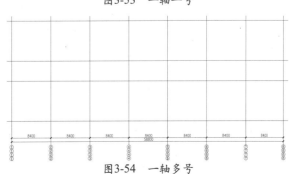

图3-54 一轴多号

调用【一轴多号】命令方法如下。

★ 菜单栏：执行【轴网柱子】|【一轴多号】菜单命令。

★ 命令行：在命令行中输入"YZDH"命令并按回车键。

1. 一轴多号命令提示

调用【一轴多号】命令后，命令行提示如下。

请选择已有轴号或[框选轴圈局部操作（F）\双侧创建多号（Q）]:	//通过两点框定一个轴号，即可全选该分区或方向的整排轴号对象
请选择已有轴号:	//继续选择其他分区或方向已有的轴号，或者按回车键结束选择
请输入复制排数<1>:	//键入轴号复制排数

2. 命令提示说明

[选中轴号整体操作]：选中一排轴号整体进行一轴多号添加操作。

[框选轴圈局部操作]：选中单个的轴号进行一轴多号添加操作。

[单侧创建多号]：只在标注一侧创建多号。

[双侧创建多号]：在标注的同时两侧创建多号。

【案例3-12】：绘制一轴多号

素材：素材\第03章\3.4.3一轴多号.dwg
视频：视频\第03章\案例3-12 制一轴多号.mp4

在图3-55所示的轴网上添加一轴多号。

01 按【Ctrl+O】组合键，打开配套光盘提供的"第3章/3.4.3一轴多号.dwg"素材文件，如图3-55所示。

02 执行【轴网柱子】|【一轴多号】命令，框选轴号对象并按回车键。输入复制排数"2"并按回车键。

03 添加一轴多号的结果如图3-56所示。

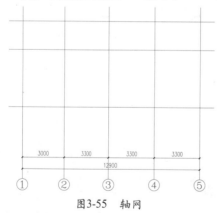
图3-55 轴网

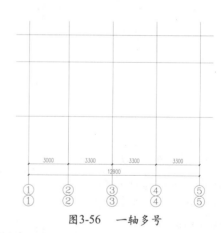
图3-56 一轴多号

3.4.4 轴号隐现

【轴号隐现】命令用于控制单个或多个轴号的隐藏与显示，如图3-57和图3-58所示。

在TArch 2014中调用【轴号隐现】命令，选择需要隐藏的轴号，按回车键即可完成轴号隐现的操作。

调用【轴号隐现】命令方法如下。

★ 菜单栏：执行【轴网柱子】|【轴号隐现】菜单命令。

★ 命令行：在命令行中输入"ZHYX"命令并按回车键。

1. 轴号隐现命令提示

【轴号隐现】命令行显示如下：

请选择需隐藏的轴号或 [显示轴号(F)/设为双侧操作(Q)，当前：单侧隐藏] <退出>：

在命令行输入"F"可在［显示轴号］和［隐藏轴号］之间进行切换；在命令行输入"Q"可在［单侧操作］和［双侧操作］之间进行切换。

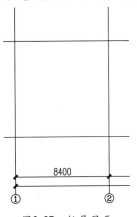

图3-57 轴号显示

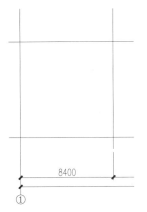

图3-58 轴号隐藏

2．命令提示说明

［显示轴号］：使隐藏的轴号显示出来。

［隐藏轴号］：是显示的轴号隐藏起来。

［单侧操作］：只在标注单侧的轴号操作。

［双侧操作］：在标注双侧的轴号操作。

【案例3-13】：绘制轴号隐现

隐藏图3-59所示轴网的2、3轴号。

01 按【Ctrl+O】快捷键，打开配套光盘提供的"第3章/3.4.4隐藏轴网中的轴号.dwg"素材文件，如图3-59所示。

02 执行【轴网柱子】|【轴号隐现】命令，框选2、3轴号对象并按回车键，选择的轴号即被隐藏，结果如图3-60所示。

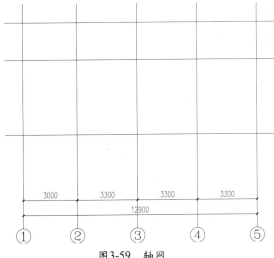

图3-59 轴网

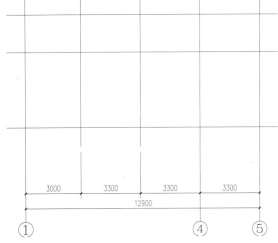

图3-60 轴号隐藏

3.4.5 主附转换

主附转换用于主轴号与附加轴号之间的相互转换。附加轴号主要用在非承重墙和次要承重构件。附加定位轴线号应以分数形式表示，如图3-61所示。两根轴线之间附加轴线应以分母表示前一根轴线的编号，分子表示附加轴线的编号，如"2/B"表示B号轴线后第二根附加轴线；"1/2"表示2号轴线后第一根附加轴线。

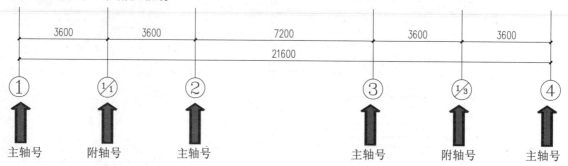

图3-61 主附轴号的区别

调用【主附转换】命令方法如下。

★ 菜单栏：执行【轴网柱子】|【主附转换】菜单命令。
★ 命令行：在命令行中输入"ZFZH"命令并按回车键。

1. 主附转换命令提示

【主附转换】命令行显示如下：

> 请选择需主号变附的轴号或 ［附号变主(F)/设为不重排(Q)，当前：重排］ <退出>：

在命令行输入"F"可在［主号变附］和［附号变主］之间进行切换；在命令行输入"Q"可在［设为重排］和［设为不重排］之间进行切换。框选或点选住需要变换的轴线即可完成变换。

2. 命令提示说明

［主号变附（F）］：表示将主轴编号转变为附轴编号。

［附号变主（F）］：表示将附轴编号转变为主轴编号。

［设为重排（Q）］：表示为主附轴号变换后全部轴号将重新排列。

［设为不重排（Q）］：表示为主附轴号变换后全部轴号不会重新排列。

【案例3-14】：主附转换

> 素材：素材\第03章\3.4.5主轴号向附轴号转换.dwg
> 视频：视频\第03章\案例3-14绘制主附转换.mp4

将图3-62所示轴网中的2和5主轴号转换为附轴号。

01 按【Ctrl+O】快捷键，打开配套光盘提供的"第3章/3.4.5主轴号向附轴号转换.dwg"素材文件，如图3-62所示。

02 执行【轴网柱子】|【主附转换】命令，先后框选2和5主轴号，主附转换的结果如图3-63所示。

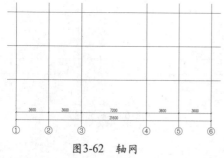

图3-62 轴网

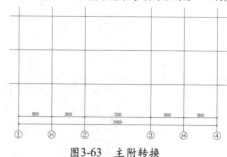

图3-63 主附转换

3.4.6 轴号对象编辑

【对象编辑】是TArch 2014提供给用户的一个集成的轴号编辑命令,可以进行添补与删除轴号、重排轴号以及单轴变标注侧、单轴变号等多种编辑操作。

1. 轴号对象编辑命令提示

当光标移动到轴号上方时轴号对象亮显,单击鼠标右键弹出【智能感知】快捷菜单,在其中执行【对象编辑】命令即可启动【轴号对象编辑】命令,命令行显示如下:

[变标注侧(M)/单轴变标注侧(S)/添补轴号(A)/删除轴号(D)/单轴变号(N)/重排轴号(R)/轴圈半径(Z)]<退出>:

2. 命令提示说明

[变标注侧]:用于控制轴号显示状态,可以在本侧标轴号、对侧标轴号和双侧标轴号间切换。

[单轴变标注侧]:此功能是任由用户逐个点取要改变显示方式的轴号,轴号显示的3种状态立刻改变,被关闭的轴号在编辑状态下变为虚线并在黑背景中以暗色显示,回车结束后隐藏,如图3-64所示。

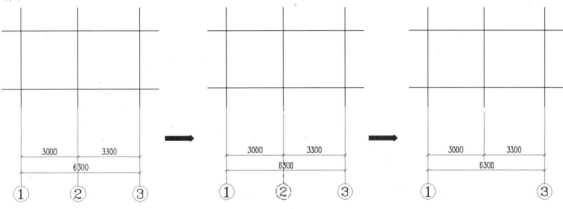

图3-64 单轴变标注侧

[添补轴号]:表示新增一个轴号。

[删除轴号]:表示删除一个轴号。

[单轴变号]:表示改变一个轴号的编号。

[重排轴号]:表示重新排列轴号的编号。

[轴圈半径]:表示轴圈的半径。

注意
不必为删除一侧轴号去分解轴号对象,变标注侧就可以解决这个问题。

3.4.7 在位编辑和夹点编辑

轴号的在位编辑功能可以实时地修改轴号。双击轴号文字,此时进入轴号在位编辑系统;在编辑框中输入轴号的编号即可完成轴号的在位编辑,如图3-65所示。

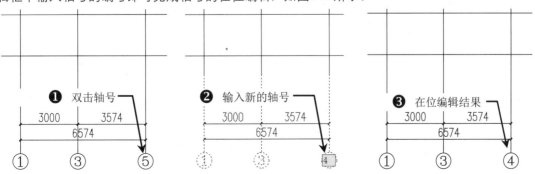

图3-65 轴号在位编辑

有时候由于轴网比较密集，导致所标注的轴号紧靠在一起而不能清晰视图。使用轴号夹点编辑功能可改变轴号的位置及轴号引线的长度，从而使图形变得清晰美观，如图3-66所示。

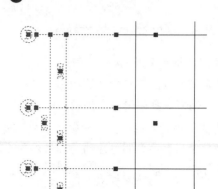

图3-66　轴号夹点

3.4.8　实战——编辑写字楼轴网轴号

素材：素材\第03章\3.4.7实战——编辑写字楼轴网编号.dwg
视频：视频\第03章\3.4.7实战——编辑写字楼轴网编号.mp4

本实战以图3-67所示写字楼轴网为例，练习轴网轴号的编辑命令。

01 按【Ctrl+O】快捷键，打开配套光盘提供的"第3章/3.4.7编辑写字楼轴网编号.dwg"素材文件，如图3-67所示。

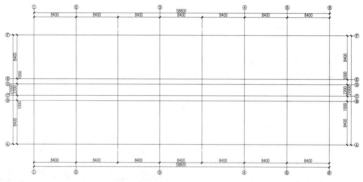

图3-67　写字楼轴网

02 执行【轴网柱子】|【添补轴号】命令，选择2号轴号，然后单击右侧的轴线，指定新轴号位置。

03 在命令行提示"新增轴号是否双侧标注？"时，输入"Y"并按回车键。

04 在命令行提示"新增轴号是否为附加轴号？"时，输入"N"并按回车键。

05 在命令行提示"是否重排轴号？"时，输入"Y"并按回车键。

06 选择4号轴并重复上述操作。添补轴号的结果如图3-68所示。

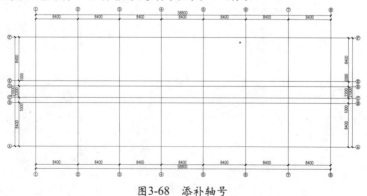

图3-68　添补轴号

07 在命令行输入"ZFZH"按回车键或执行【轴网柱子】|【主附转换】命令，框选需转附的C、D轴号，主附转换的结果如图3-69所示。

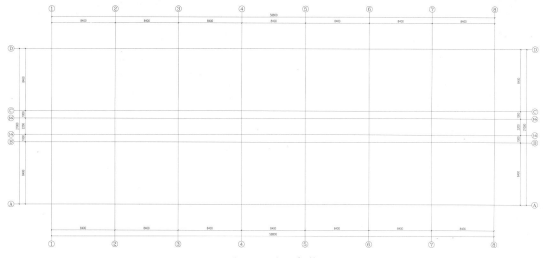

图3-69　主附转换

3.5 综合实战——绘制别墅轴网

素材：素材\第03章\3.5综合实战—绘制别墅轴网.dwg
视频：视频\第03章\3.5综合实战—绘制别墅轴网.mp4

　　本节通过创建别墅轴网来综合练习轴网的创建和标注的相关命令。

01 执行【轴网柱子】|【绘制轴网】命令，打开【绘制轴网】对话框，在弹出的【绘制轴网】对话框中单击【直线轴网】选项卡，选择【下开】单选项，设置【下开】参数，依次为6000、3000、3000、3000，如图3-70所示。

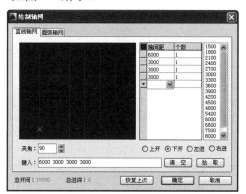

图3-70　设置【下开】参数

02 选择【上开】单选项，设置【上开】参数，依次为4200、7800、3000，如图3-71所示。

图3-71　设置【上开】参数

03 选择【左进】单选项，设置【左进】参数，依次为1500、6000、6000，如图3-72所示。

04 选择【右进】单选项，设置【右进】参数，依次为1500、3000、3000、3000、3000，如图3-73所示。

05 参数设置完成后，单击【确定】按钮，在绘图区中点取轴网插入位置。运行【轴网柱子】|【轴改线型】命令，使轴网由实线变虚线，别墅轴网如图3-74所示。

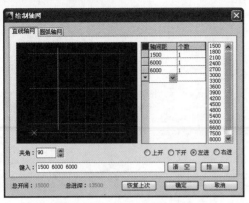

图3-72 设置【左进】参数

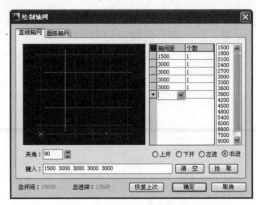

图3-73 设置【右进】参数

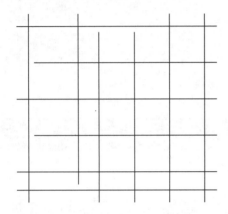

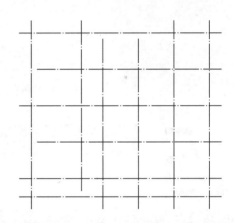

图3-74 生成别墅轴网

06 执行【轴网柱子】|【轴网标注】命令,在弹出的【轴网标注】对话框中设置参数,如图3-75所示。在【起始轴号】文本框中输入"1"用来标注竖向轴线,在【起始轴号】文本框中输入"A"用来标注水平轴线,并选择【双侧标注】单选项。

07 在绘图区中分别点取起始轴和终止轴,标注的结果如图3-76所示。别墅轴网绘制完成。

图3-75 【轴网标注】对话框

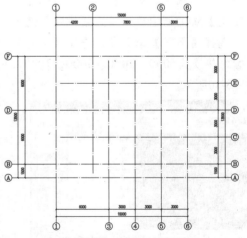

图3-76 别墅轴网标注

第4章
绘制柱子

柱子在建筑设计中主要起到结构支撑的作用，在工程结构中主要承受压力，有时也用于纯粹的装饰。

柱子的材料一般为钢筋混凝土，多由现场浇灌而成。当混凝土与钢筋结合起来，不仅继承了混凝土的抗压能力，也提高了柱子的抗拉能力，混凝土和钢筋结合的柱子共同承受外力。本节将详细讲解柱子的创建和编辑方法。

4.1 柱子的概念

▌4.1.1 柱子的夹点定义

点选绘图区的某个柱子，则会出现若干个夹点。每一个夹点都可以拖动，以此来改变柱子的尺寸或者位置，如矩形柱边的中夹点用于拖动调整柱子的侧边，对角夹点用于改变柱子的大小，圆柱的边夹点用于改变柱子的半径，中心夹点用于改变柱子的转角或移动柱子（单击左键不放也可旋转柱子）。柱子的夹点定义如图4-1所示。

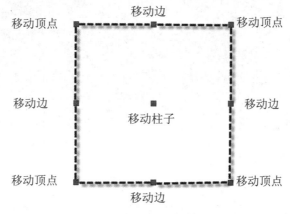

图4-1　柱子夹点定义

▌4.1.2 柱与墙的连接方式

当柱与墙相交时，按墙柱之间的材料等级关系决定柱自动打断墙或者墙穿过柱。如果柱与墙同材料，则墙体被打断的同时与柱连成一体；如果柱与墙不同材料，则柱与墙会隔开，如图4-2所示。

图4-2　柱子与墙的连接

4.2 创建柱子

柱子按形状可分为标准柱和异形柱。标准柱的常用截面形式包括矩形、圆形、多边形等，异形截面柱由任意形状柱和其他封闭的曲线通过布尔运算获取。

▌4.2.1 柱子的种类

按照在建筑物中所起的主要作用和结构类型，柱子又可分为以下几种类型。

1. 构造柱

为提高多层建筑砌体结构的抗震性能，规范要求应在房屋的砌体内适宜部位设置钢筋混凝土柱并与圈梁连接，共同加强建筑物的稳定性。这种钢筋混凝土柱通常就被称为构造柱。构造柱主要不是承担竖向荷载的，而是抗击剪力、抗震等横向荷载的。

2．框架柱

框架柱就是在框架结构中承受梁和板传来的荷载并将荷载传给基础，是主要的竖向受力构件。需要通过计算进行配筋。

3．框支柱

因为建筑功能要求，下部大空间，上部部分竖向构件不能直接连续贯通落地，而通过水平转换结构与下部竖向构件连接。当布置的转换梁支撑上部的剪力墙的时候，转换梁叫框支梁，支撑框支梁的柱子就叫做框支柱。

4．梁上柱

梁上柱本来应该从基础一直升上去，但是由于某些原因，建筑物的底部没有柱子，到了某一层后又需要设置柱子，那么柱子只能从下一层的梁上生根了，这就是梁上柱。

5．剪力墙上柱

指生根于剪力墙上的柱，与框架柱不同之处在于，受力后将力通过剪力墙传递给基础。应注意柱与剪力墙钢筋的搭接。

4.2.2　标准柱

标准柱为具有均匀断面形状的竖直构件。在TArch中可绘制的标准柱主要包括方柱、圆柱、正三角形柱、正五边形柱、正六边形柱、正八边形柱、正十二边形柱以及异形柱，如图4-3所示。

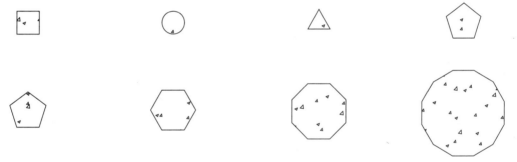

图4-3　标准柱

> **提示**
>
> 为了区分墙体与柱子，天正建筑软件可设置柱子向内加粗或填充图案，如图4-4所示。执行【设置】|【天正选项】命令，打开【天正选项】对话框，选中【加粗填充】选项卡即可对柱子的显示方式和填充图案进行设置。

默认显示　　　　　　图案填充　　　　　　向内加粗

图4-4　柱子的3种显示方式

【标准柱】命令用于在指定处插入方柱、圆柱、八角柱等。

执行【轴网柱子】|【标准柱】命令，在弹出的【标准柱】对话框中设置相应的参数，如图4-5所示。在绘图区中指定插入位置即可完成插入标准柱的操作。

调用【标准柱】命令方法如下。

★ 菜单栏：执行【轴网柱子】|【标准柱】菜单命令。

★ 命令行：在命令行中输入"BZZ"命令并按回车键。

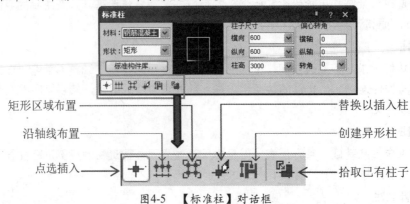

图4-5 【标准柱】对话框

1. 对话框控件说明

[柱子尺寸]：设置柱子截面尺寸和高度，其中的参数因柱子形状不同而略有差异，如图4-3所示。

[偏心转角]：设置柱子旋转的角度，其中旋转角度在矩形轴网中以x轴为基准线；在弧形、圆形轴网中以环向弧线为基准线，以逆时针为正，顺时针为负自动设置。

[材料]：表示柱子所选用的材料，在下拉列表中选择材料，柱子与墙之间的连接形式以两者的材料决定，目前包括砖、石材、钢筋混凝土和金属，默认为钢筋混凝土。

[形状]：表示柱子可选的不同形状，列表框中有矩形、圆形和正多边形等柱截面。

[标准构件库]：从柱构件库中取得预定义柱的尺寸和样式，柱构件库如图4-6所示。

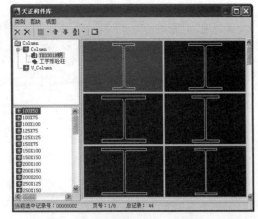

图4-6 【构件库】对话框

[点选插入]：表示在绘图区插入轴线时优先捕捉交点插柱，若未捕捉到交点，则在点取位置插柱，如图4-7所示。

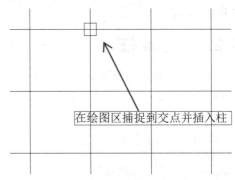

在绘图区捕捉到交点并插入柱

图4-7 点选插入

[沿轴线布置]：表示在绘图区插入轴线时，在选定的轴线与其他轴线的交点处插柱，如图4-8所示。

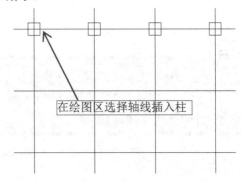

在绘图区选择轴线插入柱

图4-8 沿轴线布置

[矩形区域布置]：表示在绘图区插入轴线时，在指定的矩形区域内，在所有的轴线交点处插柱，如图4-9所示。

[替换已插入柱]：表示以当前参数柱子替换图上的已有柱。

[创建异形柱]：选择绘图窗口中创建的闭合多线段生成异形柱。

[拾取已有柱子]：先选择图上已绘制的闭合Pline线或者已有柱子作为当前标准柱，接着插入该柱。

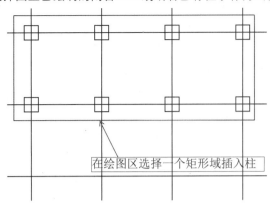

在绘图区选择一个矩形域插入柱

图4-9　矩形区域布置

2. 标准柱命令提示

单击【标准柱】对话框中【点选插入】按钮，命令行显示：

点取位置或 ［转90度(A)/左右翻(S)/上下翻(D)/对齐(F)/改转角(R)
/改基点(T)/参考点(G)]<退出>：　　　　　　　　　　　//在任意位置点选插入

单击【沿轴线布置】按钮，命令行显示：

请选择一轴线<退出>：　　　　//选择任意一根轴线，在轴线上的所有交点插入柱子

单击【矩形区域布置】按钮，命令行显示：

第一个角点<退出>：　　　　//点取矩形区域的一个角点
另一个角点<退出>：　　　　//点取矩形区域的对角点，则该矩形区域中的所有轴线交点都会插入柱子

【案例4-1】：绘制标准柱

素材：素材\第04章\4.2.2绘制标准柱.dwg
视频：视频\第04章\案例4-1绘制标准柱.mp4

在图4-10所示的轴网上绘制标准柱。

01 按【Ctrl+O】快捷键，打开配套光盘提供的"第4章/4.2.2绘制标准柱.dwg"素材文件，如图4-10所示。

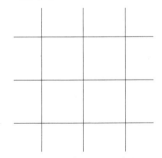

图4-10　打开轴网素材

02 在命令行输入"BZZ"命令并按回车键或执行【轴网柱子】|【标准柱】命令，在弹出的【标准柱】对话框中设置参数，如图4-11所示。

图4-11　设置标准柱参数

03 单击【点选插入柱子】按钮，在绘图区中点取轴线的交点为标准柱的插入点，插入的结果如图4-12所示。

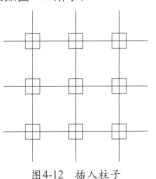

图4-12　插入柱子

注意

读者可选择多种柱子的插入方式以熟悉各种插入方式的特点。

4.2.3 角柱

角柱是指位于建筑角部的柱子，通常都是框架柱，为了抗扭需要往往还要加强处理。

【角柱】命令用于在墙角插入形状与墙一致的角柱，可以修改各肢长度及各分肢的宽度，宽度默认居中，高度为当前层高。生成的角柱与标准柱类似，即每一边都有可调整长度和宽度的夹点，可以方便地按要求修改。如图4-13所示。

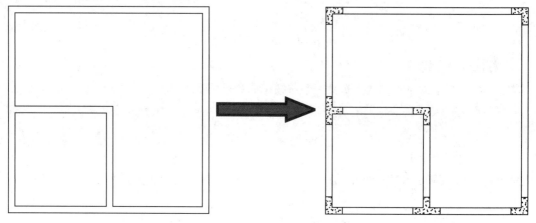

图4-13 绘制角柱

在TArch 2014中调用的角柱命令，点取需要插入角柱的墙角，在弹出的【转角柱参数】对话框中设置相应的参数，如图4-14所示。单击【确定】按钮即可完成插入标准柱的操作。

调用【角柱】命令方法如下。

★ 菜单栏：执行【轴网柱子】|【角柱】菜单命令。
★ 命令行：在命令行中输入"JZ"命令并按回车键。

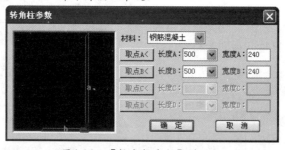

图4-14 【转角柱参数】对话框

1. 对话框控件说明

[材料]：表示角柱所用的材料，由下拉列表中选择材料，柱子与墙之间的连接形式由两者的材料决定，目前包括砖、石材、钢筋混凝土和金属，默认为钢筋混凝土。

[长度]：表示角柱各分肢的长度。

[取点X<]：单击此按钮，可通过墙上取点得到真实长度，命令行提示：

请点取一点或[参考点(R)]<退出>：   //用户应依照"取点X<"按钮的颜色从对应的墙上给出角柱端点

[宽度]：各分肢宽度默认等于墙宽，改变柱宽后默认对中变化，即中轴线不偏移。如果分肢轴线需要偏心，可通过拖动夹点来调整，如图4-15所示。

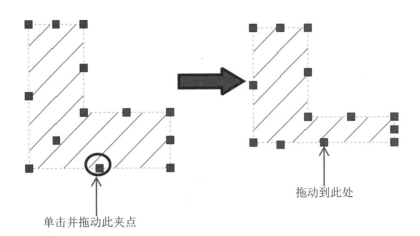

单击并拖动此夹点

拖动到此处

图4-15　角柱的夹点编辑

【案例4-2】：绘制角柱

素材：素材\第04章\4.2.3绘制角柱.dwg
视频：视频\第04章\案例4-2 绘制角柱.mp4

　　在图4-16所示的墙体中绘制角柱。

01 按【Ctrl+O】快捷键，打开配套光盘提供的
　　"第4章/4.2.3绘制角柱.dwg"素材文件，如
　　图4-16所示。

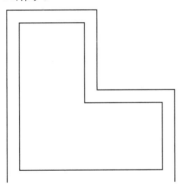

图4-16　墙体

02 执行【轴网柱子】|【角柱】命令，点取需要
　　插入角柱的左下角墙角，在弹出的【转角柱
　　参数】对话框中设置参数，如图4-17所示。

图4-17　参数设置

03 参数设置完成后单击【确定】按钮，角柱绘
　　制完成，如图4-18所示。

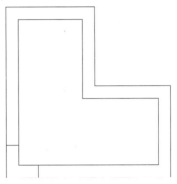

图4-18　一个角柱的绘制

04 重复上述操作，继续绘制其他墙角角柱，最
　　终完成的效果如图4-19所示。

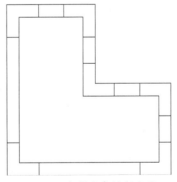

图4-19　角柱全部绘制完成

4.2.4　构造柱

　　构造柱是按构造要求配置的柱子。构造柱
和角柱不同，角柱是指位于建筑角部的柱子，
通常都是框架柱，为了抗扭需要往往还要加强
处理。构造柱属于不受力的抗震构造所需。

　　【构造柱】命令用于在指定的墙角内或墙
角的交点处创造构造柱图形，如图4-20所示。

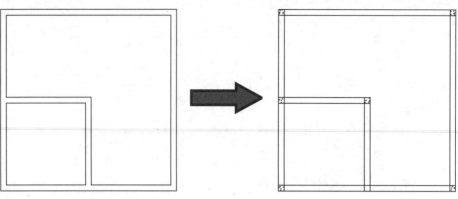

图4-20　绘制构造柱

在TArch 2014中调用【构造柱】命令，点取需要插入构造柱的墙角，在弹出的【构造柱参数】对话框中设置相应的参数，如图4-21所示。单击【确定】按钮即可完成插入构造柱的操作。

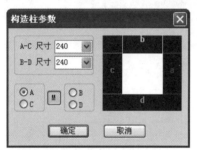

图4-21　【构造柱参数】对话框

调用【构造柱】命令方法如下。

★ 菜单栏：执行【轴网柱子】|【构造柱】菜单命令。

★ 命令行：在命令行中输入"GZZ"命令并按回车键。

对话框控件说明

[A-C尺寸]：表示沿着A-C方向的构造柱尺寸。

[B-D尺寸]：表示沿着B-D方向的构造柱尺寸。

[A/C与B/D]：表示对齐边的互锁按钮，用于对齐柱子到墙的两边。

如果构造柱超出墙边，请使用夹点拉伸或移动来进行处理，如图4-22所示。

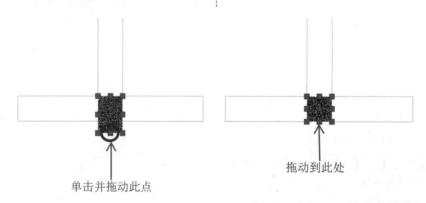

单击并拖动此点　　　　　　拖动到此处

图4-22　构造柱夹点编辑

【案例4-3】：绘制构造柱

素材：素材\第04章\4.2.4绘制构造柱.dwg

视频：视频\第04章\案例4-3 绘制构造柱柱.mp4

在图4-23所示的墙体中绘制构造柱。

01 按【Ctrl+O】快捷键，打开配套光盘提供的"第4章/4.2.4绘制构造柱.dwg"素材文件，如图4-23所示。

02 在命令行输入"GZZ"命令并按回车键或执行【轴网柱子】|【构造柱】命令，点取需要插入角柱的墙角，在弹出的【构造柱参数】对话框中设置参数，如图4-24所示。

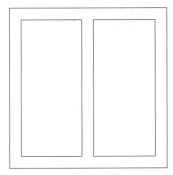

图4-23 墙体

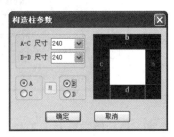

图4-24 【构造柱参数】对话框

03 参数设置完成后单击【确定】按钮，角柱绘制完成，如图4-25所示。

04 重复上述操作，继续绘制其他墙角构造柱。全部绘制完成后的效果如图4-26所示。

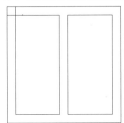

图4-25 绘制一个构造柱

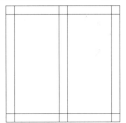

图4-26 绘制其他构造柱

4.2.5 实战——布置办公楼柱子

素材：素材\第04章\4.2.5实战—布置办公室柱子.dwg
视频：视频\第04章\4.2.5实战—布置办公室柱子.mp4

在办公楼轴网标注中插入柱子。

01 按【Ctrl+O】快捷键，打开配套光盘提供的"第4章/4.2.5实战—布置办公室柱子.dwg"素材文件，如图4-27所示。

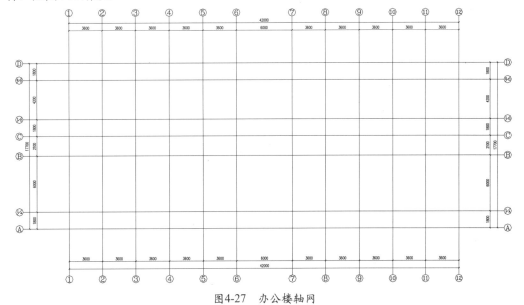

图4-27 办公楼轴网

02 绘制外柱。在命令行输入"BZZ"命令并按回车键或执行【轴网柱子】|【标准柱】命令，在弹出的【标准柱】对话框中设置参数，如图4-28所示。

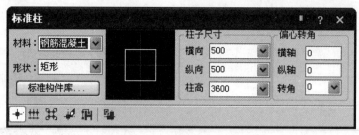

图4-28　外柱参数设置

03 单击【沿着一根轴线布置柱子】按钮 ⊞，根据命令行提示选择需插入柱子的轴线，结果如图4-29所示。

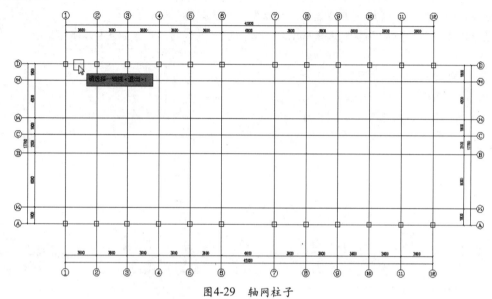

图4-29　轴网柱子

04 继续调用"BZZ"命令，在弹出的【标准柱】对话框中设置参数，如图4-28所示。

05 单击【点选插入柱子】按钮 ⊞，然后在绘图区中点取轴线的交点为标准柱的插入点，结果如图4-30所示。

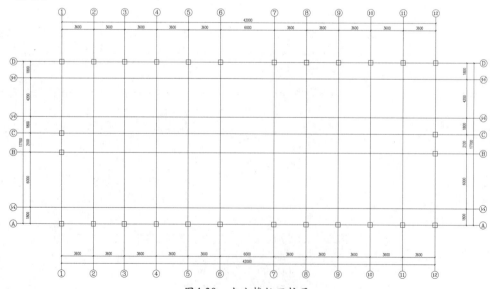

图4-30　办公楼轴网柱子

06 绘制内柱。继续调用"BZZ"命令，在【标准柱】对话框中设置参数，如图4-31所示。

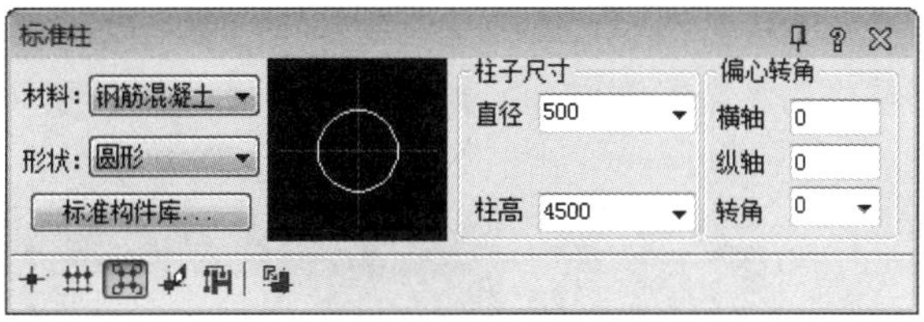

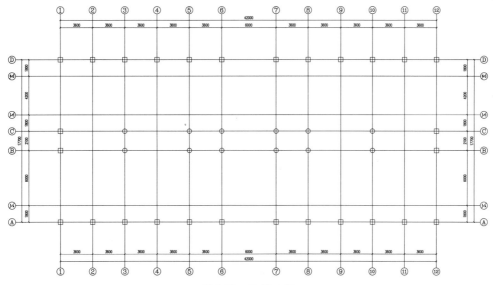

图4-31 内柱参数设置

07 在工具栏中单击【指定的矩形区域内的轴线交点插入柱子】按钮⌘，然后在绘图区指定第一个角点和另一个角点来插入柱子，按Esc键结束命令，结果如图4-32所示。

图4-32 绘制内柱

4.3 柱子的编辑

可以对绘制完成的柱子进行编辑，如修改参数、修改类型、修改材料。在TArch中，可以调用编辑柱子的命令对柱子进行编辑。编辑柱子的命令主要包括柱子的替换、柱子对象编辑以及柱齐墙边。这些编辑命令可以使柱子图形的显示更加符合实际应用，本节将对柱子的编辑进行简单介绍。

4.3.1 柱子的替换

将柱子替换成跟原来的参数不同的柱子，如图4-33所示。

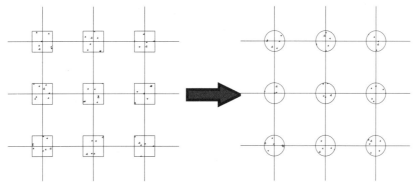

图4-33 方柱替换成圆柱

在TArch 2014中调用【标准柱】命令，在弹出的【标准柱】对话框中设置需要替换的相应的参数，然后单击柱子下方工具栏的【替换】按钮，如图4-34所示。在绘图区中选择需替换的柱子即可完成替换操作。

替换按钮 ——

图4-34 对话框中的【替换】按钮

【案例4-4】：替换柱子操作

素材：素材\第04章\4.3.1替换柱子操作.dwg
视频：视频\第04章\案例4-4替换柱子操作.mp4

替换图4-35所示的柱子。

01 按【Ctrl+O】快捷键，打开配套光盘提供的"第4章/4.3.1替换柱子操作.dwg"素材文件，如图4-35所示。

02 在命令行输入"BZZ"命令并按回车键或执行【轴网柱子】|【标准柱】命令，在【标准柱】对话框的【形状】下拉列表中选择【正三角形】选项并单击【替换图中已插入的柱子】按钮 ，如图4-36所示。

03 在绘图区框选需要替换的柱子并按回车键即可完成操作，如图4-37所示。

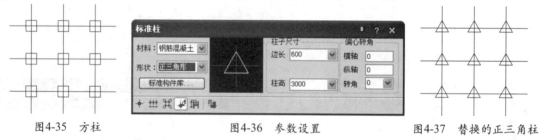

图4-35 方柱   图4-36 参数设置   图4-37 替换的正三角柱

4.3.2 柱子的对象编辑

双击需要编辑的柱子即可弹出对象编辑对话框，该对话框与【标准柱】对话框类似，如图4-38所示。

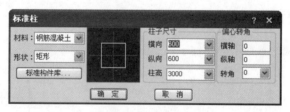

图4-38 柱对象编辑

修改参数后，单击【确定】按钮即可更新所选的柱子，但对象编辑只能逐个进行修改。

【案例4-5】：对柱子进行编辑

素材：素材\第04章\4.3.2对柱子进行编辑.dwg
视频：素材\第04章\4.3.2对柱子进行编辑.dwg

对图4-39所示的柱子进行编辑。

01 按【Ctrl+O】快捷键，打开配套光盘提供的"第4章/4.3.2对柱子进行编辑.dwg"素材文件，如图4-39所示。

02 双击需要编辑的柱子，在【标准柱】对话框的【形状】下拉列表中选择【圆形】选项，如图4-40所示。

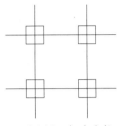

图4-39　标准方柱

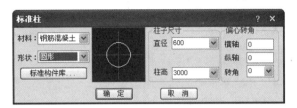

图4-40　编辑参数

03 参数设置完后单击【确定】按钮，柱子编辑完成，如图4-41所示。

04 重复以上操作，将柱子全部进行编辑，如图4-42所示。

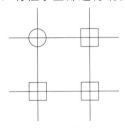

图4-41　编辑柱子

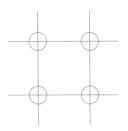

图4-42　编辑完成

4.3.3　柱齐墙边

【柱齐墙边】命令用于将柱子和指定的墙边对齐，如图4-43所示。

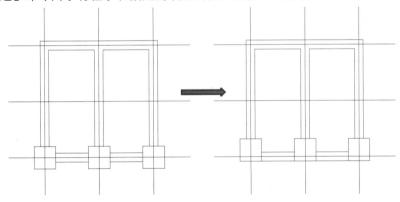

图4-43　柱齐墙边

在TArch 2014中调用【柱齐墙边】命令，点取需对齐的墙边，然后选择需要与墙对齐的柱子，按回车键后点取与墙对齐的柱边，即可完成柱齐墙边的操作。

调用【柱齐墙边】命令方法如下。

★ 菜单栏：执行【轴网柱子】|【柱齐墙边】菜单命令。

★ 命令行：在命令行中输入"ZQQB"命令并按回车键。

柱齐墙边命令提示

在命令行输入"ZQQB"命令并按回车键或执行【轴网柱子】|【柱齐墙边】命令，命令行显示：

请点取墙边<退出>：

选取作为柱子为对齐基准的墙边。选取后命令行显示：

选择对齐方式相同的多个柱子<退出>：

选择多个柱子后，按回车键结束选择。命令行显示：

请点取柱边<退出>：

点取这些柱子的对齐边，柱齐墙边操作完成。

柱齐墙边操作完成后，命令行依然显示：

请点取墙边<退出>：

表示可以开始新一轮的柱齐墙边操作。

【案例4-6】：创建柱齐墙边

素材：素材\第04章\4.3.3柱齐墙边.dwg
视频：视频\第04章\案例4-6 创建柱齐墙边.mp4

将图4-44所示的墙柱边对齐。

01 按【Ctrl+O】快捷键，打开配套光盘提供的"第4章/4.3.3柱齐墙边.dwg"素材文件，如图4-44所示。

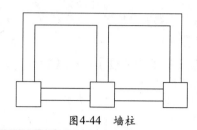

图4-44 墙柱

02 在命令行输入"ZQQB"命令并按回车键或执行【轴网柱子】|【柱齐墙边】命令，点取墙边，选择对齐方式相同的多个柱子，按回车键后点取柱边，对齐的结果如图4-45所示。

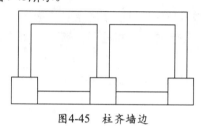

图4-45 柱齐墙边

4.3.4 实战——编辑办公楼柱子

素材：素材\第04章\4.3.4实战—编辑办公楼柱子.dwg
视频：视频\第04章\4.3.4实战—编辑办公楼柱子.mp4

为方便进行柱子的编辑，需要提前在轴网柱子中添加墙，如图4-46所示。

01 按【Ctrl+O】快捷键，打开配套光盘提供的"第4章/4.3.4实战—编辑办公楼柱子.dwg"素材文件，如图4-46所示。

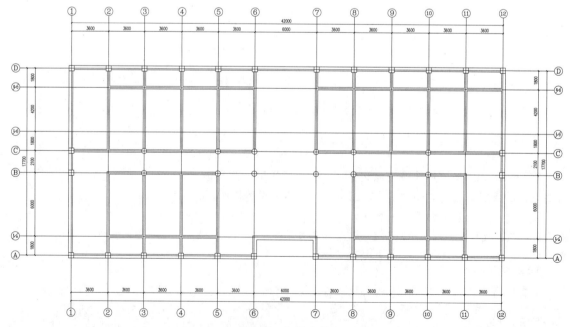

图4-46 打开素材

02 在命令行输入"BZZ"命令并按回车键或执行【轴网柱子】|【标准柱】命令,在【标准柱】对话框的【形状】下拉列表中选择【矩形】选项并单击【替换图中已插入的柱子】按钮,如图4-47所示。

图4-47 参数设置

03 替换方框中的柱子,结果如图4-48所示。

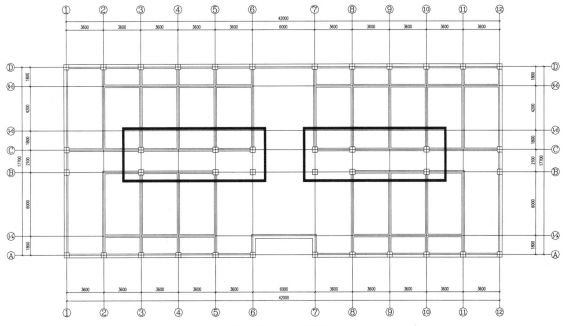

图4-48 办公楼墙柱

04 在命令行输入"ZQQB"命令并按回车键或执行【轴网柱子】|【柱齐墙边】命令,点取墙边,选择对齐方式相同的多个柱子并按回车键,然后点取柱边(如图4-49所示)即可完成柱齐墙边的操作。结果如图4-50所示。

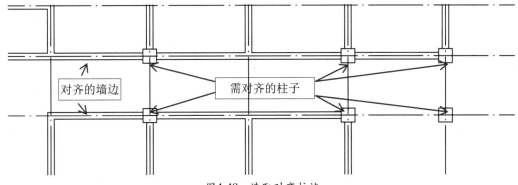

图4-49 选取对齐柱边

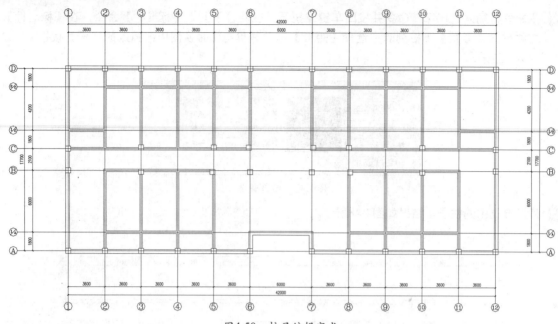

图4-50 柱子编辑完成

4.4 综合实战——绘制别墅柱子

素材：素材\第04章\4.4综合实战—绘制别墅柱子.dwg
视频：视频\第04章\4.4综合实战—绘制别墅柱子.mp4

01 按【Ctrl+O】快捷键，打开配套光盘提供的"第4章/4.4综合实战—绘制别墅柱子.dwg"素材文件，如图4-51所示。

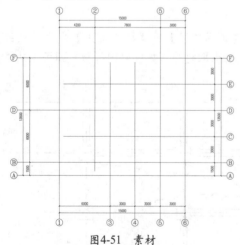

图4-51 素材

02 绘制主要承重柱。在命令行输入"BZZ"命令并按回车键或执行【轴网柱子】|【标准柱】命令，在弹出的【标准柱】对话框中设置参数，如图4-52所示。

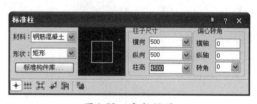

图4-52 参数设置

03 单击【点选插入柱子】按钮，在绘图区中点取轴线的交点为标准柱的插入点，结果如图4-53所示。

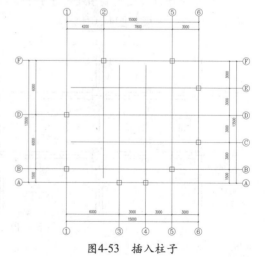

图4-53 插入柱子

04 绘制次要承重柱。继续调用【标准柱】命令，在【标准柱】对话框的【形状】下拉列表中选择
【圆形】选项以插入柱子，如图4-54和图4-55所示。

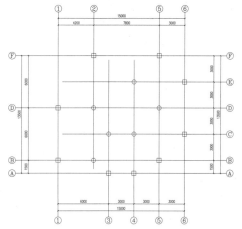

图4-54 参数设置

图4-55 绘制别墅柱子

第5章
绘制墙体

墙体是天正建筑软件中的核心对象，它是模拟实际墙体的专业特性构建的，因此可实现墙角的自动修剪、墙体之间按材料特性连接、与柱子和门窗互相关联等智能特性，并且墙体是建筑房间的划分依据，理解墙对象的概念非常重要。墙对象不仅包含位置、高度、厚度这样的几何信息，还包括墙类型、材料、内外墙等内在属性。

天正建筑
TArch 2014
完全实战技术手册

5.1 墙体的基础知识

5.1.1 墙体的分类及类型

墙体是建筑物的重要组成部分。它的作用是承重、围护或分隔空间。墙体按墙体受力情况和材料分为承重墙和非承重墙，按墙体构造方式分为实心墙、烧结空心砖墙、空斗墙和复合墙等。

1. 按墙体位置分

按墙体在建筑物中的位置，可分为外墙、内墙、窗间墙、窗下墙、女儿墙等。

外墙：位于建筑物四周的墙。

内墙：位于建筑物内部的墙。

山墙：指双坡屋顶建筑两个侧面的墙体。

外山墙：作为外墙的山墙。

内山墙：即与外山墙相平行的内部墙体。

2. 按墙体方向分

墙体按方向分为纵墙和横墙。纵墙指与房屋长轴方向一致的墙，而横墙则是与房屋短轴方向一致的墙。外横墙习惯上又称为山墙。

3. 按墙体受力情况分

墙体按受力情况可分为承重墙和非承重墙。承重墙指承受上部结构传来荷载的墙；非承重墙指不承受上部结构传来荷载的墙。

非承重墙又可分为自承重墙、隔墙、填充墙和幕墙等。自承重墙仅承受自身荷载而不承受外来荷载；隔墙主要用作分隔内部空间而不承受外力；填充墙是用作框架结构中的墙体；悬挂在骨架外部或楼板间的轻质外墙为幕墙。

5.1.2 墙厚确定

砖墙的厚度以我国标准粘土砖的长度为单位，我国现行粘土砖的规格是240mm×115mm×53mm（长×宽×厚）。连同灰缝厚度10mm在内，砖的规格形成长:宽:厚=4:2:1的关系。同时在1m长的砌体中有4个砖长、8个砖宽、16个砖厚，这样在1m的砌体中的用砖量为4×8×16=512块，用砂浆量为0.26m。现行墙体的厚度用砖长作为确定依据，常用的规格有以下几种。

半砖墙：图纸标注为120mm，实际厚度为115mm；

一砖墙：图纸标注为240mm，实际厚度为240mm；

一砖半墙：图纸标注为370mm，实际厚度为365mm；

二砖墙：图纸标注为490mm，实际厚度为490mm；

3/4砖墙：图纸标注为180mm，实际厚度为180mm。

其他墙体，如钢筋混凝土板墙、加气混凝土墙体等均应符合模数的规定。钢筋混凝土板墙用作承重墙时，其厚度为160mm或180mm；用作隔断墙时，其厚度为50mm。加气混凝土墙体用于外围护墙时常用200mm～250mm，用于隔断墙时，常取100mm～150mm。

5.1.3 墙体砌法

砖墙的砌法是指砖块在砌体中的排列组合方法。应满足横平竖直、砂浆饱满、错缝搭接、避免通缝等基本要求，以保证墙体的强度和稳定性。

全顺式：这种砌法每皮均为顺砖组砌。上下皮左右搭接为半砖，它仅适用于半砖墙，如图5-1（a）所示。

顺丁相间式：这种砌法是由顺砖和丁砖相间铺砌而成。这种砌法的墙厚至少为一砖墙，它整体性好，且墙面美观，如图5-1（b）所示。

一顺一丁式：这种砌法是一层砌顺砖、一层砌丁砖，相间排列，重复组合。在转角部位要加设3/4砖（俗称七分头）进行过渡。这种砌法的特点是搭接好、无通缝、整体性强，因而应用较广，如图5-1（c）所示。

多顺一丁式：这种砌法通常有三顺一丁和五顺一丁之分，其做法是每隔三皮顺砖或五皮顺砖加砌一皮丁砖相间叠砌而成。多顺一丁砌法的缺点是存在通缝。

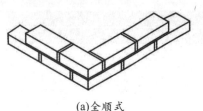

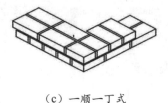

(a)全顺式　　　　　　　　(b)顺丁相间式　　　　　　　(c)一顺一丁式

图5-1　砖墙的组砌方式

5.2 墙体的创建

5.2.1 绘制墙体

外墙是房屋的建筑构件，可以抵御风雪及寒暑，而内墙同时起到分隔房间的作用。墙体的宽度因南北差异而不尽相同，我国北方较为寒冷，为保证室内的温度，所以北方的墙体比南方的要厚。在绘制时多使用宽300mm或350mm的双线表示墙体；而南方的墙体在绘制时多使用宽240mm的双线表示墙体。

【绘制墙体】命令用于在指定处绘制直墙或弧墙。直墙和弧墙的效果如图5-2所示。

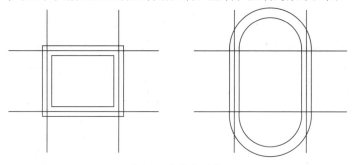

图5-2　直墙与弧墙

在TArch 2014中调用【绘制墙体】命令，在弹出的【绘制墙体】对话框中设置相应的参数，如图5-3所示，在绘图区中选定起始点和终止点来指定插入位置即可完成绘制墙体的操作。

调用【绘制墙体】命令方法如下。

★　菜单栏：执行【墙体】|【绘制墙体】菜单命令。

★　命令行：在命令行中输入"HZQT"命令并按回车键。

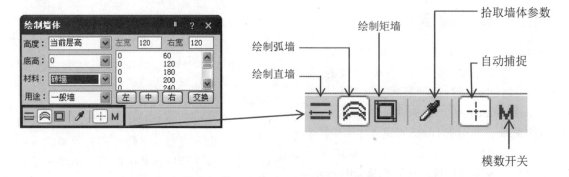

图5-3　绘制墙体对话框

1．对话框控件说明

［墙宽参数］：包括左宽、右宽两个参数，其中墙体的左、右宽度，指沿墙体定位点顺序，基线左侧和右侧部分的宽度。对于矩形布置方式，则分别对应基线内侧宽度和基线外侧的宽度，对话框相应提示改为内宽、外宽。其中左宽（内宽）、右宽(外宽)都可以是正数，也可以是负数，还可以为0。

［墙宽组］：在数据列表预设有常用的墙宽参数，每一种材料都有各自常用的墙宽组系列供选用，用户输入新的墙宽使用后会自动添加进列表中，用户选择其中某组数据，按Del键可删除当前这个墙宽组。

［墙基线］：基线位置设左、中、右、交换共4种控制，左、右是计算当前墙体总宽后，全部左偏或右偏的设置，例如当前墙宽组为120、240，按【左】按钮后即可改为360、0。

［高度/底高］：高度是墙高，从墙底到墙顶计算的高度，底高是墙底标高，从零标高（Z=0）到墙底的高度。

［材料］：包括从轻质隔墙、玻璃幕墙、填充墙到钢筋混凝土共8种材质，按材质的密度预设了不同材质之间的遮挡关系，通过设置材料来绘制玻璃幕墙。

［用途］：包括一般墙、卫生隔断、虚墙和矮墙4种类型，其中矮墙是新添的类型，具有不加粗、不填充的特性，可以表示女儿墙等特殊墙体。

［绘制直墙］：单击此按钮，在绘图区绘制的是直墙。

［绘制弧墙］：单击此按钮，在绘图区绘制的是弧墙。

［绘制矩墙］：单击此按钮，在绘图区绘制的是矩墙。

2．绘制墙体命令提示

在命令行输入"HZQT"命令并按回车键或执行【墙体】|【绘制墙体】命令。在弹出的【绘制墙体】对话框中设置好参数后，命令行显示：

`起点或 [参考点(R)]<退出>：`

在绘图区点选起点，命令行显示：

`直墙下一点或 [弧墙(A)/矩形画墙(R)/闭合(C)/回退(U)]<另一段>：`

可点选墙的下一点连成直墙，也可以在命令行中输入"A"、"R"来绘制其他类型的墙。

3．命令提示说明

［闭合］：当绘制多条直线后可以使其自动闭合。

［回退］：表示撤销所取的上一点。

【案例5-1】：绘制墙体

素材：素材\第05章\5.2.1绘制墙体.dwg
视频：视频\第05章\案例5-1绘制墙体.mp4

在图5-4所示的轴网中绘制直墙。

01 按【Ctrl+O】快捷键，打开配套光盘提供的"第5章/5.2.1绘制墙体.dwg"素材文件，如图5-4所示。

02 在命令行输入"HZQT"命令并按回车键或执行【墙体】|【绘制墙体】命令，在弹出的【绘制墙体】对话框中设置参数，如图5-5所示。

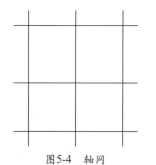

图5-4 轴网

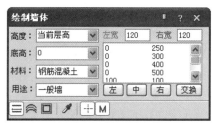

图5-5 参数设置

03 参数设置完成后，根据命令行的提示分别指
定墙的起点和下一点，结果如图5-6所示。

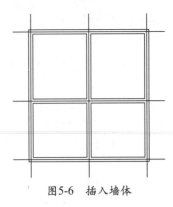

图5-6 插入墙体

5.2.2 等分加墙

在绘制住宅楼或者办公楼施工图时，经常要绘制一些开间或进深都相等的房间，此时即可调用【等分加墙】命令来绘制，如图5-7所示。

在TArch 2014中调用【等分加墙】命令，选择等分所参照的墙体，在弹出的【等分加墙】对话框中设置相应的参数，如图5-8所示，选择另一边界的墙体即可完成绘制墙体的操作。

调用【等分加墙】命令方法如下。

★ 菜单栏：执行【墙体】|【等分加墙】菜单命令。

★ 命令行：在命令行中输入"DFJQ"命令并按回车键。

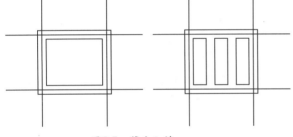

图5-7 等分加墙

图5-8 【等分加墙】对话框

1. 对话框控件说明

［等分数］：设置把大空间分成小空间的空间数量。

［墙厚］：设置新添加墙的厚度。

［材料］：选择分隔墙体的材质，包括轻质隔墙、玻璃幕墙、填充墙和钢筋混凝土共8种。

［用途］：设置墙体的用途。

2. 命令提示说明

在命令行输入"DFJQ"命令并按回车键或执行【墙体】|【等分加墙】命令。命令行显示：

选择等分所参照的墙段<退出>： //选择等分参考墙段，后弹出【等分加墙】对话框，设置相关参数
选择作为另一边界的墙段<退出>： //点选另一边界墙段

【案例 5-2】：等分加墙

素材：素材\第05章\5.2.2等分加墙.dwg
视频：视频\第05章\案例5-2等分加墙.mp4

在图5-9所示的墙体中等分加墙。

01 按【Ctrl+O】快捷键，打开配套光盘提供的"第5章/5.2.2等分加墙.dwg"素材文件，如图5-9所示。

02 执行【墙体】|【等分加墙】命令。选择等分所参照的墙段，如图5-10所示。

图5-9 墙体

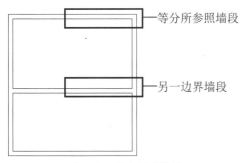

图5-10 等分所选墙段

03 弹出【等分加墙】对话框，在对话框中设置参数，如图5-11所示。

图5-11 设置等分加墙参数

04 选择另一边界墙段，如图5-10所示，完成等分加墙，如图5-12所示。

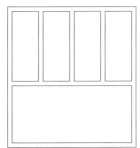

图5-12 等分加墙结果

▌5.2.3 单线变墙

【单线变墙】命令有两个功能，一是将LINE、ARC、PLINE绘制的单线转为墙体对象，其中墙体的基线与单线相重合；二是在基于设计好的轴网创建墙体，然后进行编辑，如图5-13所示。创建墙体后仍保留轴线，智能判断清除轴线的伸出部分，可以自动识别新旧两种多段线以便于生成椭圆墙。

图5-13 单线变墙

在TArch 2014中调用【单线变墙】命令，在弹出的【单线变墙】对话框中设置参数，如图5-14所示，按回车键即可完成绘制墙体的操作。

图5-14 【单线变墙】对话框

调用【单线变墙】命令方法如下。

★ 菜单栏：执行【墙体】|【单线变墙】菜单命令。

★ 命令行：在命令行中输入"DXBQ"命令并按回车键。

1. 对话框控件说明

［外墙宽］：表示位于结构边缘的墙的宽度。

［内墙宽］：设置位于结构内部的墙的宽度。

［轴网生墙］：设置是否仅通过轴线生成墙。

［单线变墙］：设置是否通过任意直线生成墙。

［保留基线］：设置在生成墙后，使之前的线不消失。

2. 单线变墙命令提示

在命令行输入"DXBQ"命令并按回车键或执行【墙体】|【单线变墙】命令，弹出【单线变墙】对话框，命令行显示：

选择要变成墙体的直线、圆弧或多段线：

框选出需要变墙的线，按回车键完成操作。

【案例5-3】：单线变墙

素材：素材\第05章\5.2.3单线变墙.dwg

视频：视频\第05章\案例5-3单线变墙.mp4

在图5-15所示的轴网中生成墙体。

01 按【Ctrl+O】快捷键，打开配套光盘提供的"第5章/5.2.3单线变墙.dwg"素材文件，如图5-15所示。

02 在命令行输入"DXBQ"命令并按回车键或执行【墙体】|【单线变墙】命令，在弹出的【单线变墙】对话框中设置参数，如图5-16所示。

03 框选需变成墙体的轴线，按回车键生成墙体，如图5-17所示。

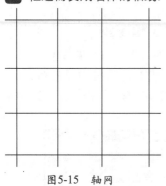

图5-15　轴网

图5-16　设置参数

图5-17　单线变墙

5.2.4　墙体造型

【墙体造型】命令用于根据指定多段线外框生成与墙关联的造型，常见的墙体造型是墙垛、壁炉、烟道等与墙砌筑在一起，平面图与墙连通的建筑构造，如图5-18所示。墙体造型的高度与其关联的墙高一致，但是可以通过双击鼠标加以修改。墙体造型可以用于墙体端部（墙角或墙柱连接处)，包括跨过两个墙体端部的情况。除了正常的外凸造型外，还提供了向内开洞的内凹造型（仅用于平面）。

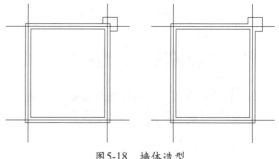

图5-18　墙体造型

在TArch 2014中调用【墙体造型】命令，选择【外凸造型】或者【内凹造型】，在绘图区绘制其造型的轮廓，按回车键即可完成墙体造型的操作。

调用【墙体造型】命令方法如下。

★ 菜单栏：执行【墙体】|【墙体造型】菜单命令。

★ 命令行：在命令行中输入"QTZX"命令并按回车键。

墙体造型命令提示

在命令行输入"QTZX"命令并按回车键或执行【墙体】|【墙体造型】命令。命令行显示：

选择 ［外凸造型(T)/内凹造型(A)］<外凸造型>：

在命令行输入"T"或者"A"。命令行显示：

墙体造型轮廓起点或 ［点取图中曲线(P)/点取参考点(R)］<退出>：

在绘图区点取一点。命令行显示：

直段下一点或 ［弧段(A)/回退(U)］<结束>：

依次指定造型轮廓的各点，也可以输入"A"来绘制弧线轮廓。在轮廓形成后按回车键完成操作。

注意

可以使用Erase命令删除绘制的墙体造型。

【案例5-4】：墙体造型

素材：素材\第05章\5.2.4墙体造型.dwg
视频：视频\第05章\案例5-4墙体造型.mp4

在图5-19所示的墙体中创建墙体造型。

01 按【Ctrl+O】快捷键，打开配套光盘提供的"第5章/5.2.4墙体造型.dwg"素材文件，如图5-19所示。

图5-19 打开素材

02 在命令行输入"QTZX"命令并按回车键或执行【墙体】|【墙体造型】命令，在命令行选择【外凸造型】，如图5-20所示。

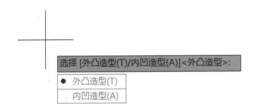

图5-20 选择外凸造型

03 指定墙体造型轮廓起点，如图5-21所示。

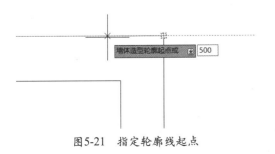

图5-21 指定轮廓线起点

04 指定下一点，如图5-22所示。

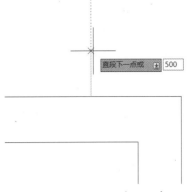

图5-22 指定下一点

05 依次指定墙体造型轮廓的其余各点，如图5-23 绘制墙体造型轮廓所示。

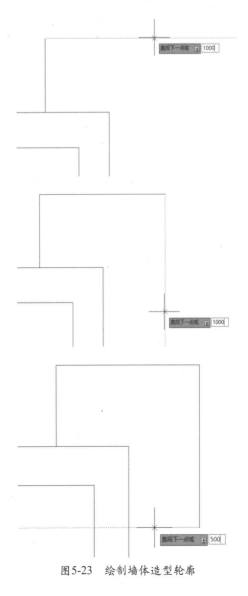

图5-23 绘制墙体造型轮廓

06 按回车键确定，完成墙体造型的绘制，如图5-24所示。

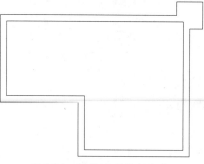

图5-24　墙体造型绘制完成

5.2.5 净距偏移

　　【净距偏移】命令用于在指定墙体偏移方向和偏移距离的情况下生成新墙体，如图5-25所示。本命令功能类似AutoCAD的Offset（偏移）命令，该命令自动处理墙端交接，但不处理由于多处净距偏移引起的墙体交叉，如果有墙体交叉，可使用【修墙角】命令进行处理。

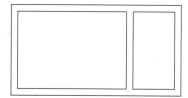

图5-25　净距偏移

　　在TArch 2014中调用【净距偏移】命令，输入偏移距离，在绘图区选择需偏移的墙体，选取哪边的墙边就往哪边偏移，即可完成墙体造型的操作。

　　调用【净距偏移】命令方法如下。

★　菜单栏：执行【墙体】|【净距偏移】菜单命令。

★　命令行：在命令行中输入"JJPY"命令并按回车键。

　　净距偏移命令提示

　　执行【净距偏移】命令后，命令行显示：

输入偏移距离<4000>：	//输入墙体偏移的距离
请点取墙体一侧<退出>：	//点取生成新墙体的参考墙体

　　【案例5-5】：净距偏移

素材：素材\第05章\5.2.5净距偏移.dwg
视频：视频\第05章\案例5-5净距偏移.mp4

　　净距偏移如图5-26所示中的墙体。

01 按【Ctrl+O】快捷键，打开配套光盘提供的"第5章/5.2.5净距偏移.dwg"素材文件，如图5-26所示。

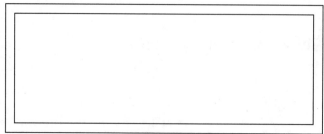

图5-26　打开素材

02 执行【墙体】|【净距偏移】命令，在命令行输入偏移距离"6000"，按回车键，如图5-27所示。

03 点取参考墙体一侧，如图5-28所示。

图5-27 输入偏移距离　　　　　图5-28 选择偏移的墙体

04 净距偏移的结果如图5-29所示。

图5-29 净距偏移完成

5.2.6 实战——绘制办公楼墙体

素材：素材\第05章\5.2.6实战——绘制办公楼墙体.dwg

视频：视频\第05章\5.2.6实战——绘制办公楼墙体.mp4

在图5-30所示的办公楼柱网中绘制办公楼墙体。

01 按【Ctrl+O】快捷键，打开配套光盘提供的"第5章/5.2.6实战——绘制办公楼墙体.dwg"素材文件，如图5-30所示。

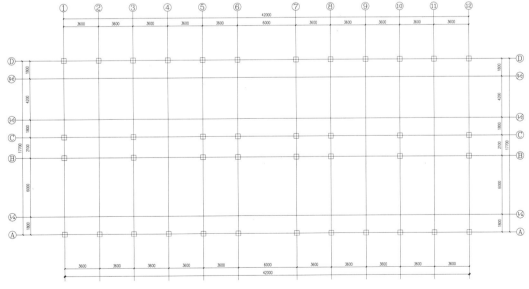

图5-30 办公楼柱网

02 先绘制外墙。执行【墙体】|【绘制墙体】命令，在弹出的【绘制墙体】对话框中设置参数，如图5-31 外墙参数设置所示。

03 根据命令行的提示分别点取直墙的起点和终点，绘制外墙的结果如图5-32所示。

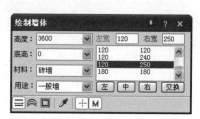

图5-31 外墙参数设置

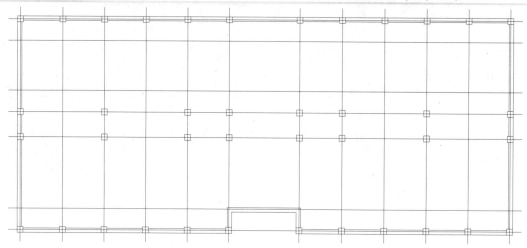

图5-32 办公楼外墙

04 继续调用"HZQT"命令，在弹出的【绘制墙体】对话框中设置参数，如图5-33所示。

图5-33 内墙参数设置

05 依次拾取内墙轴线的各交点，绘制内墙，如图5-34所示。

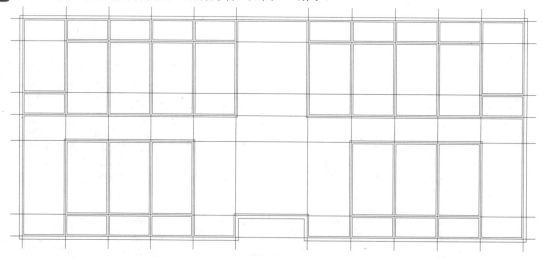

图5-34 绘制内墙

06 在命令行中输入"ZQQB"命令并按回车键，点取墙边，选择对齐方式相同的多个柱子，按回车键后点取柱边，柱齐墙边的结果如图5-35 齐墙边所示。

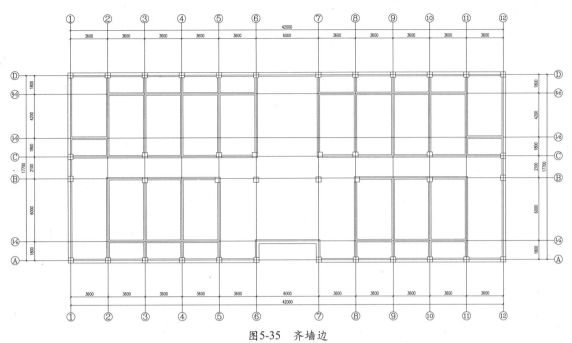

图5-35　齐墙边

5.3 墙体的编辑

墙体对象支持AutoCAD的通用编辑命令，可使用包括偏移、修剪、延伸等命令进行修改，此外还可以直接使用删除、移动和复制命令进行多个墙段的编辑操作。TArch 2014也有专用编辑命令，可以对墙体进行专业意义的编辑。简单的参数编辑只需要用鼠标双击墙体即可进入对象编辑对话框，拖动墙体的不同夹点可改变墙体的长度与位置。

▌5.3.1 倒墙角

【倒墙角】命令用于将两道墙体按指定半径值的圆角连接起来并生成弧墙，如两道墙体不相连，也可以将墙角连接，圆角半径按墙中线计算，如图5-36　倒墙角所示。

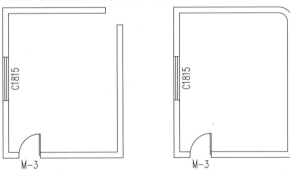

图5-36　倒墙角

在TArch 2014中调用【倒墙角】命令，设置半径值，选择墙角所对应的两道墙体，按回车键即可完成倒墙角操作。

调用【倒墙角】命令方法如下。

★　菜单栏：执行【墙体】|【倒墙角】菜单命令。

★　命令行：在命令行中输入"DQJ"命令并按回车键。

本命令功能与AutoCAD的圆角（Fillet）命令相似，专门用于处理两段不平行的墙体的端头交角，使两段墙以指定圆角半径进行连接，圆角半径按墙中线计算，但要注意如下几点：

★ 当圆角半径不为0时，两段墙体的类型、总宽和左右宽(两段墙偏心)必须相同，否则不能进行倒角操作；

★ 当圆角半径为0时，自动延长两段墙体并进行连接，此时两墙段的厚度和材料可以不同，当参与倒角两段墙平行时，系统自动以墙间距为直径来加弧墙连接；

★ 在同一位置不应反复进行半径不为0的圆角操作，在再次进行圆角操作前应先把上次进行圆角操作所创建的圆弧墙删除。

倒墙角命令提示

在命令行输入"DQJ"命令并按回车键或执行【墙体】|【倒墙角】命令。命令行显示：

选择第一段墙或 〔设圆角半径(R),当前=0〕<退出>：	//输入"R"，设置圆角半径
请输入圆角半径<0>：	//输入圆角半径并按回车键
选择第一段墙或 〔设圆角半径(R),当前=100〕<退出>：	//点选需要倒墙角的墙段
选择另一段墙<退出>：	//点选倒墙角的另一段墙体，倒墙角操作完成

【案例5-6】：设置倒墙角

素材：素材\第05章\5.3.1倒墙角.dwg
视频：视频\第05章\案例5-6设置倒墙角.mp4

01 按【Ctrl+O】快捷键，打开配套光盘提供的"第5章/5.3.1倒墙角.dwg"素材文件，如图5-37所示。

02 在命令行输入"DQJ"命令并按回车键或执行【墙体】|【倒墙角】命令，在命令行输入"R"，设置圆角半径为1000。

03 依次选择需要倒角的两段墙体，如图5-38所示，最后按回车键来结束选择。

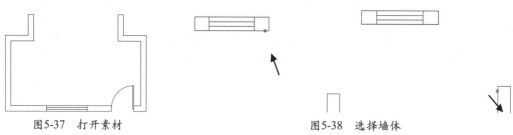

图5-37　打开素材　　　　　　　　　图5-38　选择墙体

04 倒墙角的结果如图5-39所示。

05 重复上述操作，完成另一侧的倒墙角，最终的效果如图5-40所示。

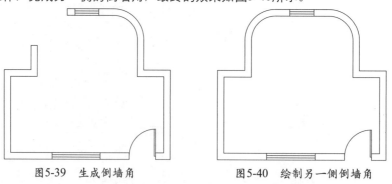

图5-39　生成倒墙角　　　　　　　　图5-40　绘制另一侧倒墙角

5.3.2　倒斜角

【倒斜角】命令与AutoCAD中的Chamfer（倒角）命令类似，可以按给定的墙角中线两边长度对墙进行倒角。

调用【倒斜角】命令的方法如下。

★ 菜单栏：执行【墙体】|【倒斜角】菜单命令。

★ 命令行：在命令行中输入"DXJ"命令并按回车键。

调用【倒斜角】命令后，输入"D"并按回车键，根据命令行的提示分别设置第一个和第二个倒角距离，然后选择需要倒角的墙体即可完成倒斜角操作，如图所示。

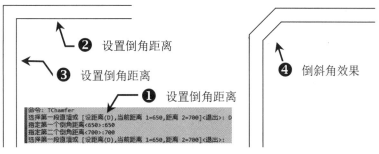

图5-41　倒斜角

5.3.3　修墙角

【修墙角】命令用于将相互交叠的两道墙分别在交点处断开并修理墙角，如图5-42所示。

图5-42　修墙角

在TArch 2014中调用【修墙角】命令，框选需要处理的墙角、柱子或墙体造型即可完成修墙角的操作。

调用【倒墙角】命令方法如下。

★ 菜单栏：执行【墙体】|【修墙角】菜单命令。

★ 命令行：在命令行中输入"XQJ"命令并按回车键。

修墙角命令提示

在命令行输入"XQJ"命令并按回车键或执行【墙体】|【修墙角】命令，命令行显示：

请点取第一个角点或　[参考点(R)]<退出>：	//指定墙角范围框的一个角点
点取另一个角点<退出>：	//指定另一个角点，完成墙角区域的指定，修墙角操作完成

> **注意**
>
> 使用【修墙角】命令可用于修复和更新复制或镜像后，导致墙体造型不能融合的问题。修改墙体造型的夹点、对造型进行复制、镜像、移动后应执行【修墙角】命令来更新墙体关系，否则造型无法融合墙体。

5.3.4　基线对齐

【基线对齐】命令用于由于基线不对齐或不精确对齐而导致墙体显示或搜索房间出错；也用于短墙存在而造成墙体显示不正确情况下去除短墙并连接剩余墙体，如图5-43所示。

在TArch 2014中调用【基线对齐】命令，首先点取墙基线的新端点或新连接点，然后选取墙体即可完成基线对齐的操作。相连的墙体的基线会自动联动。

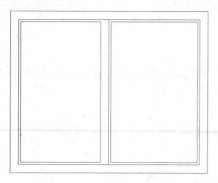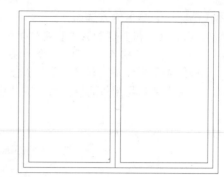

图5-43　基线对齐

调用【基线对齐】命令方法如下。

★　菜单栏：执行【墙体】|【基线对齐】菜单命令。

★　命令行：在命令行中输入"JXDQ"命令并按回车键。

基线对齐命令提示

在命令行输入"IXDQ"命令并按回车键或执行【墙体】|【基线对齐】命令。命令行显示：

请点取墙基线的新端点或新连接点或 ［参考点(R)］<退出>：

点取作为对齐点的一个基线端点，不应选取端点外的位置。

请选择墙体（注意：相连墙体的基线会自动联动！）<退出>：

选择要对齐该基线端点的墙体并按回车键完成操作。

请点取墙基线的新端点或新连接点或 ［参考点(R)］<退出>：

重复进行基线对齐操作，或按Esc或Enter键退出命令。

5.3.5　墙柱保温

【墙柱保温】命令用于为墙体、柱子以及墙体造型等绘制保温层，即在墙线、柱子或墙体造型指定的一侧加入或删除保温层线，遇到门则该线自动打断，遇到窗则自动增加窗厚度，如图5-44所示。

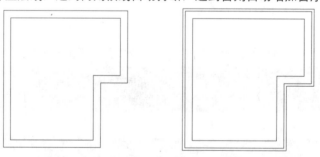

图5-44　墙保温层

调用【墙柱保温】命令方法如下。

★　菜单栏：执行【墙体】|【墙柱保温】菜单命令。

★　命令行：在命令行中输入"QZBW"命令并按回车键。

1．墙保温层命令提示

在TArch 2014中调用的【墙保温层】命令，首先点取保温层一侧的墙体，按回车键即可完成墙保温层的操作，命令行显示如下：

指定墙、柱、墙体造型保温一侧或 ［内保温(I)/外保温(E)/消保温层(D)/保温层厚(当前=80)(T)］<退出>：

点取保温层一侧墙体，按回车键完成操作。

2．命令提示说明

［内保温(I)］：在执行【墙柱保温】命令的过程中输入"I"，可选取该选项。在选择该选项之前，首先要对建筑进行内外墙的识别；调用该选项后，选取外墙体，即可在外墙体内创建保温层。

［外保温(E)］：在执行【墙柱保温】命令的过程中输入"E"，可选取该选项。在选择该选项之前，首先要对建筑进行内外墙的识别；调用该选项后，选取外墙体，即可在外墙体的外面创建保温层。

［消保温层(D)］：在执行【墙柱保温】命令的过程中输入"D"，可选取该选项。在选择该选项后，框选墙柱、保温层即可对所绘制的保温层进行消除。

5.3.6 边线对齐

【边线对齐】命令用来对齐墙边并维持基线不变。换句话说，就是维持基线位置和总宽不变，通过修改左右宽度达到边线与给定位置对齐的目的。本命令通常用于处理墙体与某些特定位置的对齐，特别是和柱子的边线对齐，如图5-45所示。

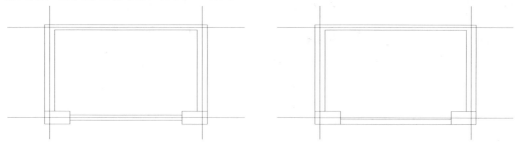

图5-45 边线对齐

调用【边线对齐】命令方法如下。
★ 菜单栏：执行【墙体】|【边线对齐】菜单命令。
★ 命令行：在命令行中输入"BXDQ"命令并按回车键。
边线对齐命令提示

在TArch 2014中调用【边线对齐】命令，首先点取墙边应通过的点，再点取需要对齐的墙体，即可完成边线对齐的操作。命令行显示如下：

请点取墙边应通过的点或 ［参考点(R)］<退出>： //点取墙边需经过的点
请点取一段墙<退出>： //点取需对齐的墙边，弹出【请您确认】对话框，单击确定完成操作

5.3.7 墙齐屋顶

【墙齐屋顶】命令用于将所选的墙体延伸至相对应的屋顶，且可根据墙体的高度调整屋顶的标高，如图5-46所示。

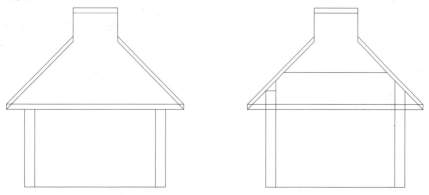

图5-46 墙齐屋顶

调用【墙齐屋顶】命令方法如下。

★ 菜单栏：执行【墙体】|【墙齐屋顶】菜单命令。

★ 命令行：在命令行中输入"QQWD"命令并按回车键。

调用【墙齐屋顶】命令后，首先选择屋顶，再选择两侧山墙，按回车键即可完成墙齐屋顶的操作。

墙齐屋顶命令提示

在命令行输入"QQWD"命令并按回车键或执行【墙体】|【墙齐屋顶】命令。命令行显示：

```
请选择屋顶：          //选择屋顶图形
请选择墙或柱子：       //选择需要延伸的墙体或柱子
```

5.3.8 普通墙的对象编辑

当墙体创建完成后，一般情况下，用户只需要双击墙体即可弹出【墙体编辑】对话框，如图5-47所示。通过对话框可以直接对墙体的墙高、底高、材料、用途、宽度等参数进行修改，最后单击【确定】按钮来确认即可。

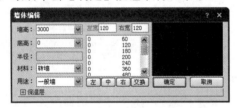

图5-47 【墙体编辑】对话框

除此之外，选择墙体后单击鼠标右键，在弹出的快捷菜单中执行【对象编辑】命令，也可以打开【墙体编辑】对话框。

5.3.9 墙的反向编辑

【反向】编辑命令可将墙对象的起点和终点反向，也就是翻转墙的生成方向，同时相应调整了墙的左右宽，但边界不会发生变化。

选择要反向的墙体，在其上方单击鼠标右键，在弹出的快捷菜单中执行【反向】命令，编辑图5-48所示，即可完成墙体的反向操作。

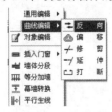

图5-48 反向编辑

5.3.10 玻璃幕墙的编辑

TArch 2014为了适应建筑设计师的幕墙绘图习惯，取消了【玻璃幕墙】命令，而将玻璃幕墙看作是墙体的一种类型。在【绘制墙体】对话框【材料】下拉列表框中选择【玻璃幕墙】类型，即可轻松绘制出玻璃幕墙。

玻璃幕墙默认三维模式下按"详细"构造显示，平面下按"示意"构造显示。选择玻璃幕墙后，按下【Ctrl＋1】快捷键，打开【特性】选项板，在其中可对其外观和竖挺横框等参数进行查看和编辑，如图5-499所示。

图5-49 【特性】选项板

TArch 2014提供了【玻璃幕墙编辑】对话框，在其中可对玻璃幕墙各个参数进行详细的编辑和设置。

双击玻璃幕墙图形，或者在其上方单击鼠标右键，在弹出的快捷菜单中执行【对象编辑】命令，即可打开【玻璃幕墙编辑】对话框，如图5-50所示。

图5-50 【玻璃幕墙编辑】对话框

对话框控件说明

［玻璃图层］：用于确定玻璃放置的图层，如果准备渲染则需要单独置于一层中，以便赋给材质。

［横向分格］：用于高度方向分格设计。默认的高度为创建墙体时的原高度，可以输入新高度，如果均分，系统自动算出分格距离；如果不均分，则要先确定格数，再从序号1开始顺序填写各个分格距离。按Del键可删除当前这个墙宽列表。

［竖向分格］：用于水平方向分格设计，操作程序同[横向分格]一样。

［图层］：用于确定竖挺或者横框放置的图层，如果进行渲染请单独置于一层中，以方便赋给材质。

［截面宽］/［截面长］：竖挺或横框的截面尺寸。

［垂直/水平隐框幕墙］：勾选此选项，竖挺或横框向内退到玻璃后面。如果不选择此选项，分别按"对齐位置"和"偏移距离"进行设置。

［玻璃偏移］/［横框偏移］：用于定义本幕墙玻璃框与基准线之间的偏移，默认玻璃框在基准线上，偏移为0。

［基线位置］：用于选择下拉列表中预定义的墙基线位置，默认为竖挺中心。

5.3.11 实战——编辑办公楼墙体

素材：素材\第05章\5.3.11实战—编辑办公楼墙体.dwg
视频：视频\第05章\5.3.11实战—编辑办公楼墙体.mp4

编辑完善图5-51所示的办公楼墙体。

01 按【Ctrl+O】快捷键，打开配套光盘提供的"第5章/5.3.11实战—编辑办公楼墙体.dwg"素材文件，如图5-51所示。

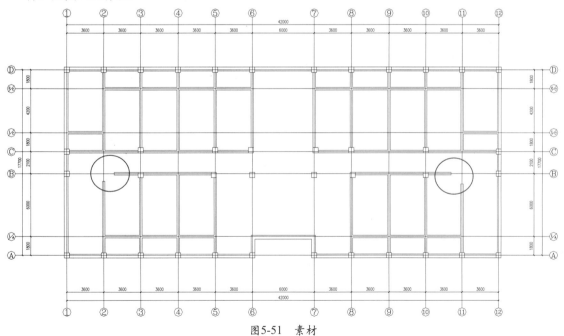

图5-51　素材

02 执行【墙体】|【倒墙角】命令。对图5-51所示的标记范围内的墙体进行倒墙角操作，结图5-52　倒角结果52所示。完成办公楼墙体编辑。

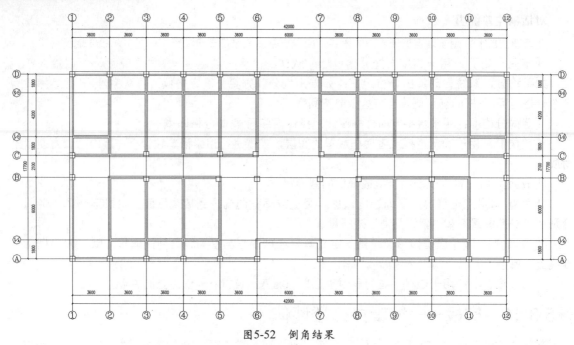

图5-52 倒角结果

5.4 墙体编辑工具

墙体在创建后，可以通过双击鼠标进行本墙段的对象编辑修改，但对于多个墙段的编辑，使用墙体编辑工具则更为便捷、准确。墙体工具命令为后期更改墙体的高度、厚度等提供了便利。

5.4.1 改墙厚

【改墙厚】命令用于对墙体的厚度进行批量修改且修改后墙体的墙基线保持居中不变，如图5-53所示。

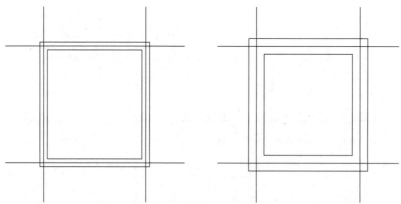

图5-53 改墙厚

调用【改墙厚】命令方法如下。

★ 菜单栏：执行【墙体】│【墙体工具】│【改墙厚】菜单命令。
★ 命令行：在命令行中输入"GQH"命令并按回车键。

调用【改墙厚】命令后，首先选择墙体，然后输入新的墙体厚度参数，按回车键即可完成改墙厚的操作。

改墙厚命令提示

【改墙厚】命令行显示：

| 选择墙体： | //选择需要改墙厚的墙体，按回车键结束选择 |
| 新的墙宽<200>： | //在命令行输入新的墙厚参数，按回车键完成改墙厚操作 |

5.4.2 改外墙厚

【改外墙厚】命令用于对外墙的厚度进行更改图5-54 改外墙厚54所示。不过需要注意的是，在执行此操作之前，必须对图形进行内外墙识别的操作，否则该命令不能被执行。

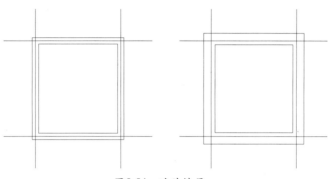

图5-54 改外墙厚

调用【改外墙厚】命令方法如下。

★ 菜单栏：执行【墙体】|【墙体工具】|【改外墙厚】菜单命令。
★ 命令行：在命令行中输入"GWQH"命令并按回车键。

调用【改外墙厚】命令后，首先选择已经被指定为外墙的墙体，然会输入新的厚度参数，按回车键即可完成改外墙厚的操作。

改外墙厚命令行提示

【改外墙厚】命令显示：

请选择外墙：	//选择需要改墙厚的墙体，按回车键结束选择
内侧宽<120>：	//输入内侧墙厚参数，按回车键确认
外侧宽<240>：	//输入外侧墙厚参数，按回车键完成改墙厚操作。

5.4.3 改高度

【改高度】命令用于修改图中已定义的墙体的高度参数，如图5-55所示。可对选中的柱、墙体及其造型的高度和底标高成批进行修改，是调整这些构件竖向位置的主要手段。在修改底标高时，门窗底的标高可以和柱、墙进行联动修改。

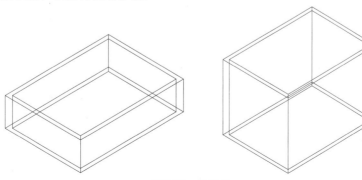

图5-55 改高度

调用【改高度】命令方法如下。

★ 菜单栏：执行【墙体】|【墙体工具】|【改高度】菜单命令。

★ 命令行：在命令行中输入"GGD"命令并按回车键。

调用【该高度】命令后，首先选择需要更改高度的墙体，然后输入新的高度参数，设置窗台是否可变，按回车键即可完成改高度的操作。

改高度命令提示

【改高度】命令行显示：

请选择墙体、柱子或墙体造型：	//选择需要改高度的墙体
新的高度<3000>：	//在命令行输入墙高参数，按回车键确认
新的标高<0>：	//在命令行输入新的标高，按回车键确认
是否保持墙上门窗到墙基的距离不变?[是(Y)/否(N)]<N>：	//设置门窗底标高是否同时修改

5.4.4 改外墙高

【改外墙高】命令用于修改指定的外墙高度。在执行此命令之前，需要对图形进行内外墙的识别，否则该命令不能被执行。

调用【改外墙厚】命令方法如下。

★ 菜单栏：执行【墙体】|【墙体工具】|【改外墙高】菜单命令。

★ 命令行：在命令行中输入"GWQG"命令并按回车键。

在调用【改外墙高】命令时，首先选择已经被指定为外墙的墙体，然后输入新的高度参数，按回车键即可完成改外墙高的操作。

改外墙高命令提示

【改外墙高】命令行显示：

请选择外墙：	//选择需要改墙高的墙体，按回车键确认
新的高度<3000>：	//在命令行输入外墙高参数
新的标高<0>：	//输入新的标高
是否保持墙上门窗到墙基的距离不变?[是(Y)/否(N)]<N>：	//设置门窗底标高是否同时修改

【改外墙高】命令通常用在无地下室的首层平面，把外墙从室内标高延伸到室外标高。

5.4.5 平行生线

【平行生线】命令类似AutoCAD的Offset（偏移）命令，按指定的偏移距离生成直线或者弧线，用于生成以墙体和柱子边定位的辅助平行线图5-56 平行生线-56所示。

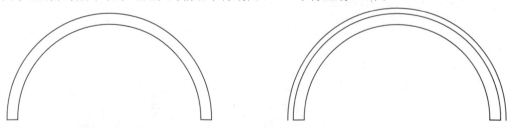

图5-56 平行生线

调用【平行生线】命令方法如下。

★ 菜单栏：执行【墙体】|【墙体工具】|【平行生线】菜单命令。

★ 命令行：在命令行中输入"PXSX"命令并按回车键。

调用【平行生线】命令后，首先选择需要生线的墙体，然后输入偏移参数，按回车键即可完成平行生线的操作。

平行生线命令提示

【平行生线】命令行显示：

请点取墙边或柱子<退出>：	//选择需要生线的墙边或柱子
输入偏移距离<100>：	//在命令行输入偏移参数

5.4.6 墙端封口

【墙端封口】命令用于将所选墙体在端口封闭和端口开放之间进行切换，如图5-57所示。

图5-57 墙端封口切换

在TArch 2014中调用【墙端封口】命令，首先选择需要切换封口与不封口的墙体，按回车键即可完成封口的操作。

调用【墙端封口】命令方法如下。

★ 菜单栏：执行【墙体】|【墙体工具】|【墙端封口】菜单命令。
★ 命令行：在命令行中输入"QDFK"命令并按回车键。

墙端封口命令提示

【墙端封口】命令行显示：

选择墙体：	//选择需要切换封口与不封口的墙体，按回车键完成操作

5.5 墙体立面工具

墙体立面工具不是在立面施工图上执行的命令，而是在平面图绘制时，为立面或三维建模做准备而编制的几个墙体立面设计命令，包括墙面UCS、异形立面、矩形立面3个工具。

5.5.1 墙面UCS

为了构造异型洞口或构造异型墙面，必须在墙体立面上定位和绘制图元，这就需要把UCS设置到墙面上。【墙面UCS】命令就是用来基于所选的墙面上定义临时UCS用户坐标系，在指定视口转化为立面显示，如图5-58所示。

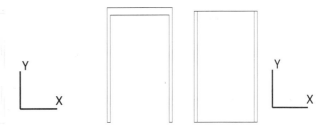

图5-58 墙面UCS

在TArch 2014中调用【墙面UCS】命令，选择需要切换为立面的墙体的一侧，即可完成墙面UCS的操作。

调用【墙面UCS】命令方法如下。

★ 菜单栏：执行【墙体】│【墙体立面】│【墙面UCS】菜单命令。
★ 命令行：在命令行中输入"QMUCS"命令并按回车键。

墙面UCS命令提示

【墙面UCS】命令行显示：

请点取墙体一侧<退出>：	//点取需要切换为立面的墙体的一侧

5.5.2　异形立面

【异形立面】命令可以在立面显示状态下，将墙按事先用【多段线】命令绘制而成的轮廓线进行剪裁，生成非矩形的不规则立面墙体，如创建双坡或单坡山墙与坡屋顶底面相交等，如图5-59、图5-59　异形立面　　　　　　　　　　　　　　　　　图5-60　异形立面三维显示所示。

图5-59　异形立面　　　　　　　　　　　　　图5-60　异形立面三维显示

在TArch 2014中调用【异形立面】命令，选择定制墙立面的形状的不闭合多段线，然后选择墙体，按回车键即可完成异形立面的操作。

调用【异形立面】命令方法如下。

★ 菜单栏：执行【墙体】│【墙体立面】│【异形立面】菜单命令。
★ 命令行：在命令行中输入"YXLM"命令并按回车键。

异形立面命令提示

【异形立面】命令显示：

选择定制墙立面的形状的不闭合多段线<退出>：	//在立面视口中选取异形墙体轮廓线
选择墙体：	//在平面或轴测图视口中选取要改为异型立面的墙体

> **注意**
>
> 1.异型立面的剪裁边界依据墙面上绘制的多段线(Pline)表述，如果想构造后保留矩形墙体的下部，则多段线从墙两端一边入一边出即可；如果想构造后保留左部或右部，则在墙顶端的多段线端头指向保留部分的方向，如图5-61所示。

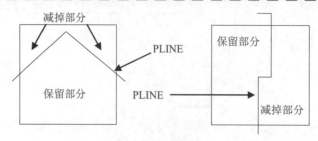

图5-61　选择保留部分

> **注意**
>
> 2.墙体变为异型立面后，夹点拖动等编辑功能将失效。在异型立面墙体生成后，如果接续墙端延续画新墙，则异型墙体能够保持原状，如果新墙与异型墙有交角，则异型墙体恢复为原来的形状。
>
> 3.在运行本命令前，应先用【墙面UCS】命令临时定义一个基于所选墙面的UCS，以便在墙体立面上绘制异型立面墙边界线，为便于操作可将屏幕置为多视口配置，在立面视口中用【多段线(Pline)】命令绘制异型立面墙剪裁边界线，其中多段线的首段和末段不能是弧段。

5.5.3 矩形立面

【矩形立面】命令是异形立面的逆命令，可将异型立面墙恢复为标准的矩形立面墙。

在TArch 2014中调用【矩形立面】命令，然后选择墙体，按回车键即可完成矩形立面的操作。

调用【异形立面】命令方法如下。

★ 菜单栏：执行【墙体】|【墙体立面】|【矩形立面】菜单命令。

★ 命令行：在命令行中输入"JXLM"命令并按回车键。

5.6 内外识别工具

建筑物的外墙和内墙的属性不一样，功能也不相同。在绘制过程中，内、外墙要区分开，才能方便对其进行表示和编辑。

5.6.1 识别内外

【识别内外】命令用于将绘图区中的图形进行内、外墙的识别，识别后的外墙以红色外轮廓虚线显示，如图5-62所示。

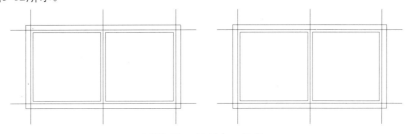

图5-62 识别内、外墙

在TArch 2014中调用【识别内外】命令，选择一栋建筑物的墙体或门窗，按回车键即可完成识别内外的操作。

调用【识别内外】命令方法如下。

★ 菜单栏：执行【墙体】|【识别内外】|【识别内外】菜单命令。

★ 命令行：在命令行中输入"SBNW"命令并按回车键。

5.6.2 指定内墙

【指定内墙】命令用于人工识别内墙，主要用于在绘图过程中出现无法自动识别内墙的情况，比如内天井、局部平面等区域。

在TArch 2014中调用【指定内墙】命令，选择墙体，按回车键即可完成指定内墙的操作。

调用【指定内墙】命令方法如下。

★ 菜单栏：执行【墙体】|【识别内外】|【指定内墙】菜单命令。

★ 命令行：在命令行中输入"ZDNQ"命令并按回车键。

5.6.3 指定外墙

【指定外墙】命令用于人工识别外墙，主要用于在绘图过程中出现无法自动识别外墙的情况。

在TArch 2014中调用【指定外墙】命令，选择墙体，按回车键即可完成指定外墙的操作。

调用【指定外墙】命令方法如下。

★ 菜单栏：执行【墙体】|【识别内外】|【指定外墙】菜单命令。

★ 命令行：在命令行中输入"ZDWQ"命令并按回车键。

5.6.4 加亮外墙

【加亮外墙】命令用于将当前图中所有外墙的外边线用红色虚线亮显，以便用户了解哪些墙是外墙，哪一侧是外侧。用重画（Redraw)命令可消除亮显虚线。

在TArch 2014中调用【加亮外墙】命令，识别过的外墙会以红色的虚线表示。

调用【加亮外墙】命令方法如下。

★ 菜单栏：执行【墙体】|【识别内外】|【加亮外墙】菜单命令。

★ 命令行：在命令行中输入"JLWQ"命令并按回车键。

5.7 综合实战——绘制别墅墙体

素材：素材\第05章\5.7综合实战–绘制别墅墙体.dwg
视频：视频\第05章\5.7综合实战–绘制别墅墙体.mp4

01 按【Ctrl+O】快捷键，打开配套光盘提供的"第5章/5.7综合实战—绘制别墅墙体.dwg"素材文件，如图5-63所示。

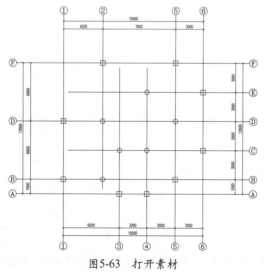

图5-63 打开素材

02 绘制外墙。执行【墙体】|【绘制墙体】命令，在弹出的【绘制墙体】对话框中设置参数，如5所示。

03 参数设置完成后，根据命令行的提示，分别

指定墙的起点和下一点，绘制的外墙如所示。

图5-64 外墙参数设置

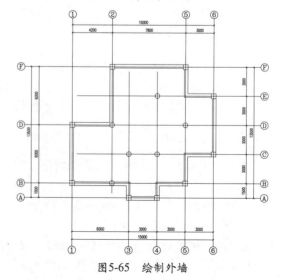

图5-65 绘制外墙

04 继续调用"HZQT"命令，在弹出的【绘制墙体】对话框中设置内墙参数，如图5-66所示。

05 捕捉内墙轴网交点，绘制的内墙如图5-67所示。

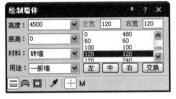

图5-66 内墙参数设置

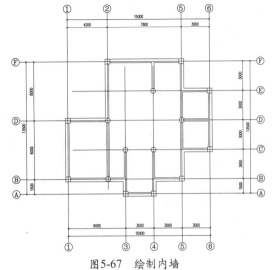

图5-67 绘制内墙

第6章
门窗插入与编辑

门窗按其所处的位置不同分为围护构件和分隔构件，具有保温、隔热、隔声、防水、防火等功能。门和窗又是建筑造型的重要组成部分（对实现虚实对比、韵律艺术效果，起着重要的作用），所以它们的形状、尺寸、比例、排列、色彩、造型等对建筑的整体造型都有很大的影响。

本章主要介绍创建门窗、编辑门窗以及创建门窗表命令的调用方法以及图形的绘制技巧。

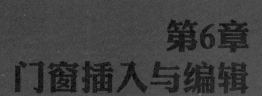

天正建筑
TArch 2014
完全实战技术手册

6.1 门窗的基础知识

6.1.1 门窗的作用

门在房屋建筑中的作用主要是交通联系并兼采光和通风；窗的作用主要是采光、通风及眺望。在不同情况下，对门和窗还有分隔、保温、隔声、防火、防辐射、防风沙等要求。门窗实景如图6-1所示。

图6-1 门窗实景

门窗在建筑立面构图中的影响也较大，它的尺度、比例、形状、组合、透光材料的类型等都影响着建筑的艺术效果。

6.1.2 门窗的分类

根据开启方式的不同，门窗可分为固定门窗、平开门窗、横转旋门窗、立转旋门窗和推拉门窗等，如图6-2所示。

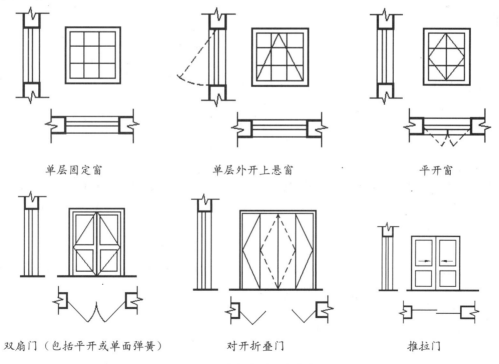

单层固定窗　　　　单层外开上悬窗　　　　平开窗

双扇门（包括平开或单面弹簧）　　对开折叠门　　　　推拉门

图6-2 一些门窗的开启方式

★ 固定门窗：固定门窗不能开启，一般不设门窗扇，只能将玻璃嵌固在门窗框上。有时为同其他门窗产生相同的立面效果，也设门窗扇，但门窗扇固定在门窗框上。固定门窗仅作采光和眺望之用，通常用于只考虑采光而不考虑通风的场合。由于门窗扇固定，玻璃面积可稍大些。

★ 平开门窗：平开门窗在门窗扇一侧装铰链，与门窗框相连。有单扇、双扇之分，可以内开或外开。平开门窗构造简单，制作与安装方便，应用最广。

★ 推拉门窗：门窗扇启闭采用移动方式。其中推拉门窗分上下推拉和左右推拉两种形式。推拉门窗的开启不占空间，但通风面积较小(只有平门窗的一半)。若采用木推拉门窗，往往出现由于木门窗较重不易推拉的问题。目前，大量使用的是铝合金推拉门窗和塑料推拉门窗。

★ 折叠门：开启时门扇可以折叠在一起。门的开启不影响空间使用。

★ 转门窗：门窗扇以转动方式启闭。转门窗包括上悬门窗、下悬门窗、中悬门窗、立转门窗等。

★ 弹簧门：装有弹簧合页的门，开启后会自动关闭。

★ 其他门：包括卷帘门、升降门、上翻门、伸缩门、感应门等。

根据所用材料的不同，门窗可分为木门窗、钢门窗、铝合金门窗、玻璃钢门窗和塑料门窗等几种。

★ 木门窗：木门窗是常见门窗的形式。它具有自重轻、制作简单、维修方便、密闭性好等优点，但是木材会因气候的变化而胀缩，有时会造成开关不便，并耗用木材；同时，木材易被虫蛀、易腐朽，不如钢门窗经久耐用。

★ 钢门窗：钢门窗分空腹和实腹两类。与木门窗相比，钢门窗坚固耐用、防火耐潮、断面小。钢门窗的透光率较大，约为木门窗的160%，但是其造价也比木门窗高。

★ 铝合金门窗：铝合金门窗除具有钢门窗的优点外，还有密闭性好、不易生锈、耐腐蚀、不需刷油漆、美观漂亮、装饰性好等优点，但造价较高，一般用于标准较高的建筑中。

★ 玻璃钢门窗：玻璃钢门窗质轻高强，耐腐蚀性极好，但是其生产工艺较复杂，造价较高，目前主要用于具有高腐蚀性的场合。

★ 塑料门窗：塑料门窗色彩较多，与铝合金一样，都是新型的门窗材料。由于它美观耐用、密闭性好，正逐渐被广泛采用。

根据镶嵌材料的不同，门窗还可分为玻璃门窗、纱门窗、百叶门窗、保温门窗及防风沙门窗等几种。玻璃门窗能满足采光功能要求；纱门窗在保证通风的同时，可以阻止蚊蝇进入室内；百叶门窗一般用于只需通风而不需采光的房间，活动百叶窗可以加在玻璃窗外，起遮阳通风的作用。

6.1.3 门的尺度

门的尺度通常是指门洞的高宽尺寸。门作为交通疏散通道，其尺度取决于人的通行要求、家具器械的搬运及与建筑物的比例关系等，并要符合现行《建筑模数协调统一标准》的规定。

一般民用建筑门的高度不宜小于2100mm。如门设有亮子时，亮子的高度一般为300～600mm，则洞高度为门扇高加亮子高，再加门框及门框与墙间的缝隙尺寸，即门洞的高度一般为2700～3000mm。公共建筑大门高度还可视需要适当提高。

单扇门为700～1000mm，双扇门为1200～1800mm。

当宽度在2100mm以上时，则应当将门做成三扇、四扇门或双扇带固定扇的门，因为门扇过宽易产生翘曲变形，同时也不利于开启。

辅助房间(如浴厕、贮藏室等)门的宽度可窄些：贮藏室一般最小可为700mm，居住建筑浴厕门的宽度最小为800mm。卧室门为900mm，户门为1000mm以上，公共建筑门宽为900mm以上。

6.1.4 窗的尺度

窗的尺度主要取决于房间的采光、通风、构造做法和建筑造型等要求，并要符合现行《建筑模数协调统一标准》的规定，一般采用3M数列作为模数。

平开木窗：窗扇高度为800～1500mm，宽度不宜大于500mm。

上下悬窗：窗扇高度为300～600mm。

中悬窗：扇高不宜大于1200mm，宽度不宜大于1000mm。

推拉窗：高宽均不宜大于1500mm。

门的构造如图6-3所示。

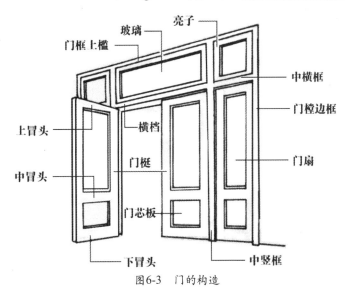

图6-3 门的构造

窗的构造如图6-4所示。

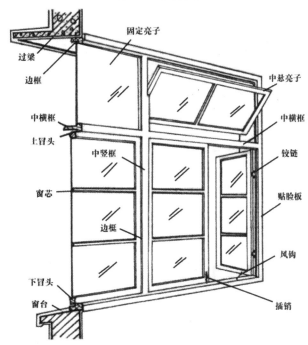

图6-4 窗的构造

6.2 门窗的创建

天正建筑的门窗是自定义对象，用户可以在门窗对话框设置所有的相关参数，包括几何尺寸、三维样式、编号和定位参考距离等，然后在墙体指定插入位置即可。门窗和墙体建立了智能联动关系，当门窗被插入墙体后，墙体的外观几何尺寸不变，但墙体对象的粉刷面积、开洞面积就立刻更新以备查询。

6.2.1 门窗

【门窗】命令用于在指定墙体处插入门或窗，如图6-5、图6-6所示。

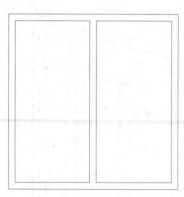

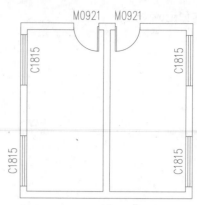

图6-5　插入门窗

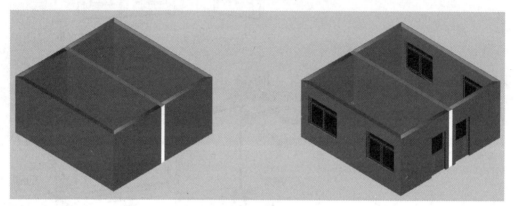

图6-6　插入门窗三维样式

在TArch 2014中调用【门窗】命令，在弹出的【门】或【窗】对话框中选择门或窗，然后设置相应的参数，如图6-7和图6-8所示，在绘图区中指定插入位置即可完成插入门窗的操作。

调用【门窗】命令方法如下。

★　**菜单栏：**执行【门窗】|【门窗】菜单命令。

★　**命令行：**在命令行中输入"MC"命令并按回车键。

图6-7　【门】对话框　　　　　　　　　　　图6-8　【窗】对话框

1. 对话框控件说明

[编号]：表示插入门或窗的编号，可选择自动编号。

[类型]：表示插入门或窗的类型。窗包括普通窗和防火窗。门包括普通门、甲级防火门、乙级防火门、丙级防火门、防火卷帘、人防门、隔断门、电梯门。

[查表]：单击此按钮可查看门窗表。

[门宽/窗宽]：表示门洞或窗洞的宽度。

[门高/窗高]：表示门洞或窗洞的高度。

[门槛高]：表示门槛的高度。

[窗台高]：表示窗台的高度。

[距离]：表示当在工具栏上选择定距离插入时的距离数值。

[个数]：表示同时插入的个数。

[高窗]：选择此复选框即可插入高窗。

[门平面图库]：表示插入门的平面样式，如图6-9所示。

[门立面图库]：表示插入门的立面样式，如图6-10所示。

[窗平面图库]：表示插入窗的平面样式，如图6-11所示。

[窗立面图库]：表示插入窗的立面样式，如图6-12所示。

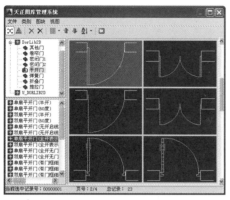

图6-9　门平面图库

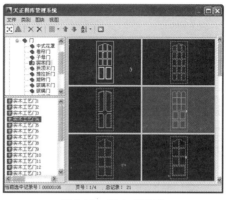

图6-10　门立面图库

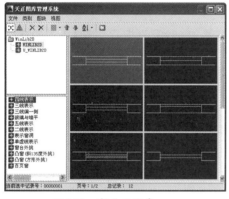

图6-11　窗平面图库

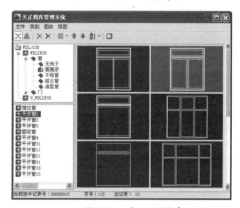

图6-12　窗立面图库

2. 对话框中工具栏的控件说明

[自由插入] ：可以在墙体上自定义门窗的插入位置，按Shift键切换门的开启方向。

[沿墙顺序插入] ：在墙体上指定门窗的离墙间距，单击鼠标即可插入门窗图形。

[依据点取位置两侧的轴线进行等分插入] ：点取门窗的插入位置，按命令行的提示选择参考轴线即可以在两根轴线之间的中点插入门窗图形，如图6-13所示。

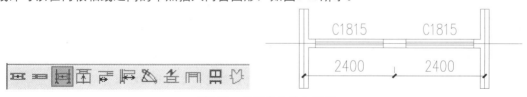

图6-13　轴线等分插入门窗

[在点取的墙段上等分插入] ：可以在选中的墙段上等分插入门窗图形，门窗距左右或上下两边的墙距离相等，如图6-14所示。

图6-14　在墙段上等分插入

[垛宽定距插入] ：通过指定门窗图形距某一边墙体的距离参数来插入图形，本命令特别适合于插入室内门，如图6-15所示。

[轴线定距插入] ：通过指定轴线与门窗图形之间的距离参数来插入图形，如图6-16所示。

图6-15　垛宽定距插入　　　　　　　　　　　图6-16　轴线定距插入

[按角度插入弧墙上的门窗] ：单击此按钮，可以在选中的弧墙上插入门窗图形，如图6-17所示。

[充满整个墙段插入门窗] ：单击此按钮，插入的门窗将填满整段墙，如图6-18所示。

图6-17　按角度插入弧墙上的门窗　　　　　　图6-18　充满整个墙段插入门窗

[插入上层门窗] ：在同一个墙体已有的门窗上方再添加一个宽度相同、高度不同的窗，这种情况常常出现在高大的厂房外墙中，如图6-19所示。

图6-19　插入上层门窗

[门窗替换] ：用于批量修改门窗，包括在门窗类型之间的转换。用对话框内的当前参数作为目标参数，替换图中已经插入的门窗。单击"替换"图标，对话框右侧出现参数过滤开关。

3. 门命令提示（以轴线定距插入为例）

在命令行输入"MC"命令并按回车键或执行【门窗】|【门窗】命令，弹出【门窗】对话框，在弹出的【门窗】对话框中的工具栏单击【插门】按钮和【以轴线定距插入】按钮，设置完参数后，命令行提示：

```
点取门窗大致的位置和开向(Shift－左右开)<退出>：
```

选取需要插入门的墙体，门会自动插入之前离轴线设置的距离的位置。门插入完成，该步骤可重复操作。

4. 窗命令提示（以轴线定距插入为例）

在命令行输入"MC"命令并按回车键或执行【门窗】|【门窗】命令，弹出【门窗】对话框，在弹出的【门窗】对话框中的工具栏单击【插窗】按钮和【两侧轴线等分插入】按钮，设置完参数后，命令行提示：

```
点取门窗大致的位置和开向(Shift－左右开)<退出>：          //点取需要插入窗的墙体
指定参考轴线[S]/门窗或门窗组个数(1~1)<1>：               //在命令行输入等分插入的窗个数，按回车键完成操作
```

【案例6-1】：绘制普通门窗

```
素材：素材\第06章\6.2.1绘制普通门窗.dwg
视频：视频\第06章\案例6-1绘制普通门窗.mp4
```

在图6-20所示的墙体内插入普通门窗。

01 按【Ctrl+O】快捷键，打开配套光盘提供的"第6章/6.2.1绘制普通门窗.dwg"素材文件，如图6-20所示。

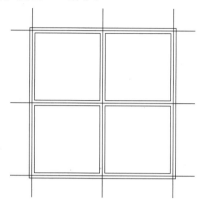

图6-20　墙体

02 在命令行输入"MC"命令并按回车键或执行【门窗】|【门窗】命令，在弹出的【门】对话框中设置参数，单击【插门】按钮[L]和【按垛宽定距插入】按钮[➡]，如图6-21所示。

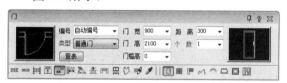

图6-21　设置参数

03 在绘图区中选取门的位置和开向，插入门的结果如图6-22所示。

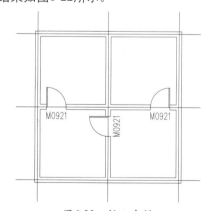

图6-22　插入内门

04 重复调用"MC"命令，单击【门】对话框左边的二维显示窗口，在弹出的【天正图库管理系统】对话框中选择平开门的二维样式，结果如图6-23所示。

05 双击门样式图标，返回【门】对话框；然后单击右边的三维显示窗口，在弹出【天正

图库管理系统】对话框中选择平开门的三维样式，结果如图6-24所示。

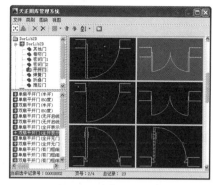

图6-23　选择二维样式

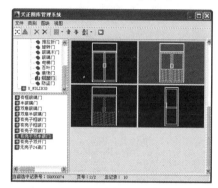

图6-24　选择三维样式

06 双击选择的三维样式，返回【门】对话框，设置双开门参数，如图6-25所示。

图6-25　参数设置

07 单击【垛宽定距插入】按钮[➡]，在绘图区中选取门的位置和开向，插入门的结果如图6-26所示。

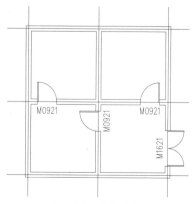

图6-26　插入外门

08 在命令行输入"MC"命令并按回车键或执行【门窗】命令，在弹出的【门】对话框中单击【插窗】按钮██，弹出【窗】对话框，在其中单击【在点取的墙段上等分插入】按钮██并设置参数，如图6-27所示。

图6-27　参数设置

09 在绘图区插入窗，如图6-28和图6-29所示。

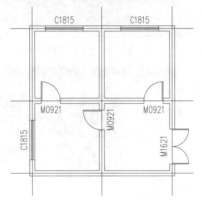

图6-28　完成门窗插入

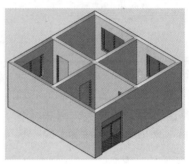

图6-29　三维样式

6.2.2　组合门窗

　　【组合门窗】命令用于把已经插入的两个以上普通门和（或）窗的组合为一个对象，作为单个门窗对象来统计，该命令的优点是组合门窗各个成员的平面和立面都可以由用户独立控制，如图6-30和图6-31所示。

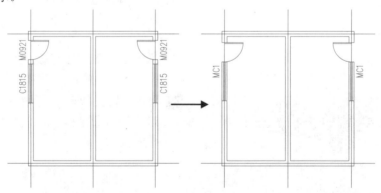

图6-30　组合门窗平面样式

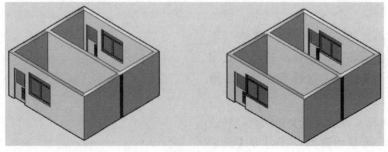

图6-31　组合门窗三维样式

在TArch 2014中调用【组合门窗】命令，选取需要组合的门和窗，输入新组合的门窗的编号并按回车键即可完成组合门窗的操作。

调用【组合门窗】命令方法如下。

★　菜单栏：执行【门窗】|【组合门窗】菜单命令。
★　命令行：在命令行中输入"ZHMC"命令并按回车键。

组合门窗命令提示

在命令行输入"ZHMC"命令并按回车键或执行【门窗】|【组合门窗】命令。命令行提示：

选择需要组合的门窗和编号文字：

选择需要组合的门窗，点取完成后，按回车键。命令行提示：

输入编号：

在命令行输入新组合的门窗的编号并按回车键，完成组合门窗操作。

【案例6-2】：组合门窗

素材：素材\第06章\6.2.2组合门窗.dwg
视频：视频\第06章\案例6-2 组合门窗.mp4

将图6-32所示的门窗进行组合。

01 按【Ctrl+O】快捷键，打开配套光盘提供的"第6章/6.2.2组合门窗.dwg"素材文件，如图6-32所示。

02 在命令行输入"ZHMC"命令并按回车键或执行【门窗】|【组合门窗】命令，选择需组合的门窗和编号文字并按回车键，输入编号"MC-1"，再按回车键，组合完成，如图6-33和图6-34所示。

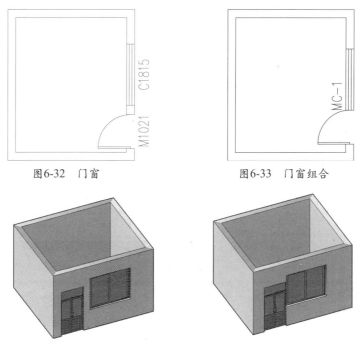

图6-32　门窗　　　　　　　　图6-33　门窗组合

图6-34　组合门窗三维显示

6.2.3　带形窗

带形窗是跨越多段墙体的多扇普通窗的组合，各扇窗共用一个编号，带形窗没有凸窗特性，窗的宽度与墙体宽度一致，如图6-35所示。

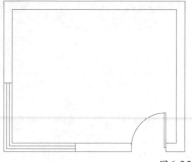

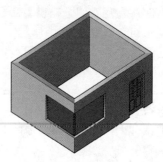

图6-35　带形窗

【带形窗】命令用于在指定的多段墙体上插入若干普通窗，如图6-36所示。

在TArch 2014中调用【带形窗】命令，在弹出的【带形窗】对话框设置相应的参数，如图6-37所示。选择起点和终点以及需插窗的墙体，即可完成插入门窗的操作。

调用【门窗】命令方法如下。

★　菜单栏：执行【门窗】|【带形窗】菜单命令。
★　命令行：在命令行中输入"DXC"命令并按回车键。

图6-36　插入带形窗

图6-37　【带形窗】对话框

带形窗命令提示

在命令行输入"DXC"命令并按回车键或执行【门窗】|【带形窗】命令，弹出【带形窗】对话框，在弹出的【带形窗】对话框中设置参数。命令行提示：

起始点或 [参考点(R)]<退出>：	//单击需插入带形窗的起点
终止点或 [参考点(R)]<退出>：	//单击需插入带形窗的终点
选择带形窗经过的墙：	//点选带形窗经过的墙，按回车键，完成插入带形窗操作。

注意

带形窗本身不能被【Stretch(拉伸)】命令拉伸，否则显示不正确。

【案例6-3】：插入带形窗

素材：素材\第06章\6.2.3插入带形窗.dwg
视频：视频\第06章\案例6-3插入带形窗.mp4

在图6-38所示的墙体中插入带型窗。

01 按【Ctrl+O】快捷键，打开配套光盘提供的"第6章/6.2.3插入带形窗.dwg"素材文件，如图6-38所示。

02 在命令行输入"DXC"命令并按回车键或执行【门窗】|【带形窗】命令，在弹出的【带形窗】对话框中设置参数，如图6-39所示。

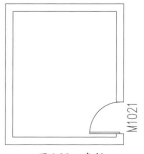

图6-38 素材

图6-39 参数设置

03 选择起点、终点以及带形窗经过的墙体，如图6-40所示。

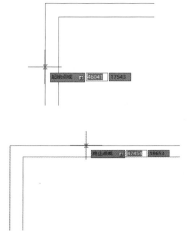

图6-40 选择起点、终点

04 按回车键，完成插入，如图6-41所示。

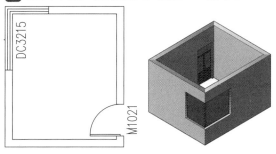

图6-41 插入带形窗

6.2.4 转角窗

转角窗是指跨越两段相邻转角墙体的普通窗或凸窗，如图6-42和图6-43所示。

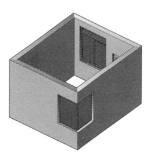

图6-42 转角平窗三维样式

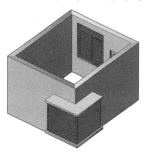

图6-43 转角凸窗三维样式

【转角窗】命令用于在指定的两段相邻墙体上插入转角平窗或者转角凸窗，如图6-44和图6-45所示。

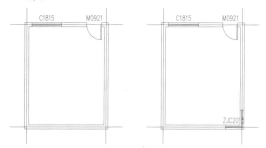

图6-44 插入转角平窗

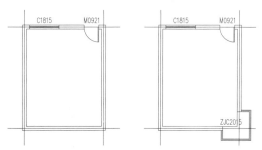

图6-45 插入转角凸窗

在TArch 2014中调用【转角窗】命令，在弹出的【绘制角窗】对话框设置相应的参数，如图6-46所示。然后在绘图区中指定插入的墙角以及转角距离即可完成插入转角窗的操作。

调用【转角窗】命令方法如下。

★ 菜单栏：执行【门窗】|【转角窗】菜单命令。

★ 命令行：在命令行中输入"ZJC"命令并按回车键。

双击转角窗进入转角窗的对象编辑，弹出的【角窗编辑】对话框如图6-47所示，参数修改完成后，单击【确定】按钮以完成更新。

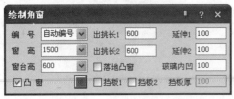

图6-46　绘制角窗对话框

图6-47　【角窗编辑】对话框

1. 对话框控件说明

[玻璃内凹]：窗玻璃到窗台外缘的退入距离。

[延伸1]/[延伸2]：窗台板与檐口板分别在两侧延伸出窗洞口外的距离，常作为空调搁板花台等。

[前凸长度]：凸窗窗台凸出于墙面外的距离。

[落地凸窗]：勾选该复选框后，在墙内侧不画窗台线。

[挡板1/挡板2]：勾选该复选框后，凸窗的侧窗改为实心的挡板。

[挡板厚]：挡板的厚度默认为100，勾选挡板选项后可在这里修改挡板的厚度。

2. 转角窗命令提示

在命令行输入"ZJC"命令并按回车键或执行【门窗】|【转角窗】命令，在弹出的【绘制角窗】对话框中设置完参数后，命令行提示：

请选取墙角<退出>：	//点选墙角
转角距离1<1000>：	//在命令行输入一角的距离
转角距离2<1000>：	//在命令行输入另一角的距离，完成插入转角操作

> **注意**
>
> 1.在侧面碰墙、碰柱时角凸窗的侧面玻璃会自动被墙或柱对象遮挡；在特性表中可设置转角窗为"作为洞口"处理；玻璃分格的三维效果可使用【窗棂展开】与【窗棂映射】命令来处理。
>
> 2.在有保温层墙上绘制无挡板的转角凸窗前，请先执行【内外识别】或【指定外墙】命令来指定外墙外皮位置，保温层和凸窗关系才能正确处理，否则保温层线和玻璃的绘制会有问题。
>
> 3.转角窗的编号可在【编号设置】命令中设为按"顺序"或按"展开长度"编号，展开长度可在【编号设置】命令中设为按墙中线、墙角阴面、墙角阳面计算。

【案例6-4】：插入转角窗

素材：素材\第06章\6.2.4插入转角窗.dwg
视频：视频\第06章\案例6-4插入转角窗.mp4

在图6-48所示墙体中插入转角窗。

01 按【Ctrl+O】快捷键，打开配套光盘提供的"第6章/6.2.4插入转角窗.dwg"素材文件，如图6-48所示。

02 在命令行输入"ZJC"命令并按回车键或执行【门窗】|【转角窗】命令，在弹出的【绘制角窗】对话框中设置参数，如图6-49所示。

03 选择墙角，确定转角距离，完成转角窗的插入，如图6-50所示。

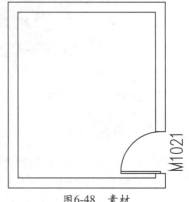

图6-48　素材

图6-49　参数设置

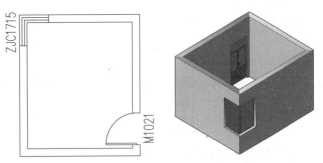

图6-50　插入转角窗

6.2.5　实战——创建办公楼门窗

素材:素材\第06章\6.2.5实战-创建办公楼门窗.dwg
视频:视频\第06章\6.2.5实战-创建办公楼门窗.mp4

　　在图6-51所示的办公楼墙柱中创建办公楼门窗。

01 按【Ctrl+O】快捷键，打开配套光盘提供的"第6章/6.2.5实战—创建办公楼门窗.dwg"素材文件，如图6-51所示。

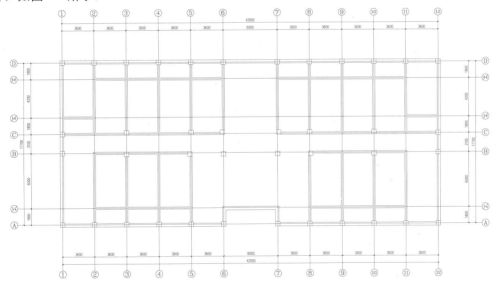

图6-51　办公楼墙柱

02 该层门窗表如图6-52所示，仅供接下来插入门窗参考。

类型	设计编号	洞口尺寸(mm)	数量
普通门	M1	1000X2400	14
	M2	900X2400	4
	M3	1200X2700	2
	M4	1800X3000	2
	M5	1800X2100	14
普通窗	C1	2100X2100	16
	C2	1500X900	2
	C3	4800X2400	1

图6-52　门窗表

03 在命令行输入"MC"命令并按回车键或执行【门窗】|【门窗】命令，在弹出的【门】对话框中设置参数，选择单扇平开门的二维样式和三维样式，单击【插门】按钮▦和【按垛宽定距插入】按钮▦，如图6-53所示。

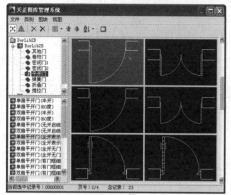 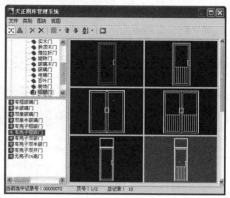

图6-53 办公室内门参数设置

04 设置完参数后，在绘图区中选取门的插入位置和开向，结果如图6-54所示。

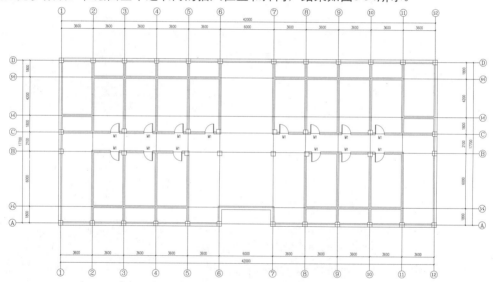

图6-54 插入办公室内门

05 重复调用"MC"命令，在弹出的【门】的对话框中设置参数M-2、M-3、M-4和M-5参数，分别如图6-55、图6-56、图6-57和图6-58所示。

图6-55 M2参数设置

图6-56 M3参数设置

图6-57 M4参数设置

图6-58 M5参数设置

06 依次插入墙中各门，绘制的结果如图6-59所示。

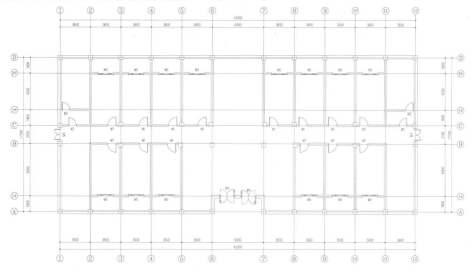

图6-59 插入办公楼的门

07 在命令行输入"MC"命令并按回车键或执行【门窗】命令，在弹出的【门】对话框中设置参数，单击【插窗】按钮🔲，弹出【窗】对话框，单击【在点取的墙段上等分插入】按钮🔳，对办公室房间的窗设置参数，如图6-60所示。

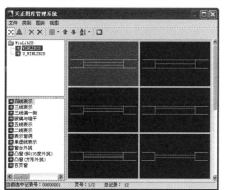
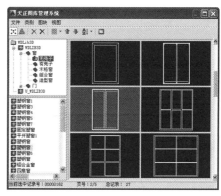

图6-60 C1参数设置

08 设置完参数后在绘图区中选取窗的插入位置和开向，结果如图6-61所示。

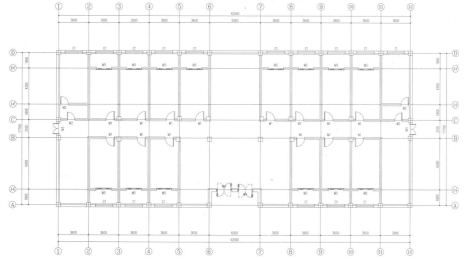

图6-61 插入C1

09 重复调用"MC"命令，在弹出的【窗】的对话框中设置参数，C2、C3参数分别如图6-62、图6-63所示。

图6-62　C2参数设置　　　　　　　　　　　　图6-63　C3参数设置

10 依次插入墙中，窗的最后绘制结果如图6-64所示。

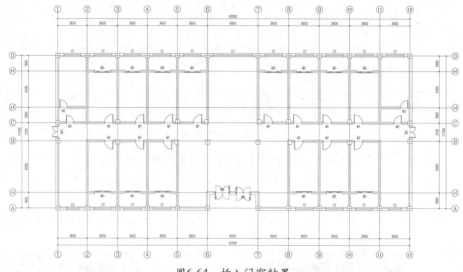

图6-64　插入门窗结果

6.3 门窗的编辑

已经插入图中的门窗，既可以使用AutoCAD通用的夹点编辑与特性编辑功能，也可以使用内外翻转和左右翻转等专门的门窗编辑命令，进行批量的修改。

6.3.1 门窗的夹点编辑

最简单的门窗编辑方法是选取门窗中的可以激活门窗夹点，通过拖动夹点来进行夹点编辑不必使用任何命令。普通门、普通窗都有若干个预设好的夹点，拖动夹点时门窗对象会按预设的行为做出动作。熟练操纵夹点进行编辑是用户应该掌握的高效编辑手段，夹点编辑的缺点是一次只能对一个对象操作，而不能一次更新多个对象，为此系统提供了各种门窗编辑命令，如图6-65和图6-66所示。

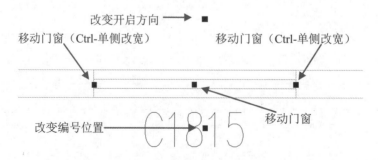

图6-65　普通窗的夹点编辑

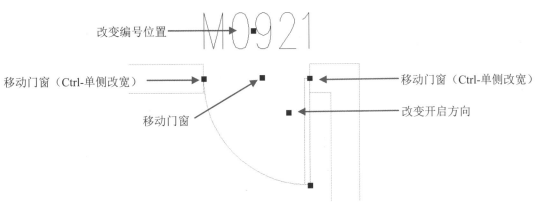

改变编号位置

移动门窗（Ctrl-单侧改宽）

移动门窗（Ctrl-单侧改宽）

移动门窗

改变开启方向

图6-66 普通门的夹点编辑

6.3.2 对象编辑与特性编辑

双击门窗对象即可进入"对象编辑"状态，然后可对门窗进行参数修改，选择门窗对象并单击鼠标右键，在弹出的快捷菜单可以运行【对象编辑】或者【特性编辑】命令，虽然两者都可以用于修改门窗属性，但是相对而言【对象编辑】命令启动了创建门窗的对话框，如图6-67所示。参数比较直观，而且可以替换门窗的外观样式。

图6-68 【特性】面板

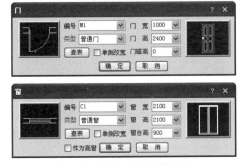

图6-67 门窗对象编辑界面

使用AutoCAD的【特性】面板也可以对门窗图形进行修改。特性编辑可以批量修改门窗的参数，并且可以控制一些其他途径无法修改的细节，如门口线、编号的文字样式和内部图层等。

在选择门窗后，按【Ctrl+1】快捷键即可打开【特性】面板，如图6-68所示。

注意

如果希望新门窗的宽度是对称变化的，不要勾选【单侧改宽】复选项；特性编辑可以批量修改门窗的参数，并且可以控制一些其他途径无法修改的细节参数，如门口线、编号的文字样式和内部图层等。

6.3.3 内外翻转

【内外翻转】命令用于将选定的门窗图形进行批量内外翻转，如图6-69所示。

在TArch 2014中调用【内外翻转】命令，在绘图区中选定需要翻转的门窗并按回车键即可完成内外翻转的操作。

调用【内外翻转】命令方法如下。

★ 菜单栏：执行【门窗】|【内外翻转】菜单命令。

★ 命令行：在命令行中输入"NWFZ"命令并按回车键。

内外翻转命令提示

在命令行输入"NWFZ"命令并按回车键或执行【门窗】|【内外翻转】命令。命令行提示：

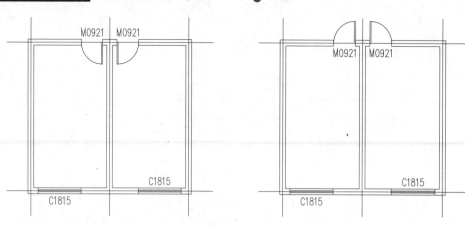

图6-69　内外翻转

选择好需要翻转的门窗，按回车键即可完成内外翻转的操作。

【案例6-5】：内外翻转

素材：素材\第06章\6.3.3内外翻转.dwg
视频：视频\第06章\案例6-5 内外翻转.mp4

翻转图6-70所示的门的方法如下。

01 按【Ctrl+O】快捷键，打开配套光盘提供的"第6章/6.3.3内外翻转.dwg"素材文件，如图6-70所示。

02 在命令行输入"NWFZ"命令并按回车键或执行【门窗】|【内外翻转】命令，选择需翻转的门，如图6-71所示。

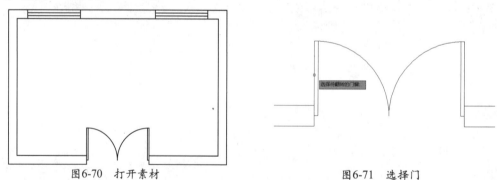

图6-70　打开素材　　　　　　　　　　　图6-71　选择门

03 按回车键，门翻转完成，如图6-72所示。

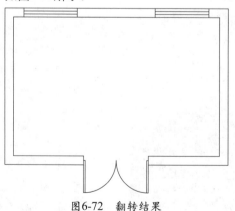

图6-72　翻转结果

6.3.4 左右翻转

【左右翻转】命令用于将选定的门窗图形进行批量左右翻转，如图6-73所示。

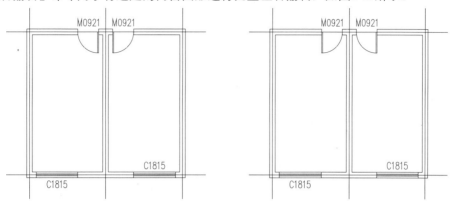

图6-73 左右翻转

在TArch 2014中调用【左右翻转】命令，在绘图区中选定需要翻转的门窗并按回车键即可完成左右翻转的操作。

调用【左右翻转】命令方法如下。

★ 菜单栏：执行【门窗】|【左右翻转】菜单命令。

左右翻转命令提示

执行【门窗】|【左右翻转】命令，命令行提示：

选择待翻转的门窗：   // 选择好需要翻转的门窗，按回车键即可完成左右翻转的操作

6.3.5 实战——编辑办公楼门窗

素材：素材\第06章\6.3.5实战–编辑办公楼门窗.dwg
视频：视频\第06章\6.3.5实战–编辑办公楼门窗.mp4

编辑修正图6-74所示的办公楼门窗的方法如下。

01 按【Ctrl+O】快捷键，打开配套光盘提供的"第6章/6.3.5实战—编辑办公楼门窗.dwg"素材文件，如图6-74所示。

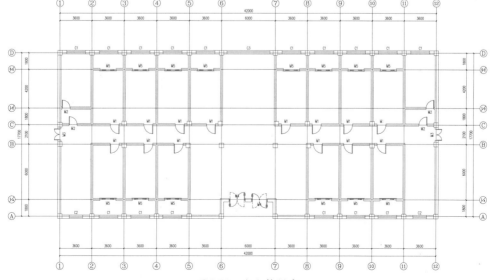

图6-74 办公楼门窗

02 在命令行输入"NWFZ"命令并按回车键或执行【门窗】|【内外翻转】命令。框选需翻转的门窗，如图6-75所示。

左右翻转　　　　　　　　　内外翻转

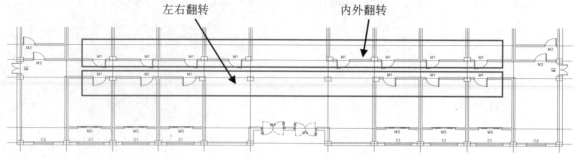

图6-75　框选位置

03 按回车键，如图6-76所示。

04 执行【门窗】|【左右翻转】命令，框选所需翻转的门窗，如图6-75所示。

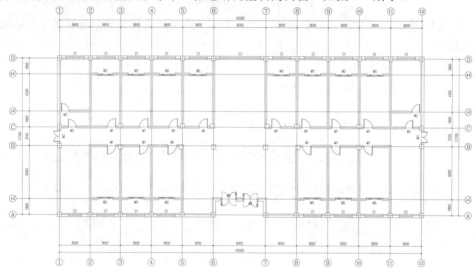

图6-76　内外翻转

05 按回车键，编辑完成，如图6-77所示。

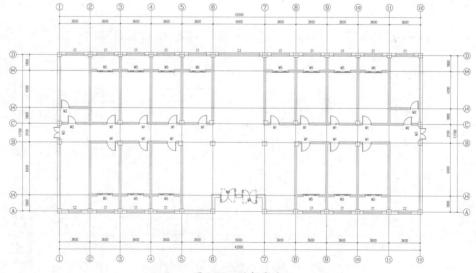

图6-77　编辑完成

6.4 门窗编号与门窗表

在默认情况下，创建门窗时，在【门】或【窗】对话框中会要求用户输入门窗编号或选择自动编号。利用门窗编号可以方便地对门窗进行统计、检查和修改等操作。本小节介绍门窗编号的编辑方法和门窗表的创建方法。

6.4.1 门窗编号

【门窗编号】命令用于生成或者修改门窗编号，根据普通门窗的门洞尺寸大小编号，可以删除（隐去）已经编号的门窗，转角窗和带形窗按默认规则编号，如图6-78所示。

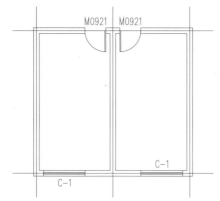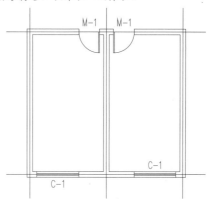

图6-78　改变门窗编号

在TArch 2014中调用【门窗编号】命令，在绘图区中选定需要改变编号的门窗并输入新编号，然后按回车键即可完成门窗编号的操作。

调用【门窗编号】命令方法如下。

★ 菜单栏：执行【门窗】|【门窗编号】菜单命令。
★ 命令行：在命令行中输入"MCBH"命令并按回车键。

门窗编号命令提示

在命令行输入"MCBH"命令并按回车键或执行【门窗】|【门窗编号】命令，命令行提示：

请选择需要改编号的门窗的范围<退出>：　　　　//点选完门窗
请输入新的门窗编号或[删除编号(E)]<M0921>：　　//在命令行输入新编号或输入"E"删除编号

转角窗的默认编号规则为ZJC1、ZJC2……，带形窗为DC1、DC2……，由用户根据具体情况自行修改。

6.4.2 门窗检查

【门窗检查】命令用于显示门窗参数电子表格并检查当前图中已插入的门窗数据是否合理。

在TArch 2014中调用【门窗检查】命令，弹出【门窗检查】对话框，如图6-79所示，再进行检查。

调用【门窗检查】命令方法如下。

★ 菜单栏：执行【门窗】|【门窗检查】菜单命令。
★ 命令行：在命令行中输入"MCJC"命令并按回车键。

对话框控件说明

[编号]：根据门窗编号设置命令的当前设置状态对图纸中已有门窗进行自动编号。

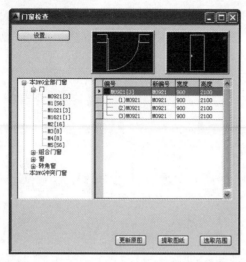

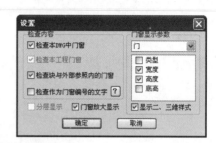

图6-79 门窗检查对话框

[新编号]：显示图纸中已进行编号门窗的编号，没有进行编号的门窗此项空白。

[宽度]/[高度]：用于搜索门窗洞口宽、高尺寸，用户可以修改表格中的宽度和高度尺寸，单击【更新原图】按钮就能对图内的门窗进行即时更新，但转角窗、带形窗等特殊门窗除外。

[更新原图]：在电子表格里面修改门窗参数、样式后单击此按钮，可以更新当前打开的图形，包括块参照内的门窗。更新原图的操作并不修改门窗参数表中各项的相对位置，也不修改【编号】一列的数值，并且目前还不能对外部参照的门窗进行更新。

[提取图纸]：单击此按钮后，树状结构图和门窗参数表中的数据按当前图中或当前工程中现有门窗的信息重新提取，最后调入【门窗检查】对话框中的门窗数据受【设置】对话框中检查内容中4项参数的控制。更新原图后，表格中与原图中不一致的以品红色显示的新参数值在单击此按钮后变为黑色。

[门窗放大显示]：勾选此复选项后选择门窗表行首，在当前视口内会自动把当前光标所在表行的门窗放大显示出来；不勾选时则只会平移图形，把当前门窗加红色虚框显示在屏幕中。但当门窗在块内和外部参照时，此功能无效。

> **注意**
>
> 1. 文字要作为门窗编号要满足3个要求：①该文字是天正或AutoCAD的单行文字对象；②该文字所在图层是天正建筑当前默认的门窗文字图层(如WINDOW_TEXT)；③该文字的格式符合【编号设置】中当前设置的规则。
>
> 2. 在本命令右边的表格里面修改门窗的宽高参数，可自动更新门窗表格中的门窗编号，但仍然需要单击【更新原图】按钮才能更新图形中的门窗宽、高数据以及对应的门窗编号。

6.4.3 门窗表

【门窗表】命令用于统计当前图中使用的门窗参数，检查后生成传统样式门窗表或者符合国标《建筑工程设计文件编制深度规定》样式的门窗表，如图6-80所示。

门窗表

类型	设计编号	洞口尺寸(mm)	数量	图集名称	页次	选用型号	备注
普通门	M0921	900X2100	5				
普通窗	C1809	1800X900	4				
	C1815	1800X1500	4				

图6-80 门窗表

在TArch 2014中调用【门窗表】命令，选择需要统计的门窗并按回车键即可将弹出一个门窗表插入至绘图区。

调用【门窗表】命令方法如下。

★　菜单栏：执行【门窗】｜【门窗表】菜单命令。

★　命令行：在命令行中输入"MCB"命令并按回车键。

门窗表命令提示

在命令行输入"MCB"命令并按回车键或执行【门窗】｜【门窗表】命令。命令行提示：

请选择门窗或[设置(S)]<退出>：

选择好门窗后按回车键，在绘图区出现一个门窗表。命令行提示：

请点取门窗表位置(左上角点)<退出>：

将门窗表插入至绘图区，完成操作。

6.4.4　门窗总表

【门窗总表】命令用于统计当前工程中的多个平面图使用的门窗编号，检查后生成门窗总表，可由用户在当前图上指定各楼层平面所属门窗，适用于在一个DWG图形文件上存放多楼层平面图的情况，如图6-81所示。

门窗表

类型	设计编号	洞口尺寸(mm)	数量					图集选用			备注
			1	2-3	4	5	合计	图集名称	页次	选用型号	
普通门	M1	1000X2400	14	17X2=34	6		54				
	M2	900X2400	4	4X2=8			12				
	M3	1200X2700	2				2				
	M4	1800X3000	2				2				
	M5	1000X2400			4		4				
普通窗	C1	2100X2100	16	16X2=32	4		52				
	C2	1500X900	2	2X2=4	2		8				
	C3	4800X2400	1	1X2=2	1		4				
	C4	4800X2700		1X2=2	1		3				
	C5	1000X1500		2X2=4	2		6				
	C6	1200X2100		2X2=4	2		6				

图6-81　门窗总表

在TArch 2014中调用【门窗】命令之前，首先要新建工程，再创建楼层表；然后在此基础上调用【门窗总表】命令，检查后生成门窗总表。

调用【门窗总表】命令方法如下。

★　菜单栏：执行【门窗】｜【门窗总表】菜单命令。

★　命令行：在命令行中输入"MCZB"命令并按回车键。

6.4.5　实战——创建办公楼门窗表

素材：素材\第06章\6.4.5实战-创建办公楼门窗表.dwg

视频：视频\第06章\6.4.5实战-创建办公楼门窗表.mp4

在图6-82所示的办公楼平面图中创建门窗表的方法如下。

01 按【Ctrl+O】快捷键，打开配套光盘提供的"第6章/6.4.5实战—创建办公楼门窗表.dwg"素材文件，如图6-82所示。

02 在命令行输入"MCB"命令并按回车键或执行【门窗】｜【门窗表】命令。

03 选取所有门窗，按回车键，在绘图区中选取门窗表的插入位置，创建完成的门窗表如图6-83所示。

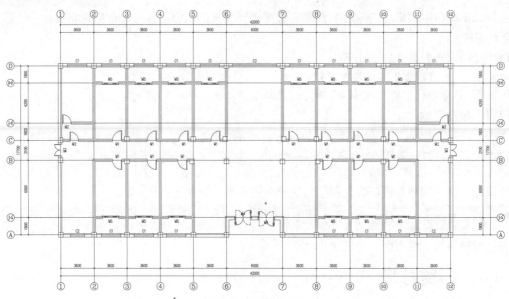

图6-82 办公楼门窗

门窗表

类型	设计编号	洞口尺寸(mm)	数量	图集名称	页次	选用型号	备注
普通门	M1	1000X2400	14				
	M2	900X2400	4				
	M3	1200X2700	2				
	M4	1800X3000	2				
	M5	1800X2100	14				
普通窗	C1	2100X2100	16				
	C2	1500X900	2				
	C3	4800X2400	1				

图6-83 门窗表

6.5 门窗工具

TArch 2014提供的门窗工具主要包括编号复位、编号后缀、门窗套、门口线、窗棂展开、窗棂映射等，本节将介绍这些门窗工具的使用方法和用途。

6.5.1 编号复位

【编号复位】命令用于将所选的门窗编号恢复到默认的位置，如图6-84所示。

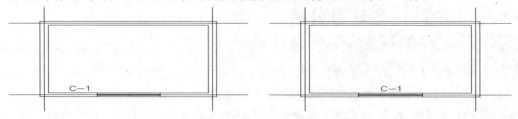

图6-84 编号复位

在TArch 2014中调用【编号复位】命令，选择需要复位编号的门窗并按回车键即可完成编号复位的操作。

调用【编号复位】命令方法如下。

★ 菜单栏: 执行【门窗】|【门窗工具】|【编号复位】菜单命令。
★ 命令行: 在命令行中输入 "BHFW" 命令并按回车键。

编号复位命令提示

在命令行输入 "BHFW" 命令并按回车键或执行【门窗】|【门窗工具】|【编号复位】命令。命令行提示:

选择名称待复位的门窗:	//选择需要复位的门窗,按回车键即可完成操作

6.5.2 编号后缀

【编号后缀】命令用于为所选中的门窗编号批量添加后缀。适用于在对称的门窗编号后增加"反"缀号的情况,添加后缀的门窗与原门窗独立编号,如图6-85所示。

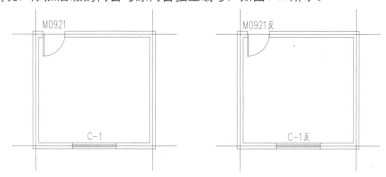

图6-85 添加编号后缀

在TArch 2014中调用【编号后缀】命令,选择需要添加编号后缀的门窗并按回车键即可完成编号后缀的操作。

调用【编号复位】命令方法如下。
★ 菜单栏: 执行【门窗】|【门窗工具】|【编号后缀】菜单命令。
★ 命令行: 在命令行中输入 "BHHZ" 命令并按回车键。

编号复位命令提示

在命令行输入 "BHHZ" 命令并按回车键或执行【门窗】|【门窗工具】|【编号后缀】命令,命令行提示:

选择需要加编号后缀的门窗:	//选择完成后按回车键
请输入需要加的门窗编号后缀<反>:	//输入需要加的后缀,按回车键,编号后缀添加完成

6.5.3 门窗套

【门窗套】命令用于为指定的门窗图形绘制门窗套,即在门窗两侧加墙垛,三维显示为四周加全门窗框套,其中可通过选择相关选项来删除添加的门窗套,如图6-86所示。

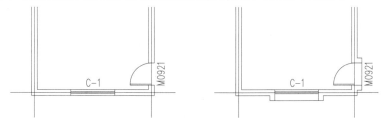

图6-86 添加门窗套

在TArch 2014中调用【门窗套】命令,在弹出【门窗套】的对话框中设置参数,如图6-87所示,然后选择需要加门窗套的门窗并确定为哪一侧即可完成门窗套的操作。

调用【门窗套】命令方法如下。

★ 菜单栏：执行【门窗】|【门窗工具】|【门窗套】菜单命令。

★ 命令行：在命令行中输入"MCT"命令并按回车键。

图6-87 【门窗套】对话框

1. 对话框控件说明

［伸出墙长度A］：表示门窗套突出墙侧面的长度。

［门窗套宽度W］：表示门窗套自身的宽度。

［材料］：表示门窗套所用的材料，包括同相邻墙体、钢筋混凝土、轻质材料、保温材料。

［加门窗套］：选择该单选项表示为添加门窗套状态。

［消门窗套］：选择该单选项表示为消除门窗套状态。

2. 命令提示说明

在命令行输入"MCT"命令并按回车键或执行【门窗】|【门窗工具】|【门窗套】命令，在弹出的【门窗套】对话框中设置完参数，命令行提示：

请选择外墙上的门窗：

可选取多个外墙上的门窗，点选完成后按回车键。命令行提示：

点取窗套所在的一侧：

选择门窗套所偏向的一侧，完成添加门窗套的操作。

门窗套是门窗对象的附属特性，可通过特性栏设置"门窗套"的有无和参数；门窗套在加粗墙线和图案填充时与墙一致；此命令不用于内墙门窗，内墙的门窗套线是附加装饰物，由专门的【加装饰套】命令完成。

6.5.4 门口线

【门口线】命令用于为所选的门图形添加不同类型的门口线，表示门槛或者门两侧地面标高不同，门口线是门的对象属性之一，因此门口线会自动随门移动，如图6-88所示。

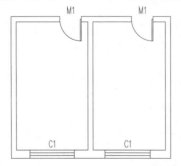
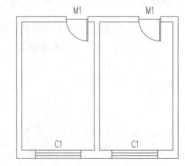

图6-88 添加门口线

在TArch 2014中调用【门窗套】命令，在弹出【门口线】的对话框中设置参数，如图6-89所示，然后选择需要加门口线的门窗并确定为哪一侧即可完成门口线的操作。

调用【门口线】命令方法如下。

★ 菜单栏：执行【门窗】|【门窗工具】|【门口线】菜单命令。

★ 命令行：在命令行中输入"MKX"命令并按回车键。

图6-89 【门口线】对话框

1. 对话框控件说明

［门口线位置］：表示所添加的门口线所在的位置和数量，包括居中、单侧、双侧3种类型。

［偏移距离］：表示门口线所偏移的距离。

［加门口线］：选择该单选项表示为添加门口线状态。

［消门口线］：选择该单选项表示为消除门口线状态。

2. 门口线命令提示（以单侧为例）

在命令行输入"MKX"命令并按回车键或执行【门窗】|【门窗工具】|【门口线】命令，在弹出的【门口线】对话框中设置参数，命令行提示如下。

> 请选取需要加门口线的门：

可选择多个门，选择完成后按回车键。命令行提示：

> 请点取门口线所在的一侧<退出>：

选择门口线所偏向的一侧，完成添加门口线的操作。

6.6 门窗库

为方便门窗的绘制，天正建筑提供了【门窗原型】命令和【门窗入库】命令，从而方便用户构建自己的门窗图库。

6.6.1 平面门窗图块的概念

天正建筑从第一个版本开始，平面门窗图块的定义就与普通的图块不同，具有如下特点。

★ 门窗图块基点与门窗洞的中心对齐。

★ 门窗图块是1×1的单位图块，用在门窗对象时按实际尺寸放大。

★ 门窗对象用宽度作为图块x方向的比例，按不同用途选择宽度或墙厚作为图块y方向的比例。

使用门窗宽度还是墙厚作为图块y方向的放大比例与门窗图块入库类型有关，窗和推拉门、密闭门的y方向和墙厚有关，用墙厚作为图块y方向的缩放比例；平开门的y方向与墙厚无关，用门窗宽度作为图块y方向的缩放比例。

为方便门窗的制作，系统提供了【门窗原型】命令和【门窗入库】命令，在二维门窗入库时，系统自动把门窗原型转化为单位门窗图块。特别注意的是用户制作平面门窗时，应按同一类型门窗进行制作，例如应以原有的推拉门作为原型来制作新的推拉门，而不能跨类型进行制作，但与二维门窗库的位置无关。

注意

普通平面门因其门铰链默认为在墙中，图块可用于不同墙厚，而密闭门的门铰链位于墙皮处，由于不同墙厚时门和墙相对位置不能对齐，图块应按不同墙厚分别进行制作。

6.6.2 门窗原型

根据当前视图的状态来构造门窗制作的环境，轴侧视图构建是三维门窗环境，否则是平面门窗环境，在其中把用户指定的门窗分解为基本对象，并将其作为新门窗改绘的样板图，如图6-90所示。

调用"门窗原型"命令方法如下。

★ 菜单栏：执行【门窗】|【门窗工具】|【门窗原型】菜单命令。
★ 命令行：在命令行中输入"MCYX"命令并按回车键。

执行菜单命令后，命令行提示：

选择图中的门窗：

选取图上打算作为门窗图块样板的门窗（不要选加门窗套的门窗），如果选取的视图是二维的则进入二维门窗原型，如选取的视图是三维的则进入三维门窗原型。

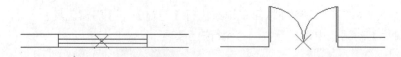

图6-90　门窗原型

二维门窗原型：

如图6-90所示，选中的门（或窗）被水平地放置在一个墙洞中。还有一个用红色"×"表示的基点，门窗尺寸与样式完全与用户所选择的一致，但此时门（窗）不再是图块，而是由LINE（直线）、ARC（弧线）、CIRCLE（圆）、PLINE（多段线）等容易编辑的图元组成，用户用上述图元可在墙洞之间绘制自己的门窗。

三维门窗原型：

系统将提问是否按照三维图块的原始尺寸构造原型。如果按照原始尺寸构造原型，能够维持该三维图块的原始模样。否则门窗原型的尺寸采用插入后的尺寸，并且门窗图块全部分解为3DFACE。对于非矩形立面的门窗，需要在_TCH_BOUNDARY图层上用闭合pline描述出立面边界。

 注意

门窗原型放置在单独的临时文档窗口中，直到完成【门窗入库】操作或放弃制作门窗，此期间用户不可以切换文档，只在放弃入库时关闭原型的文档窗口即可。

6.6.3 门窗入库

本命令用于将门窗制作环境中已经制作好的平面及三维门窗加入到用户的门窗库中。新加入的图块处于未命名状态，应打开图库管理系统，如图6-91所示，从二维或三维门窗库中找到该图块并及时对图块命名。系统能自动识别当前用户的门窗原型环境，平面门入库到U_DORLIB2D中，平面窗入库到U_WINLIB2D中，三维门窗入库到U_WDLIB3D中，如此类推。

调用【门窗入库】命令方法如下。

★ 菜单栏：执行【门窗】|【门窗工具】|【门窗入库】菜单命令。

★ 命令行：在命令行中输入"MCRK"命令并按回车键。

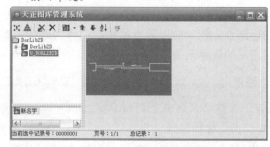

图6-91　图库管理系统

执行【菜单】命令后如没有交互提示，系

统会把当前临时文档窗口关闭，显示新门窗入库后的门窗图库对话框。

用户入库的门窗图块被临时命名为"新名字"，可双击对该图块进行重命名，并将该图块拖动到合适的门窗类别中。

平开门的二维开启方向和三维开启方向是由门窗图块制作入库时的方向决定的，为了保证开启方向的一致性，入库时门的开启方向(开启线与门拉手)要全部统一为左边。

6.7 综合实战——创建别墅门窗

素材：素材\第06章\6.7综合实战—创建门窗别墅.dwg
视频：视频\第06章\6.7综合实战—创建门窗别墅.mp4

01 按【Ctrl+O】快捷键，打开配套光盘提供的"第6章/6.7综合实战——创建门窗别墅.dwg"素材文件，如图6-92所示。

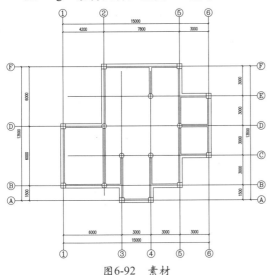

图6-92 素材

02 绘制大门（M1）。在命令行输入"MC"命令并按回车键或执行【门窗】|【门窗】命令，在弹出的【门】对话框中设置参数，如图6-93所示。

图6-93 M1参数设置

03 单击左边的二维显示窗口，在弹出【天正图库管理系统】对话框中选择平开门的二维样式，结果如图6-94所示。

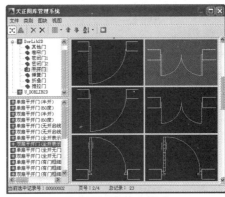

图6-94 M1二维样式

04 在图标上双击，返回【门】对话框；然后单击右边的三维显示窗口，系统弹出【天正图库管理系统】对话框，在其中选择平开门的三维样式，结果如图6-95所示。

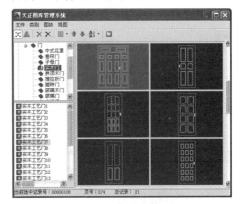

图6-95 M1三维样式

05 单击【插门】按钮和【依据点取位置两侧的轴线进行等分插入】按钮，在绘图区中选取门的位置和开向，如图6-96所示。

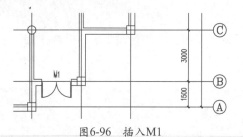

图6-96　插入M1

06 重复上述操作，绘制普通房门（M2）以及厨房推拉门（M3）。门的参数和样式可见图6-97~图6-102。

图6-97　M2参数设置

图6-98　M3参数设置

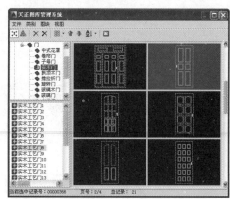

图6-101　M2三维样式

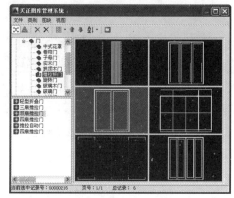

图6-102　M3三维样式

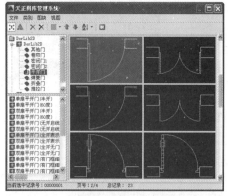

图6-99　M2二维样式

07 全部插入完成，如图6-103所示。

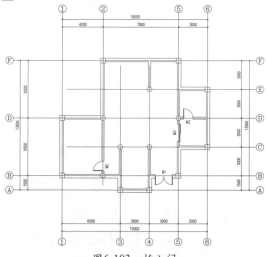

图6-103　插入门

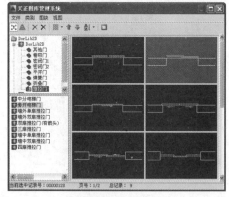

图6-100　M3二维样式

图6-104　C1参数设置

08 在命令行输入"MC"命令并按回车键或执行【门窗】|【门窗】命令，在弹出的【窗】对话框中设置参数和窗样式，单击【插窗】按钮▦，如图6-104~图6-106所示。

图6-105 C2参数设置

图6-106 C3参数设置

09 将上述窗分别插入图中，最后绘制的结果如图6-107所示。

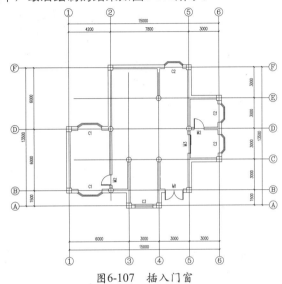

图6-107 插入门窗

第7章
楼梯及室内外设施

绘制建筑施工图的时候，需要为其绘制室内设施和室外设施，室内设施
包括各种类型的楼梯、电梯、扶梯等；室外设施包括散水、台阶、坡道等。

本章将重点讲解楼梯、扶手、电梯、阳台、台阶、坡道、散水等室内外
设施的创建方法。

天正建筑
TArch 2014
完全实战技术手册

7.1 楼梯类型及结构

楼梯是建筑物内各楼层之间上下联系的主要交通设施。在层数较多和有特殊需要的建筑物中，往往设有电梯或自动扶梯，但同时也必须设置楼梯。

楼梯应做到上下通行方便，有足够的通行宽度和疏散能力，包括人行及搬运家具物品；并且还应满足坚固、耐久、安全、防火和一定的审美要求。

7.1.1 楼梯的组成

楼梯是由楼梯段、楼梯平台和扶手栏杆（板）3个部分组成的，如图7-1所示。

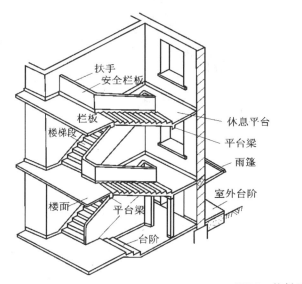
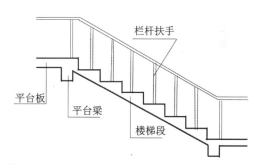

图7-1 楼梯的组成

楼梯梯段：联系两个不同标高平台的倾斜构件，由若干个踏步构成。每个梯段的踏步数量最多不超过18级，最少不少于3级。两平行梯段之间的空隙称为楼梯井，公共建筑楼梯井净宽大于200mm，当住宅楼梯井净宽大于110mm时，必须采取安全措施。

楼梯平台：联系两个楼梯段的水平构件，主要是为了解决楼梯段的转折和与楼层的连接，同时也使人在上下楼时能在此处稍做休息。平台一般分成两种，与楼层标高一致的通常称为楼层平台，位于两个楼层之间的平台称为中间平台。

栏杆和扶手：为了在楼梯上行走的安全，楼段和平台的临空边缘应设置栏杆或栏板，在其顶部设置用来扶用的连续构件称为扶手。

7.1.2 楼梯的类型

按楼梯的材料分：钢筋混凝土楼梯、钢楼梯（图7-2）、木楼梯（图7-3）等。

按楼梯的位置分：室内楼梯和室外楼梯。

按楼梯的使用性质分：主要楼梯、辅助楼梯、疏散楼梯及消防楼梯。根据消防要求又有开敞楼梯间、封闭楼梯间和防烟楼梯间之分。

按楼梯的平面形式分：直跑单跑楼梯、直跑多跑楼梯（图7-4）、双跑平行楼梯、三跑楼梯（图7-5）、螺旋楼梯（图7-6）、转角楼梯、双分转角楼梯（图7-7）、双分对折楼梯（图7-8）、剪刀楼梯（图7-9）等。

图7-2　钢楼梯

图7-3　木楼梯

图7-4　直跑多跑楼梯

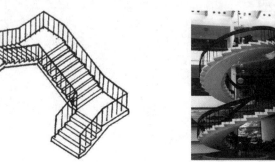

图7-5　三跑楼梯

图7-6　螺旋楼梯

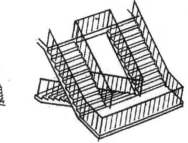

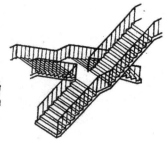

图7-7　双分转角楼梯　　　　图7-8　双分对折楼梯　　　　图7-9　剪刀楼梯

▌7.1.3　楼梯的结构形式

　　用平台梁来支承的板式楼梯和梁板式楼梯：平台梁是设在梯段与平台交界处的梁，是最常用的楼梯段的支座，如图7-10所示。平台可以与梯段共用支座，也可以另设支座。

　　从侧边挑出的挑板楼梯：与布置在侧边的单梁楼梯相类似，板式楼梯的楼段板也可以不由两端的平台梁支承，而改由侧边的支座出挑，这时梯段板相当于倾斜或受扭的挑板阳台，如图7-11所示。

图7-10　平台梁支撑　　　　　　图7-11　侧边挑出的挑板楼梯

　　作为空间楼梯的悬挑楼梯：有些楼梯因视觉上的要求需要显得较为轻巧，例如设在支座支承平台梁，会显得较为笨重。此时如果采用作为空间受力构件的悬挑楼梯，取消楼梯一端的平台梁及其支座，会取得较好的视觉效果，如图7-12所示。但其底部接近地面处应当进行处理，以阻止人误入到该范围内而产生碰头的危险。

悬挂楼梯：同样出于轻巧的视觉要求，有些楼梯还可以利用栏杆，或者另设拉杆，把整个楼段或者踏步板逐块吊挂在上方的梁或者其他的受力构件上，形成悬挂楼梯，如图7-13所示。这类楼梯在条件允许的情况下最好设置防止其晃动的设施。

图7-12　悬挑楼梯

图7-13　悬挂楼梯

7.2 各种楼梯的创建

楼梯作为建筑物垂直交通设施之一，首要的作用是联系上下交通通行；其次，楼梯作为建筑物主体结构还起着承重的作用，除此之外，楼梯有安全疏散、美观装饰等功能。

TArch 2014提供了由自定义对象建立的基本梯段对象，包括直线、圆弧与任意梯段。

7.2.1　直线梯段

直线梯段是最常见的楼梯样式之一，也是天正建筑中最基本的楼梯样式，属于单跑楼梯类型。直线楼梯通常用于进入楼层不高的室内空间，例如地下室和阁楼等，如图7-14所示。

在TArch 2014中调用【直线梯段】命令，在弹出的【直线梯段】对话框中设置参数，如图7-15所示，在绘图区中指定插入位置即可完成插入直线梯段的操作。

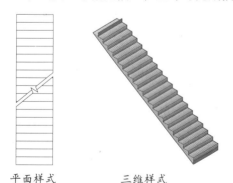

平面样式　　　　三维样式
图7-14　直线梯段

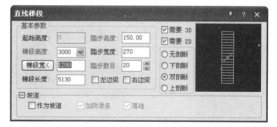

图7-15　【直线梯段】对话框

调用【直线梯段】命令方法如下。

★　菜单栏：执行【楼梯其他】│【直线梯段】菜单命令。
★　命令行：在命令行中输入"ZXTD"命令并按回车键。

1. 对话框控件说明

[梯段宽<]：表示梯段宽度，该项为按钮，可在图中选取两点来获得梯段宽，如图7-16所示。

[梯段长度]：表示直段楼梯的踏步宽度×(踏步数目－1)＝平面投影的梯段长度。

［梯段高度］：直段楼梯的总高，始终等于踏步高度的总和，如果梯段高度被改变，自动按当前踏步高调整踏步数，最后根据新的踏步数重新计算踏步。

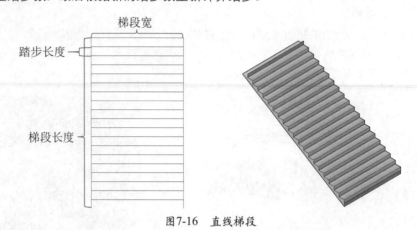

图7-16　直线梯段

［踏步高度］：输入一个概略的踏步高设计初值，由楼梯高度推算出最接近初值的设计值。由于踏步数目是整数，梯段高度是一个给定的整数，因此踏步高度并非总是整数。用户给定一个概略的目标值后，系统经过计算确定踏步高的精确值。

［踏步数目］：该项可直接输入或者步进调整，由梯段高和踏步高概略值推算取整获得，同时修正踏步高，也可改变踏步数，与梯段高一起推算踏步高。

［踏步宽度］：表示楼梯段的每一个踏步板的宽度。

［需要2D/3D］：用来控制梯段的二维视图和三维视图，某些梯段只需要二维视图，而某些梯段则只需要三维视图。

［作为坡道］：选中此复选项，踏步作防滑条间距，楼梯段按坡道生成，包括【加防滑条】和【落地】两个复选项。

［无剖断］：选择此单选项,绘制的直线梯段无剖断符号，如图7-17所示。

［下剖断］：选择此单选项,绘制的直线梯段只留下部一段，如图7-19所示。

［双剖断］：选择此单选项,绘制的直线梯段有双剖断符号，如图7-18所示。

［上剖断］：选择此单选项,绘制的直线梯段只留上部一段，如图7-20所示。

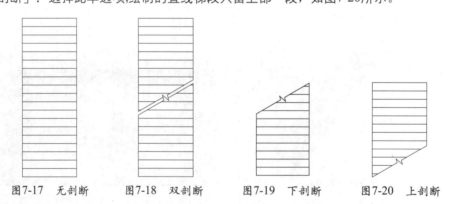

图7-17　无剖断　　　图7-18　双剖断　　　图7-19　下剖断　　　图7-20　上剖断

2. 直线梯段命令提示

在命令行输入"ZXTD"命令并按回车键或执行【楼梯其他】|【直线梯段】命令，弹出【直线梯段】对话框。命令行提示：

点取位置或[转90°(A)/左右翻(S)/上下翻(D)/对齐(F)/改转角(R)/改基点(T)]<退出>:

直接在绘图区选取插入位置即可插入直线梯段。

3. 命令提示说明

［转90°(A)］：在命令行输入"A"，可使要插入的直线梯段旋转90°。

［左右翻(S)］：在命令行输入"S"，可使要插入的直线梯段左右翻转。

［上下翻(D)］：在命令行输入"D"，可使要插入的直线梯段上下翻转。

［对齐(F)］：在命令行输入"F"，可使要插入的直线梯段与指定基点对齐。

［改转角(R)］：在命令行输入"R"，可改变要插入的直线梯段的转角。

［改基点(T)］：在命令行输入"T"，可改变要插入的直线梯段的插入基点。

4. 夹点的功能说明

［改梯段宽］：梯段被选中后亮显，选取两侧中央夹点即可拖移该梯段来改变宽度，如图7-21所示。

［移动梯段］：在显示的夹点中，居于梯段4个角点的夹点为移动梯段，选取任意一个夹点，如图7-21所示。

［改剖切位置］：在带有剖切线的梯段上，在剖切线的两端还有两个夹点为改剖切位置，可拖移该夹点改变剖切线的角度和位置，如图7-21所示。

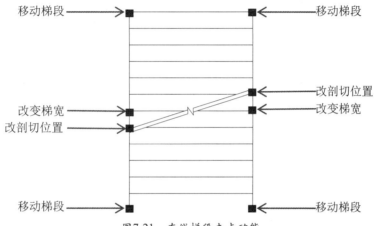

图7-21　直线梯段夹点功能

【案例7-1】：绘制直线梯段

视频：视频\第07章\案例7-1绘制直线梯段.mp4

绘制一个直线梯段。

01 在命令行输入"ZXTD"命令并按回车键或执行【楼梯其他】|【直线梯段】命令，在弹出的【直线梯段】对话框中设置参数，如图7-22所示。

02 在绘图区点取插入位置以完成绘制，如图7-23所示。

图7-22　参数设置

图7-23　直线梯段

7.2.2 圆弧梯段

【圆弧梯】段命令用于创建单段弧线形梯段，适合单独的圆弧楼梯，也可与直线梯段组合创建复杂楼梯和坡道，如大堂的螺旋楼梯与入口的坡道，如图7-24所示。

在TArch 2014中调用【圆弧梯段】命令，在弹出的【圆弧梯段】对话框中设置参数，如图7-25所示，在绘图区中指定插入位置即可完成插入圆弧梯段的操作。

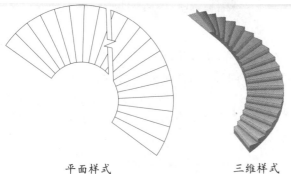

平面样式   三维样式

图7-24　圆弧梯段

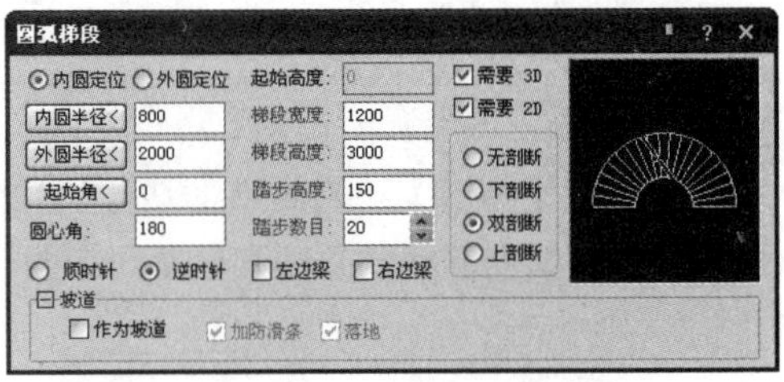

图7-25　【圆弧梯段】对话框

调用【直线梯段】命令方法如下。

★ 菜单栏：执行【楼梯其他】│【圆弧梯段】菜单命令。

★ 命令行：在命令行中输入"YHTD"命令并按回车键。

1. 对话框控件说明

［内圈定位］：表示当修改梯段宽度时不影响内径大小。

［外圈定位］： 表示当修改梯段宽度时不影响外径大小。

［内圈半径］：表示内径。

［外圈半径］：表示外径。

［起始角］：表示将圆弧梯段插入到绘图区时的转角。

［圆心角］：表示绘制的圆弧梯段的夹角。

［顺时针］：选择此单选项，表示绘制的圆弧梯段顺时针上升。

［逆时针］：选择此单选项，表示绘制的圆弧梯段逆时针上升。

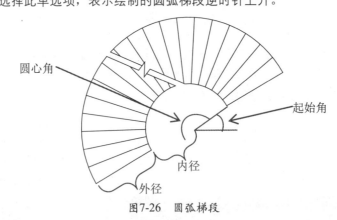

图7-26　圆弧梯段

2. 圆弧梯段命令提示

在命令行输入"YHTD"命令并按回车键或执行【楼梯其他】│【圆弧梯段】命令，弹出【圆弧梯段】对话框。命令行提示：

点取位置或 [转90°(A)/左右翻(S)/上下翻(D)/对齐(F)/改转角(R)/改基点(T)]<退出>：

直接在绘图区选取插入位置即可插入直线梯段。

3. 夹点的功能说明

［改内径］：梯段被选中后亮显，同时显示7个夹点，如果该圆弧梯段带有剖断，则在剖断的两端还会显示两个夹点。在梯段内圆中心的夹点用来改内径。选取该夹点即可通过拖移该梯段的内圆来改变其半径。

［改外径］：在梯段外圆中心的夹点用来改外径。选取该夹点即可拖移该梯段的外圆改变其半径。

［移动梯段］：拖动5个夹点中的任意一个即可通过该夹点为基点来移动梯段。

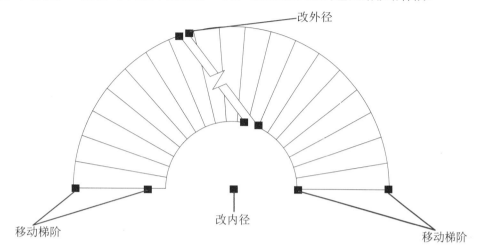

图7-27 圆弧梯段夹点功能

【案例7-2】：绘制圆弧梯段

视频：视频\第07章\案例7-2绘制圆弧梯段.mp4

绘制一个圆弧梯段的方法如下：

01 在命令行输入"YHTD"命令并按回车键或执行【楼梯其他】|【圆弧梯段】命令，在弹出的【圆弧梯段】对话框中设置参数，如图7-28所示。

02 在绘图区点取插入位置即可完成绘制，如图7-29和图7-30所示。

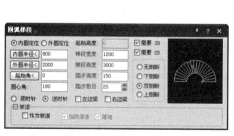

图7-28 参数设置

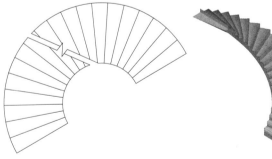

图7-29 圆弧梯段　　　　图7-30 三维样式

7.2.3 任意梯段

【任意梯段】命令用于通过指定梯段两侧的边线，设置梯段的其他参数而生成梯段图形，且除了两个边线为直线或弧线外，其余参数与直线梯段的参数相同，如图7-31所示。

在TArch 2014中调用【任意梯段】命令，选取楼梯两侧边线，在弹出的【任意梯段】对话框中设置参数，如图7-32所示，按【确定】按钮即可完成绘制任意梯段的操作。

调用【任意梯段】命令方法如下。

★ 菜单栏：执行【楼梯其他】|【任意梯段】菜单命令。
★ 命令行：在命令行中输入"RYTD"命令并按回车键。

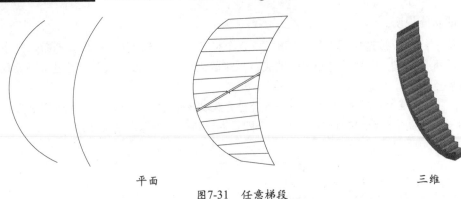

平面   三维

图7-31 任意梯段

1. 任意梯段命令提示

在命令行输入"RYTD"命令并按回车键或执行【楼梯其他】|【任意梯段】命令。命令行提示：

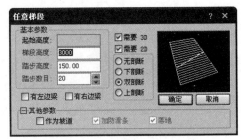

图7-32 【任意梯段】对话框

```
请点取梯段左侧边线(LINE/ARC)：
```

选取所绘楼梯左侧边线。命令行提示。

```
请点取梯段右侧边线(LINE/ARC)：
```

选取所绘楼梯右侧边线，弹出【任意梯段】对话框，设置完参数后单击【确定】按钮，则任意梯段绘制完成。

2. 夹点的功能说明

［改起点］：起始点的夹点为"改起点"，用于控制所选侧梯段的起点。若两边同时改变起点则可改变梯段的长度。

［改终点］：终止点的夹点为"改终点"，用于控制所选侧梯段的终点。若两边同时改变终点则可改变梯段的长度。

［改圆弧/平移边线］：中间的夹点为"平移边线"或者"改圆弧"，按边线类型而定，用于控制梯段的宽度或者圆弧的半径。

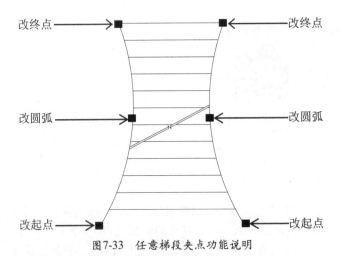

图7-33 任意梯段夹点功能说明

【案例7-3】：绘制任意梯段

素材：素材\第07章\7.2.3绘制任意梯段.dwg

视频：视频\第07章\案例7-3绘制任意梯段.mp4

在图7-34所示的两条弧线中绘制一个任意梯段。

01 按【Ctrl+O】快捷键，打开配套光盘提供的"第7章/7.2.3绘制任意梯段.dwg"素材文件，如图7-34所示。

02 在命令行输入"RYTD"命令并按回车键或执行【楼梯其他】|【任意梯段】命令，分别选择梯段的左右两侧。

03 在弹出的【任意梯段】对话框中设置参数，如图7-35所示。

图7-34 素材

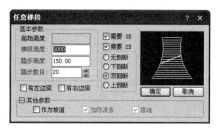

图7-35 参数设置

04 参数设置完成，单击【确定】按钮，绘制完成，如图7-36所示。

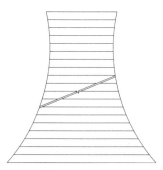

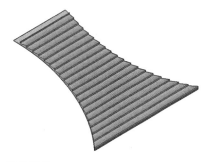

图7-36 任意梯段

7.2.4 双跑楼梯

双跑楼梯是最常见的楼梯形式，是由两跑直线梯段、一个休息平台、一个（或两个）扶手和一组（或两组）栏杆构成的自定义对象，具有二维视图和三维视图。双跑楼梯对象内包括常见的构件组合形式变化，如是否设置两侧扶手、梯段边梁以及休息平台是半圆形或矩形等，其设计要尽量满足建筑的个性化要求，如图7-37和图7-38所示。

【双跑楼梯】命令用于通过指定一跑、二跑以及踏步、梯间等参数来创建双跑楼梯图形。

在TArch 2014中调用【双跑楼梯】命令，在弹出的【双跑楼梯】对话框中设置参数，如图7-39所示，在绘图区中指定插入位置即可完成插入直线梯段的操作。

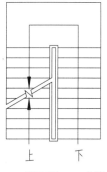

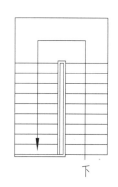

图7-37 双跑楼梯

图7-38 双跑楼梯三维样式

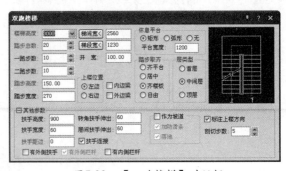

图7-39 【双跑楼梯】对话框

调用【双跑楼梯】命令方法如下。

★ 菜单栏：执行【楼梯其他】|【双跑楼梯】菜单命令。
★ 命令行：在命令行中输入"SPLT"命令并按回车键。

1. 对话框控件说明

［梯间宽<］：双跑楼梯的总宽。单击该按钮可从平面图中直接量取楼梯间净宽并将其作为双跑楼梯的总宽。

［楼梯高度］：双跑楼梯的总高，默认为当前楼层高度，对相邻楼层高度不等时应按实际情况调整。

［井宽］：默认取100为井宽，修改梯间宽时井宽不变，但梯段宽和井宽两个数值是互相关联的。

［踏步总数］：默认踏步总数是20，是双跑楼梯的关键参数。

［一跑步数］：以踏步总数推算一跑与二跑步数，总数为奇数时先增加一跑步数。

［二跑步数］：二跑步数默认与一跑步数相同，两者都允许用户修改。

［踏步高度］：用户可先输入大约的初始值，由楼梯高度与踏步数推算出最接近初值的设计值，推算出的踏步高有均分的舍入误差。

［休息平台］：有矩形、弧形和无3种选项，在非矩形休息平台时可以选无平台，以便自己用平板功能设计休息平台。

［平台宽度］：按建筑设计规范，休息平台的宽度座大于梯段宽度，在选弧形休息平台时，应修改宽度值，最小值不能为0。

［踏步取齐］：当一跑步数与二跑步数不等时，两梯段的长度不一样，因此有两梯段的对齐要求，由设计人选择。

［扶手宽、高］：默认值分别为900的高，60×100的扶手断面尺寸。

［扶手距边］：在1：100的图上其值一般取0，在1：50的详图上应标以实际值。

［有外侧扶手］：在外侧添加扶手，但不会生成外侧栏杆，在设计室外楼梯时需要单独添加。

［自动生成内侧栏杆］：选中此复选项，系统将自动生成默认的矩形截面栏杆。

［层类型］：在平面图中按楼层分为3种类型绘制，包括：首层只给出一跑的下剖断；中间层的一跑是双剖断；顶层的一跑无剖断。

［作为坡道］：选中此复选项，楼梯段按坡道生成。

在勾选【作为坡道】复选项前要求楼梯的两跑步数相等，否则坡长不能被准确定义；坡道的防滑条的间距用步数来设置，在选中【作为坡道】前要设定好。

2. 双跑楼梯命令提示

在命令行输入"SPLT"命令并按回车键或执行【楼梯其他】|【双跑楼梯】命令，弹出【双跑

楼梯】对话框。命令行提示：

点取位置或 [转90°(A)/左右翻(S)/上下翻(D)/对齐(F)/改转角(R)/改基点(T)]<退出>:

直接在绘图区点取插入位置即可插入双跑楼梯。

3. 梯段夹点功能说明

［改梯段宽度］：该夹点用于改变楼梯双侧的净梯段宽，同时改变楼梯间的宽度，但不改变楼梯的总宽。

［改楼梯间宽度］：该夹点用于改变楼梯间的宽度和楼梯总宽，但不改变梯段的宽度。

［移动剖切位置］：该夹点用于改变剖切线位置，对剖切线两侧运用该夹点分别拖动改变。

［改休息平台尺寸］：该夹点用于改变休息平台的宽度和楼梯总长，但不改变楼梯的总宽。

［移动楼梯］：该夹点用于改变楼梯位置，夹点位于楼梯休息平台的两个角点。

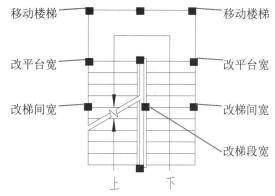

图7-40 双跑楼梯夹点功能说明

> **注意**
>
> 双跑楼梯的各种情况典型实例如图7-41所示，其中楼梯步数标注在特性栏，通过修改"上楼文字"、"下楼文字"项来完成。

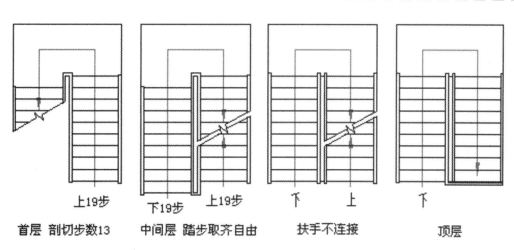

图7-41 典型实例

【案例7-4】：绘制双跑楼梯

素材：素材\第07章\7.2.4绘制双跑楼梯.dwg
视频：视频\第07章\案例7-4绘制双跑楼梯.mp4

在图7-42所示的图中绘制双跑楼梯。

01 按【Ctrl+O】快捷键，打开配套光盘提供的"第7章/7.2.4绘制双跑楼梯.dwg"素材文件，如图7-42所示。

02 在命令行输入"SPLT"命令并按回车键或执行【楼梯其他】|【双跑楼梯】命令，在弹出的【双跑楼梯】对话框中设置参数，如图7-43所示。

03 根据设计要求插入楼梯至绘图区，如图7-44和图7-45所示。

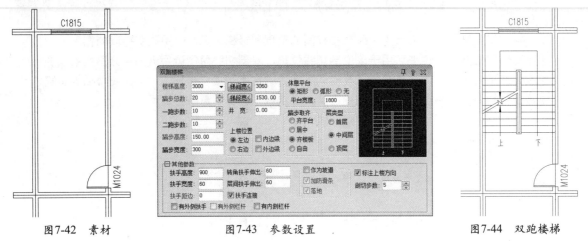

图7-42 素材   图7-43 参数设置   图7-44 双跑楼梯

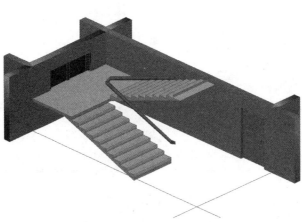

图7-45 三维样式

7.2.5 多跑楼梯

【多跑楼梯】命令用于创建由梯段开始且以梯段结束、梯段和休息平台交替布置、各梯段方向自由的多跑楼梯，其中包含转角、直跑等楼梯，如图7-46所示。

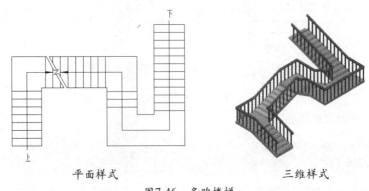

平面样式   三维样式

图7-46 多跑楼梯

在TArch 2014中调用【多跑楼梯】命令，在弹出的【多跑楼梯】对话框中设置参数，如图7-47所示，在绘图区中任意绘制梯段和平台即可完成插入任意楼梯的操作。

调用【任意楼梯】命令方法如下。

★ 菜单栏：执行【楼梯其他】|【多跑楼梯】菜单命令。

★ 命令行：在命令行中输入"DPLT"命令并按回车键。

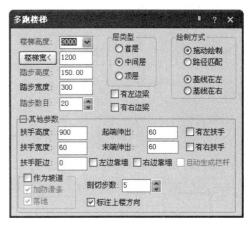

图7-47 【多跑楼梯】对话框

1. 对话框控件说明

[拖动绘制]：暂时进入图形中量取楼梯间净宽并将其作为双跑楼梯的总宽。

[路径匹配]：楼梯按已有多段线路径作为基线绘制，不做拖动绘制。

[基线在左]：拖动绘制时是以基线为标准的，这时楼梯画在基线的右边。

[基线在右]：拖动绘制时是以基线为标准的，这时楼梯画在基线的左边。

[左边靠墙]：按上楼方向，左边不画出边线。

[右边靠墙]：按上楼方向，右边不画出边线。

2. 多跑楼梯命令提示

在命令行输入"DPLT"命令并按回车键或执行【楼梯其他】|【多跑楼梯】命令，在弹出的【多跑楼梯】对话框中设置参数。命令行提示：

起点<退出>:

在绘图区选择起点以插入梯段。命令行显示：

输入下一点或 [路径切换到左侧(Q)]<退出>:

选取这一梯段的终点，可输入"Q"来切换路径，即开始进入平台的绘制。命令行显示：

输入下一点或 [路径切换到左侧(Q)/撤销上一点(U)]<退出>:

选取一点用来绘制这一平台的终点。命令行显示：

输入下一点或 [绘制梯段(T)/路径切换到左侧(Q)/撤销上一点(U)]<切换到绘制梯段>:

若下一步需要绘制梯段，则在命令行输入"T"进行绘制。若下一步仍需绘制平台，则直接选取下一点。此步可重复操作，直至多跑楼梯绘制完成。

注意

多跑楼梯由给定的基线来生成，基线就是多跑楼梯左侧或右侧的边界线。基线可以事先绘制好，也可以相交后确定，但不要求基线与实际边界完全等长，按照基线交互点取顶点，当步数足够时结束绘制，基线的顶点数目为偶数，即为梯段数目的两倍。多跑楼梯的休息平台是自动确定的，休息平台的宽度与梯段的宽度相同，休息平台的形状由相交的基线决定，默认的剖切线位于第一跑，可拖动改为其他位置。生成基线在左的多跑楼梯，注意即使P2、P3为重合点，但在绘图时仍应分开两点绘制，如图7-48所示。

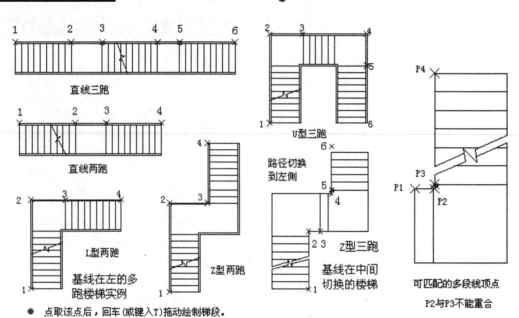

图7-48　多跑楼梯的生成

7.2.6　实战——创建办公楼楼梯

> 素材：素材\第07章\7.2.6实战—创建办公楼楼梯.dwg
> 视频：视频\第07章\7.2.6实战—创建办公楼楼梯.mp4

绘制图7-49所示的首层办公楼楼梯。

01 按【Ctrl+O】快捷键，打开配套光盘提供的"第7章/7.2.6实战—创建办公楼楼梯.dwg"素材文件，如图7-49所示。

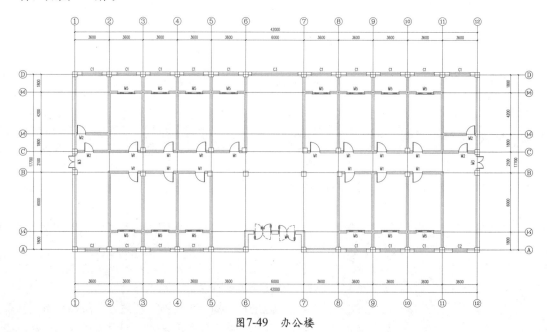

图7-49　办公楼

02 在标记的地方绘制楼梯，如图7-50所示。

03 绘制双跑楼梯，在命令行输入"SPLT"命令并按回车键或执行【楼梯其他】|【双跑楼梯】命令，在弹出的【双跑楼梯】对话框中设置参数，如图7-51所示。

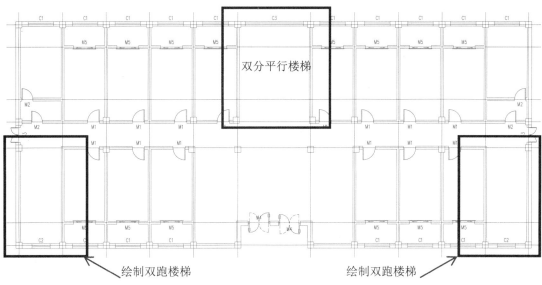

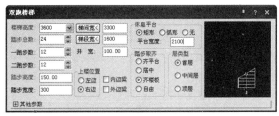

图7-50 插入楼梯类型

04 在绘图区中选取楼梯的插入位置，即可完成双跑楼梯的创建。

05 绘制双分平行楼梯，在命令行输入"SFPX"命令并按回车键或执行【楼梯其他】|【双分平行】命令，在弹出的【双分平行楼梯】对话框中设置参数，如图7-52所示。

图7-51 双跑楼梯参数设置   图7-52 双分平行参数设置

06 在绘图区中选取楼梯的插入位置，即可完成双分平行楼梯的创建，最后的成果如图7-53所示。

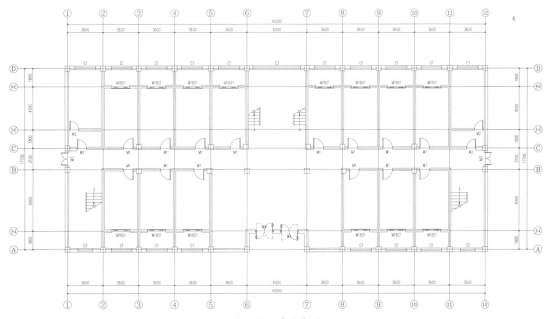

图7-53 最后成果

如果每层楼梯类型一样，在绘制标准层或顶层楼梯时，只需将【双跑楼梯】对话框中的【层类型】单选项设置成【中间层】或【顶层】，如图7-54所示。

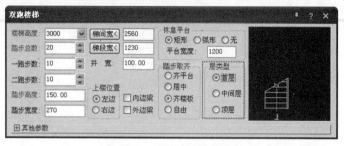

图7-54 选择其他层楼梯

7.3 楼梯扶手与栏杆

扶手作为与梯段配合的构件，故与梯段和台阶产生关联。放置在梯段上的扶手可以遮挡梯段，也可以被梯段的剖切线剖断，通过【连接扶手】命令把不同分段的扶手连接起来。

7.3.1 添加扶手

【添加扶手】命令用于自定义扶手的参数并为选中的梯段添加扶手，如图7-55所示。本命令可自动识别楼梯段和台阶，但是不识别组合后的多跑楼梯与双跑楼梯。

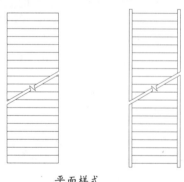

平面样式

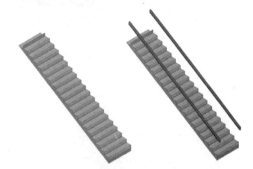

三维样式

图7-55 添加扶手

在TArch 2014中调用【添加扶手】命令，选取添加扶手的位置并在命令行输入参数，然后按回车键即可完成添加扶手的操作。

调用【添加扶手】命令方法如下。

★ 菜单栏：执行【楼梯其他】|【添加扶手】菜单命令。
★ 命令行：在命令行中输入"TJFS"命令并按回车键。

1.扶手对话框控件说明

双击添加的扶手即可弹出【扶手】对话框，如图7-56所示。

图7-56 【扶手】对话框

［形状］：扶手的形状可选方形、圆形和栏板3种，在其下面可以分别输入适当的尺寸。

［对齐］：仅对PLINE、LINE、ARC和CIRCLE作为基线时起作用。当PLINE和LINE用作基线时，以绘制取点方向为基准方向；对于ARC和CIRCLE内侧为左，外侧为右；而当楼梯段用作基线时，对齐默认为"中向"，为与其他扶手连接，往往将其改为一致的对齐方向。

［加顶点］/［删顶点］/［改顶点］：可通过单击【加顶点<】按钮或【删顶点<】按钮来增加或删除扶手顶点，通过单击【改顶点<】按钮可进入图形中来修改扶手的各段高度。

2. 添加扶手命令提示

在命令行输入"TJFS"命令并按回车键或执行【楼梯其他】|【添加扶手】命令。命令行提示：

请选择梯段或作为路径的曲线(线/弧/圆/多段线)：

选择扶手的梯段或路径。命令行显示：

扶手宽度<100>：

在命令行输入扶手宽度。命令行显示：

扶手顶面高度<900>：

在命令行输入扶手的顶面高度。命令行显示：

扶手距边<0>：

在命令行输入扶手的距边。完成添加扶手操作。

3. 命令提示说明

［扶手宽度］：指扶手本身的宽度，默认值为60，也可自定义扶手宽度。

［扶手顶面高度］：扶手从楼梯面至扶手面的距离，默认值为900，也可自定义扶手高度。

［扶手距边］：指扶手与楼梯边的距离参数，可沿用默认值，也可设置距离参数。

【案例7-5】：添加扶手

素材：素材\第07章\7.3.1添加扶手.dwg
视频：视频\第07章\案例7-5添加扶手.mp4

在图7-57所示的直线梯段上添加扶手。

01 按【Ctrl+O】快捷键，打开配套光盘提供的"第7章/7.3.1添加扶手.dwg"素材文件，如图7-57所示。

02 在命令行输入"TJFS"命令并按回车键或执行【楼梯其他】|【添加扶手】命令，点选直线楼梯一侧，在命令行输入扶手宽度：60；顶面高度：900；距边：0。按回车键，如图7-58所示。

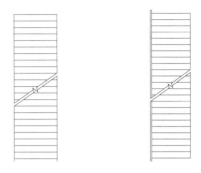

图7-57　直线梯段　　图7-58　添加一侧扶手

03 重复操作，最后绘制的结果如图7-59和图7-60所示。

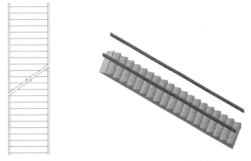

图7-59　最后结果　　图7-60　三维样式

7.3.2　连接扶手

【连接扶手】命令用于把未连接的扶手彼此连接起来，如图7-61和图7-62所示。如果准备连接的两段扶手的样式不同，连接后的样式以第一段为准；连接顺序要求是前一段扶手的末端连接下一段扶手的始端，梯段的扶手则按上行方向为正向，需要从低到高顺序选择扶手的连接，接头之间应留出空隙，不能相接和重叠。

在TArch 2014中调用【连接扶手】命令，在绘图区中选择两段需要连接的扶手，然后按回车键即可完成连接扶手的操作。选择扶手的顺序和顶点的顺序一致。

调用【连接扶手】命令方法如下。

★ 菜单栏：执行【楼梯其他】|【连接扶手】菜单命令。

★ 命令行：在命令行中输入"LJFS"命令并按回车键。

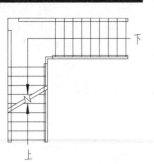 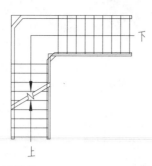

图7-61 连接扶手平面样式

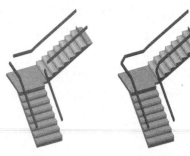

图7-62 连接扶手三维样式

连接扶手命令提示

在命令行输入 "LJFS" 命令并按回车键或执行【楼梯其他】|【连接扶手】命令。命令行提示：

选择待连接的扶手 (注意与顶点顺序一致)：

选择需连接的扶手，按回车键结束操作，扶手连接完成。图7-63为扶手连接的实例。

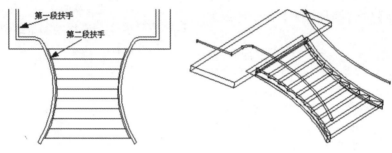

图7-63 扶手连接实例

7.3.3 楼梯栏杆的创建

在TArch 2014中双跑楼梯等对话框中都有自动添加栏杆的设置，但还有一些其他楼梯则仅可创建扶手，此时可先按上述方法创建扶手，然后使用【三维建模】菜单下【造型对象】子菜单中的【路径排列】命令来绘制栏杆。创建的楼梯栏杆如图7-64所示。

图7-64 绘制楼梯栏杆

由于栏杆在施工平面图中不必表示，主要用于三维建模和立剖面图，在平面图中没有显示栏杆时，注意选择视图类型。

操作步骤：

01 先用【三维建模】菜单下【造型对象】子菜单中的【栏杆库】命令来选择栏杆的造型效果，如图7-65所示。

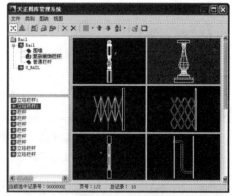

图7-65 栏杆库

02 在平面图中插入合适的栏杆单元（也可用其他三维造型方法创建栏杆单元）。

03 使用【三维建模】菜单下【造型对象】子菜单的【路径排列】命令来构造楼梯栏杆，如图7-66所示。

图7-66 路径排列

7.3.4 实战——创建办公楼楼梯扶手与栏杆

素材：素材\第07章\7.3.4实战—创建办公楼楼梯扶手与栏杆.dwg
视频：视频\第07章\7.3.4实战—创建办公楼楼梯扶手与栏杆.mp4

在图7-67所示的办公楼中创建扶手和楼梯。

01 按【Ctrl+O】快捷键，打开配套光盘提供的"第7章/7.3.4实战—创建办公楼楼梯扶手与栏杆.dwg"素材文件，如图7-67所示。

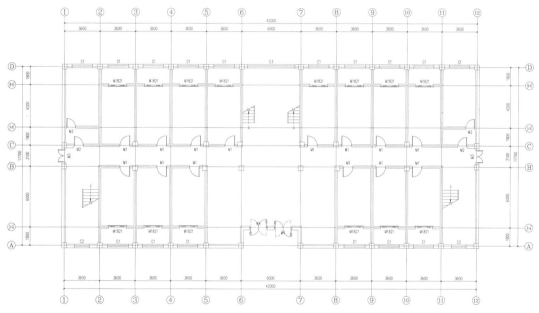

图7-67 办公楼素材

02 分别双击图中的双跑楼梯和双分平行楼梯，在弹出的对话框中设置参数，如图7-68和图7-69所示。

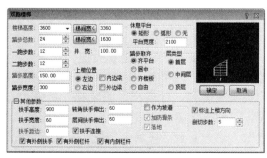

图7-68 设置双跑楼梯扶手栏杆参数

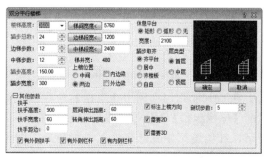

图7-69 设置双分平行扶手栏杆参数

03 单击【确定】按钮来关闭对话框，添加扶手和栏杆的结果如图7-70所示。

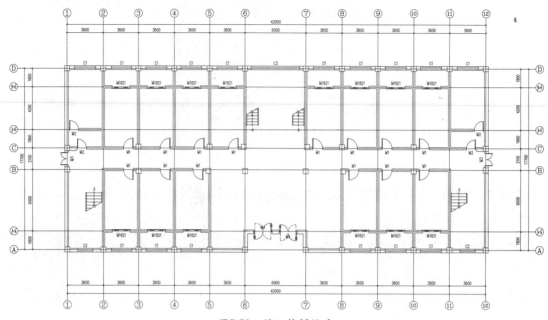

图7-70 添加楼梯扶手

7.4 其他设施的创建

建筑物的一些其他设施主要包括散水、台阶、坡道等，这一系列设施为人们进出建筑物提供了便利，同时也起到了保护建筑物的作用。

7.4.1 电梯

【电梯】命令用于创建的电梯图形，包括轿厢、平衡块和电梯门，其中轿厢和平衡块是二维线对象，电梯门是天正门窗对象；绘制条件是每一个电梯周围已经由天正墙体创建了封闭房间并将其作为电梯井，如图7-71所示。如要求电梯井贯通多个电梯，请临时加虚墙分隔。

图7-71 创建电梯

在TArch 2014中调用【电梯】命令，在弹出的【电梯参数】对话框中设置参数，如图7-72所示，在绘图区中先选定插入位置与方向即可完成创建电梯的操作。

调用【电梯】命令方法如下。

★ 菜单栏：执行【楼梯其他】|【电梯】菜单命令。

★ 命令行：在命令行中输入"DT"命令并按回车键。

图7-72 【电梯参数】对话框

1. 对话框控件说明

在对话框中，设定电梯类型、载重量、门形式、门宽、轿厢宽、轿厢深等参数。其中电梯类别有客梯、住宅梯、医院梯、货梯4种类别，每种电梯类型均有已设定好的不同的设计参数，输入参数后按命令行提示来执行命令，不必关闭对话框。也可选取【按井道决定轿厢尺寸】的复选项，不用自己设定尺寸。

2. 电梯命令提示

在命令行输入"DT"命令并按回车键或执行【楼梯其他】|【电梯】命令，弹出的【电梯参数】对话框。命令行提示：

请给出电梯间的一个角点或 [参考点(R)]<退出>:

在所绘梯井中选择一个角点。命令行显示：

再给出上一角点的对角点:

选择上一角点的对角点，框出一个电梯间。命令行显示：

请点取开电梯门的墙线<退出>:

选择电梯门所在的那一侧的墙体。命令行显示：

请点取平衡块的所在的一侧<退出>:

选择平衡块所在的一侧，不能选择跟电梯门同一侧的方向。完成电梯创建。

> **注意**
>
> 可以按用户需要，使用【门口线】命令在电梯门外侧添加和删除门口线，将电梯轿箱与平衡块的图层改为"建筑-电梯/EVTR"，这样就与楼梯图层分开了。

【案例7-6】：绘制电梯

素材：素材\第07章\7.4.1绘制电梯.dwg
视频：视频\第07章\案例7-6绘制电梯.mp4

在图7-73所示的电梯井中绘制电梯。

01 按【Ctrl+O】快捷键，打开配套光盘提供的"第7章/7.4.1绘制电梯.dwg"素材文件，如图7-73所示。

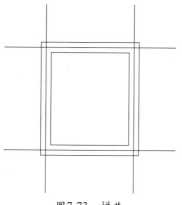

图7-73 梯井

02 在命令行输入"DT"命令并按回车键或执行【楼梯其他】|【电梯】命令，在弹出的【电梯参数】对话框中设置参数，如图7-74所示。

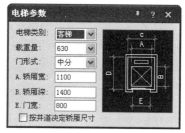

图7-74 电梯参数

03 指定电梯间的一个角点，再指定对角点，然后选取开电梯门的墙线和平衡块所在的一侧，如图7-75所示。

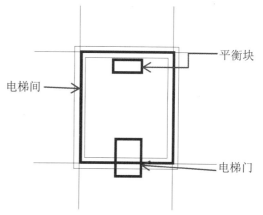

图7-75 电梯布置

04 最后电梯绘制的结果如图7-76所示。

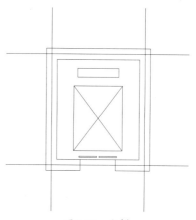

图7-76 电梯

7.4.2 自动扶梯

【自动扶梯】命令用于绘制单台或双台自

动扶梯或自动人行步道（坡道），如图7-77所示。本命令只能创建二维图形，对生成三维和立剖面不起作用。

 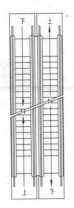 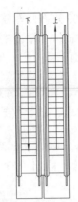 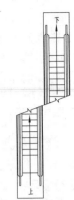

图7-77　自动扶梯

在TArch 2014中调用【自动扶梯】命令，在弹出的【自动扶梯】对话框中设置参数，如图7-78所示，在绘图区中先选定插入位置与方向即可完成创建自动扶梯的操作。

调用【自动扶梯】命令方法如下。

★　菜单栏：执行【楼梯其他】|【自动扶梯】菜单命令。

★　命令行：在命令行中输入"ZDFT"命令并按回车键。

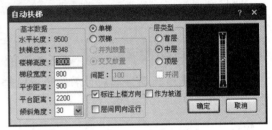

图7-78　自动扶梯对话框

1. 对话框控件说明

［倾斜角度］：表示自动扶梯的倾斜角度，有30°、35°这两种选项。

［梯段宽度］：表示扶梯梯阶的宽度，随厂家型号不同而异。

［单梯］/［双梯］：可选择绘制单台或双台连排的自动扶梯。

［楼梯高度］：表示自动扶梯的设计高度。

2. 自动扶梯命令提示

在命令行输入"ZDFT"命令并按回车键或执行【楼梯其他】|【自动扶梯】命令，在弹出的【自动扶梯】对话框中设置参数。命令行提示：

点取位置或 ［转90°(A)/左右翻(S)/上下翻(D)/对齐(F)/改转角(R)/改基点(T)]<退出>：

直接在绘图区选取插入位置即可插入自动扶梯。

7.4.3　阳台

【阳台】命令用于以几种预定样式绘制阳台，或将预先绘制好的路径转成阳台，还能以任意绘制方式创建阳台，如图7-79和图7-80所示。一层的阳台可以自动遮挡散水，阳台对象可以被柱子局部遮挡。

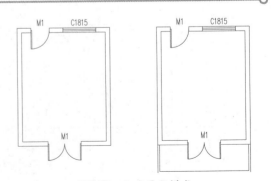

图7-79　阳台平面样式

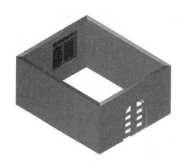 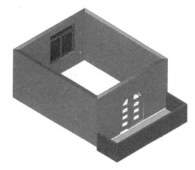

图7-80 阳台三维样式

在TArch 2014中调用【阳台】命令,在弹出的【绘制阳台】对话框中设置参数,如图7-81所示,在绘图区中先选定插入位置与方向即可完成创建阳台的操作。

调用【阳台】命令方法如下。

★ 菜单栏:执行【楼梯其他】|【阳台】菜单命令。

★ 命令行:在命令行中输入"YT"命令并按回车键。

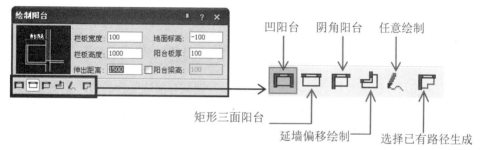

图7-81 绘制阳台对话框

阳台的类型见图7-82~图7-85。

图7-82 凹阳台三维样式

图7-83 矩形三面阳台三维样式

图7-84 阴角阳台三维样式

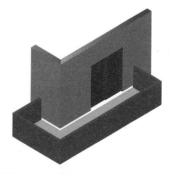

图7-85 延墙偏移绘制三维样式

1. 对话框控件说明

［伸出距离］：在该文本框中可以定义阳台的宽度参数。

［凹阳台］：单击该按钮，在两段外突出的墙体之间分别指定阳台的起点和终点，即可绘制阳台图形。

［阴角阳台］：单击该按钮，可以绘制为有两边靠墙，另外两边有阳台挡板的阴角阳台。

［沿墙偏移绘制］：单击该按钮，设置指定偏移距离，将所选的墙体轮廓线往外偏移，从而生成阳台图形。

［任意绘制］：单击该按钮，可以按自定义路径绘制阳台图形。

［选择已有路径生成］：单击该按钮，可以在已有路径的基础上生成阳台图形。

2. 阳台创建方法

★ 阴角阳台绘制

执行命令，在对话框中修改阳台参数，单击【阴角阳台】按钮后，命令行显示：

> 阳台起点<退出>：

给出外墙阴角点，沿着阳台长度方向拖动。命令行显示：

> 阳台终点或［转到另一侧（F）］：

看到此时阳台在室内一侧显示，输入"F"以翻转阳台。命令行显示：

> 阳台终点或［翻转到另一侧（F）］：

键入阳台长度值或者给出阳台的终点位置。命令行显示：

> 阳台起点< 退出 >：

按回车键退出命令或者继续绘制其他阳台。

★ 任意绘制

执行命令，在对话框中修改阳台参数，单击【任意绘制】按钮后，命令行显示：

> 阳台起点<退出>：

选取阳台侧栏板与墙外皮交点作为阳台起点。命令行显示：

> 直段下一点[弧段(A)/回退(U)]<结束>：

选取阳台经过的外墙角点，此步可重复操作。

最后选取侧栏板与墙外皮的交点作为阳台终点，按回车键结束。命令行显示：

> 请选择邻接的墙(或门窗)和柱：

按回车键或选取与阳台连接的墙或窗完成绘制。

若空回车则命令行显示：

> 是否认为两端点接邻一段直墙？<Y/N>[Y]：

按回车键接受或键入"N"来取消命令。

★ 选择已有路径绘制

执行命令，在对话框中修改阳台参数，单击【选择已有路径】按钮后，命令行显示：

> 选择一曲线(LINE/ARC/PLINE):<退出>

选取已有的一段路径曲线。命令行显示：

> 选择所邻接的墙(或窗)柱：

按回车键或选取与阳台连接的墙或窗。命令行显示：

> 请点取接墙的边：

选取与墙边重合的边，完成绘制。

7.4.4 台阶

【台阶】命令用于直接绘制矩形单面台阶、矩形三面台阶、阴角台阶、沿墙偏移等预定样式的台阶，如图7-86所示。台阶可以自动遮挡之前绘制的散水。

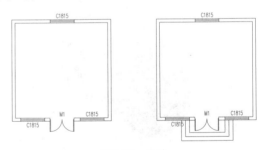

图7-86 台阶

在TArch 2014中调用【台阶】命令，在弹出的【台阶】对话框中设置参数，如图7-87所示，在绘图区中选定插入位置与方向即可完成创建台阶的操作。

图7-87 【台阶】对话框

调用【台阶】命令方法如下。

★ 菜单栏：执行屏幕左侧的天正建筑菜单栏下的【楼梯其他】|【台阶】菜单命令。

★ 命令行：在命令行中输入"TJ"命令并按回车键。

1. 对话框控件说明

［矩形单面台阶］：单击该按钮，在绘图区中分别指定台阶的起点和终点即可创建台阶图形，如图7-88所示。

［矩形阴角台阶］：单击该按钮，指定墙角点和表示台阶长度的点即可完成矩形阴角台阶的创建，如图7-88所示。

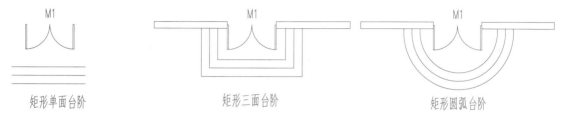

矩形单面台阶　　　　　矩形三面台阶　　　　　矩形圆弧台阶

图7-88　预定义台阶类型

［圆弧台阶］：单击该按钮，在分别指定台阶的起点和终点后，绘制弧形台阶，如图7-88所示。

［沿墙偏移绘制］：单击该按钮，指定墙体轮廓，在分别选择相邻的门窗图形后生成台阶图形。

［选择已有路径绘制］：单击该按钮，可以在已有路径的基础上生成台阶图形。

［任意绘制］：单击该按钮，在指定台阶平台轮廓线的起点和终点后，分别选择相邻的门窗图形即可往外生成台阶。

2. 台阶创建方法

★ 沿墙偏移绘制

在命令行输入"TJ"命令并按回车键或执行【楼梯其他】|【台阶】命令，弹出【台阶】对话框，在工具栏单击【延墙偏移绘制】按钮。命令行显示：

> 第一点<退出>:

选择起始边墙体相接。命令行显示：

> 第二点<退出>:

选择结束边墙体相接处。命令行显示：

> 请选择邻接的墙(或门窗):

选择台阶经过的所有墙体，然后按回车键以完成绘制。

★ 选择已有路径绘制

在命令行输入"TJ"命令并按回车键或执行【楼梯其他】|【台阶】命令，弹出的【台阶】对话框，在工具栏单击【选择已有路径绘制】按钮。命令行显示：

> 台阶平台轮廓线的起点或[点取图中曲线(P)/点取参考点(R)]<退出>:

在命令行输入"P"。命令行显示：

> 选择曲线(LINE/ARC/PLINE):

选取图上已有的多段线或直线、圆弧。命令行显示：

> 请点取没有踏步的边:

点取平台内侧不要踏步的边，按回车键以完成绘制。

★ 任意绘制

在命令行输入"TJ"命令并按回车键或执行【楼梯其他】|【台阶】命令，弹出的【台阶】对话框，在工具栏单击【任意绘制】按钮。命令行显示：

台阶平台轮廓线的起点或[点取图中曲线(P)/点取参考点(R)]<退出>：

单击绘制台阶平台一点。命令行显示：

直段下一点[弧段(A)/回退(U)] <结束>：

直接选取各顶点来绘制台阶平台，按回车键结束。命令行显示：

请选择邻接的墙(或门窗)和柱：

选取邻接墙，在此共两段。命令行显示：

请点取没有踏步的边：

虚线显示该边已选，按回车键以完成绘制。

3. 命令行提示说明

[端点定位（R）]：选择该项，需要在绘图区中指定台阶的端点方可绘制台阶图形。

[中心定位（C）]：选择该项，需要指定台阶的中心点方可绘制台阶图形。

[门窗对中（D）]：选择该项，需要指定门窗图形，系统才能以所选的门窗中点为基点来绘制台阶图形。

7.4.5 坡道

【坡道】命令用于通过参数构造单跑的入口坡道，如图7-89和图7-90所示。而多跑、曲边与圆弧坡道由各楼梯命令中【作为坡道】复选项来创建。

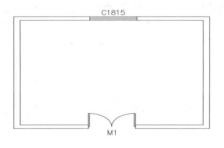
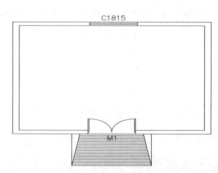

图7-89 坡道平面样式

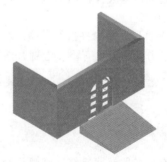

图7-90 坡道三维样式

在TArch 2014中调用【坡道】命令，在弹出的【坡道】对话框中设置参数，如图7-91所示，在绘图区中选定插入位置与方向即可完成创建坡道的操作。

调用【坡道】命令方法如下。

★ 菜单栏：执行【楼梯其他】|【坡道】菜单命令。
★ 命令行：在命令行中输入"PD"命令并按回车键。

图7-91 【坡道】对话框

1. 对话框控件说明

[左边平齐]：勾选该复选项，左边边坡与坡道齐平，如图7-92所示。
[右边平齐]：勾选该复选项，右边边坡与坡道齐平，如图7-93所示。
[加防滑条]：勾选该复选项，则为坡面添加防滑条，取消勾选则不显示防滑条，如图7-94所示。

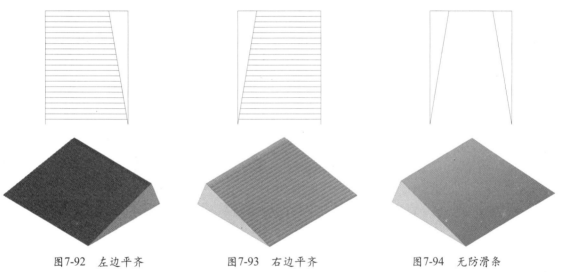

图7-92 左边平齐　　　　图7-93 右边平齐　　　　图7-94 无防滑条

[坡道尺寸]：如图7-95所示。

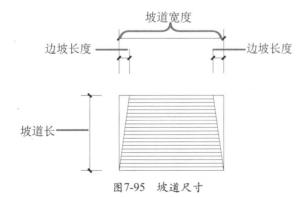

图7-95 坡道尺寸

2. 坡道命令提示

在命令行输入"PD"命令并按回车键或执行【楼梯其他】|【坡道】命令，在弹出的【坡道】对话框中设置参数，命令行提示：

点取位置或 [转90°(A)/左右翻(S)/上下翻(D)/对齐(F)/改转角(R)/改基点(T)]<退出>：

直接在绘图区点取插入位置即可插入坡道。

▌7.4.6 散水

【散水】命令用于通过自动搜索外墙线来绘制散水。散水对象自动被凸窗、柱子等对象裁剪，也可以任意绘制。可以通过对象编辑来添加和删除顶点，可以满足绕壁柱、绕落地阳台等各种变化，如图7-96所示。

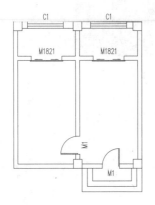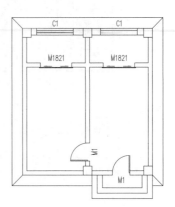

图7-96 散水

在TArch 2014中调用【散水】命令，在弹出的【散水】对话框中设置参数，如图7-97所示，在绘图区中选定与散水相邻的结构即可完成创建散水的操作。

调用【散水】命令方法如下。

★ 菜单栏：执行【楼梯其他】|【散水】菜单命令。
★ 命令行：在命令行中输入"SS"命令并按回车键。

图7-97 【散水】对话框

1. 对话框控件说明

［绕柱子］：勾选该复选项，若建筑物外墙中存在柱子，则散水自动绕过柱子进行绘制。

［绕阳台］：勾选该复选项，若建筑物中存在阳台，则散水自动绕过阳台进行绘制。

［绕墙体造型］：勾选该复选项，若建筑物外墙中有造型，则散水自动绕过造型进行绘制。

［任意绘制］：单击该按钮即可指定起点和终点来绘制散水图形。

［选择已有路径生成］：单击该按钮即可在已有的路径上生成散水。

2. 散水命令提示

在命令行输入"SS"命令并按回车键或执行【楼梯其他】|【散水】命令，弹出【散水】对话框，设置完参数后单击【确定】按钮。命令行显示：

> 请选择构成一完整建筑物的所有墙体(或门窗、阳台)<退出>:

直接在绘图区选取或框选完整建筑物的所有墙体，按回车键以完成绘制。

▌7.4.7 实战——创建办公楼室外设施

素材：素材\第07章\7.4.7实战——创建办公楼室外设施.dwg
视频：视频\第07章\7.4.7实战——创建办公楼室外设施.mp4

在图7-98所示的办公楼添加室外设施。

01 按【Ctrl+O】快捷键，打开配套光盘提供的"第7章/7.4.7实战—创建办公楼其他设施.dwg"素材文件，如图7-98所示。

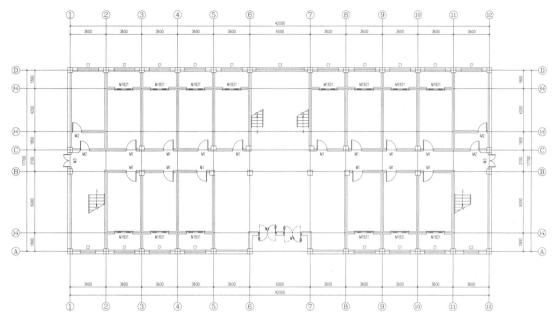

图7-98　办公楼

02 添加台阶。在命令行输入"TJ"命令并按回车键或执行【楼梯其他】|【台阶】命令，在弹出的【台阶】对话框中设置参数，如图7-99所示。

03 根据命令行提示，指定台阶的第一点和第二点，插入的台阶如图7-100所示。

图7-99　台阶参数

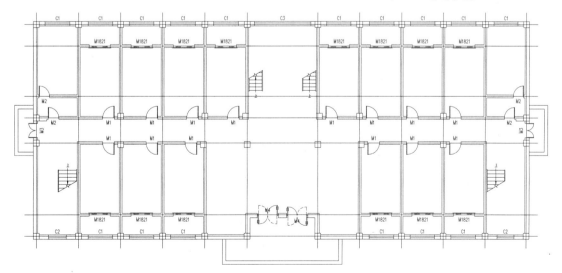

图7-100　插入台阶

04 添加散水。在命令行输入"SS"命令并按回车键或执行【楼梯其他】|【散水】命令，在弹出的【散水】对话框中设置参数，结果如图7-101所示。

05 根据命令行提示，框选完整建筑物的所有墙体，按回车键，完成散水绘制，调用【修剪】命令修剪散水以完善图形，如图7-102所示。

图7-101　设置散水参数

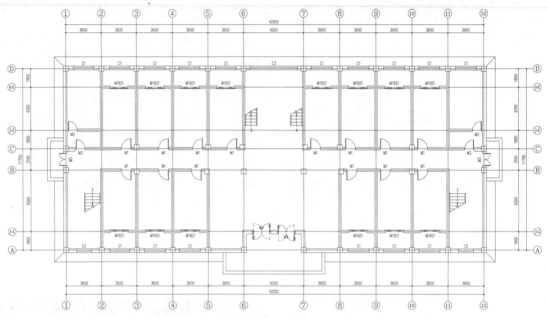

图7-102　最后的绘制结果

7.5 综合实战——绘制别墅室内外设施

素材：素材\第07章\7.5综合实战-绘制别墅室内外设施.dwg
视频：视频\第07章\7.5综合实战-绘制别墅室内外设施.mp4

　　本实例通过为别墅一、二层平面图添加楼梯、台阶、散水等室内外设施来综合演练本节所学的相关命令，进而熟悉相关设施的绘制方法。

01 按【Ctrl+O】快捷键，打开配套光盘提供的"第7章/7.5综合实战—绘制别墅室内外设施.dwg"素材文件，如图7-103所示。

02 绘制楼梯。在命令行输入"SPLT"命令并按回车键或执行【楼梯其他】|【双跑楼梯】命令，在弹出的【双跑楼梯】对话框中设置参数，如图7-104所示。

03 插入在图7-105所示的位置。

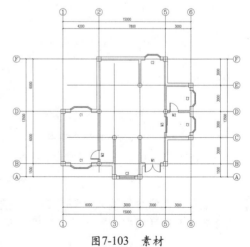

图7-103　素材

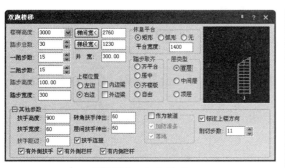

图7-104　参数设置

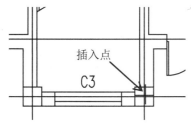

图7-105　插入位置

04 绘制完成，如图7-106所示。

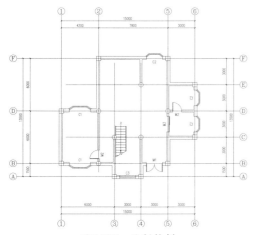

图7-106　绘制楼梯

05 绘制台阶。在命令行输入"TJ"命令并按回车键或执行【楼梯其他】|【台阶】命令，在弹出的【台阶】对话框中设置参数，如图7-107所示。

图7-107　参数设置

06 沿图7-108所示的轨迹任意绘制台阶。

07 台阶绘制完成，如图7-109所示。

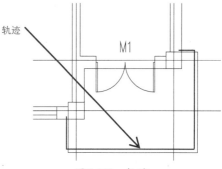

图7-108　轨迹

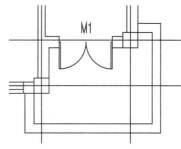

图7-109　绘制台阶

08 绘制散水。在命令行输入"SS"命令并按回车键或执行【楼梯其他】|【散水】命令，在弹出的【散水】对话框中设置参数。如图7-110所示。

图7-110　参数设置

09 根据命令行提示，框选完整建筑物的所有墙体，然后按回车键，散水绘制完成，如图7-111所示。

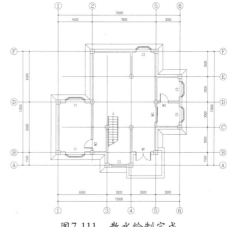

图7-111　散水绘制完成

10 用与绘制一层平面图同样的方法绘制二层平面草图，如图7-112所示。

11 绘制阳台。在"第7章/7.5综合实战—绘制别墅室内外设施.dwg"素材文件中找到二层平面草图
如图7-112所示。

12 在命令行输入"YT"命令并按回车键或执行【楼梯其他】|【阳台】命令，在【绘制阳台】对
话框中设置参数，如图7-113所示。

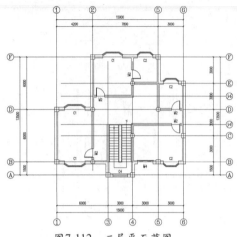

图7-112 二层平面草图

图7-113 参数设置

13 在绘图区分别选取起点和终点，如图7-114所示。

14 绘制完成的结果如图7-115所示。

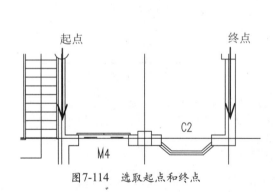

图7-114 选取起点和终点

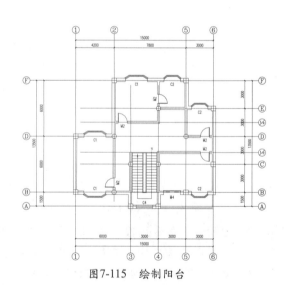

图7-115 绘制阳台

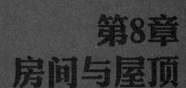

第8章
房间与屋顶

当建筑平面图中的墙体、门窗和各种室内外设施创建完成后，就需要将其面积计算出来，将其用于基本建设计划、统计和工程概预算等各个方面。同时还需在建筑平面图内布置各种设施，以此表明其功能和室内布局，也需要根据已有建筑平面图来创建其屋顶。

本章主要介绍房间面积的查询、房间的布置和屋顶的创建。

8.1 房间查询

建筑各个区域的面积计算和标注是建筑设计中的一项重要内容。房间是由墙体、门窗、柱子围合而成的闭合区域，可以用文字表示，也可以修改边界。房间名称和房间编号是房间的标识，前者描述房间的功能，后者用来区别不同的房间。在平面图上可选择标注房间编号或者房间名称，同时选择标注房间的面积。

房间查询命令可以查询单个房间的内部面积，还可以将整个建筑物面积，包括阳台的面积进行统计，从而得到建筑总面积。本节介绍房间查询的方法。

8.1.1 搜索房间

【搜索房间】命令用于批量搜索建立或更新已有的普通房间和建筑轮廓，建立房间信息并标注室内使用面积，标注位置自动置于房间的中心，如图8-1所示。

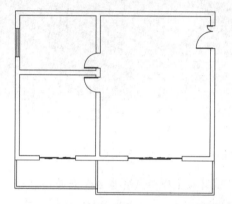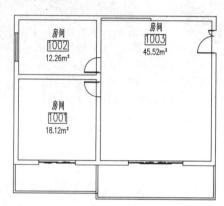

图8-1　房间搜索

如果用户编辑墙体改变了房间边界，房间信息不会自动更新，可以通过再次执行本命令来更新房间或拖动边界夹点并和当前边界保持一致。本命令与节能分析菜单中的同名命令有一定差别，在节能分析中要执行该菜单下节能专用的【搜索房间】命令。

在TArch 2014中调用【搜索房间】命令，在弹出的【搜索房间】对话框中设置参数，如图8-2所示。在绘图区中选择围成建筑物的墙体，按回车键即可完成搜索房间的操作。

调用【搜索房间】命令方法如下。

★ **菜单栏**：执行【房间屋顶】|【搜索房间】菜单命令。

★ **命令行**：在命令行中输入"SSFJ"命令并按回车键。

图8-2　【搜索房间】对话框

1. 对话框控件说明

[标注面积]：房间使用面积的标注形式，用于确定是否显示面积数值。

[面积单位]：是否标注面积单位，默认以平方米（m²）为单位标注。

[显示房间名称] / [显示房间编号]：房间的标识类型，建筑平面图标识房间名称，其他专业标识房间编号。

[三维地面]：选中该复选项，表示同时沿着房间对象边界生成三维地面。

[板厚]：在生成三维地面时，给出地面的厚度。

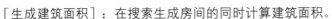

［生成建筑面积］：在搜索生成房间的同时计算建筑面积。

［建筑面积忽略柱子］：根据建筑面积测量规范，在生成建筑面积时忽略凸出墙面的柱子与墙垛的面积。

［屏蔽背景］：选中该复选项，屏蔽房间标注下面的填充图案。

2. 搜索房间命令提示

【搜索房间】命令行显示：

请选择构成一完整建筑物的所有墙体或门窗) <退出>：　　　　　//选择建筑物墙体，按回车键确认
请点取建筑面积的标注位置<退出>：　　　　　　　　//在绘图区中单击确定建筑面积标注位置

【案例8-1】：搜索房间

素材：素材\第08章\8.1.1搜索房间.dwg
视频：视频\第08章\案例8-1搜索房间.mp4

在图8-3所示的平面图中完成搜索房间操作。

01 按【Ctrl+O】快捷键，打开配套光盘提供的"第8章/8.1.1搜索房间.dwg"素材文件，如图8-3所示。

02 在命令行输入"SSFJ"命令并按回车键或执行【房间屋顶】｜【搜索房间】命令。在弹出的【搜索房间】对话框中设置参数，如图8-4所示。

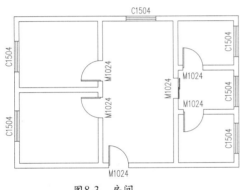

图8-3　房间　　　　　　　　　　　　　　　图8-4　参数设置

03 在绘图区中框选构成一完整建筑物的所有墙体并按回车键，搜索的房间如图8-5所示。

04 在绘图区确定建筑面积标注位置，完成搜索操作，如图8-6所示。

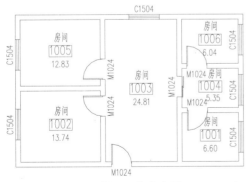

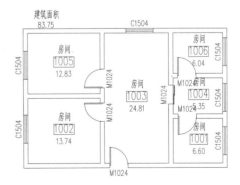

图8-5　搜索房间　　　　　　　　　　　　　图8-6　完成搜索

8.1.2　房间轮廓

【房间轮廓】命令用于在指定的房间内生成轮廓线，如图8-7所示，以便对房间进行其他的操作，比如单独计算面积等。

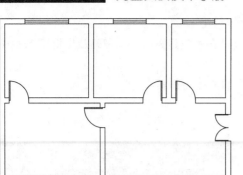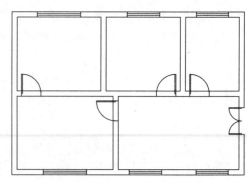

图8-7 添加房间轮廓

在TArch 2014中调用【房间轮廓】命令，在绘图区中选择需要绘制轮廓的房间并确定是否为封闭状态，即可完成房间轮廓的操作。

调用【房间轮廓】命令方法如下。

★ 菜单栏：执行【房间屋顶】｜【房间轮廓】菜单命令。

★ 命令行：在命令行中输入"FJLK"命令并按回车键。

房间轮廓命令提示

在命令行输入"FJLK"命令并按回车键或执行【房间屋顶】｜【房间轮廓】命令。命令行显示：

请指定房间内一点或 [参考点R)]<退出>：

选择房间内一点。命令行显示：

是否生成封闭的多段线? [是Y)/否N)]<Y>：

确定生成的多段线是否封闭，操作完成。

【案例8-2】：生成房间轮廓

素材:素材\第08章\8.1.2生成房间轮廓.dwg
视频:视频\第08章\案例8-2生成房间轮廓.mp4

在图8-8所示的房间生成轮廓线。

01 按【Ctrl+O】快捷键，打开配套光盘提供的"第8章/8.1.2生成房间轮廓.dwg"素材文件，如图8-8所示。

02 在命令行输入"FJLK"命令并按回车键或执行【房间屋顶】｜【房间轮廓】命令，在绘图区指定房间内一点，在命令行提示"是否生成封闭的多段线?"时，输入"Y"，结果如图8-9所示。

03 重复上述操作，生成其他房间的轮廓线，如图8-10所示。

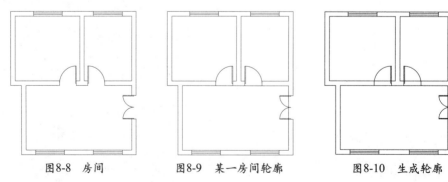

图8-8 房间   图8-9 某一房间轮廓   图8-10 生成轮廓

8.1.3 房间排序

【房间排序】命令用于按照指定的规则对房间编号进行编辑，如图8-11所示。

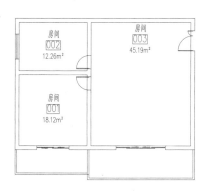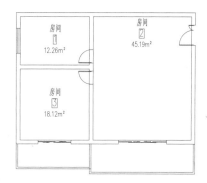

图8-11 房间排序

在TArch 2014中调用【房间排序】命令，在绘图区中选择需要重新编号的房间，输入新的编号并按回车键即可完成房间排序的操作。

调用【房间排序】命令方法如下。

★ 菜单栏：执行【房间屋顶】|【房间排序】菜单命令。
★ 命令行：在命令行中输入"FJPX"命令并按回车键。

房间排序命令提示

在命令行输入"FJPX"命令并按回车键或执行【房间屋顶】|【房间排序】命令。命令行显示：

请选择房间对象<退出>：	//选择需改变编号的房间
指定UCS原点<使用当前坐标系>：	//按回车键确认
起始编号<1001>：	//在命令行输入新编号并按回车键，操作完成

【案例8-3】：对房间重新排序

素材：素材\第08章\8.1.3对房间重新排序.dwg
视频：视频\第08章\案例8-3对房间重新排序.mp4

重新编辑图8-12所示的房间编号。

01 按【Ctrl+O】快捷键，打开配套光盘提供的"第8章/8.1.3对房间重新排序.dwg"素材文件，如图8-12所示。

02 在命令行输入"FJPX"命令并按回车键或执行【房间屋顶】|【房间排序】命令，选择房间对象，确定坐标，输入新编号，按回车键，如图8-13所示。

03 重复上述操作，对其他房间进行排序，如图8-14所示。

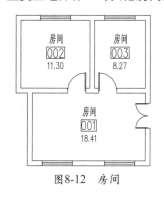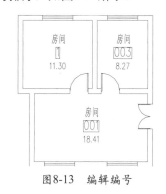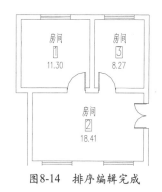

图8-12 房间　　　　　图8-13 编辑编号　　　　　图8-14 排序编辑完成

8.1.4 查询面积

【查询面积】命令用于动态查询由天正墙体组成的房间面积、阳台面积及闭合多段线围合的区域面积，并可将创建面积对象自定义标注在图上，如图8-15所示。

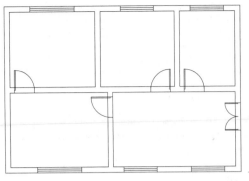 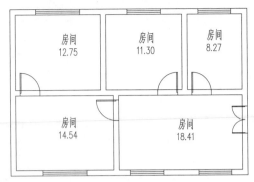

图8-15 查询面积

在TArch 2014中调用【查询面积】命令，弹出【查询面积】对话框，如图8-16所示。在绘图区中选择查询面积的范围，然后依次选取各个房间即可完成查询面积的操作。

调用【查询面积】命令方法如下。

★ 菜单栏：执行【房间屋顶】|【查询面积】菜单命令。

★ 命令行：在命令行中输入"CXMJ"命令并按回车键。

图8-16 【查询面积】对话框

1. 对话框控件说明

［封闭曲线查询］按钮：单击该按钮，选择封闭的曲线即可查询该曲线所围区域的面积。

［阳台面积查询］按钮：单击该按钮，可以对阳台的面积进行查询。

［绘制任意多边形面积查询］：单击该按钮，可以在绘图区中分别指定多边形的起点和终点并同步查询多边形的面积。

2. 查询面积命令提示

在命令行输入"CXMJ"命令并按回车键或执行【房间屋顶】|【查询面积】命令，在弹出的【查询面积】对话框中设置好参数后，命令行显示：

请选择查询面积的范围：

框选需要查询面积的范围，按回车键。命令行显示：

请在屏幕上点取一点<返回>：

点选需要查询面积的房间并确定标注位置，操作完成。可重复标注。

> **注意**
>
> 阳台面积是算一半面积还是算全部面积，各地不尽相同，用户可修改【天正选项】下的【基本设定】页的【阳台按一半面积计算】的设定，个别不同的要求可以通过阳台面积对象编辑修改。

在阳台平面不规则，无法用天正阳台对象直接创建阳台面积时，可使用本选项创建多边形面积，然后将对象编辑为"套内阳台面积"。

【案例8-4】：查询房间面积

素材：素材\第08章\8.1.4查询房间面积.dwg
视频：视频\第08章\案例8-4查询房间面积.mp4

　　查询图8-17所示的房间面积。

01 按【Ctrl+O】快捷键，打开配套光盘提供的"第 8 章/8.1.4查询房间面积.dwg"素材文件，如图8-17所示。

02 在命令行输入"CXMJ"命令并按回车键或执行【房间屋顶】|【查询面积】命令，在弹出的【查询面积】对话框中设置参数，如图8-18所示。

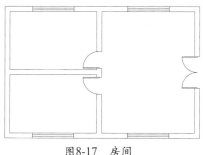

图8-17　房间

图8-18　参数设置

03 当系统提示"请选择查询面积的范围"时，按空格键；在房间内点取一点并将其作为面积的标注位置，如图8-19所示。

04 重复点取房间，完成其他房间面积查询，如图8-20所示。

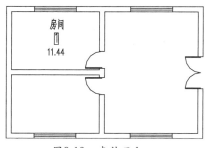

图8-19　查询面积

图8-20　查询完成

8.1.5　套内面积

　　【套内面积】命令用于计算住宅单元的套内面积并创建套内面积的房间对象，如图8-21所示。

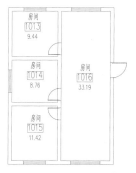
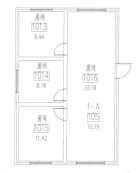

图8-21　套内面积

按照房产测量规范的要求，通过自动计算分户单元墙中线来计算的套内面积，选择墙体时应只选择以分户墙体为边界的一个户型，而不要把其他房间划进去，求得的套内面积不包括阳台面积。

在TArch 2014中调用【套内面积】命令，弹出【套内面积】对话框，如图8-22所示。在绘图区中选择房间对象并按回车键，插入套内面积即可完成套内面积的操作。

调用【套内面积】命令方法如下。

★ 菜单栏：执行【房间屋顶】|【套内面积】菜单命令。
★ 命令行：在命令行中输入"TNMJ"命令并按回车键。

图8-22 【套内面积】对话框

套内面积命令提示

在命令行输入"TNMJ"命令并按回车键或执行【房间屋顶】|【套内面积】命令，在弹出的【套内面积】对话框中设置参数。命令行显示：

请选择同属一套住宅的所有房间面积对象与阳台面积对象：

框选需要查询面积的范围，按回车键。命令行显示：

请点取面积标注位置<中心>：

确定面积标注位置，操作完成。可重复进行标注。

8.1.6 公摊面积

【公摊面积】命令用于计算本层或全幢要公摊到各户（各级）的面积，如图8-23所示。

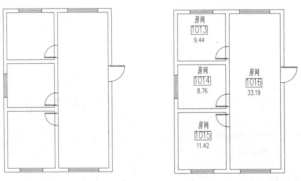

图8-23 公摊面积

在TArch 2014中调用【公摊面积】命令，在绘图区中选择房间对象并按回车键即可完成公摊面积的计算操作。

调用【公摊面积】命令方法如下。

★ 菜单栏：执行【房间屋顶】|【公摊面积】菜单命令。
★ 命令行：在命令行中输入"GTMJ"命令并按回车键。

公摊面积命令提示

在命令行输入"GTMJ"命令并按回车键或执行【房间屋顶】|【公摊面积】命令。命令行显示：

请选择房间面积对象<退出>：

选择房间面积对象后按回车键，完成操作。

8.1.7 面积计算

【面积计算】命令用于将【查询面积】或【套内面积】等命令获得的面积进行加减计算并将计算结果标注在图上，如图8-24所示。

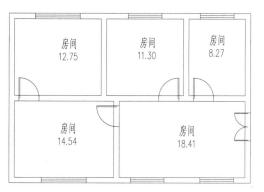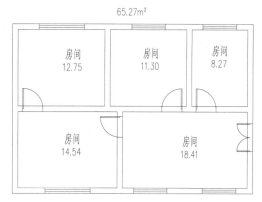

图8-24 面积计算

调用【面积计算】命令方法如下。

★ 菜单栏：执行【房间屋顶】|【面积计算】菜单命令。
★ 命令行：在命令行中输入"MJJS"命令并按回车键。

面积计算命令提示

在命令行输入"MJJS"命令并按回车键或执行【房间屋顶】|【面积计算】命令。命令行显示：

请选择求和的房间面积对象或面积数值文字或[对话框模式Q)]<退出>：

选择房间面积对象或面积数值文字后按回车键，完成操作。

8.1.8 面积统计

【面积统计】命令按《房产测量规范》和《住宅设计规范》以及建设部限制大套型比例的有关文件的要求，统计住宅的各项面积指标，为管理部门进行设计审批提供参考依据，如图8-25所示。

调用【面积统计】命令方法如下。

★ 菜单栏：执行【房间屋顶】|【面积统计】菜单命令。
★ 命令行：在命令行中输入"MJTJ"命令并按回车键。

在统计面积时，会弹出【面积统计】对话框，如图8-26所示。在绘图区中选择房间对象后按回车键，单击【开始统计】按钮即可完成面积统计的操作。

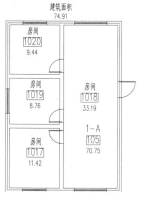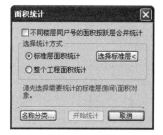

图8-25 面积统计　　　　图8-26 【面积统计】对话框

8.1.9 实战——创建办公楼房间统计

素材：素材\第08章\8.1.9实战—创建办公楼房间统计.dwg
视频：视频\第08章\8.1.9实战—创建办公楼房间统计.mp4、

统计图8-27所示的办公楼平面图中各房间面积和总面积。

01 按【Ctrl+O】快捷键，打开配套光盘提供的"第8章/8.1.9实战—创建办公楼房间统计.dwg"素材文件，如图8-27所示。

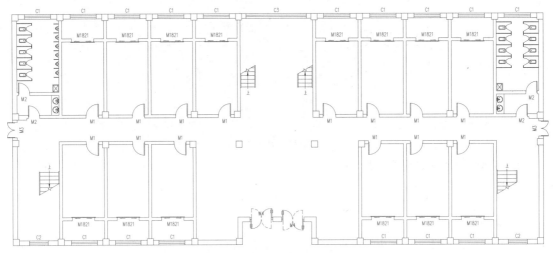

图8-27 办公楼平面图

02 在命令行输入"SSFJ"命令并按回车键或执行【房间屋顶】|【搜索房间】命令。在弹出的【搜索房间】对话框中设置参数，如图8-28所示。

图8-28 【搜索房间】对话框

03 框选构成建筑物的所有墙体后按回车键，在图形上方点取建筑面积的标注位置，结果如图8-29所示。

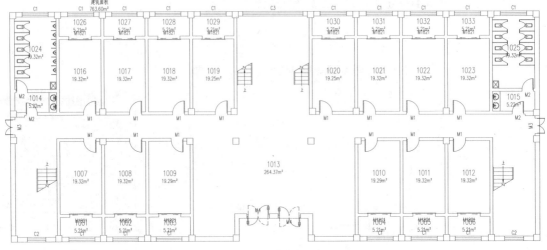

图8-29 房间统计

8.2 房间布置

房间布置主要包括添加踢脚线、地面或天花面分格、洁具布置等装饰装修建模。

8.2.1 加踢脚线

踢脚线在家庭装修中主要用于装饰和保护墙角。【加踢脚线】命令可自动搜索房间轮廓，按用户选择的踢脚截面生成二维和三维一体的踢脚线，门和洞口处被自动断开。该命令可用于室内装饰设计建模，也可以作为室外的勒脚使用，如图8-30所示。

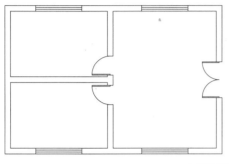
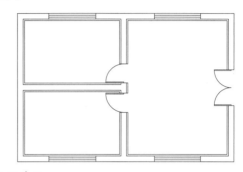

图8-30　加踢脚线

调用【加踢脚线】命令方法如下。

★　菜单栏：执行【房间屋顶】|【房间布置】|【加踢脚线】菜单命令。
★　命令行：在命令行中输入"JTJX"命令并按回车键。

在TArch 2014中调用【加踢脚线】命令，在弹出的【踢脚线生成】对话框中设置参数，如图8-31所示。在绘图区中拾取房间即可完成加踢脚线的操作。

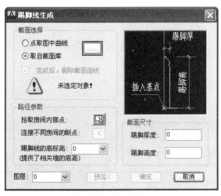
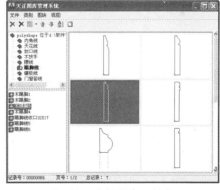

图8-31　【踢脚线生成】对话框　　　　图8-32　选择踢脚线样式

对话框控件说明

［取自截面库］：选取本选项后，用户单击右边【…】按钮即可进入踢脚线图库，如图8-32所示。在右侧预览区中选择需要的截面样式。

［点取图中曲线］：点取本选项后，用户单击右边【<】按钮即可进入图形中选取截面形状。命令行显示：

请选择作为断面形状的封闭多段线：

选择断面线后随即返回对话框。作为踢脚线的必须是PLINE线，x方向代表踢脚的厚度，y方向代表踢脚的高度。

[拾取房间内部点]：单击此按钮，可在绘图区点选房间添加踢脚线。命令行显示：

请指定房间内一点或［参考点R］<退出>：	//在加踢脚线的房间里点取一个点
请指定房间内一点或［参考点R）]<退出>：	//回车结束取点，建踢脚线路径

[连接不同房间的断点]：单击此按钮，命令行显示：

第一点<退出 >：	//点取门洞外侧一点P1
下一点<退出>：	//点取门洞内侧一点P2

[踢脚线的底标高]：用户可以在对话框中选择输入踢脚线的底标高，在房间内有高差时则在指定标高处生成踢脚线。

[预览]：用于观察参数是否合理，此时应切换到三维轴测视图，否则看不到三维显示的踢脚线。

[截面尺寸]：用于设定截面的高度和厚度尺寸，默认为选取的截面的实际尺寸，用户可对其修改。

8.2.2 奇数分格

【奇数分格】命令用于对房间的地面或者顶面按照奇数的划分来绘制填充图案，如图8-33所示。

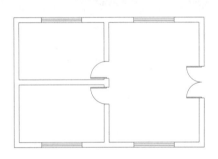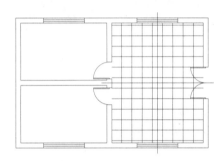

图8-33 奇数分格

调用【奇数分格】命令方法如下。

★ 菜单栏：执行【房间屋顶】|【房间布置】|【奇数分格】菜单命令。
★ 命令行：在命令行中输入"JSFG"命令并按回车键。

调用【奇数分格】命令后，先确定分格房间以及分格尺寸，然后按回车键即可完成奇数分格的操作。

奇数分格命令提示

调用【奇数分隔】命令后，命令行显示：

请用三点定一个要奇数分格的四边形，第一点 <退出>：	//点选第一点
第二点 <退出>：	//点选第二点
第三点 <退出>：	//点选第三点，指定奇数分格的矩形填充区域
第一、二点方向上的分格宽度（小于100为格数）<500>：	//在命令行输入分格尺寸
第二、三点方向上的分格宽度（小于100为格数）<500>：	//在命令行输入分格尺寸

8.2.3 偶数分格

【偶数分格】命令用于绘制按偶数分格的地面或天花平面，如图8-34所示。不能实现对象编辑和特性编辑。执行命令后，命令行提示与奇数分格相同，只是分格是偶数，不出现对称轴。

调用【偶数分格】命令方法如下。

★ 菜单栏：执行【房间屋顶】|【房间布置】|【偶数分格】菜单命令。
★ 命令行：在命令行中输入"OSFG"命令并按回车键。

调用【偶数分格】命令后，首先确定分格房间以及分格尺寸，然后按回车键即可完成偶数分格的操作。

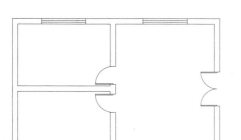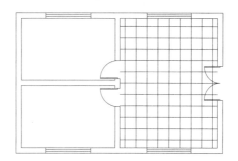

图8-34 偶数分格

偶数分格命令提示

调用【偶数分隔】命令后，命令行显示：

请用三点定一个要偶数分隔的四边形,第一点 <退出>：	//点选第一点
第二点 <退出>：	//点选第二点
第三点 <退出>：	//点选第三点，定义四边形填充区域
第一、二点方向上的分格宽度（小于100为格数）<500>：	//在命令行输入分格尺寸
第二、三点方向上的分格宽度（小于100为格数）<500>：	//在命令行输入分格尺寸，操作完成

8.2.4 布置洁具

【布置洁具】命令可以从洁具图库调用二维天正图块以快速绘制相关图形，如图8-35所示。

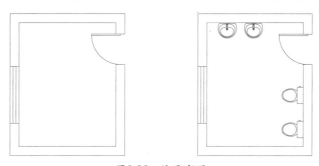

图8-35 洁具布置

在TArch 2014中调用【布置洁具】命令，在弹出的【天正洁具】对话框中选择相应的洁具，如图8-36所示，双击鼠标就会弹出【洁具属性】对话框，如图8-37所示。在绘图区中的相应位置插入即可完成布置洁具的操作。

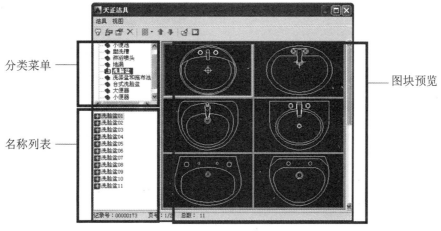

图8-36 【天正洁具】对话框

自由插入

均匀分布

沿墙内侧布置

图8-37 【洁具属性】对话框

调用【布置洁具】命令方法如下。

★ 菜单栏：执行【房间屋顶】|【房间布置】|【布置洁具】菜单命令。

★ 命令行：在命令行中输入"BZJJ"命令并按回车键。

1. 对话框控件说明

[洁具分类菜单]：显示卫生洁具库类别的树状目录，其中当前选中的类别为粗体显示。

[洁具名称列表]：显示卫生洁具库当前类别下的图块名称。

[洁具图块预览]：显示当前库内所有卫生洁具图块的预览图像。被选中的图块显示为红框，同时名称列表中亮显该项的洁具名称。

[初始间距]：用于设定第一个洁具插入点与墙角点的距离。

[设备间距]：用于设定插入的设备之间的插入点间距。

[离墙间距]：用于设定设备的插入点距墙边的距离，如果数值为0，则紧靠墙边布置。

2. 布置洁具命令提示。

在布置洁具时，设置好参数并选择沿墙内侧布置后，命令行显示：

请选择沿墙边线 <退出>：	//点取沿墙边线
插入第一个洁具[插入基点B)] <退出>：	//指定第一个洁具的插入点
下一个 <结束>：	//指定下一个洁具的插入点。操作完成，并可重复操作以布置其他洁具

【案例8-5】：布置洁具

素材：素材\第08章\8.2.4布置洁具.dwg

视频：视频\第08章\案例8-5布置洁具.mp4

在图8-38所示的房间中布置洁具。

01 按【Ctrl+O】快捷键，打开配套光盘提供的"第8章/8.2.4布置洁具.dwg"素材文件，如图8-38所示。

02 布置大便器。在命令行输入"BZJJ"命令并按回车键或执行【房间屋顶】|【房间布置】|【布置洁具】命令，在弹出的【天正洁具】对话框中选择洁具图形，如图8-39所示。

图8-38 房间

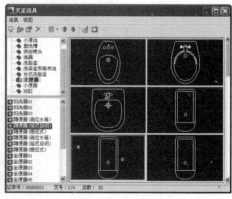

图8-39 选择洁具

03 选择并双击洁具，在弹出的【布置蹲便器（延迟自闭）】对话框中设置参数，如图8-40所示。

04 点取沿墙边线，逐个插入洁具，如图8-41所示。

图8-40　参数设置

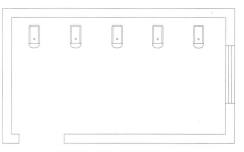

图8-41　插入大便器

05 布置洗脸盆。在命令行输入"BZJJ"命令并按回车键或执行【房间屋顶】|【房间布置】|【布置洁具】命令。在弹出的【天正洁具】对话框中选择蹲便器洁具图形，如图8-42所示。

06 选择并双击洁具，在弹出的【布置洗脸盆03】对话框中设置参数，如图8-43所示。

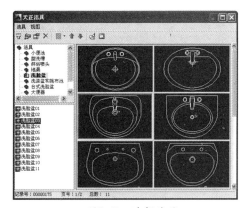

图8-42　选择洁具

图8-43　参数设置

07 点取沿墙边线，逐个插入洗脸盆洁具，如图8-44所示。

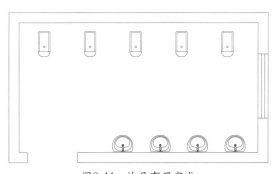

图8-44　洁具布置完成

8.2.5　布置隔断

　　【布置隔断】命令用于通过两点选取已经插入的洁具来布置卫生间隔断，要求先布置洁具才能执行此命令，如图8-45所示。隔板与门采用了墙对象和门窗对象，支持对象编辑；由于墙类型使用卫生隔断类型，所以隔断内的面积不参与房间划分与面积计算。

　　调用【布置隔断】命令方法如下。

★ 菜单栏：执行【房间屋顶】|【房间布置】|【布置隔断】菜单命令。

★ 命令行：在命令行中输入"BZGD"命令并按回车键。

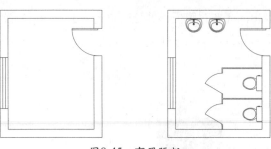

图8-45 布置隔断

调用【布置隔断】命令后，两点选取洁具，分别输入隔板长度、宽度、间距即可完成布置隔断的操作。

布置隔断命令提示

在布置隔断时，命令行显示：

起点：	//指定隔断起点
终点：	//指定隔断终点
隔板长度<1200>：	//输入隔板的长度参数，按回车键
隔断门宽<600>：	//输入隔断门的宽度参数，按回车键，隔断生成，操作完成

【案例8-6】：布置隔断

素材：素材\第08章\8.2.5布置隔断.dwg
视频：视频\第08章\案例8-6布置隔断.mp4

在图8-46所示的卫生间中布置隔断。

01 按【Ctrl+O】快捷键，打开配套光盘提供的"第 8 章/8.2.5布置隔断.dwg"素材文件，如图8-46所示。

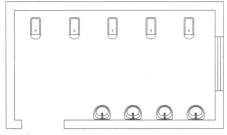

图8-46 卫生间

02 在命令行输入"BZGD"命令并按回车键或执行【房间屋顶】|【房间布置】|【布置隔断】命令，点取两点直线以选择洁具，如图8-47所示。

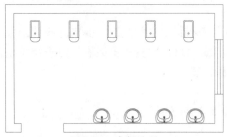

图8-47 选择洁具

03 在命令行提示"隔板长度<1200>；隔断门宽<600>"时，按回车键确认，创建蹲便器之间的隔断，如图8-48所示。

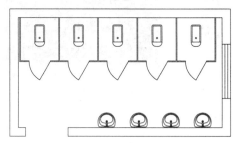

图8-48 创建的隔断

8.2.6 布置隔板

【布置隔板】命令主要用于布置小便器之间的隔板，如图8-49所示。

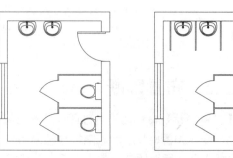

图8-49 布置隔板

在TArch 2014中调用【布置隔板】命令，两点选取洁具，分别输入隔板长度、宽度、间距即可完成布置隔板的操作。

调用【布置隔板】命令方法如下。

★ 菜单栏：执行【房间屋顶】|【房间布置】|【布置隔板】菜单命令。

★ 命令行：在命令行中输入"BZGB"命令并按回车键。

1. 布置隔板命令提示

布置隔板命令行显示：

起点：	//指定隔板起点
终点：	//指定隔板终点
隔板长度<400>：	//输入隔板的长度参数，按回车键，隔板生成，操作完成

【案例8-7】：布置隔板

在图8-50所示的卫生间布置隔板。

01 按【Ctrl+O】快捷键，打开配套光盘提供的"第8章/8.2.6布置隔板.dwg"素材文件，如图8-50所示。

02 在命令行输入"BZGB"命令并按回车键或执行【房间屋顶】|【房间布置】|【布置隔板】命令。点取两点直线以选择洁具，如图8-51所示。

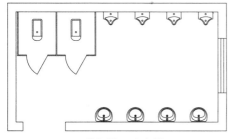
图8-50 卫生间

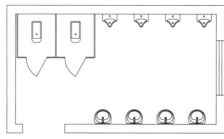
图8-51 选择洁具

03 在命令行提示"隔板长度<600>"时按回车键，生成隔断的效果如图8-52所示。

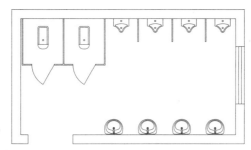
图8-52 隔断生成

8.2.7 实战——布置办公楼卫生间

素材：素材\第08章\8.2.7实战—布置办公楼卫生间.dwg
视频：视频\第08章\8.2.7实战—布置办公楼卫生间.mp4

在图8-53所示的办公楼平面图中布置男、女卫生间洁具。

01 按【Ctrl+O】快捷键，打开配套光盘提供的"第8章/8.2.7实战—布置办公楼卫生间.dwg"素材文件，如图8-53所示。

02 首先布置男厕所，如图8-53所示。

03 布置蹲便器。在命令行输入"BZJJ"命令并按回车键或执行【房间屋顶】|【房间布置】|【布置洁具】命令。在弹出【天正洁具】对话框中选择蹲便器样式，如图8-54所示。

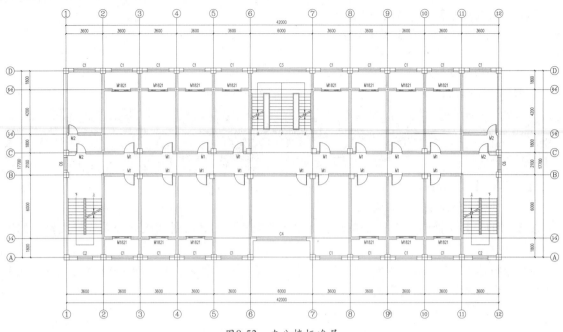

图8-53 办公楼标准层

04 选择并双击洁具，在弹出的【布置蹲便器（延迟自闭）】对话框中设置参数，如图8-55所示。

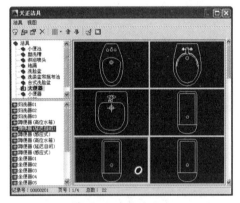

图8-54 选择洁具

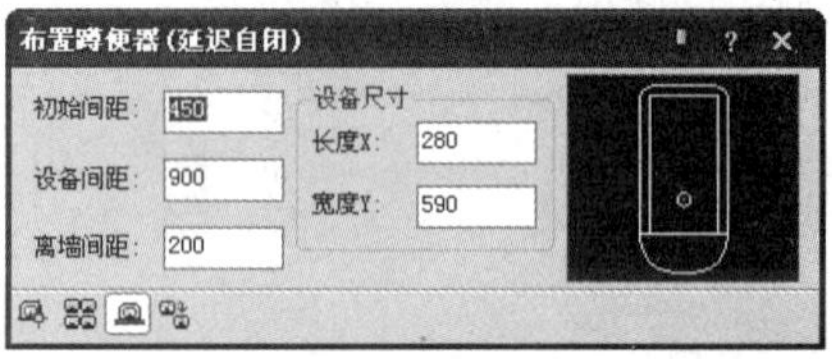

图8-55 参数设置

05 点取沿墙边线，逐个插入洁具，如图8-56所示。

06 布置小便器，重复调用"BZJJ"命令，在弹出的【天正洁具】对话框中选择小便器式样，如图8-57所示。

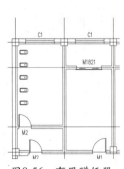

图8-56 布置蹲便器

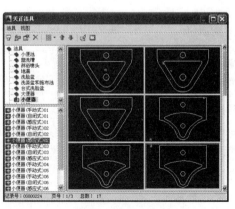

图8-57 选择小便器

07 选择并双击洁具，在弹出的【布置小便器（感应式）02】对话框中设置参数，如图8-58所示。

08 点取沿墙边线，逐个插入洁具，如图8-59所示。

图8-58 参数设置

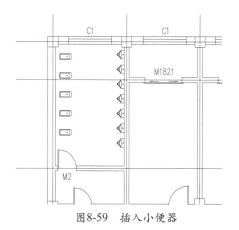

图8-59 插入小便器

09 布置洗脸盆。重复调用"BZJJ"命令，在弹出的【天正洁具】对话框中选择洗脸盆图形文件，双击选择洁具图形，在弹出的【布置洗脸盆03】对话框中设置参数，如图8-60所示。插入的洗脸盆如图8-61所示。

图8-60 参数设置

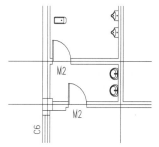

图8-61 插入洗脸盆

10 插入隔断。在命令行输入"BZGD"命令并按回车键或执行【房间屋顶】|【房间布置】|【布置隔断】命令。点取两点直线来选洁具，确定隔板长度为1200，隔断门宽度为600，然后按回车键，隔断生成的效果如图8-62所示。

11 插入隔板。在命令行输入"BZGB"命令并按回车键或执行【房间屋顶】|【房间布置】|【布置隔板】命令。点取两点直线来选洁具，确定隔板长度为600并按回车键，隔断生成的效果如图8-63所示。

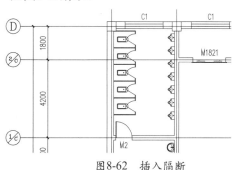

图8-62 插入隔断

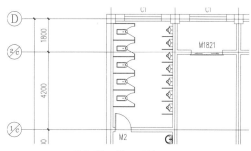

图8-63 插入隔板

12 布置女厕所，重复上述步骤。最后布置的效果如图8-64所示。

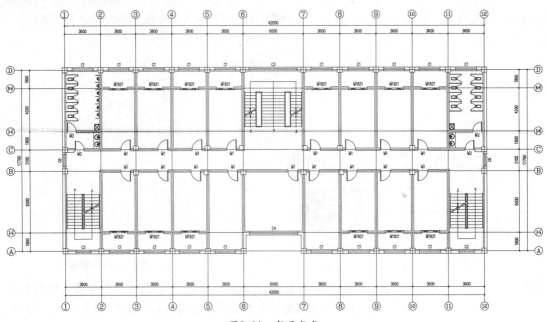

图8-64 布置完成

8.3 创建屋顶

屋顶是房屋建筑的重要组成部分，天正建筑TArch 2014提供了多种屋顶造型功能，包括任意坡顶、人字坡顶、攒尖屋顶和矩形屋顶4种。当然用户还可以利用三维造型工具来自建其他形式的屋顶，如用平板对象和路径曲面对象相结合构造带有复杂檐口的平屋顶，利用路径曲面构建曲面屋顶。任意坡顶为自定义对象，支持对象编辑、特性编辑和夹点编辑等编辑方式。

8.3.1 搜屋顶线

【搜屋顶线】命令用于搜索整栋建筑物的所有墙线，按外墙的外皮边界生成屋顶平面轮廓线，如图8-65所示。屋顶线在属性上为一个闭合的PLINE线，可以作为屋顶轮廓线，进一步绘制出屋顶的平面施工图，也可以用于构造其他楼层平面轮廓的辅助边界或用于外墙装饰线脚的路径。

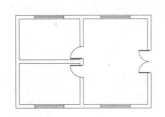 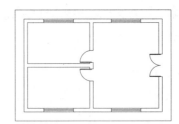

图8-65 搜屋顶线

在TArch 2014中调用【搜屋顶线】命令，在绘图区中选择建筑的所有墙体后按回车键即可完成搜屋顶线的操作。

调用【搜屋顶线】命令方法如下。

★ 菜单栏：执行屏幕左侧的天正建筑菜单栏下的【房间屋顶】|【搜屋顶线】菜单命令。

★ 命令行：在命令行中输入"SWDX"命令并按回车键。

搜屋顶线命令提示

在命令行输入"SWDX"命令并按回车键或执行【房间屋顶】|【搜屋顶线】命令。命令行显示：

请选择构成一完整建筑物的所有墙体（或门窗）：

在绘图区选中选择建筑的所有墙体后按回车键。命令行显示：

偏移外皮距离<600>：

在命令行输入屋顶线偏移距离后按回车键，操作完成。

8.3.2　任意坡顶

【任意坡顶】命令用于由封闭的任意形状PLINE线生成指定坡度的屋顶，可采用对象编辑单独修改每个边坡的坡度。也可以通过指定坡度和出檐参数来生成任意坡顶图形，如图8-66所示。

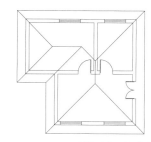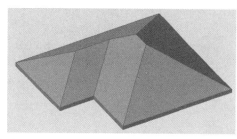

图8-66　任意坡顶

在TArch 2014中调用【任意坡顶】命令，在绘图区选择一条封闭多段线，然后确定坡角以及出檐长即可完成任意坡顶的操作。

调用【任意坡顶】命令方法如下。

★　菜单栏：执行【房间屋顶】｜【任意坡顶】菜单命令。
★　命令行：在命令行中输入"RYPD"命令并按回车键。

双击任意坡顶，弹出【任意坡顶】对话框，如图8-67所示。可在该对话框中修改参数以完成绘制。

图8-67　【任意坡顶对】话框

任意坡顶命令提示

在命令行输入"RYPD"命令并按回车键或执行【房间屋顶】｜【任意坡顶】命令。命令行显示：

选择一封闭的多段线<退出>：	//在绘图区选择一段封闭的多段线
请输入坡度角 <30>：	//在命令行输入坡角
出檐长<600>：	//在命令行输入屋顶突出檐口的长度，按回车键完成操作

8.3.3　人字坡顶

【人字坡顶】命令用于以闭合的PLINE为屋顶边界生成人字坡屋顶和单坡屋顶，如图8-68所示。两侧坡面的坡度可具有不同的坡角，可指定屋脊位置与标高，屋脊线可随意指定和调整，因此两侧坡面可具有不同的底标高，除了使用角度设置坡顶的坡角外，还可以通过限定坡顶高度的方式自动求算坡角，此时创建的屋面具有相同的底标高。

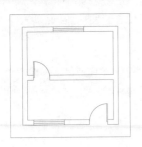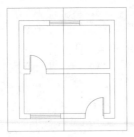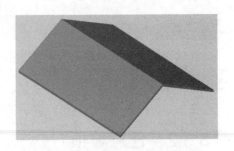

图8-68　人字坡顶

在TArch 2014中调用【人字坡顶】命令，在绘图区中选择一条封闭多段线并确定屋脊，弹出【人字坡顶】对话框，如图8-69所示。

调用【人字坡顶】命令方法如下。

★ 菜单栏：执行【房间屋顶】|【人字坡顶】菜单命令。

★ 命令行：在命令行中输入"RZPD"命令并按回车键。

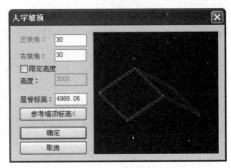

图8-69　【人字坡顶】对话框

1. 对话框控件说明

[左坡角]：指定屋脊线左边的坡度角。

[右坡角]：指定屋脊线右边的坡度角。

[限定高度]：定义屋顶与地面之间的高度。

[高度]：勾选【限定高度】复选项后，可以在此设置高度参数。

[屋脊标高]：屋脊与地面的高度。

[参考墙顶标高]：在绘图区中选择相关的墙对象，系统将沿选中墙体高度方向移动坡顶，使屋顶与墙顶关联。

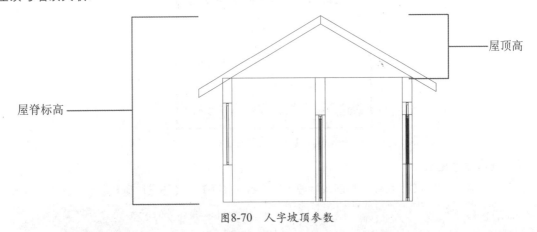

图8-70　人字坡顶参数

2. 人字坡顶命令提示

在命令行输入"RZPD"命令并按回车键或执行【房间屋顶】|【人字坡顶】命令。命令行显示：

选择一封闭的多段线<退出>：

在绘图区选择一段封闭的多段线。命令行显示：

请输入屋脊线的起点<退出>：

指定屋脊线的起点。命令行显示：

请输入屋脊线的终点<退出>：

指定屋脊线的终点，弹出【人字坡顶】对话框，设置参数后按【确定】按钮完成操作。

注意

(1) 勾选【限定高度】复选项后可以按设计的屋顶高创建对称的人字屋顶，此时如果拖动屋脊线，屋顶依然维持坡顶标高和檐板边界范围不变，但两坡不再对称，屋顶高度不再有意义。

(2) 屋顶对象在特性栏中提供了檐板厚参数，可由用户修改，该参数的变化不影响屋脊标高。

(3) "坡顶高度"是以檐口起算的，当屋脊线不居中时坡顶高度没有意义。

【案例8-8】：人字坡顶

在图8-71所示的建筑绘制人字坡顶。

01 按【Ctrl+O】快捷键，打开配套光盘提供的"第8章/8.3.3人字坡顶.dwg"素材文件，如图8-71所示。

02 在命令行中输入"SWDX"命令并按回车键，框选整个建筑物并按回车键；在命令行提示"偏移外皮距离<600>："时，按回车键确认，如图8-72所示。

03 在命令行输入"RZPD"命令并按回车键或执行【房间屋顶】|【人字坡顶】命令。点选多段线，确定屋脊起点和终点，如图8-72所示。

04 弹出【人字坡顶】对话框，设置的参数如图8-73所示。

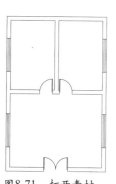

图8-71 打开素材

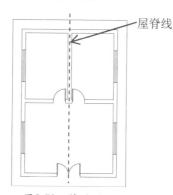

图8-72 搜屋顶线

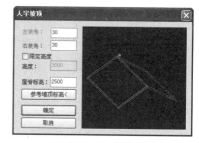

图8-73 参数设置

05 单击【确定】按钮，绘制完成的效果如图8-74所示。

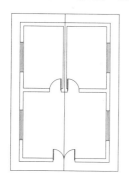

图8-74 人字坡顶

8.3.4 攒尖屋顶

【攒尖屋顶】命令用于通过指定屋顶的边数、出檐长等参数来绘制攒尖屋顶，如图8-75所示。该命令提供了构造攒尖屋顶三维模型的方法，但不能生成曲面构成的中国古建亭子顶。

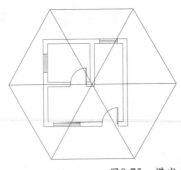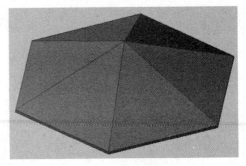

图8-75 攒尖屋顶

在TArch 2014中调用【攒尖屋顶】命令，弹出【攒尖屋顶】对话框，如图8-76所示。设置完参数后在绘图区选择屋顶中心点，确定屋顶长度即可完成攒尖屋顶的创建。

调用【攒尖屋顶】命令方法如下。

★ 菜单栏：执行【房间屋顶】|【攒尖屋顶】菜单命令。
★ 命令行：在命令行中输入"CJWD"命令并按回车键。

图8-76 【攒尖屋顶】对话框

1. 对话框控件说明

[屋顶高]：攒尖屋顶净高度。

[边数]：屋顶正多边形的边数。

[出檐长]：从屋顶多边形开始偏移到边界的长度，默认值为600，可以为0。

[半径]：坡顶多边形外接圆的半径。

2. 攒尖屋顶命令提示

创建攒尖屋顶时，命令行显示：

请输入屋顶中心位置<退出>：	//单击选择屋顶中心
请输入屋顶中心位置<退出>:获得第二个点：	//拖动鼠标指定屋顶的第二个点，完成操作

【案例8-9】：绘制攒尖屋顶

为图8-77所示的房屋绘制攒尖屋顶。

01 按【Ctrl+O】快捷键，打开配套光盘提供的"第8章/8.3.4绘制攒尖屋顶.dwg"素材文件，如图8-77所示。

02 在命令行输入"CJWD"命令并按回车键或执行【房间屋顶】|【攒尖屋顶】命令，在弹出的【攒尖屋顶】对话框中设置参数，如图8-78所示。

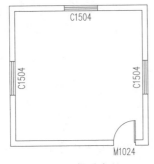

图8-77 打开素材 　　　　　　图8-78 参数设置

03 在绘图区指定屋顶中心位置，拖动鼠标完成攒尖屋顶的绘制，如图8-79所示。

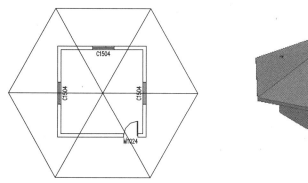

图8-79　创建的攒尖屋顶

8.3.5　矩形屋顶

【矩形屋顶】命令用于通过指定三点定义矩形，来生成各种类型的矩形屋顶，如图8-80所示。

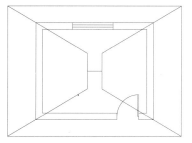
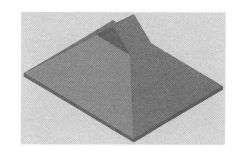

图8-80　矩形屋顶

在TArch 2014中调用【矩形屋顶】命令，在弹出的【矩形屋顶】对话框中设置参数，如图8-81所示。在绘图区中选择选择三点确定屋顶位置即可完成攒尖屋顶的操作。

调用【矩形屋顶】命令方法如下。

★ 菜单栏：执行【房间屋顶】｜【矩形屋顶】菜单命令。
★ 命令行：在命令行中输入"JXWD"命令并按回车键。

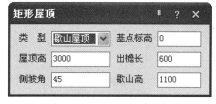

图8-81　矩形屋顶对话框

1. 对话框控件说明

［类型］：包括歇山屋顶、四坡屋顶、人字屋顶、攒尖屋顶4种类型。

［屋顶高］：屋顶净高度。

［侧坡角］：表示侧面的坡角。

［基点标高］：表示基点的位置。

［出檐长］：从屋顶多边形开始偏移到边界的长度。

2. 矩形屋顶命令提示

创建矩形屋顶时，命令行显示：

点取主坡墙外皮的左下角点<退出>：	//点取主坡外墙皮的左下角点
点取主坡墙外皮的右下角点<返回>：	//点取右下角点
点取主坡墙外皮的右上角点<返回>：	//点取右上角点，矩形屋顶创建完成

【案例8-10】：绘制矩形屋顶

在图8-82所示的房屋中绘制矩形屋顶。

01 按【Ctrl+O】快捷键,打开配套光盘提供的"第 8 章/8.3.5绘制矩形屋顶.dwg"素材文件,如图8-82所示。

02 在命令行输入"JXWD"命令并按回车键或执行【房间屋顶】|【矩形屋顶】命令,在弹出的【矩形屋顶】对话框中设置参数,如图8-83所示。

图8-82　房屋

图8-83　参数设置

03 依次点取主坡墙外皮的左下角点、右下角点和右上角点,如图8-84所示。

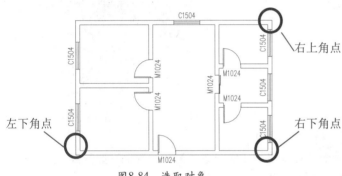

图8-84　选取对象

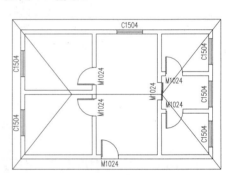

图8-85　矩形屋顶

04 矩形屋顶绘制完成,如图8-85所示。三维效果如图8-86所示。

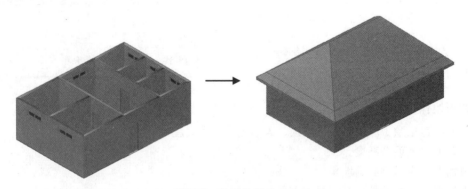

图8-86　矩形屋顶三维效果

8.3.6　加老虎窗

【加老虎窗】命令用于在指定的三维屋顶上生成各种样式的老虎窗图形,如图8-87所示。

在TArch 2014中调用【加老虎窗】命令,选择屋顶,弹出【加老虎窗】对话框,如图8-88所示。设置完参数后在屋顶上插入,即可完成加老虎窗的操作。

调用【加老虎窗】命令方法如下。

★ 菜单栏:执行【房间屋顶】|【加老虎窗】菜单命令。

★ 命令行:在命令行中输入"JLHC"命令并按回车键。

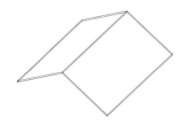 

图8-87 加老虎窗

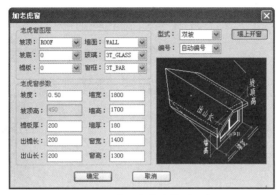

图8-88 【加老虎窗】对话框

1. 对话框控件说明

[型式]：有三角坡、双坡、三坡、梯形坡和平顶窗共计5种类型，如图8-89所示。

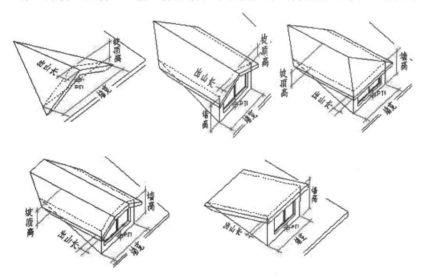

图8-89 老虎窗类型

[编号]：老虎窗编号，由用户给定。

[窗高/窗宽]：老虎窗开启的小窗高度与宽度。

[墙宽/墙高]：老虎窗正面墙体的宽度与侧面墙体的高度。

[坡顶高/坡度]：老虎窗自身坡顶高度与坡面的倾斜度。

[墙上开窗]：本按钮的默认属性是打开状态，如果设置为关闭状态，老虎窗自身的墙上不开窗。

2. 加老虎窗命令提示

在命令行输入"JLHC"命令按回车键或执行【房间屋顶】|【加老虎窗】命令。命令行显示：

请选择屋顶：	//选择屋顶图形，弹出【矩形屋顶】对话框
请点取插入点或 [修改参数S)]<退出>：	//在屋顶指定插入点即可插入老虎窗

【案例8-11】：加老虎窗

素材：素材\第08章\8.3.6加老虎窗.dwg
视频：视频\第08章\案例8-11加老虎窗.mp4

为图8-90所示的屋顶加入加老虎窗。

01 按【Ctrl+O】快捷键，打开配套光盘提供的"第 8 章/8.3.6加老虎窗.dwg"素材文件，如图8-90所示。

02 在命令行输入"JLHC"命令并按回车键或执行【房间屋顶】｜【加老虎窗】命令。选择屋顶图形，在弹出的【加老虎窗】对话框中设置参数，如图8-91所示。

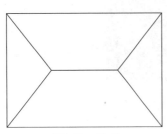

图8-90　屋顶

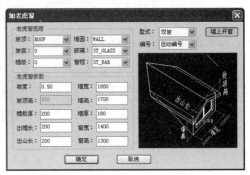

图8-91　参数设置

03 单击【确定】按钮，在绘图区中点取插入位置，创建的老虎窗如图8-92所示，三维效果如图8-93所示。

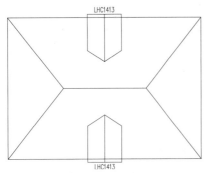

图8-92　加老虎窗

图8-93　三维显示

8.3.7　加雨水管

【加雨水管】命令用于在指定的屋顶平面图中添加雨水管图形，如图8-94所示。

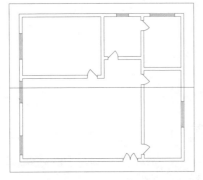

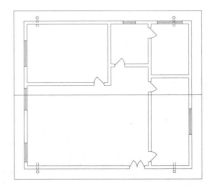

图8-94　加雨水管

在TArch 2014中调用【加雨水管】命令，在绘图区中指定插入雨水管的起点和终点即可完成加雨水管的操作。

调用【加雨水管】命令方法如下。

★ 菜单栏：执行【房间屋顶】|【加雨水管】菜单命令。
★ 命令行：在命令行中输入"JYSG"命令并按回车键。

1. 加雨水管命令提示

添加雨水管时，命令行显示：

请给出雨水管入水洞口的起始点[参考点(R)/管径(D)/洞口宽(W)]<退出>：　　　//在绘图区中指定雨水管的起点
出水口结束点[管径(D)/洞口宽(W)]<退出>：　　　　　　　　　　　　//指定雨水管的终点，完成操作

2. 命令提示说明

[参考点（R）]：在命令行输入"R"，可选择参考点。

[管径（D）]：在命令行输入"D"，可改变管径。

[洞口宽（W）]：在命令行输入"W"，可改变洞口宽。

8.3.8　实战——创建办公楼屋顶

素材：素材\第08章\8.3.8实战-创建办公楼屋顶.dwg
视频：视频\第08章\8.3.8实战-创建办公楼屋顶.mp4

为图8-95所示的顶层办公楼绘制办公楼屋顶。

01 按【Ctrl+O】快捷键，打开配套光盘提供的"第8章/8.3.8实战—创建办公楼屋顶.dwg"素材文件，如图8-95所示。

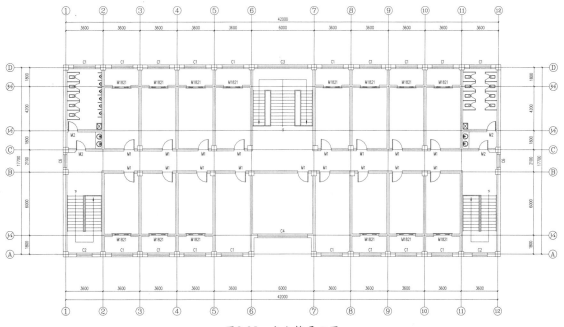

图8-95　办公楼平面图

02 在命令行输入"SWDX"命令并按回车键或执行【房间屋顶】|【搜屋顶线】命令。框选整个建筑物并按回车键，指定偏移外皮距离为300，如图8-96所示。

03 复制该图形并删除掉屋顶线和轴网标注的所有构件，如图8-97所示。

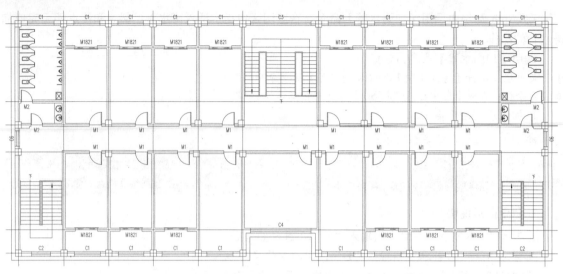

图8-96　搜屋顶线

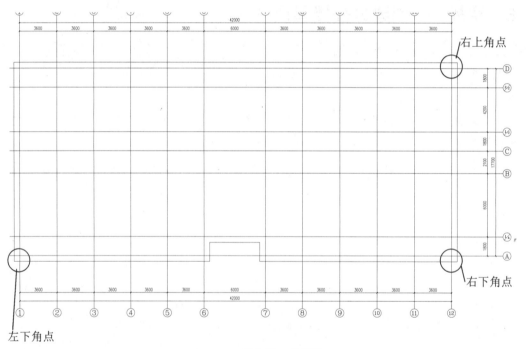

图8-97　屋顶线

04 在命令行输入"JXWD"命令并按回车键或执行【房间屋顶】|【矩形屋顶】命令，在弹出的【矩形屋顶】对话框中设置参数，如图8-98所示。

图8-98　参数设置

05 依次点取主坡墙外皮的左下角点、右下角点、右上角点，如图8-97所示。

06 完成矩形屋顶绘制，如图8-99所示。

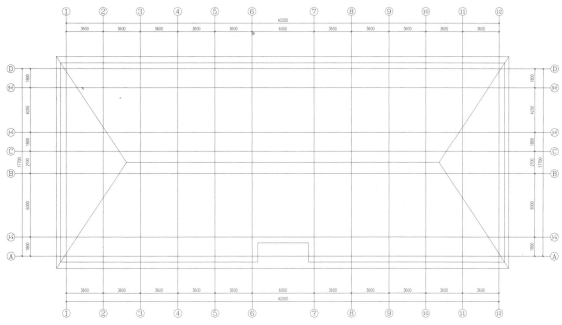

图8-99　矩形屋顶

07 在命令行输入"JLHC"命令并按回车键或执行【房间屋顶】|【加老虎窗】命令。根据命令行的提示选择屋顶，在弹出的【加老虎窗】对话框中设置参数，如图8-100所示。

08 设置完参数后，单击【确定】按钮关闭对话框，在绘图区中单击插入位置，最后的结果如图8-101、图8-102所示。

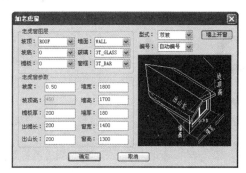

图8-100　参数设置

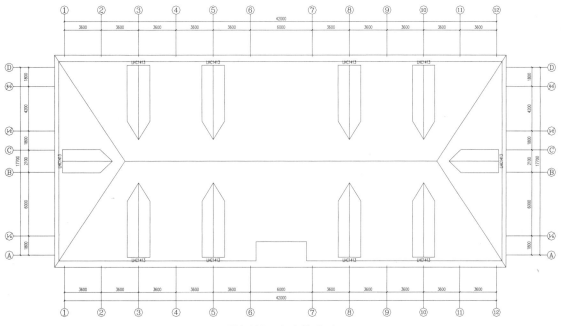

图8-101　办公楼屋顶

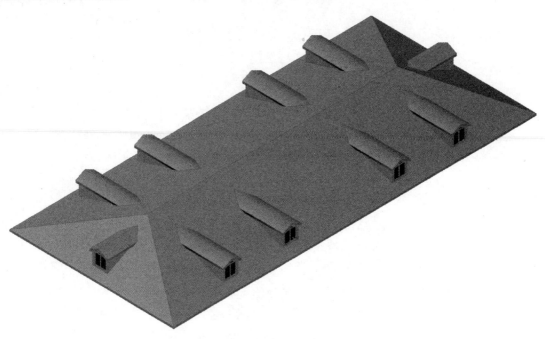

图8-102　三维样式

8.4 综合实战——创建别墅屋顶

素材:素材\第08章\8.4综合实战—创建别墅屋顶.dwg
视频:视频\第08章\8.4综合实战—创建别墅屋顶.mp4

　　本实例通过为别墅添加屋顶和老虎窗以综合练习屋顶命令的相关用法。

01 按【Ctrl+O】快捷键,打开配套光盘提供的"第 8 章/8.4综合实战—创建别墅屋顶.dwg"素材文件,如图8-103所示。

02 在命令行输入"SWDX"命令并按回车键或执行【房间屋顶】|【搜屋顶线】命令。在绘图区框选整个建筑物并按回车键,设置偏移外皮距离为600后按回车键确认。删除掉轴网标注和屋顶线外的所有构件,如图8-104所示。

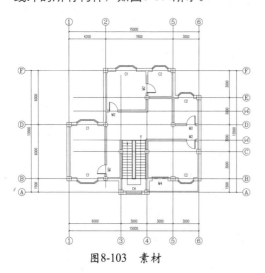

图8-103　素材

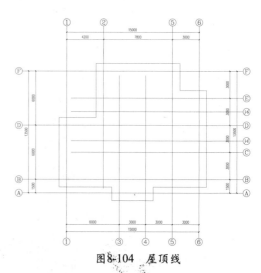

图8-104　屋顶线

03 在命令行输入 "RYPD" 命令并按回车键或执行【房间屋顶】|【任意坡顶】命令，在绘图区选择一段封闭的多段线即屋顶线，并设置坡角为35度，出檐为600，绘制的屋顶如图8-105所示。

04 在命令行输入 "JLHC" 命令并按回车键或执行【房间屋顶】|【加老虎窗】命令。根据命令行的提示选择屋顶，在弹出的【加老虎窗】对话框中设置参数，如图8-106所示。

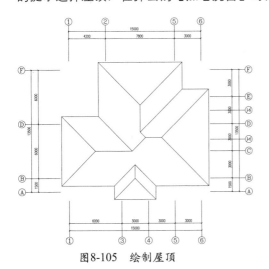

图8-105 绘制屋顶

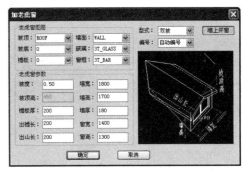

图8-106 参数设置

05 设置完参数后单击【确定】按钮，在绘图区中点取插入位置，完成绘制，如图8-107所示。

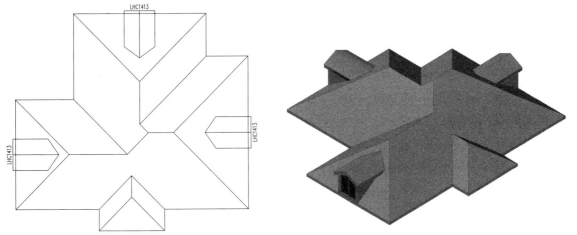

图8-107 加老虎窗

第9章
尺寸、文字与符号标注

　　尺寸标注是设计图纸中非常重要的部分，当平面图绘制好后，就应根据需要进行详细的标注。通常情况下，平面图中的标注分为外部标注和内部标注，外部标注是为了利于读图和施工，分布在图纸的上下左右四个方向上；内部尺寸则是为了说明房间的净空间大小与位置等。

　　TArch 2014为了方便制图与设计，向用户提供了符合国家规定的建筑专用尺寸标注命令，用户通过这些命令可以快速、准确地对图纸进行各种标注。本章将对TArch 2014尺寸、文字及符号标注方法进行详细介绍。

天正建筑
TArch 2014
完全实战技术手册

9.1 尺寸标注

天正尺寸标注分为连续标注与半径标注两大类标注对象,其中连续标注包括线性标注和角度标注,这些对象按照国家建筑制图规范的标注要求,对AutoCAD的通用尺寸标注进行了大胆的简化与优化,通过图9-1所示的夹点编辑操作,对尺寸标注的修改提供了前所未有的灵活手段。

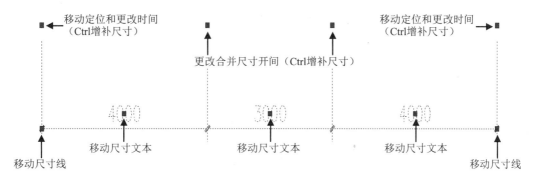

图9-1 夹点编辑操作

9.1.1 门窗标注

【门窗标注】命令用于为指定的门窗图形绘制尺寸标注,如图9-2所示。

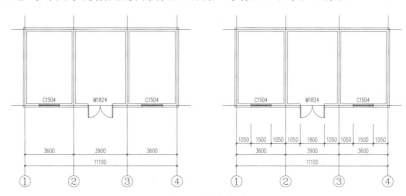

图9-2 门窗标注

本命令适合标注建筑平面图的门窗尺寸,有两种使用方式:

★ 在平面图中参照轴网标注的第一、二道尺寸线,自动标注直墙和圆弧墙上的门窗尺寸,生成第三道尺寸线;

★ 在没有轴网标注的第一、二道尺寸线时,在用户选定的位置标注出门窗尺寸线。

调用【门窗标注】命令方法如下。

★ 菜单栏:执行【尺寸标注】|【门窗标注】菜单命令。

★ 命令行:在命令行中输入"MCBZ"命令并按回车键。

门窗标注命令提示

调用门窗标注命令标注门窗时,可以用栏选的方式选择第一、二道尺寸线及墙体,然后选择墙体即可完成门窗标注的操作。命令行显示:

请用线选第一、二道尺寸线及墙体!	
起点<退出>:	//点取第一道尺寸线起点
终点<退出>:	//点取第二道尺寸线起点
选择其他墙体:	//点选需要标注门窗的所在墙体,完成标注

【案例9-1】：门窗标注

素材：素材\第09章\9.1.1门窗标注.dwg
视频：视频\第09章\案例9-1门窗标注.mp4

标注图9-3所示的门窗。

01 按【Ctrl+O】快捷键，打开配套光盘提供的"第9章/9.1.1门窗标注.dwg"素材文件，如图9-3所示。

02 在命令行输入"MCBZ"命令并按回车键或执行【尺寸标注】|【门窗标注】命令。点取第一道尺寸线起点以及终点，如图9-4所示。

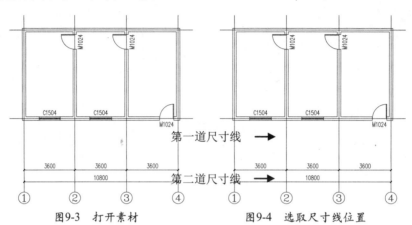

图9-3　打开素材　　　　　　　　　图9-4　选取尺寸线位置

03 点选其他墙体，生成的门窗标注如图9-5所示。

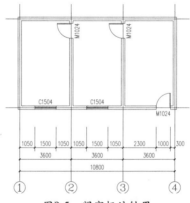

图9-5　门窗标注结果

9.1.2　门窗标注的联动

　　【门窗标注】命令创建的尺寸对象与门窗宽度具有联动的特性，在发生包括门窗移动、夹点改宽、对象编辑、特性编辑（Ctrl+1）和格式刷特性匹配改动，使门窗宽度发生线性变化时，线性的尺寸标注将随门窗的改变联动更新；门窗的联动范围取决于尺寸对象的联动范围设定，即由起始尺寸界线、终止尺寸界线以及尺寸线和尺寸关联夹点所围合范围内的门窗才会联动，避免发生错误操作，如图9-6所示。

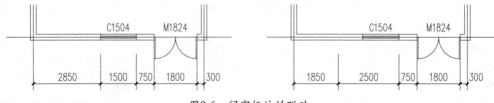

图9-6　门窗标注的联动

沿着尺寸标注对象，门窗标注提供了起点、中点和结束点共3个尺寸关联夹点，其位置可以通过拖动鼠标来改变，对于任何一个或多个尺寸对象可以在特性表中设置联动是否启用。

注意

目前带形窗与角窗(角凸窗)、弧窗还不支持门窗标注的联动；通过镜像、复制创建新门窗不属于联动，不会自动增加新的门窗尺寸标注。

9.1.3 墙厚标注

【墙厚标注】用于为墙体绘制厚度标注，标注中可识别墙体的方向，标注出与墙体正交的墙厚尺寸。在墙体内有轴线存在时，标注为以轴线划分的左右墙宽；墙体内没有轴线存在时，标注为墙体的总宽，如图9-7所示。

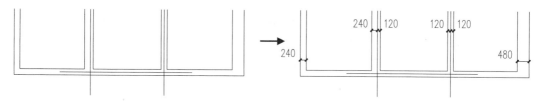

图9-7 墙厚标注

在进行墙厚标注时，用直线选取所有需要标注的墙体即可完成墙厚标注的操作。

调用【墙厚标注】命令方法如下。

★ 菜单栏：执行【尺寸标注】|【墙厚标注】菜单命令。
★ 命令行：在命令行中输入"QHBZ"命令并按回车键。

墙厚标注命令提示

墙厚标注命令行显示：

直线第一点<退出>：	//指定栏选标注墙体的第一点
直线第二点<退出>：	//指定栏选标注墙体的第二点，按回车键即可完成标注

【案例9-2】：墙厚标注

素材：素材\第09章\9.1.3墙厚标注.dwg
视频：视频\第09章\案例9-2墙厚标注.mp4

标注图9-8所示的墙厚。

01 按【Ctrl+O】快捷键，打开配套光盘提供的"第9章/9.1.3墙厚标注.dwg"素材文件，如图9-8所示。

02 在命令行输入"QHBZ"命令并按回车键或执行【尺寸标注】|【墙厚标注】命令。指定第一点和第二点，如图9-9、图9-10所示。

03 标注完成，如图9-11所示。

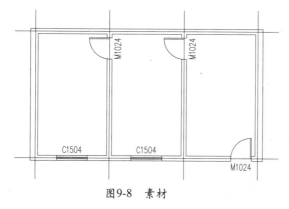

图9-8 素材

图9-9 指定第一点

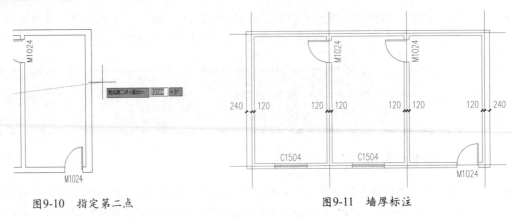

<table>
</table>

图9-10 指定第二点   图9-11 墙厚标注

9.1.4 两点标注

【两点标注】命令用于为指定的两点之间的轴线、墙线、门窗、柱子等构件标注尺寸；并可标注各墙中点或者添加其他标注点，使用热键U可撤销上一个标注点，如图9-12所示。

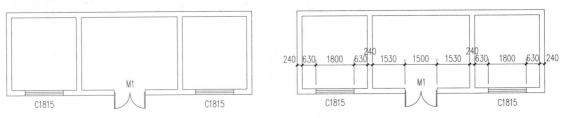

图9-12 两点标注

在TArch 2014中调用【两点标注】命令，用直线选取所有需要标注的范围，再选取需要标注的门窗及柱子即可完成两点标注的操作。

调用【两点标注】令方法如下。

★ 菜单栏：执行【尺寸标注】|【两点标注】菜单命令。
★ 命令行：在命令行中输入"LDBZ"命令并按回车键。

两点标注命令提示

在命令行输入"LDBZ"命令并按回车键或执行【尺寸标注】|【两点标注】命令。命令行显示：

起点当前墙面标注）或 〔墙中标注C〕<退出>：	//指定标注范围起点
终点<选物体>：	//指定标注范围终点
请选择不要标注的轴线和墙体：	//点选不需要标注的轴线和墙体，按回车键
选择其他要标注的门窗和柱子	//选择需要标注的门窗和珠子，按回车键完成两点标注

9.1.5 内门标注

【内门标注】命令用于标准建筑物内门图形的宽度尺寸以及门与墙垛之间的距离尺寸，如图9-13所示。

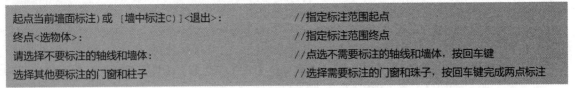

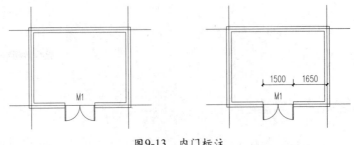

图9-13 内门标注

在TArch 2014中调用【内门标注】命令，用直线选取所有需要标注的内门即可完成内门标注的操作。

调用【内门标注】命令方法如下。

★ 菜单栏：执行【尺寸标注】|【内门标注】菜单命令。

★ 命令行：在命令行中输入"NMBZ"命令并按回车键。

内门标注命令提示

内门标注命令行显示：

标注方式：	//轴线定位，请用线选门窗，并且第二点作为尺寸线位置！
起点或 [垛宽定位(A)]<退出>：	//指定内门栏选起点
终点<退出>：	//指定内门栏选终点，按回车键完成内门标注

> **注意**
>
> 上述的内门标注方式为"轴线定位"标注方式，在执行该命令过程中，输入"A"，可以在"轴线定位"与"垛宽定位"这两种标注方式之间进行切换。

9.1.6 快速标注

【快速标注】命令用于快速识别两点之间物体的外轮廓线或者基线点，并为图形绘制几何定位尺寸，如图9-14所示。

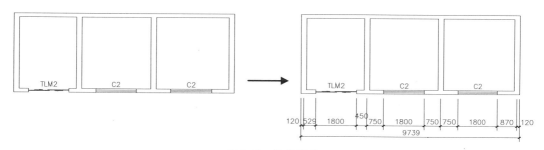

图9-14 快速标注

在TArch 2014中调用【快速标注】命令，框选需要标注的几何图形后按回车键即可完成快速标注的操作。

调用【快速标注】命令方法如下。

★ 菜单栏：执行【尺寸标注】|【快速标注】菜单命令。

★ 命令行：在命令行中输入"KSBZ"命令并按回车键。

1. 快速标注命令提示

快速标注命令行显示：

选择要标注的几何图形：	//框选需要标注的图形，按回车键结束选择
请指定尺寸线位置(当前标注方式:整体)或 [整体(T)/连续(C)/连续加整体(A)]<退出>：	

在命令行输入"A"。命令行显示：

请指定尺寸线位置(当前标注方式:连续加整体)或 [整体(T)/连续(C)/连续加整体(A)]<退出>：

指定尺寸线位置，完成操作。

2. 命令提示说明

[整体]：从整体图形创建外包尺寸线。

[连续]：通过提取对象节点来创建连续直线标注尺寸。

[连续加整体]：两者同时创建。

9.1.7 逐点标注

【逐点标注】命令是一个通用的灵活标注工具，用于选取一串给定点，即沿指定方向和选定的位置标注尺寸，如图9-15所示。特别适用于没有指定天正对象特征，但需要取点定位标注的情况，以及其他标注命令难以完成的尺寸标注。

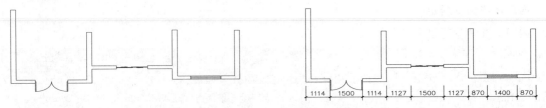

图9-15　逐点标注

调用【逐点标注】命令方法如下。

★　菜单栏：执行屏幕左侧的天正建筑菜单栏下的【尺寸标注】|【逐点标注】菜单命令。

★　命令行：在命令行中输入"ZDBZ"命令并按回车键。

逐点标注命令提示

逐点标注时，命令行显示：

起点或 [参考点(R)]<退出>：	//指定标注的起点
第二点<退出>：	//指定第二点
请点取尺寸线位置或 [更正尺寸线方向(D)]<退出>：	//确定尺寸线位置
请输入其他标注点或 [撤销上一标注点(U)]<结束>：	//逐个点取需标注的点

【案例9-3】：逐点标注

素材：素材\第09章\9.1.7逐点标注.dwg
视频：视频\第09章\案例9-3逐点标注.mp4

逐点标注图9-16所示的房间。

01 按【Ctrl+O】快捷键，打开配套光盘提供的"第9章/9.1.7逐点标注.dwg"素材文件，如图9-16所示。

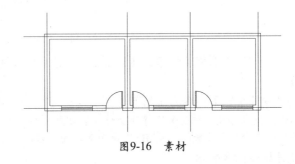

图9-16　素材

02 在命令行输入"ZDBZ"命令并按回车键或执行【尺寸标注】|【逐点标注】命令。指定起点以及第二点，再指定其他的标注点，继续标注，标注的结果如图9-17所示。

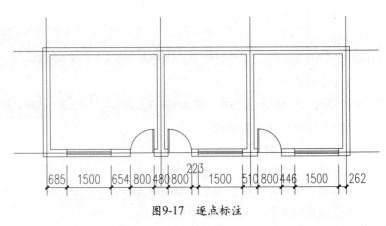

图9-17　逐点标注

9.1.8　半径标注

　　【半径标注】命令用于在图中标注弧线或圆弧墙的半径。当尺寸文字容纳不下时，系统会按照制图标准规定，自动在尺寸线外侧引出标注，如图9-18所示。

　　调用【半径标注】命令方法如下。

★　菜单栏：执行【尺寸标注】|【半径标注】菜单命令。

★　命令行：在命令行中输入"BJBZ"命令并按回车键。

　　在进行半径标注时，直接点取圆或圆弧即可完成半径标注的操作。

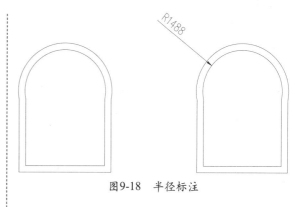

图9-18　半径标注

9.1.9　直径标注

　　【直径标注】命令用于在图中标注弧线或圆弧墙的直径。当尺寸文字容纳不下时，系统会按照制图标准规定，在尺寸线外侧自动引出标注，如图9-19所示。

　　调用【直径标注】命令方法如下。

★　菜单栏：执行【尺寸标注】|【直径标注】菜单命令。

★　命令行：在命令行中输入"ZJBZ"命令并按回车键。

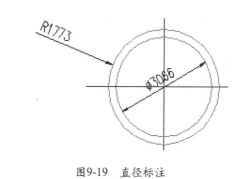

图9-19　直径标注

9.1.10　角度标注

　　【角度标注】命令用于按逆时针方向标注两根直线之间的夹角，在标注时要注意标注直线的先后顺序，如图9-20所示。

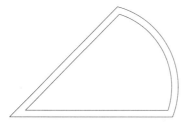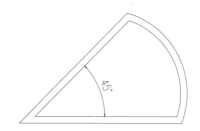

图9-20　角度标注

　　在TArch 2014中调用【角度标注】命令，按逆时针方向点取组成夹角的两条直线即可完成直径标注的操作。

　　调用【角度标注】命令方法如下。

★　菜单栏：执行【尺寸标注】|【角度标注】菜单命令。

★　命令行：在命令行中输入"JDBZ"命令并按回车键。

9.1.11　实战——标注办公楼平面图尺寸

素材：素材\第09章\9.1.11实战—标注办公楼平面图尺寸.dwg
视频：视频\第09章\9.1.11实战—标注办公楼平面图尺寸.mp4

标注图9-21所示的办公楼尺寸。

01 按【Ctrl+O】快捷键,打开配套光盘提供的"第9章/9.1.11实战—标注办公楼平面图尺寸.dwg"素材文件,如图9-21所示。

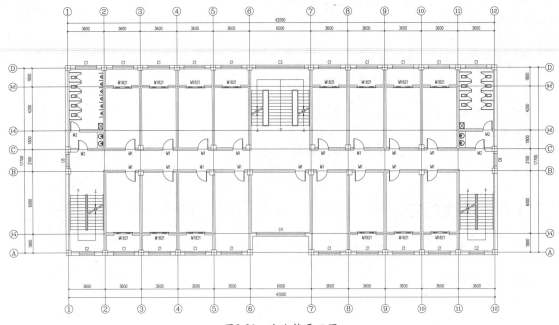

图9-21 办公楼平面图

02 在命令行输入"MCBZ"命令并按回车键或执行【尺寸标注】|【门窗标注】命令。指定起点和终点,如图9-22和图9-23所示,生成的标注如图9-24所示。

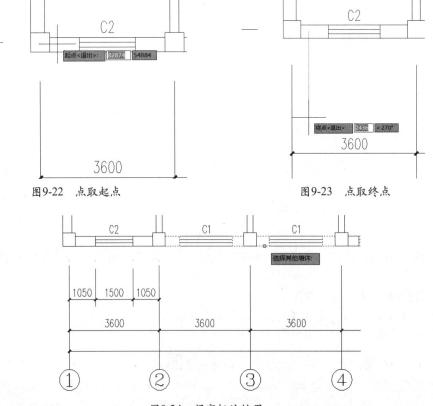

图9-22 点取起点   图9-23 点取终点

图9-24 门窗标注结果

03 继续点选其他需要标注的门窗墙体，完成该侧门窗的标注，如图9-25所示。

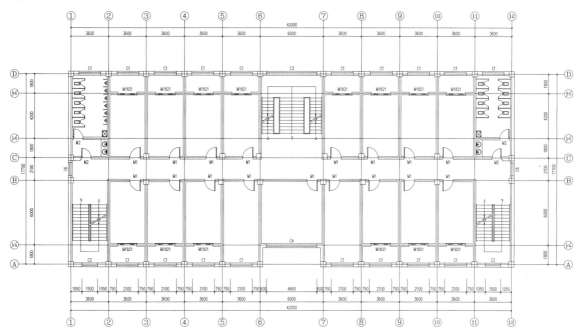

图9-25 门窗标注

04 重复执行上述命令，对办公楼平面图的其他三面墙体进行门窗标注，如图9-26所示。

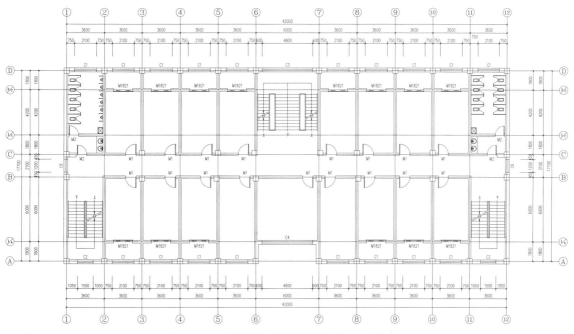

图9-26 门窗标注完成

05 在命令行输入"NMBZ"命令并按回车键或执行【尺寸标注】|【内门标注】命令。指定起点及终点，如图9-27、图9-28所示。

06 完成标注内门，如图9-29所示。

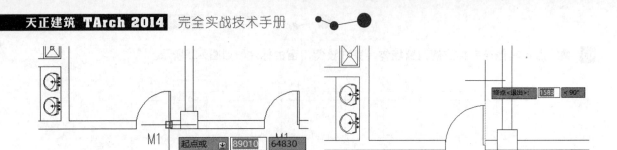

图9-27 指定起点　　　　　　图9-28 指定终点

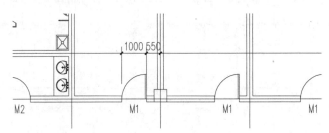

图9-29 内门标注

07 重复执行上述命令，完成其他门的标注，如图9-30所示。

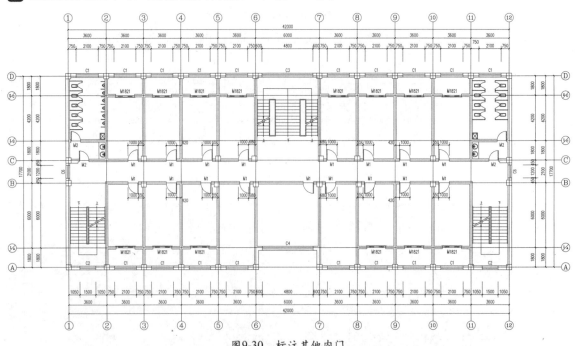

图9-30 标注其他内门

9.2 符号标注

按照国标规定的建筑工程符号画法，天正建筑软件提供了自定义符号标注对象，可方便地绘制剖切符号、指北针、箭头、详图符号、引出标注等工程符号，同时对其进行修改也极其方便。

9.2.1 符号标注的概念

按照建筑制图的国标工程符号规定画法,天正软件提供了一整套的自定义工程符号对象。这些符号对象可以方便地绘制剖切符号、指北针、箭头引注,绘制各种详图符号、引出标注符号。使用自定义工程符号对象,不是简单地插入符号图块,而是在图上添加了代表建筑工程专业含义的图形符号对象,工程符号对象提供了专业夹点定义且内部保存有对象特性数据,用户除了在插入符号的过程中通过对话框的参数控制选项;根据绘图的不同要求,还可以在图上已插入的工程符号上,拖动夹点或者使用【Ctrl+1】快捷键来启动对象特性栏,在其中可以更改工程符号的特性。双击符号中的文字后,启动在位编辑即可更改文字内容。

9.2.2 符号标注的内容

天正工程符号对象可随图形指定范围的绘图比例而改变,对符号大小、文字字高等参数进行适应性调整以满足规范的要求。剖切符号除了可以满足施工图的标注要求外,还为生成剖面定义了与平面图的对应规则。

符号标注的各命令由主菜单下的【符号标注】子菜单引导:

★ 【指向索引】、【剖切索引】和【索引图名】这3个命令用于标注索引号;

★ 【剖面剖切】和【断面剖切】两个命令用于标注剖切符号,同时为生成剖面图提供了依据;

★ 【画指北针】和【箭头引注】命令分别用于在图中画指北针和指示方向的箭头;

★ 【引出标注】和【做法标注】命令主要用于标注详图;

★ 【图名标注】命令为图中的各部分注写图名。

工程符号的标注如图9-31所示。

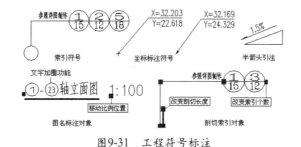

图9-31 工程符号标注

9.2.3 箭头引注

【箭头引注】命令用于绘制带有箭头的引出标注。文字可从线端标注也可从线上标注,引线可以转折多次,多用于绘制坡度标注或者上楼方向的标注等,如图9-32所示。

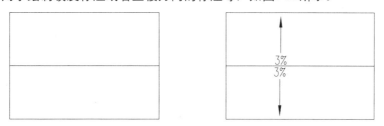

图9-32 箭头引注

在TArch 2014中调用【箭头引注】命令,在弹出的【箭头引注】对话框中设置参数,如图9-33所示,插入至绘图区中即可完成箭头引注的操作。

调用【箭头引注】命令方法如下。

★ 菜单栏:执行【符号标注】|【箭头引注】菜单命令。

★ 命令行:在命令行中输入"JTYZ"命令并按回车键。

图9-33 【箭头引注】对话框

1. 对话框说明

在对话框中输入引线端部要标注的文字，可以从下拉列表中选取命令保存的文字历史记录，也可以不输入文字而只画箭头。对话框中还提供了更改箭头长度、样式的功能，箭头长度按最终图纸尺寸为准，以毫米为单位给出；新提供的箭头可选样式有"箭头"和"半箭头"两种。

双击箭头引注中的文字即可进入在位编辑框来修改文字，如图9-34所示。

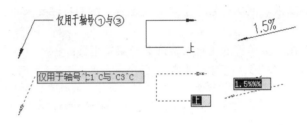

图9-34 在位编辑

2. 箭头引注命令提示

在命令行输入"JDYZ"命令并按回车键或执行【符号标注】|【箭头引注】命令。命令行显示：

箭头起点或 ［点取图中曲线(P)/点取参考点(R)］<退出>：

指定箭头的起点。命令行显示：

直段下一点或 ［弧段(A)/回退(U)］<结束>：

移动鼠标，指定箭头的下一点，完成操作。此步可重复操作。

▌9.2.4 引出标注

【引出标注】命令用于为指定的点绘制内容标注，可对多个标注点进行说明性的文字标注，自动按端点对齐文字，具有拖动自动跟随的特性。可以是使用材料的文字标注，也可以是其他的内容标注，如图9-35所示。

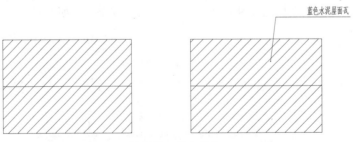

图9-35 引出标注

在TArch 2014中调用【引出标注】命令，在弹出的【引出标注】对话框中设置参数，如图9-36所示。插入至绘图区中即可完成引出标注的操作。

调用【引出标注】命令方法如下。

★ 菜单栏：执行【符号标注】|【引出标注】菜单命令。
★ 命令行：在命令行中输入"YCBZ"命令并按回车键。

图9-36 【引出标注】对话框

1. 对话框控件说明

［上标注文字］：把文字内容标注在引出线上。

［下标注文字］：把文字内容标注在引出线下。

［箭头样式］：该下拉列表中包括"箭头"、"点"、"十字"和"无"4个选项，用户可任选一项来指定箭头的形式。

［字高<］：以最终出图的尺寸（毫米）来设定字的高度，也可以从图上量取（系统自动换算）。

［文字样式］：设定用于引出标注的文字样式。

2. 引出标注命令提示

在命令行输入"YCBZ"命令并按回车键或执行【符号标注】|【引出标注】命令。命令行显示：

请给出标注第一点<退出>：	//指定标注的第一点
输入引线位置或〔更改箭头型式(A)〕<退出>：	//在绘图区指定输入引线位置
点取文字基线位置<退出>：	//点取文字基线位置，完成操作

> **注意**
>
> 【做法标注】、【引索符号】命令与【引出标注】命令的操作大体相似。

9.2.5 剖切符号

【剖切符号】命令用于在图中标注国标规定的断面剖切符号，通过指定剖切编号来绘制剖切符号，以此表明图中被剖切的位置，如图9-37所示。

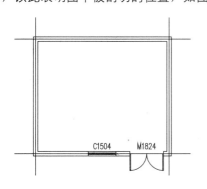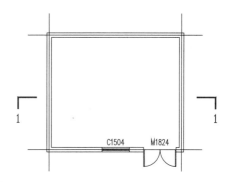

图9-37 断面剖切

在TArch 2014中调用【剖切符号】命令，在弹出的【剖切符号】对话框中设置参数，如图9-38所示。插入至绘图区中即可完成剖切符号的操作。

调用【剖切符号】命令方法如下。

★ 菜单栏：执行【符号标注】|【剖切符号】菜单命令。

★ 命令行：在命令行中输入"PQFH"命令并按回车键。

剖切符号命令提示

在命令行输入"PQFH"命令并按回车键或执行【符号标注】|【剖切符号】命令。命令行显示：

图9-38 【剖切符号】对话框

点取第一个剖切点<退出>：	//点取第一个剖切点
点取第二个剖切点<退出>：	//点取第二个剖切点
点取剖视方向<当前>：	//点取剖视方向，操作完成

9.2.6 画指北针

【画指北针】命令用于在图中定义角度来绘制指北针图形，如图9-39所示。

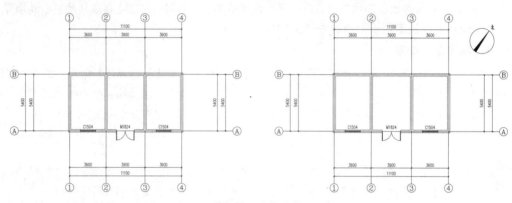

图9-39 画指北针

调用【画指北针】命令方法如下。

★ 菜单栏：执行【符号标注】|【画指北针】菜单命令。

★ 命令行：在命令行中输入"HZBZ"命令并按回车键。

9.2.7 实战——符号标注综合练习

素材：素材\第09章\9.2.7符号标注综合练习.dwg
视频：视频\第09章\9.2.7符号标注综合练习.mp4

在图9-40所示的图中标注符号。

01 按【Ctrl+O】快捷键，打开配套光盘提供的"第9章/9.2.7符号标注综合练习.dwg"素材文件，如图9-40所示。

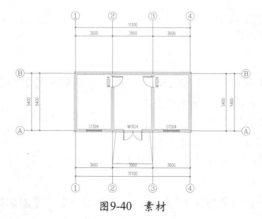

图9-40 素材

02 用【箭头引注】命令标注坡道的坡度。在命令行输入"JTYZ"命令并按回车键或执行【符号标注】|【箭头引注】命令，在弹出的【箭头引注】对话框中设置参数，如图9-41所示。

03 指定箭头的起点以及终点，如图9-42所示。

图9-41 参数设置

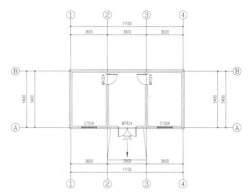

图9-42 插入箭头引注

04 用【引出标注】命令来标注材料。在命令行输入"YCBZ"命令并按回车键或执行【符号标注】|【引出标注】命令，在弹出的【引出标注】对话框中设置参数，如图9-43所示。

05 指定标注的第一点以及引线位置，如图9-44所示。

图9-43 参数设置

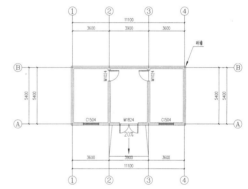

图9-44 插入引出标注

06 用【断面剖切】命令画剖切线。在命令行输入"PQFH"命令并按回车键或执行【符号标注】|【剖切符号】命令，在弹出的【剖切符号】对话框中设置参数，如图9-45所示。

07 在绘图区中点取剖切的起点、终点以及剖切方向，如图9-46所示。

图9-45 参数设置

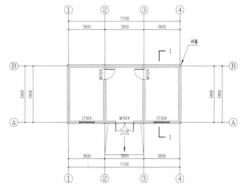

图9-46 画剖切线

08 插入指北针。在命令行输入"HZBZ"命令并按回车键或执行【符号标注】|【画指北针】命令，在绘图区中指定指北针的插入位置和方向，完成绘制的结果如图9-47所示。

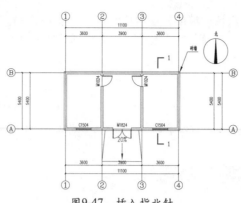

图9-47　插入指北针

■9.2.8　实战——标注办公楼平面图符号

素材:素材\第09章\9.2.8实战-标注办公楼平面图符号.dwg
视频:视频\第09章\9.2.8实战-标注办公楼平面图符号.mp4

标注图9-49所示的办公楼平面图符号。

01 按【Ctrl+O】快捷键,打开配套光盘提供的"第9章/9.2.8实战—标注办公楼平面图符号.dwg"素材文件,如图9-48所示。

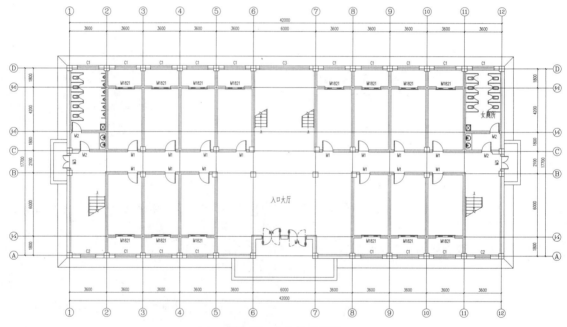

图9-48　办公楼平面图

02 先画剖切符号。在命令行输入"PQFH"命令并按回车键或执行【符号标注】|【剖切符号】命令,在弹出的【剖切符号】对话框中设置参数,如图9-49所示。

图9-49　参数设置

03 在绘图区中指定剖切的起点、终点以及剖切方向,如图9-50所示。

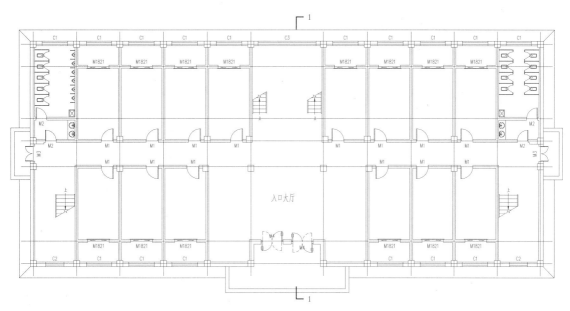

图9-50 插入剖切符号

04 插入指北针。在命令行输入"HZBZ"命令并按回车键或执行【符号标注】|【画指北针】命令，在绘图区中指定指北针的插入位置和方向，如图9-51所示。

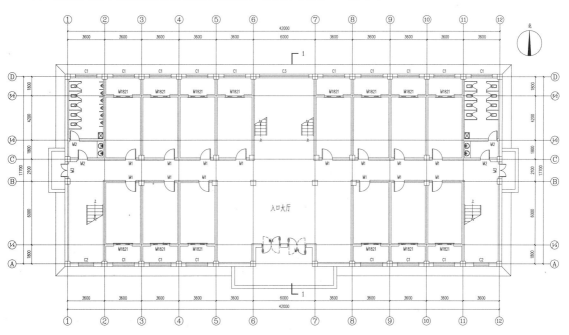

图9-51 办公楼平面图符号标注

9.3 坐标、标高标注

坐标标注在工程制图中被用来表示某个点的平面位置，一般由政府的测绘部门提供。标高标注则是用来表示某个点的高程或者垂直高度，标高有绝对标高和相对标高的概念，绝对标高的数值也来自当地测绘部门，而相对标高则是设计单位设计的，一般是室内一层地坪，与绝对标高有相对关系。天正软件分别定义了坐标对象和标高对象，以此来实现坐标和标高的标注。这些符号的画法符合国家制图规范的工程符号图例。

9.3.1　标注状态设置

标注的状态分为动态标注和静态标注两种，移动和复制后的坐标符号受状态开关菜单项的控制，具体表现在以下两方面。

★　在动态标注状态下，移动和复制后的坐标数据将自动与世界坐标系一致，适用于整个DWG文件仅仅布置在一个总平面图的情况；

★　在静态标注状态下，移动和复制后的坐标数据不改变原值，例如在一个DWG文件上复制同一总平面，绘制绿化、交通的等不同类别图纸，此时只能使用静态标注。

在2004以上版本的AutoCAD平台，天正TArch 2014提供了状态行的按钮开关，可单击此按钮来切换坐标的动态和静态两种状态。

9.3.2　坐标标注

【坐标标注】命令用于在建筑图上指定点来绘制坐标标注，在总平面图上标注测量坐标或者施工坐标，如图9-52所示。

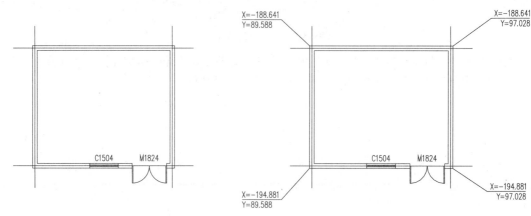

图9-52　坐标标注

调用【坐标标注】命令方法如下。

★　菜单栏：执行【符号标注】|【坐标标注】菜单命令。
★　命令行：在命令行中输入"ZBBZ"命令并按回车键。

坐标标注命令提示

在命令行输入"ZBBZ"命令并按回车键或执行【符号标注】|【坐标标注】命令。命令行显示：

请点取标注点或 [设置(S)\批量标注(Q)]<退出>：　　　　　　//点取需要标注坐标的点

若需要对标注的坐标进行设置，可在命令行输入"S"并按回车键，弹出的【坐标标注】对话框如图9-53所示。

如需要批量标注坐标，可在命令行输入"Q"并按回车键，弹出的【批量标注】对话框如图9-54所示。

图9-53　【坐标标注】对话框

图9-54　【批量标注】对话框

9.3.3 标高标注

【标高标注】命令用于平面图的楼面标高与地坪标高标注，可标注绝对标高和相对标高、也可用于立剖面图的标注楼面标高，标高三角符号为空心或实心填充，通过按钮可对其进行选择，两种类型的按钮的功能是互锁的，其他按钮用于控制标高的标注样式，如图9-55所示。

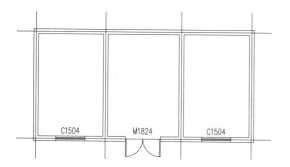
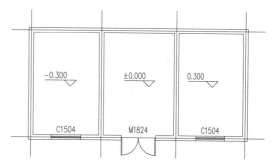

图9-55 标高标注

调用【标高标注】命令方法如下。

★ 菜单栏：执行【符号标注】|【标高标注】菜单命令。
★ 命令行：在命令行中输入"BGBZ"命令并按回车键。

调用【标高标注】命令，弹出【标高标注】对话框，在其中设置标高的相关参数，如图9-56所示，在绘图区点取标高点即可完成标高标注的操作。

图9-56 【标高标注】对话框

1. 对话框说明

对话框右上角提供了【普通标高】、【带基线】、【带引线】和【对齐】等多种标高标注按钮，通过这些按钮可以创建多种形式的标高符号。如果是基线方式，命令行会提示点取基线端点，然后返回上一提示；如果是引线方式，命令行会提示点取符号引线位置，给点后在引出垂线与水平线交点处绘出标高符号。

勾选【手工输入】复选项，进入楼层标高输入状态，直接键入和编辑标高数值，选中表行的右方向箭头显示编辑菜单并可修改表行，也可直接按Del键和Insert键来删除该行或在上面插入空行。

自动标高的取值受到坐标状态开关的影响。在立剖面图中标注标高时，在"动态标注"状态下进行标高符号的移动或复制后，新标高对象随目标点位置进行动态取值，而在平面图中标注标高时，应注意在"静态标注"状态下进行标注，因为此时希望复制、移动标高符号后数值保持不变。

单击【连注标高】按钮即可连续标注多个同一样式的标高，取代以前的【连注标高】命令。

双击自动输入的标高对象就可以进入在位编辑，直接修改标高数值即可，如图9-57所示。

自动输入的标高标注　　　在位编辑标高数值

图9-57 在位编辑

双击手工输入的标高对象即可进入对话框编辑，然后修改列表数值或者单击按钮来修改样式。

2. 标高标注命令提示

在命令行输入"BGBZ"命令并按回车键或执行【符号标注】|【标高标注】命令。命令行显示：

请点取标高点或 〔参考标高(R)〕<退出>：	//点取标高点
请点取标高方向<退出>：	//点取标高方向，完成操作。可重复进行操作。

9.3.4 实战——标注办公室平面图标高

素材：素材\第09章\9.3.4实战—标注办公楼平面图标高.dwg
视频：视频\第09章\9.3.4实战—标注办公楼平面图标高.mp4

标注图9-58所示的办公楼平面图标高。

01 按【Ctrl+O】快捷键，打开配套光盘提供的"第9章/9.3.4实战—标注办公楼平面图标高.dwg"素材文件，如图9-58所示。

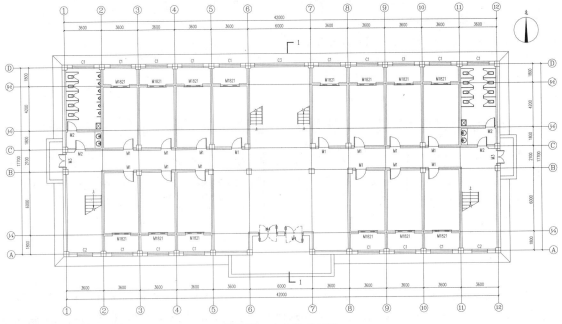

图9-58 办公楼平面图

02 在命令行输入"BGBZ"命令并按回车键或执行【符号标注】|【标高标注】命令，在弹出的【标高标注】对话框中设置参数，如图9-59和图9-60所示。

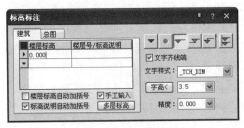

图9-59 室内标高参数

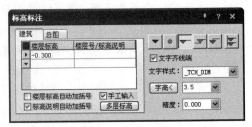

图9-60 室外标高参数30

03 在绘图区中点取标高点和标高方向，标注的结果如图9-61所示。

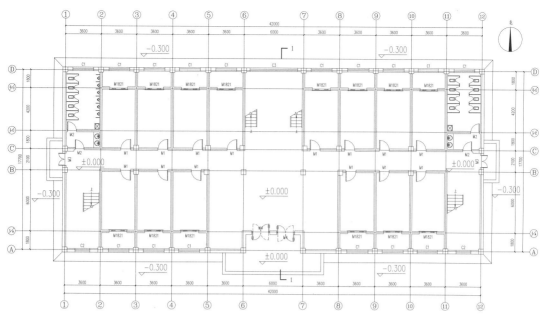

图9-61　办公楼平面图标高标注

9.4 文字标注

在绘制建筑图形的时候，对其添加适量的文字标注有助于表达图形的含义并会增加图形的可读性。

天正软件新开发的自定义文字对象改进了原有的文字对象，可方便地书写和修改中西文混合文字，可使组成天正文字样式的中西文字体有各自的宽高比例，还可方便地输入和变换文字的上下标。特别是天正软件对AutoCAD的SHX字体与Windows的Truetype字体存在名义字高与实际字高不等的问题做了自动修正，使汉字与西文的文字标注符合国家制图标准的要求，如图9-62所示。

图9-62　字体

此外由于我国的建筑制图规范规定了一些特殊的文字符号，而在AutoCAD中提供的标准字体文件无法解决这个问题。国内自制的各种中文字体繁多，不利于图档交流，为此天正建筑软件在文字对象中提供了多种特殊符号，如钢号、加圈文字、上标、下标等，但与非对象格式文件交流时要进行格式转换处理，如图9-63所示。

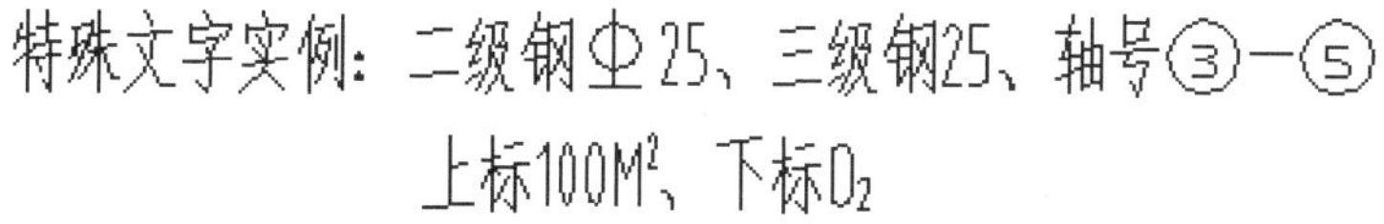

特殊文字实例：二级钢 Φ 25、三级钢25、轴号③—⑤

上标100M^2、下标O_2

图9-63　特殊文字符号

在TArch 2014中，绘制文字标注有一系列便利的文字标注命令，主要有单行文字、多行文字以及曲线文字等。这些文字标注命令可以满足不同情况下所需要的不同的文字标注样式。合理运用这些命令，可以为绘图工作起到事半功倍的效果。

9.4.1 文字的创建

1. 文字样式

【文字样式】命令用于为文字设置字体、字高等属性，以便统一图中的文字标注。

在TArch 2014中调用【文字样式】命令，在弹出的【文字样式】对话框中设置参数，如图9-64所示，单击【确定】按钮即可完成文字样式的操作。

调用【文字样式】命令的方法如下。

★ 菜单栏：执行【文字表格】|【文字样式】菜单命令。

★ 命令行：在命令行中输入"WZBG"命令并按回车键。

图9-64 【文字样式】对话框

● 对话框控件说明

[新建]：新建文字样式，首先给新文字样式命名，然后选定中西文字体文件和高宽参数。

[重命名]：给文件样式赋予新名称。

[删除]：删除图中没有使用的文字样式，已经使用的样式不能被删除。

[样式名]：显示当前文字的样式名，可在下拉列表中切换其他已经定义的样式。

[宽高比]：表示中文字宽与中文字高之比。

[中文字体]：设置组成文字样式的中文字体。

[字宽方向]：表示西文字宽与中文字宽的比。

[字高方向]：表示西文字高与中文字高的比。

[西文字体]：设置组成文字样式的西文字体。

[Windows字体]：使用Windows的系统字体TTF，这些系统字体（如"宋体"等）包含有中文和英文，只需设置中文参数即可。

[预览]：使新字体参数生效，以当前字体写出的效果浏览编辑框内文字。

[确定]：退出样式定义，把"样式名"内的文字样式作为当前文字样式。

文字样式由分别设定参数的中西文字体或者Windows字体组成，由于天正软件扩展了AutoCAD的文字样式，可以分别控制中英文字体的宽度和高度以达到文字的名义高度与实际可量度高度统一的目的，字高由使用文字样式的命令确定。

2. 单行文字

【单行文字】命令用于创建单行文字。使用已经建立的天正文字样式，输入单行文字，可以方便地为文字设置上下标、加圆圈、添加特殊符号，还可导入专业词库内容，如图9-65所示。

图9-65 单行文字

在TArch 2014中调用【单行文字】命令，弹出【单行文字】对话框，如图9-66所示。在【单行文字】对话框中设置参数后在绘图区中插入即可完成单行文字的操作。

调用【单行文字】命令方法如下。

★ 菜单栏：执行【文字表格】|【单行文字】菜单命令。

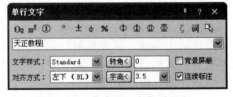

图9-66 【单行文字】对话框

● 对话框控件说明

[文字输入列表]：可供键入文字符号。在该列表中保存有已输入的文字，直接选取可以方便重复输入的同类内容，在下拉列表中选择其中一行文字后，该行文字将复制到首行。

[文字样式]：在下拉列表中选用已由AutoCAD或天正文字样式命令定义的文字样式。

［对齐方式］：选择文字与基点的对齐方式。

［转角<］：输入文字的转角。

［字高<］：表示最终图纸打印的字高，而非在屏幕上测量出的字高数值，两者有一个绘图比例值的倍数关系。

［背景屏蔽］：勾选该复选项后文字可以遮盖背景例如填充图案。本复选项利用AutoCAD的WipeOut图像屏蔽特性，其屏蔽作用随文字移动而存在。

［连续标注］：勾选该复选项后可对单行文字进行连续标注。

［上下标］：用鼠标选定需变为上下标的部分文字，然后单击【上下标】图标。

［加圆圈］：用鼠标选定需加圆圈的部分文字，然后单击【加圆圈】图标。

［钢筋符号］：在需要输入钢筋符号的位置，单击相应【钢筋】符号。

［其他特殊符号］：单击进入特殊字符集，在弹出的对话框中选择需要插入的符号。

● 单行文字的在位编辑

双击图上的单行文字即可进入在位编辑状态，直接在图上显示编辑框，其方向总是按从左到右的水平方向，从而方便修改，如图9-67所示。

图9-67 单行文字在位编辑

3. 多行文字

【多行文字】命令用于创建多行文字，使用已经建立的天正文字样式，按段落输入多行中文文字，可以方便设定页宽与硬回车位置，并随时拖动夹点来改变页宽，如图9-68所示。

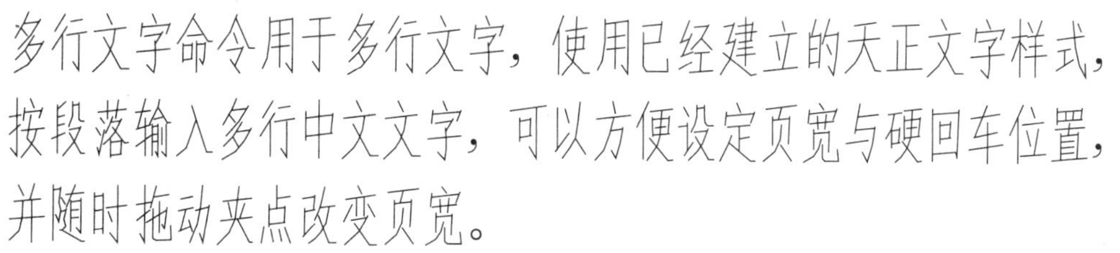

多行文字命令用于多行文字，使用已经建立的天正文字样式，
按段落输入多行中文文字，可以方便设定页宽与硬回车位置，
并随时拖动夹点改变页宽。

图9-68 多行文字

在TArch 2014中调用【多行文字】命令，弹出【多行文字】对话框，如图9-69所示。在【多行文字】对话框设置参数后单击【确定】按钮，在绘图区中插入即可完成多行文字的操作。

调用【多行文字】命令方法如下。

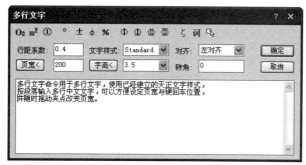

图9-69 多行文字对话框

★ 菜单栏：执行屏幕左侧的天正建筑菜单栏下的【文字表格】｜【多行文字】菜单命令。

★ 命令行：在命令行中输入"DHWZ"命令并按回车键。

● 对话框控件说明

[文字输入区]：在其中可以输入多行文字，也可以接受来自剪贴板的其他文本编辑内容，如由Word编辑的文本可以通过【Ctrl+C】快捷键拷贝到剪贴板，再由【Ctrl+V】快捷键输入到文字编辑区，然后在其中可以随意修改其内容。允许硬回车，也可以由页宽控制段落的宽度。

[行距系数]：与AutoCAD的MTEXT中的行距有所不同，本系数表示的是行间的净距，单位是当前的文字高度，比如"1"为两行间相隔一个空行，本参数决定整段文字的疏密程度。

[字高]：以毫米为单位表示的打印出图后实际文字高度，已经考虑当前比例。

[对齐]：决定了文字段落的对齐方式，共有左对齐、右对齐、中心对齐、两端对齐4种对齐方式。

其他控件的含义与【单行文字】对话框中的控件相同。

● 多行文字的夹点编辑

多行文字对象设有两个夹点，左侧的夹点用于整体移动，右侧的夹点用于拖动以改变段落宽度。当宽度小于设定时，多行文字对象会自动换行，而最后一行的结束位置由该对象的对齐方式决定。

4. 曲线文字

【曲线文字】命令用于沿着指定的曲线创建文字，如图9-70所示。

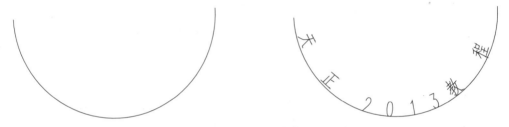

图9-70 曲线文字

本命令有两种功能：直接按弧线方向书写中英文字符串；或者在已有的多段线（POLYLINE）上布置中英文字符串，可将图中的文字改排成曲线。

调用【曲线文字】命令方法如下。

★ 菜单栏：执行【文字表格】|【曲线文字】菜单命令。

★ 命令行：在命令行中输入"QXWZ"命令并按回车键。

● 直接标注弧线文字

在命令行输入"QXWZ"命令并按回车键或执行【文字表格】|【曲线文字】命令。命令行显示：

A-直接写弧线文字/ P-按已有曲线布置文字 <A>：	//在命令行输入"A"
请输入弧线文本圆心位置<退出>：	//点取圆心点
请输入弧线文本中心位置<退出>：	//点取字串中心插入的位置
输入文字：	//命令行中键入文字，按回车键
请输入字高<5>：	//键入新值或回车接受默认值
文字面向圆心排列吗Yes/No)<Yes>?	

按回车键后即生成按圆弧排列的曲线文字；若在提示中以"N"回应，则可使文字背向圆心方向生成。

● 按已有曲线布置文字

在命令行输入"QXWZ"命令并按回车键或执行【文字表格】|【曲线文字】命令。命令行显示：

A-直接写弧线文字/ P-按已有曲线布置文字 <A>：	//在命令行输入"P"
请选取文字的基线 <退出>：	//选取文字的基线
输入文字：	//输入文字
请键入模型空间字高 <500>：	//在命令行输入字高

5. 专业词库

【专业词库】命令组织一个可以由用户扩充的专业词库，提供一些常用的建筑专业词汇以便随时将其插入图中。词库还可在各种符号标注命令中调用，如图9-71所示。

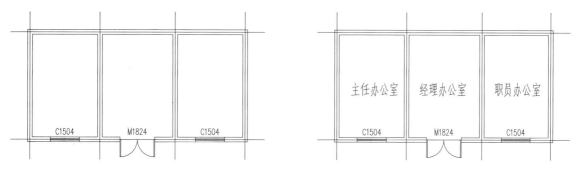

图9-71 专业词库

在TArch 2014中调用【专业词库】命令，在弹出的【专业词库】对话框中设置参数，如图9-73所示，在绘图区插入即可完成专业词库的操作。

调用【专业词库】命令方法如下。

★ 菜单栏：执行【文字表格】│【专业词库】菜单命令。
★ 命令行：在命令行中输入"ZYCK"命令并按回车键。

图9-73 【专业词库】对话框

● 对话框控件说明

　　[词汇分类]：在词库中按不同专业提供分类机制，也称为分类或目录。在一个目录下的列表中存放有很多词汇。

　　[词汇列表]：按分类组织起词汇列表，对应一个词汇分类的列表存放多个词汇。

　　[入库]：把编辑框内的文字添加到当前类别的最后一个词汇。

　　[导入文件]：把文本文件中按行作为词汇，导入当前类别(目录)中，可以有效扩大词汇量。

　　[输出文件]：把当前类别中所有的词汇输出到一个文本文件中去。

　　[文字替换<]：当命令行提示"请选择要替换的文字图元<文字插入>:"时，选择好目标文字，然后单击此按钮，进入并选取打算替换的文字对象即可。

　　[拾取文字<]：把图上的文字拾取到编辑框中并进行修改或替换。

　　[分类菜单]：用鼠标右键单击类别项目，会出现"新建"、"插入"、"删除"、"重命名"多项内容，可用于增加分类。

　　[词汇菜单]：用鼠标右键单击词汇项目，会出现"新建"、"插入"、"删除"、"重命名"多项内容，可用于增加词汇量。

　　[字母按钮]：以汉语拼音的韵母排序检索，用于快速检索到词汇表中与之对应的第一个词汇。

9.4.2 文字的编辑

文字的编辑被用来修改文字的字高、样式、排列方式等参数，进而使得文字的显示方式更加符合需要。

1. 递增文字

【递增文字】命令用于对选择的一个文字或者一个数字进行递增或递减的操作，如图9-73所示。

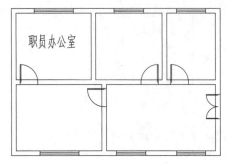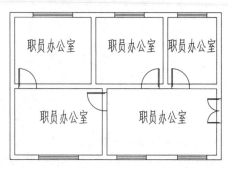

图9-73　递增文字

在TArch 2014中调用递增文字命令，点选需递增的文字并在另外位置插入即可完成递增文字的操作。

调用【递增文字】命令方法如下。

★　菜单栏：执行【文字表格】|【递增文字】菜单命令。
★　命令行：在命令行中输入"DZWZ"命令并按回车键。
●　递增文字命令提示

在命令行输入"DZWZ"命令并按回车键或执行【文字表格】|【递增文字】命令。命令行显示：

请选择要递增拷贝的文字(注：同时按Ctrl键进行递减拷贝,仅对单个选中字符进行操作)<退出>：

选择需要递增拷贝的文字。命令行显示：

请指定基点：

指定递增基点。命令行显示：

请点取插入位置<退出>：

向下移动鼠标，指定第二个点，完成操作。此步可重复继续操作。

2. 转角自纠

【转角自纠】命令用于翻转调整图中单行文字的方向，从而确保符合制图标准对文字方向的规定，将转角方向不符合建筑制图标准的文字，比如倒置的文字，进行纠正，如图9-74所示。

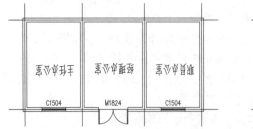

图9-74　转角自纠

在TArch 2014中调用转角自纠命令，点选需纠正的文字后按回车键即可完成转角自纠的操作。

调用【转角自纠】命令的方法如下。

★　菜单栏：执行【文字表格】|【转角自纠】菜单命令。
★　命令行：在命令行中输入"ZJZJ"命令并按回车键。

3. 文字转化

【文字转化】命令用于将在天正旧版本中生成的AutoCAD格式的单行文字转化为天正文字，同时保持原来每一个文字对象的独立性，不对其进行合并处理。

在TArch 2014中调用【文字转化】命令，点选需转化的文字后按回车键即可完成文字转化的操作。

调用【文字转化】命令方法如下。

★ 菜单栏：执行【文字表格】|【文字转化】菜单命令。
★ 命令行：在命令行中输入"WZZH"命令并按回车键。

4. 文字合并

【文字合并】命令用于将指定的单行文字合并成多行文字，如图9-75所示。

图9-75 文字合并

在TArch 2014中调用【文字合并】命令，选取需合并的文字并按回车键即可完成文字合并的操作。

调用【文字合并】命令方法如下。

★ 菜单栏：执行【文字表格】|【文字合并】菜单命令。
★ 命令行：在命令行中输入"WZHB"命令并按回车键。

5. 统一字高

【统一字高】命令用于将指定的文字的字高统一为指定的字高，如图9-76所示。

图9-76 统一字高

在TArch 2014中调用【统一字高】命令，点选需统一字高的文字按回车键即可完成统一字高的操作。

调用【统一字高】命令方法如下。

★ 菜单栏：执行【文字表格】|【统一字高】菜单命令。
★ 命令行：在命令行中输入"TYZG"命令并按回车键。

6. 查找替换

【查找替换】命令用于查找并替换当前图形中所有的文字，包括AutoCAD文字、天正文字和包含在其他对象中的文字，但不包括在图块内的文字和属性文字，如图9-77所示。

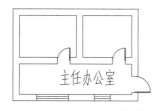 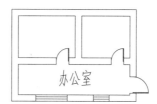

图9-77 查找替换

在TArch 2014中调用【查找替换】命令，在弹出的【查找替换】对话框中设置参数，如图9-78所示。按【确定】按钮即可完成查找替换的操作。

调用【查找替换】命令方法如下。

★ 菜单栏：执行【文字表格】|【查找替换】菜单命令。
★ 命令行：在命令行中输入"CZTH"命令并按回车键。

图9-78 【查找替换】对话框

7.繁简转换

【繁简转换】命令用于将指定的文字在繁体和简体之间进行转换。

在TArch 2014中调用【繁简转换】命令，在弹出的【繁简转换】对话框中选定需转换的文字，如图9-79所示，按【确定】按钮即可完成繁简转换的操作。

调用【繁简转换】命令方法如下。

★ 菜单栏：执行【文字表格】|【繁简转换】菜单命令。

★ 命令行：在命令行中输入"FJZH"命令并按回车键。

图9-79 【繁简转换】对话框

9.4.3 实战——创建建筑设计说明

素材：素材\第09章\9.4.3实战–创建建筑设计说明.dwg
视频：视频\第09章\9.4.3实战–创建建筑设计说明.mp4

在图9-80所示的图框中创建建筑设计说明。

01 按【Ctrl+O】快捷键，打开配套光盘提供的"第9章/9.4.3实战—创建建筑设计说明.dwg"素材文件，如图9-80所示。

图9-80 图框

02 执行【文字表格】|【单行文字】命令。在弹出的【单行文字】对话框中设置参数，如图9-81所示。

图9-81 参数设置

03 在绘图区中点取插入的位置，如图9-82所示。

图9-82 插入单行文字

04 在命令行输入"DHWZ"命令并按回车键或执行【多行文字】命令，在弹出的【多行文字】对话框中将设计说明的内容输入到【多行文字】对话框中并设置参数，如图9-83所示。

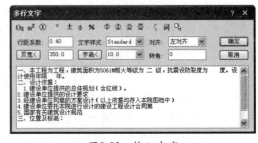

图9-83 输入内容

05 将多行文字内容插入至图框中，如图9-84所示。

图9-84　建筑设计说明

9.5　表格创建

天正表格是一个具有层次结构的复杂对象，用户应该完整地掌握如何控制表格的外观表现，制作出美观的表格。天正表格对象除了独立绘制外，还应用在门窗表、图纸目录、窗日照表等处。

9.5.1　天正表格的概念

1. 表格的构造

★ 表格的功能区域组成：标题和内容两部分。

★ 表格的层次结构：由高到低的级次为（1）表格；（2）标题、表行和表列；（3）单元格和合并格。

★ 表格的外观表现：文字、表格线、边框和背景；表格文字支持在位编辑，双击文字即可进入编辑状态；按方向键，文字光标即可在各单元之间移动。

表格对象由单元格、标题和边框构成。单元格和标题的表现是文字，边框的表现是线条，单元格是表行和表列的交汇点。天正表格通过表格全局设定、行列特征和单元格特征3个层次来控制表格的表现，可以制作出各种不同外观的表格，如图9-85所示。

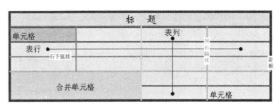

图9-85　表格构造

2. 表格的特性设置

★ 全局设定：表格设定。控制表格的标题、外框、表行和表列和全体单元格的全局样式。

★ 表行：表行属性。控制选中的某一行或多个表行的局部样式。

★ 表列：表列属性。控制选中的某一列或多个表列的局部样式。

★ 单元：单元编辑。控制选中的某一个或多个单元格的局部样式。

3. 表格的属性

双击表格边框即可进入【表格设定】对话

框，如图9-86所示，在其中可以对标题、表行、表列和内容等全局属性进行设置。

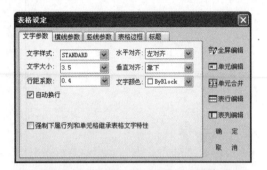

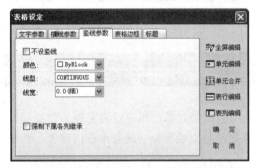

图9-86　表格设定对话框

● 文字参数控件说明

[行距系数]：单元格内的文字的行间净距，单位是当前的文字高度。

[强制下属行列和单元格继承表格文字特性]：勾选此复选项，单元格内的所有文字强行按本页设置的属性显示，未涉及的选项保留原属性。不勾选此复选项，已进行过单独个性设置的单元格文字保留原设置。

● 横线参数控件说明

[不设横线]：勾选此复选项，整个表格的所有表行均没有横线，其下方参数设置无效。

[行高特性]：设置行高与其他相关参数的关联属性，有4个选项，默认是"自由"选项。

（1）固定，行高固定为[行高]设置的高度不变。

（2）至少，表示行高无论如何拖动夹点，都不能少于全局设定里给出的全局行高值。

（3）自动，选定行的单元格文字内容允许自动换行，但是某个单元格的自动换行要取决于它所在的列或者单元格是否已经被设为自动换行。

（4）自由，表格在选定行首部增加了多个夹点，可自由拖曳这些夹点来改变行高。

[强制下属各行继承]：勾选此复选项，整个表格的所有表行按本页设置的属性显示；不勾选此复选项，进行过单独个性设置的单元格保留原设置。

● 竖线参数控件说明

[不竖线]：勾选此复选项，整个表格的所有表行的均没有竖格线，其下方参数设置无效。

[强制下属各列继承]：勾选此复选项，整个表格的所有表列按本页设置的属性显示，未涉及的选项保留原属性；若不勾选此复选项，则已进行过单独个性设置的单元格保留原设置。

● 标题控件说明

[隐藏标题]：设置标题不显示。

[标题高度]：设置打印输出的标题栏高度，与图中实际高度差一个当前比例系数。

[行距系数]：设置标题栏内的标题文字的行间距，单位是当前的文字高度，比如"1"为两行间相隔一个空行，本参数决定文字的疏密程度。

[标题在边框外]：勾选此复选项，则标题栏取消，标题文字在边框外。

9.5.2 表格的创建

1. 新建表格

【新建表格】命令用于从已知行列参数通过对话框新建一个表格，提供以最终图纸尺寸值（毫米）为单位的行高与列宽的初始值，考虑了当前比例后自动设置表格尺寸大小，如图9-87所示。

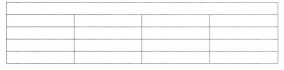

图9-87 表格

在TArch 2014中调用【新建表格】命令，在弹出的【新建表格】对话框中设置参数，如图9-88所示。按【确定】按钮，插入至绘图区即可完成新建表格的操作。

调用【新建表格】命令方法如下。

★ 菜单栏：执行【文字表格】|【新建表格】菜单命令。

★ 命令行：在命令行中输入"XJBG"命令并按回车键。

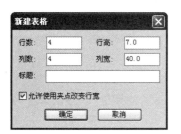

图9-88 【新建表格】对话框

2. 转出Word

【转出Word】命令用于把天正的表格输出为Word中的表格。

调用【转出Word】命令方法如下。

★ 菜单栏：执行【文字表格】|【转出Word】菜单命令。

3. 转出Excel

【转出Excel】命令用于把天正的表格输出为Excel中的表格。

调用【转出Excel】命令方法如下。

★ 菜单栏：执行【文字表格】|【转出Excel】菜单命令。

4. 读入Excel

【读入Excel】命令用于根据Excel表格创建天正表格。

调用【读入Excel】命令方法如下。

★ 菜单栏：执行【文字表格】|【读入Excel】菜单命令。

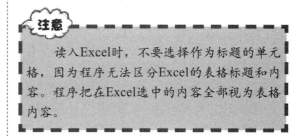

> **注意**
>
> 读入Excel时，不要选择作为标题的单元格，因为程序无法区分Excel的表格标题和内容。程序把在Excel选中的内容全部视为表格内容。

9.5.3 表格的编辑

1. 全屏编辑

【全屏编辑】命令用于从图形中取得所选表格，在对话框中进行行列编辑以及单元编辑，单元编辑也可由在位编辑所取代。

在TArch 2014中调用【全屏编辑】命令，选定需要编辑的表格，在弹出的【表格内容】对话框中设置参数，如图9-89所示，按回车键即可完成全屏编辑的操作。

调用【全屏编辑】命令方法如下。

★ 菜单栏：执行【文字表格】|【表格编辑】|【全屏编辑】菜单命令。

★ 命令行：在命令行中输入"QPBJ"命令并按回车键。

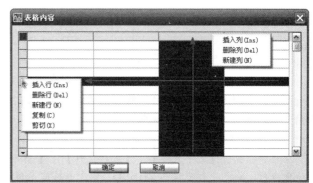

图9-89 【表格内容】对话框

在对话框的电子表格中,可以输入各单元格的文字,以及表行、表列的编辑:选择一到多个表行(表列)后用鼠标右键单击(行列)首,将显示快捷菜单(实际行、列不能同时选择),还可以拖动(多个表行表列)来实现移动、交换的功能,最后单击【确定】按钮来完成全屏编辑操作。

2. 拆分表格

【拆分表格】命令用于把表格按行或者按列拆分为多个表格,也可以按用户设定的行列数自动拆分,有丰富的选项由用户选择,如保留标题、规定表头行数等,如图9-91所示。

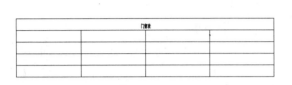

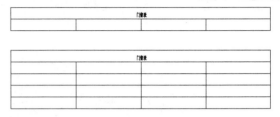

图9-90　拆分表格

在TArch 2014中调用【拆分表格】命令,在弹出的【拆分表格】对话框中设置参数,如图9-91所示。在绘图区中对表格进行拆分即可完成拆分表格的操作。

图9-91　【拆分表格】对话框

调用【拆分表格】命令方法如下。

★ 菜单栏:执行【文字表格】|【表格编辑】|【拆分表格】菜单命令。

★ 命令行:在命令行中输入"CFBG"命令并按回车键。

● 拆分表格对话框控件说明

　　[行(列)拆分]:选择表格的拆分是按行或者按列进行。

　　[带标题]:拆分后的表格是否带有原来表格的标题(包括在表外的标题),注意标题不是表头。

　　[表头行数]:定义拆分后的表头行数,如果该数值大于0,则表示按行拆分后的每一个表格以该行数的表头为首,按照指定行数在原表格首行开始复制。

　　[自动拆分]:按指定行数自动拆分表格。

　　[指定行数]:配合自动拆分,在输入拆分后,指定每个新表格不算表头的行数。

3. 合并表格

【合并表格】命令用于把多个表格逐次合并为一个表格,这些待合并的表格行、列数可以与原来表格不等,默认按行合并,也可以改为按列合并,如图9-92所示。

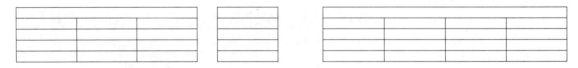

图9-92　合并表格

在TArch 2014中调用【合并表格】命令,确定列合并或者行合并,然后在绘图区中选择表格进行合并即可完成合并表格的操作。

调用【合并表格】命令方法如下。

★ 菜单栏:执行【文字表格】|【表格编辑】|【合并表格】菜单命令。

★ 命令行:在命令行中输入"HBBG"命令并按回车键。

注意

　　如果被合并的表格有不同列数，最终表格的列数为最多的列数，各个表格合并后多余的表头由用户自行删除。

4. 表行编辑

【表行编辑】命令用于对指定的表格中某行进行编辑修改，如图9-93所示。

门窗表

类型	设计编号	洞口尺寸(mm)	数量
普通门	M1	900X2100	2
	M2	1200X2100	2
	M3	900X2100	2
普通窗	C1	500X1500	2

门窗表

类型	设计编号	洞口尺寸(mm)	数量
普通门	M1	900X2100	2
	M2	1200X2100	2
	M3	900X2100	2
普通窗	C1	500X1500	2

图9-93　表行编辑

在TArch 2014中调用【表行编辑】命令，选定需编辑的表行，在弹出的【行设定】对话框中设置编辑内容，如图9-94所示。按【确定】按钮即可完成表行编辑的操作。

图9-94　【行设定】对话框

调用【表行编辑】命令方法如下。

★　菜单栏：执行【文字表格】|【表格编辑】|【表行编辑】菜单命令。

★　命令行：在命令行中输入"BHBJ"命令并按回车键。

【表行编辑】命令在右键快捷菜单中，首先选中准备编辑的表格，用鼠标右键单击表行，然后执行【表行编辑】菜单命令，进入本命令后移动光标选择表行。

● 行设定对话框控件说明

　　［继承表格横线参数］：勾选此复选项，则本次操作的表行对象按全局表行的参数设置显示。

5. 表列编辑

【表列编辑】命令用于对指定的表格中某列进行编辑修改，如图9-95所示。

门窗表

类型	设计编号	洞口尺寸(mm)	数量
普通门	M1	900X2100	2
	M2	1200X2100	2
	M3	900X2100	2
普通窗	C1	500X1500	2

门窗表

类型	设计编号	洞口尺寸(mm)	数量
普通门	M1	900X2100	2
	M2	1200X2100	2
	M3	900X2100	2
普通窗	C1	500X1500	2

图9-95　【表列编辑】对话框

在TArch 2014中调用【表列编辑】命令，选定需编辑的表列，在弹出【列设定】对话框中设置编辑内容，如图9-96所示，按【确定】按钮即可完成表列编辑的操作。

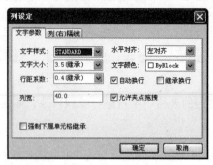

图9-96 【列设定】对话框

调用【表列编辑】命令方法如下。

★ 菜单栏：执行屏幕左侧的天正建筑菜单栏下的【文字表格】|【表格编辑】|【表列编辑】菜单命令。

★ 命令行：在命令行中输入"BLBJ"命令并按回车键。

【表列编辑】命令在右键快捷菜单中，首先选中准备编辑的表格，用鼠标右键单击表列执行【表列编辑】菜单命令，进入本命令后移动光标选择表列。

● 列设定对话框控件说明

［继承表格竖线参数］：勾选此复选项，则本次操作的表列对象按全局表列的参数设置显示。

［强制下属单元格继承］：勾选此复选项，则本次操作的表列各单元格按文字参数设置显示。

［不设竖线］：勾选此复选项，则相邻两列间的竖线不显示，但相邻单元不进行合并。

［自动换行］：勾选此复选项，则表列内的文字超过单元宽后自动换行，必须和前面提到的【行高特性】结合才可以完成。

6. 增加表行

【增加表行】命令用于对表格进行编辑，在选择行上方一次增加一行或者复制当前行到新行，也可以通过[表行编辑]实现这一结果，如图9-97所示。

门窗表

类型	设计编号	洞口尺寸(mm)	数量
普通门	M1	900X2100	2
	M2	1200X2100	2
	M3	900X2100	2
普通窗	C1	500X1500	2

门窗表

类型	设计编号	洞口尺寸(mm)	数量
普通门	M1	900X2100	2
	M2	1200X2100	2
	M3	900X2100	2
普通窗	C1	500X1500	2

图9-97 增加表行

在TArch 2014中调用【增加表行】命令，在绘图区的表格中点取需要增加表行的下方表行即可完成增加表行的操作。

调用【增加表行】命令方法如下。

★ 菜单栏：执行【文字表格】|【表格编辑|【增加表行】菜单命令。

★ 命令行：在命令行中输入"ZJBH"命令并按回车键。

7. 删除表行

【删除表行】命令用于将指定的表行删除，如图9-98所示。

在TArch 2014中调用【删除表行】命令，在绘图区的表格中点取需要删除的表行即可完成删除表行的操作。

调用【删除表行】命令方法如下。

★ 菜单栏：执行【文字表格】|【表格编辑】|【删除表行】菜单命令。

★ 命令行：在命令行中输入"SCBH"命令并按回车键。

<table>
<tr><td colspan="4" align="center">门窗表</td></tr>
<tr><td>类型</td><td>设计编号</td><td>洞口尺寸(mm)</td><td>数量</td></tr>
<tr><td rowspan="3">普通门</td><td>M1</td><td>900X2100</td><td>2</td></tr>
<tr><td>M2</td><td>1200X2100</td><td>2</td></tr>
<tr><td>M3</td><td>900X2100</td><td>2</td></tr>
<tr><td>普通窗</td><td>C1</td><td>500X1500</td><td>2</td></tr>
</table>

	门窗表		
类型	设计编号	洞口尺寸(mm)	数量
普通门	M1	900X2100	2
普通窗	C1	500X1500	2

图9-98 删除表行

8. 夹点编辑

对于表格的尺寸调整，除了用命令外，也可以通过拖动视图中的夹点来获得合适的表格尺寸。在生成表格时，总是按照等分生成列宽，通过夹点可以调整各列的合理宽度，行高根据行高特性的不同，可以通过夹点、单元字高或换行来调整。角点缩放功能，可以按不同比例任意改变整个表格的大小，行列宽高、字高随着缩放自动调整为合理的尺寸。如果【行高特性】为"自由"或"至少"模式，那么就可以启用夹点来改变行高。

9.5.4 实战——创建建筑材料表

素材：素材\第09章\9.5.4实战—创建建筑材料表.dwg
视频：视频\第09章\9.5.4实战—创建建筑材料表.mp4

在图9-99所示的建筑说明中创建建筑材料表。

01 按【Ctrl+O】快捷键，打开配套光盘提供的"第9章/9.5.4实战—创建建筑材料表.dwg"素材文件，如图9-99所示。

02 在命令行输入"XJBG"命令并按回车键或执行【文字表格】|【新建表格】命令。在弹出的【新建表格】对话框中设置参数，如图9-100所示。

图9-99 建筑说明

图9-100 【新建表格】对话框

03 单击【确定】按钮，将表格插入至图框中，如图9-101所示。

04 在命令行输入"QPBJ"命令并按回车键或执行【文字表格】|【表格编辑】|【全屏编辑】命令。单击表格，在弹出的【表格内容】对话框中设置参数，如图9-102所示。

图9-101　插入至图框

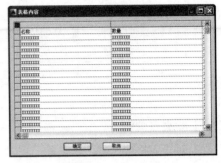

图9-102　输入内容

05 单击【确定】按钮，关闭对话框，插入至表格的效果如图9-103所示。

图9-103　编辑内容

9.6 综合实战——标注别墅平面图

素材：素材\第09章\9.6综合实战—标注别墅平面图.dwg
视频：视频\第09章\9.6综合实战—标注别墅平面图.mp4

01 按【Ctrl+O】快捷键，打开配套光盘提供的
"第9章/9.6综合实战—标注别墅平面图.dwg"
素材文件，如图9-104所示。

02 尺寸标注。在命令行输入"MCBZ"命令并按
回车键或执行【尺寸标注】|【门窗标注】命
令。点取第一道尺寸线的起点以及终点，如图
9-105所示。

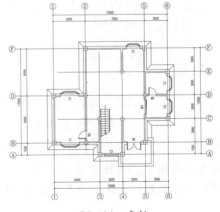

图9-104　素材

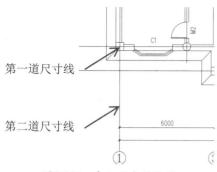

图9-105　点取尺寸线位置

03 点选所需标注的门窗所在的墙体，标注生成的结果如图9-106所示。

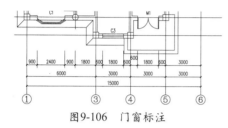

图9-106　门窗标注

04 对四周进行同样的操作，绘制的结果如图9-107所示。

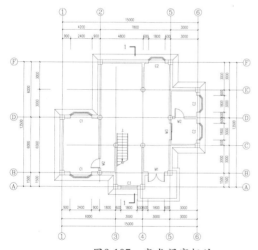

图9-107　完成门窗标注

05 画剖切符号。在命令行输入"PQFH"命令并按回车键或执行【符号标注】|【剖切符号】命令，在弹出的【剖切符号】对话框设置参数，如图9-108所示。

图9-108　参数设置

06 插入剖切的起点、终点以及剖切方向，如图9-109所示。

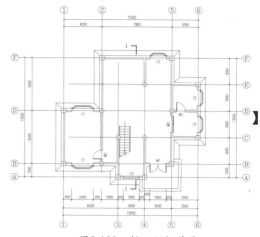

图9-109　插入剖切符号

07 插入指北针。在命令行输入"HZBZ"命令并按回车键或执行【符号标注】|【画指北针】命令。在绘图区插入指北针，如图9-110所示。

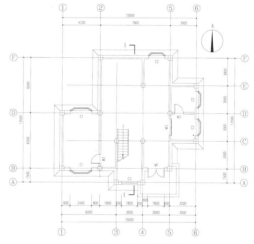

图9-110　插入指北针

08 在命令行输入"BGBZ"命令并按回车键或执行【符号标注】|【标高标注】命令。在弹出的【标高标注】对话框中设置参数，如图9-111和图9-112所示。

图9-111　室内标高

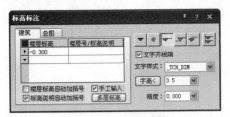

图9-112 室外标高

09 插入至平面图中，如图9-113所示。

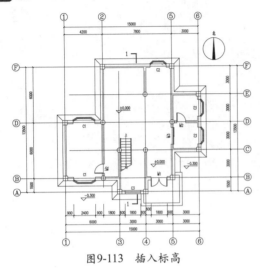

图9-113 插入标高

10 插入文字。在命令行输入"DHWZ"命令并按回车键或执行【文字表格】|【单行文

字】命令，在弹出的【单行文字】对话框中设置参数，如图9-114所示。

图9-114 参数设置

11 插入至图中的相应位置，然后进行重复插入，最终的结果如图9-115所示。

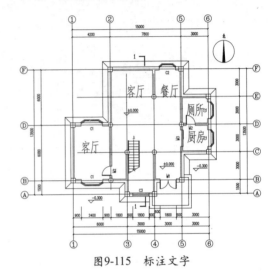

图9-115 标注文字

第10章
立面

设计好一套工程的各层平面图后，需要绘制立面图来表达建筑物的立面设计细节，立面的图形表达和平面图有很大的区别，立面表现的是建筑三维模型的一个投影视图，受三维模型细节和视线方向建筑物遮挡的影响，天正立面图形是通过平面图构件中的三维信息进行消隐获得的纯粹二维图形，除了符号与尺寸标注对象及门窗阳台图块是天正自定义对象外，其他图形构成元素都是AutoCAD的基本对象。

本章将详细讲解天正建筑立面图的创建和编辑，深化方法和技巧。

天正建筑
TArch 2014
完全实战技术手册

10.1 楼层表与工程管理

Tarch 2014的立面生成是由【工程管理】功能实现的，在【工程管理】命令界面上，通过【新建工程】|【添加图纸平面图命令】的操作建立工程，在工程的基础上定义平面图与楼层的关系，从而建立平面图与立面楼层之间的关系，立面的生成如图10-1所示。

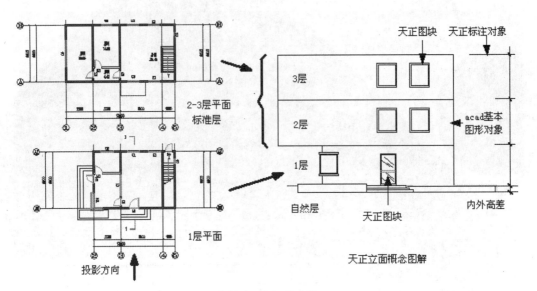

图10-1 立面的生成

10.1.1 工程管理面板

　　【工程管理】面板是天正建筑管理工程项目的工具，使用该面板，用户可以新建和打开工程，并进行导入图纸和楼层表等常用操作。

　　【工程管理】命令可启动工程管理界面，打开【工程管理】面板，建立由各楼层平面图组成的楼层表，在界面上方提供了创建立面、剖面、三维模型等图形的工具按钮。

　　打开【工程管理】面板有如下两种方法。

★ 菜单栏：执行【文件布图】|【工程管理】菜单命令；

★ 命令行：键入"GCGL"命令并按回车键。

　　打开的【工程管理】面板，如图10-2所示。打开【工程管理】下拉列表，可以选择工程管理的相关命令。

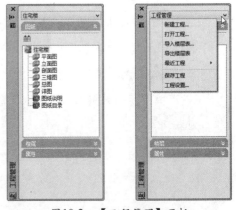

图10-2 【工程管理】面板

　　天正建筑TArch 2014支持两种楼层定义方式，如下所示。

★ 每层平面设计作为一个独立的DWG文件集中放置于同一个文件夹中，这时先要确定是否每个标准层都有共同的对齐点，默认的对齐点在原点（0，0，0）的位置，用户可以修改，建议使用开间与进深方向的第一轴线交点。事实上，对齐点就是DWG作为图块插入的基点，用ACAD的"BASE"命令可以改变基点。

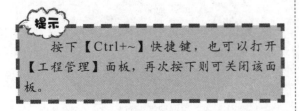

　　按下【Ctrl+~】快捷键，也可以打开【工程管理】面板，再次按下则可关闭该面板。

★ 允许将多个平面图绘制到一个DWG中，然后在楼层栏的电子表格中分别为各自然层在DWG中指定标准层平面图，同时也允许部分标准层平面图通过其他DWG文件指定，提高了工程管理的灵活性。

为了能获得尽量准确和详尽的立面图，用户在绘制平面图时，希望楼层高度、墙高、窗高、窗台高、阳台栏板高和台阶踏步高、级数等竖向参数能尽量正确。

10.1.2 新建工程

新建工程是在TArch 2014中绘制立面图的前提。首先新建工程，然后根据建筑物的层高和层数创建楼层表，最后在此基础上绘制相应的立面图。

新建一个工程首先需要在【工程管理】面板中执行下拉菜单中的【新建工程】命令，如图10-3所示，系统弹出【另存为】对话框，如图10-4所示。

输入工程新名称，单击【保存】按钮，即可完成工程的新建。

图10-3 新建工程　　　　　　　　　　图10-4 【另存为】对话框

10.1.3 添加图纸

新建工程之后，还需要在该新工程中添加图纸，即把绘制好的图纸移到该工程文件夹中，以方便立面图和剖面图的自动生成。

在【图纸】选项组中，将鼠标置于【平面图】选项上，单击鼠标右键，在弹出的快捷菜单中选择【添加图纸】命令，如图10-5所示。

弹出【选择图纸】对话框，如图10-6所示。单击选中平面图，单击【打开】即可完成图纸添加。

图10-5 添加图纸　　　　　　　　　　图10-6 【选择图纸】对话框

10.1.4 打开工程

要操作某工程项目，首先应打开该工程文件。在【工程管理】面板中打开工程管理菜单，选择其中的【打开工程】选项，在弹出的【打开】对话框中选择需要打开的项目文件，单击【打开】按钮即可，如图10-7所示。

图10-7 打开工程文件

10.1.5 创建楼层表

当添加完图纸后，接下来需要在【工程管理】面板【楼层】选项栏内设置楼层表，将层高数据和自然层号对应起来，如图10-8所示。需要注意的是，一个平面图除了可代表一个自然楼层外，还可代表多个相同的自然层，只需在楼层表中"层号"处填写起始层号，用"~"或"-"隔开。

图10-8 设置层号层高

图10-9 添加其他楼层

当用户将各楼层平面图都存放在一个DWG文件中时，此时应先将此DWG文件打开，并处于当前窗口，然后再单击【楼层】工具栏中的【在当前图中框选楼层范围】按钮，如图10-8所示。接着在绘图区中框选相对应的楼层平面图，并指定对齐点即可。在绘图区框选出平面图，单击A轴线和1轴线的交点为对齐点。重复上步操作，创建结果如图10-9所示。

10.1.6 实战——创建别墅工程

素材:素材\第10章\10.1.4实战—创建别墅工程.dwg
视频:视频\第10章\10.1.4实战—创建别墅工程.mp4

01 按【Ctrl+O】快捷键，打开配套光盘提供的"第10章/10.1.6实战—创建别墅工程.dwg"素材文件，如图10-10所示。

02 新建工程。在命令行输入"GCGL"命令并按回车键，或执行【文件布图】|【工程管理】命令，弹出【工程管理】面板，执行工程管理下拉菜单中的【新建工程】命令，如图10-11所示。

03 弹出【另存为】对话框中输入工程名称，单击【保存】按钮，即可完成新建别墅工程，如图10-12所示。

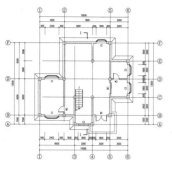

首层平面图 1:100

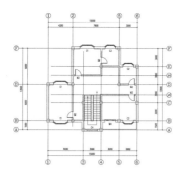

二层平面图 1:100

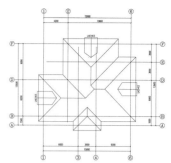

屋顶平面图 1:100

图10-10　打开素材

图10-11　【工程管理】面板

图10-12　【另存为】对话框

04 添加图纸。将鼠标置于【图纸】选项组中的【平面图】选项上，单击鼠标右键，在弹出的快捷菜单中执行【添加图纸】命令，如图10-13所示。

05 弹出【选择图纸】对话框，选择平面图文件，如图10-14所示。

图10-13　添加图纸

图10-14　【选择图纸】对话框

06 单击【打开】按钮即可完成添加图纸。

07 添加楼层表。在【工程管理】对话框中选择【楼层】选项组，在其中设置层号和层高，如图10-15所示。

08 在【楼层】选项组中单击【框选楼层】按钮，在绘图区中框选一层平面图并点选对齐点，如图10-16所示。

09 重复操作，框选相应的平面图，点选相同位置的对齐点，如图10-17所示。

10 创建楼层表的最终结果如图10-18所示。

图10-15　设置层号层高

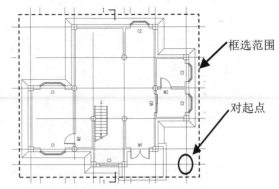

图10-16　框选位置

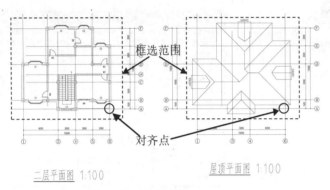

二层平面图 1:100　　屋顶平面图 1:100

图10-17　框选位置

图10-18　创建结果

10.2　创建立面图

在新工程中添加图纸并设置楼层表后，天正软件就可以自动生成立面图了。

10.2.1　建筑立面

【建筑立面】命令按照【工程管理】命令中的数据库楼层表格数据，一次生成多层建筑立面，如图10-19所示。

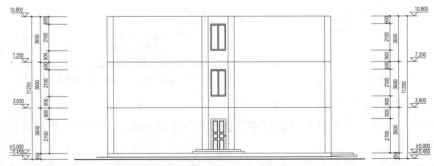

图10-19　建筑立面图

调用【建筑立面】命令有如下两种方法。

★　菜单：执行【立面】|【建筑立面】菜单命令。

★　命令行：键入"JZLM"命令并按回车键。

在当前工程为空的情况下执行本命令，会出现警告对话框："请打开或新建一个工程管理项目，并在工程数据库中建立楼层表！"

在TArch 2014中调用的【建筑立面】命令，确定生成的是正立面、背立面、左立面还是右立面。选择轴线，弹出【立面生成设置】对话框，如图10-20所示。单击生成立面，即可完成建筑立面的操作。

如果当前工程管理界面中有正确的楼层定义，即可提示保存立面图文件，否则不能生成立面文件。

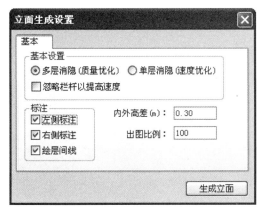

图10-20 【立面生成设置】对话框

1. 对话框控件说明

［多层消隐/单层消隐］：前者考虑到两个相邻楼层的消隐，速度较慢，但可考虑楼梯扶手等伸入上层的情况，消隐精度比较好。

［内外高差］：室内地面与室外地坪的高差。

［出图比例］：立面图的打印出图比例。

［左侧标注/右侧标注］：是否标注立面图左右两侧的竖向标注，含楼层标高和尺寸。

［绘层间线］：楼层之间的水平横线是否绘制。

［忽略栏杆以提高速度］：勾选此复选项，为了优化计算，忽略复杂栏杆的生成。

2. 建筑立面命令提示

在命令行输入"JZLM"命令按回车键，或执行【立面】|【建筑立面】命令。命令行显示：

请输入立面方向或 ［正立面(F)/背立面(B)/左立面(L)/右立面(R)］<退出>：

在命令行输入需要生成立面的类型所对应的字母，按回车键。命令行显示：

请选择要出现在立面图上的轴线：

选择需要在立面图上出现的轴线，按回车键，弹出【立面生成设置】对话框，单击【生成立面】按钮完成操作。

> **注意**
>
> 执行本命令前必须先行存盘，否则无法对存盘后更新的对象创建立面。

【案例10-1】：创建立面图

素材：素材\第10章\10.2.1创建立面图.dwg
视频：视频\第10章\案例10-1 创建立面图.mp4

01 在工程管理中打开配套光盘提供的"第10章/10.2.1创建立面图/10.2.1创建立面图.dwg"及"第10章/10.2.1创建立面图.tpr"工程文件，如图10-21所示。

图10-21 打开工程

02 在命令行输入"JZLM"命令按回车键，或执行【立面】|【建筑立面】命令，在命令行中输入"正立面(F)"，选择出现在立面图上的轴线并按回车键，在弹出的【立面生成设置】对话框中设置参数，如图10-22所示。

03 单击【生成立面】按钮，在弹出的【输入要生成的文件】对话框中输入文件名，如图10-23所示。

图10-22 参数设置

图10-23 保存文件

04 单击【保存】按钮，立面生成完成，如图10-24所示。

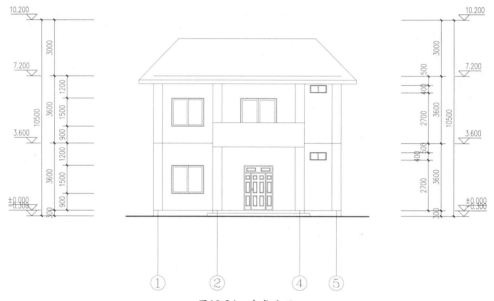

图10-24 生成立面

10.2.2 构件立面

【构件立面】命令用于为指定的建筑构件生成立面图，如图10-25所示。

图10-25 构件立面

在TArch 2014中调用【构件立面】命令，确定生成的是正立面、背立面、左立面还是右立面。选择需生成立面的构件，按回车键即可完成构件立面的操作。

调用【构件立面】命令方法如下。

★ 菜单栏：执行【立面】｜【构件立面】菜单命令。

★ 命令行：在命令行中输入"GJLM"命令并按回车键。

构件立面命令提示

在命令行输入"GJLM"命令并按回车键，或执行【立面】|【构件立面】命令。命令行显示：

请输入立面方向或 [正立面(F)/背立面(B)/左立面(L)/右立面(R)/顶视图(T)]<退出>：

在命令行输入需要生成立面的类型所对应的字母，按回车键。命令行显示：

请选择要生成立面的建筑构件： //选择需要生成立面的构件
请点取放置位置： //在绘图区插入立面完成操作

【案例10-2】：创建构件立面

素材：素材\第10章\10.2.2创建构件立面.dwg
视频：视频\第10章\案例10-2 创建构件立面.mp4

在图10-26所示的平面构件中创建构建立面。

01 按【Ctrl+O】快捷键，打开配套光盘提供的"第10章/10.2.2创建构件立面.dwg"素材文件，如图10-26所示。

02 在命令行输入"GJLM"命令并按回车键或执行【立面】|【构件立面】命令，选择"正立面（F）"。

03 框选要生成立面的建筑构件，按回车键，在绘图区中点取插入位置，构件立面生成如图10-27所示。

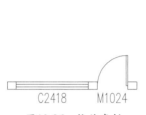

图10-26 构件素材

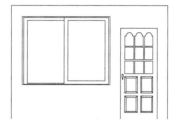

图10-27 生成构件立面

10.2.3 实战——创建别墅立面图

素材：素材\第10章\10.2.3实战—创建别墅立面图.dwg
视频：视频\第10章\10.2.3实战—创建别墅立面图.mp4

01 在工程管理中打开配套光盘提供的"第10章/10.2.3实战—创建别墅立面图/10.2.3实战—创建别墅立面图.dwg"及"10.2.3实战—创建别墅立面图.tpr"工程文件，如图10-28所示。

图10-28 打开工程

02 在命令行输入"JZLM"命令并按回车键，或执行【立面】|【建筑立面】命令，选择"正立面（F）"，并选择需在立面图中显示的轴线按回车键，弹出【立面生成设置】对话框，参数设置如图10-29所示。

03 单击【生成立面】按钮，在弹出的【输入要生成的文件】对话框中输入文件名，如图10-30所示。

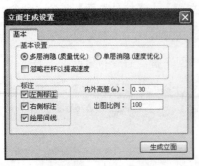

图10-29 参数设置　　　　　　　　图10-30 保存文件

04 单击【保存】按钮，立面生成完成，如图10-31所示。

图10-31 别墅生成立面效果

10.3 立面编辑与深化

在TArch 2014中的立面图是系统按照用户所设定的条件来生成的，所以难免会存在一些错误，这时就需要对立面图进行编辑与深化。

TArch 2014提供了一系列编辑和深化立面图的命令，包括立面门窗、立面窗套等。本节介绍这些命令的使用方法。

10.3.1 立面门窗

【立面门窗】命令用于插入、替换已经生成的立面门窗，或者定义新的立面窗样式，如图10-32所示。

在TArch 2014中调用【立面门窗】命令，在弹出的【天正图库管理系统】对话框中选择好门窗样式，如图10-33所示。单击【替换】按钮，然后在绘图区中拾取需要替换的门窗样式即可完成立面门窗的修改操作。

调用【立面门窗】命令所述的方法如下。

★ 菜单栏：执行【立面】|【立面门窗】菜单命令。

★ 命令行：在命令行中输入"LMMC"命令并按回车键。

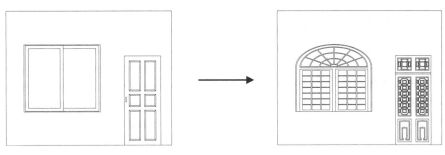

图10-32　修改门窗立面

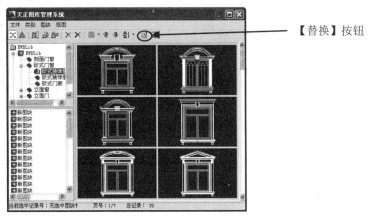

【替换】按钮

图10-33　【天正图库管理系统】对话框

1. 替换已有门窗的操作

在命令行输入"LMMC"命令按回车键，或执行【立面】|【立面门窗】命令，弹出【天正图库管理系统】对话框，选择需替换的门窗，然后单击【替换】按钮。命令行显示：

选择图中将要被替换的图块：	//在图中选择一次要替换的门窗
选择对象：	//单击选择被替换的对象并按回车键，操作完成

程序自动识别图块中由插入点和右上角定位点对应的范围，以对应的洞口方框等尺寸替换为指定的门窗图块。

2. 直接插入门窗的操作

除了替换已有门窗外，使用本命令在图库中双击所需门窗图块。命令行显示：

点取插入点[转90°(A)/左右(S)/上下(D)/对齐(F)/外框(E)/转角(R)/基点(T)/更换(C)]<退出>：

在命令行输入"E"。命令行显示：

第一个角点或[参考点（R）]<退出>：

点选门窗洞口方框的左下角点，命令行显示：

另一个角点：

点选门窗洞口方框的右上角点。操作完成。

程序自动按照图块插入点和右上角定位点对应的范围，对应的洞口方框来替换指定的门窗图块。

【案例10-3】：替换立面门窗

素材：素材\第10章\10.3.1替换立面门窗.dwg
视频：视频\第10章\案例10-3　替换立面门窗.mp4

在图10-34所示的立面图形中替换门窗。

01 按【Ctrl+O】快捷键，打开配套光盘提供的"第10章/10.3.1替换立面门窗.dwg"素材文件，如图10-34所示。

02 在命令行输入"LMMC"命令，按回车键或执行【立面】|【立面门窗】命令，弹出【天正图库管理系统】对话框，选择需替换的门窗，如图10-35和图10-36所示。

03 单击【替换】按钮，选择对象并按回车键，替换的结果如图10-37所示。

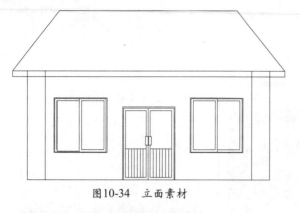

图10-34 立面素材

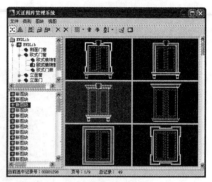

图10-35 选择窗

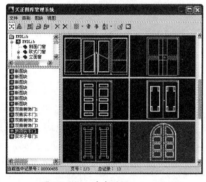

图10-36 选择门

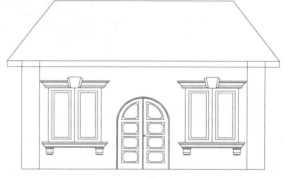

图10-37 替换门窗

10.3.2 门窗参数

【门窗参数】命令用于修改选定门窗的参数，包括底标高、高度及宽度，如图10-38所示。

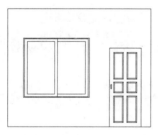 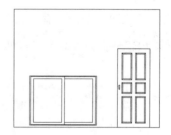

图10-38 门窗参数

在TArch 2014中调用【门窗参数】命令，点选需要改变参数的门窗，然后依次输入底标高、高度、宽度即可完成门窗参数的操作。

调用【门窗参数】命令的方法如下。

★ 菜单栏：执行【立面】|【门窗参数】菜单命令。

★ 命令行：在命令行中输入"MCCS"命令并按回车键。

门窗参数命令提示

在命令行输入"MCCS"命令按回车键，或执行【立面】|【门窗参数】命令。命令行显示：

选择立面门窗:指定对角点: //选择立面窗
底标高<-143809>:

如需改变底标高,在命令行输入新的底标高。若不需改变,则直接按回车键。命令行显示:

高度<1500>:   //在命令行输入新的高度,按回车键
宽度<2000>:   //在命令行输入新的高度,按回车键,完成门窗参数修改操作

10.3.3 立面窗套

【立面窗套】命令用于通过定义宽度参数和伸出参数来绘制两种不同式样的窗套,如图10-39和图10-40所示。

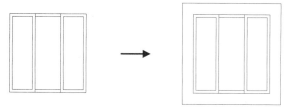

图10-39 立面套窗(全包)

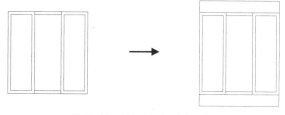

图10-40 立面套窗(上下)

在TArch 2014中调用【立面窗套】命令,点选窗洞的左下角与右上角,在弹出的【窗套参数】对话框中设置参数,如图10-41所示。单击【确定】按钮即可完成立面窗套的操作。

调用【立面窗套】命令的方法如下。

★ 菜单栏:执行【立面】|【立面窗套】菜单命令。

★ 命令行:在命令行中输入"LMCT"命令并按回车键。

图10-41 【窗套参数】对话框

1. 对话框控件说明

[全包]:环窗四周创建矩形封闭窗套。

[上下]:在窗的上下方分别生成窗上沿与窗下沿。

[窗上沿/窗下沿]:仅在选中"上下"时有效。分别表示仅要窗上沿或仅要窗下沿。

[上沿宽/下沿宽]:表示窗上沿线与窗下沿线的宽度。

[两侧伸出]:窗上、下沿两侧伸出的长度。

[窗套宽]:除窗上、下沿以外部分的窗套宽。

2. 立面套窗命令提示

在命令行输入"LMCT"命令并按回车键,或执行【立面】|【立面窗套】命令。命令行显示:

请指定窗套的左下角点 <退出>:

点选窗洞的左下角。命令行显示:

请指定窗套的右上角点 <推出>:

点选窗洞的右上角,弹出【窗套参数】对话框,参数设置完成后单击【确定】按钮完成操作。

【案例10-4】:创建立面窗套

素材:素材\第10章\10.3.3创建立面窗套.dwg
视频:视频\第10章\案例10-4 创建立面窗套.mp4

创建图10-42所示立面窗的窗套。

01 按【Ctrl+O】快捷键,打开配套光盘提供的"第10章/10.3.3创建立面窗套.dwg"素材文件,如图10-42所示。

02 在命令行输入"LMCT"命令并按回车键或执行【立面】|【立面窗套】命令,点选窗洞的左下角、右上角,弹出【窗套参数】对话框,参数设置如图10-43所示。

03 单击【确定】按钮,窗套生成,如图10-44所示。

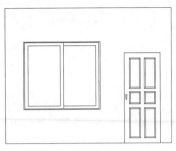
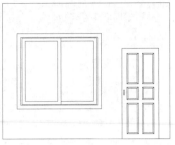

图10-42 立面素材　　　　　图10-43 参数设置　　　　　图10-44 窗套生成

10.3.4 立面阳台

【立面阳台】命令用于通过指定立面阳台的样式和插入点来绘制阳台图形，如图10-45所示。

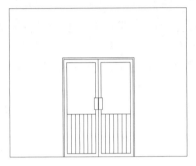
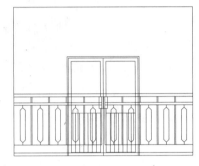

图10-45 立面阳台

在TArch 2014中调用【立面阳台】命令，在弹出的【天正图库管理系统】对话框中选定阳台类型，如图10-46所示，插入至绘图区即可完成立面阳台的操作。

调用【立面阳台】命令的方法如下。

★ 菜单栏：选择【立面】|【立面阳台】菜单命令。

★ 命令行：在命令行中输入"LMYT"命令并按回车键。

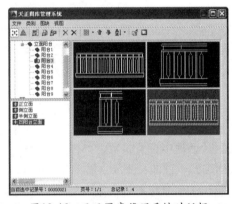

图10-46 天正图库管理系统对话框

立面阳台命令提示

在命令行输入"LMYT"命令并按回车键或执行【立面】|【立面阳台】命令，弹出【天正图库管理系统】对话框，并双击需添加的阳台。命令行显示：

> 点取插入点[转90(A)/左右(S)/上下(D)/对齐(F)/外框(E)/转角(R)/基点(T)/更换(C)]<退出>：

可直接在绘图区插入完成操作；也可以在命令行输入"E"。命令行显示：

> 第一个角点或 [参考点(R)]<退出>：

单击一个角点。命令行显示：

> 另一个角点

用鼠标指定阳台图形的另一个对角点。完成操作。

【案例10-5】：创建立面阳台

素材：素材\第10章\10.3.4创建立面阳台.dwg
视频：视频\第10章\案例10-5 创建立面阳台.mp4

在图10-47所示的立面图中创建阳台。

01 按【Ctrl+O】快捷键，打开配套光盘提供的"第10章/10.3.4创建立面阳台.dwg"素材文件，如图10-47所示。

02 在命令行输入"LMYT"命令并按回车键或执行【立面】|【立面阳台】命令，在弹出的【天正图库管理系统】对话框中选择立面阳台的样式，如图10-48所示。

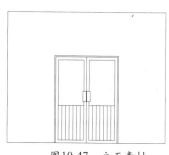

图10-47 立面素材

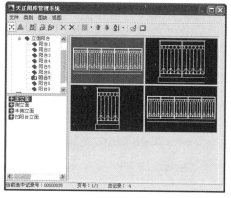

图10-48 选择阳台样式

03 双击选择的阳台样式，在弹出的【图块编辑】对话框中设置参数，如图10-49所示。

04 在命令行中输入"E"，指定第一个角点和另一个角点即可创建立面阳台，如图10-50所示。

图10-49 参数设置

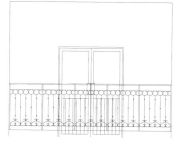

图10-50 立面阳台

10.3.5 立面屋顶

【立面屋顶】命令用于在指定的墙顶角之间绘制平屋顶、单坡屋顶、双坡屋顶、四坡屋顶与歇山屋顶的正立面和侧立面、组合的屋顶立面，如图10-51所示。

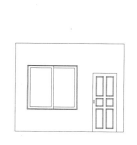

图10-51 立面屋顶

在TArch 2014中调用【立面屋顶】命令，弹出【立面屋顶参数】对话框，如图10-52所示。在【立面屋顶参数】对话框选定屋顶类型，如图10-53所示。插入至绘图区即可完成立面屋顶的操作。

调用【立面屋顶】命令的方法如下。

★ 菜单栏：执行【立面】|【立面屋顶】菜单命令。

★ 命令行：在命令行中输入"LMWD"命令并按回车键。

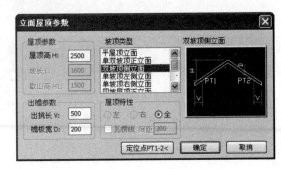

图10-52 【立面屋顶参数】对话框

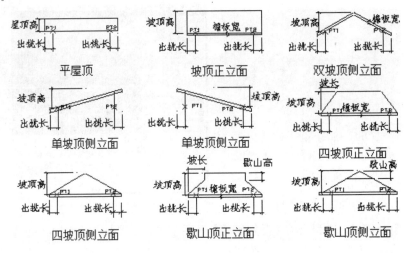

图10-53 立面屋顶类型

1. 对话框控件说明

［屋顶高］：各种屋顶的高度，即从基点到屋顶最高处。

［坡长］：坡屋顶倾斜部分的水平投影长度。

［屋顶特性］：【左】、【右】及【全】3个互锁按钮默认是左右对称出挑。假如一侧相接于其他墙体或屋顶，应将此侧【左】或【右】关闭。

［出挑长］：在正立面时为出山长；在侧立面时为出檐长。

2. 对话框使用步骤

01 先从【坡顶类型】列表框中选择所需类型。

02 根据需要从屋顶特性中【左】、【右】、【全】3个互锁按钮选择其一。

03 在【屋顶参数】区与【出檐参数】区中键入必要的参数。

04 单击【定位点PT1-2<】按钮，暂时关闭对话框，在图形中点取屋顶的定位点。

05 选择【屋顶填充】选项，其右侧的编辑框"间距J"亮显，可输入填充竖线间距。

06 最后单击【确定】按钮继续执行，或者以【取消】按钮退出命令。

【案例10-6】：创建立面屋顶

素材：素材\第10章\10.3.5创建立面屋顶.dwg
视频：视频\第10章\案例10-6 创建立面屋顶.mp4

在图10-54所示的立面图中创建立面屋顶。

01 按【Ctrl+O】快捷键，打开配套光盘提供的"第10章/10.3.5创建立面屋顶.dwg"素材文件，如图10-54所示。

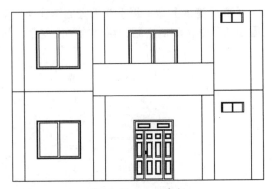

图10-54 立面素材

02 在命令行输入"LMWD"命令按回车键或执行【立面】|【立面屋顶】命令，在弹出的【立面屋顶参数】对话框中选择立面屋顶样式，如图10-55所示。

03 单击【定位点PT1-2】按钮，在绘图区中点取墙顶角点PT1，点取墙顶另一角点PT2，在弹出的【立面屋顶参数】对话框中单击【确定】按钮，结果如图10-56所示。

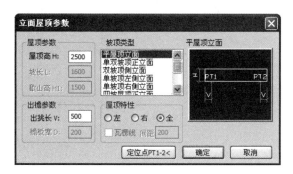

图10-55 参数设置

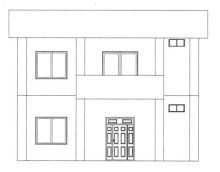

图10-56 立面屋顶

10.3.6 雨水管线

【雨水管线】命令用于在立面图中绘制竖直向下的雨水管，如图10-57所示。

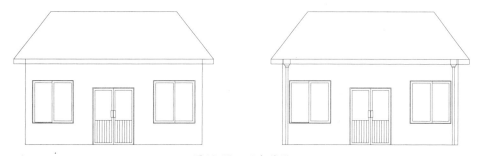

图10-57 雨水管线

在TArch 2014中调用【雨水管线】命令，直接在绘图区插入雨水管线，即可完成雨水管线的操作。调用【雨水管线】命令的方法如下。

★ 菜单栏：执行屏幕左侧的【天正建筑】菜单栏下的【立面】|【雨水管线】菜单命令。
★ 命令行：在命令行中输入"YSGX"命令并按回车键。

1. 雨水管线命令提示

在命令行输入"YSGX"命令，并按回车键，或执行【立面】|【雨水管线】命令。命令行显示：

请指定雨水管的起点[参考点(R)/管径(D)]<退出>：

指定起点。命令行显示：

请指定雨水管的下一点[管径(D)/回退(U)]<退出>：

指定下一点，可以继续重复操作，直至绘制完成。

2. 命令提示说明

[参考点(R)]：在命令行输入"R"，可设置参考点。

[管径(D)]：在命令行输入"D"，可设置管径。

[回退(U)]：在命令行输入"U"可退回至上一点。

10.3.7 柱立面线

【柱立面线】命令用于为指定的圆柱绘制立面过渡线，如图10-58所示。

图10-58　柱立面线

在Tarch 2014中调用【柱立面线】命令，设置柱立面线的参数，并框选添加位置，即可完成柱立面线的操作。

调用"柱立面线"命令的方法如下。

★　菜单栏：执行【立面】｜【柱立面线】菜单命令。

★　命令行：在命令行中输入"ZLMX"命令并按回车键。

1. 柱立面线命令提示

在命令行输入"YSGX"命令按回车键，或执行【立面】｜【柱立面线】命令。命令行显示：

输入起始角<180>：	//指定起始角参数
输入包含角<180>：	//指定包含角参数
输入立面线数目<12>：	//指定立面线数目
输入矩形边界的第一个角点<选择边界>：	//指定第一个角点
输入矩形边界的第二个角点<退出>：	//指定第二个角点，操作完成

10.3.8　图形裁剪

【图形裁剪】命令用于对指定的图形进行裁剪编辑，以实现立面遮挡，如图10-59所示。

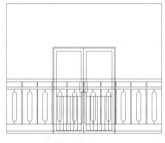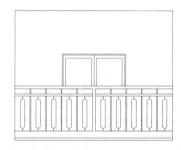

图10-59　图形剪裁

在Tarch 2014中调用图形裁剪命令，选定剪裁对象与剪裁范围，即可完成图形裁剪的操作。

调用【图形裁剪】命令的方法如下。

★　菜单栏：执行【立面】｜【图形裁剪】菜单命令。

★　命令行：在命令行中输入"TXCJ"命令并按回车键。

图形裁剪命令提示

在命令行输入"TXCJ"命令，按回车键或执行【立面】｜【图形裁剪】命令。命令行显示：

请选择被裁剪的对象：	//选择裁剪对象
矩形的第一个角点或[多边形裁剪(P)/多段线定边界(L)/图块定边界(B)]<退出>：	

单击指定矩形的第一个角点。命令行显示：

另一个角点<退出>：

指定另一个角点，完成操作。

10.3.9 立面轮廓

【立面轮廓】命令用于定义轮廓线的宽度来为立面添加外轮廓线，如图10-60所示。

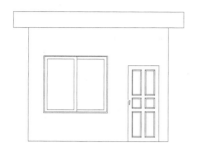 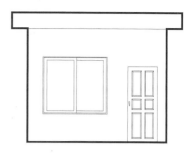

图10-60 立面轮廓

在TArch 2014中调用【立面轮廓】命令，选定需生成轮廓的立面图设置轮廓线宽，即可完成立面轮廓的操作。

调用【立面轮廓】命令的方法如下。

★ 菜单栏：选择【立面】|【立面轮廓】菜单命令。

★ 命令行：在命令行中输入"LMLK"命令并按回车。

立面轮廓命令提示

在命令行输入"LMLK"命令，并按回车键或执行【立面】|【立面轮廓】命令。命令行显示：

选择二维对象：

框选需生成轮廓的立面。命令行显示：

请输入轮廓线宽度(按模型空间的尺寸)<50>：

设置轮廓线宽度，操作完成。

10.3.10 实战——完善别墅立面图

素材：素材\第10章\10.3.10实战——完善别墅立面图.dwg
视频：视频\第10章\10.3.10实战——完善别墅立面图.mp4

01 按【Ctrl+O】快捷键，打开配套光盘提供的"第10章/10.3.10实战—完善别墅立面图.dwg"素材文件，如图10-61所示。

图10-61 素材

02 命令行输入"LMMC"命令，并按回车键或执行【立面】|【立面门窗】命令，弹出【天正图库管理系统】对话框，选择需替换的门窗，如图10-62所示。

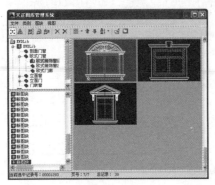 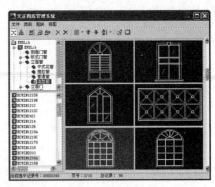

图10-62 替换窗

03 "替换"按钮 ，分别替换掉图中的窗，替换完成的效果如图10-63所示。

图10-63 替换门窗

04 命令行输入"LMYT"命令并按回车键或执行【立面】|【立面阳台】命令，弹出【天正图库管理系统】对话框，并选择立面阳台的样式，如图10-64所示。

05 双击阳台样式，在弹出的【图块编辑】对话框中设置参数，如图10-65所示。

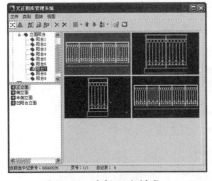 

图10-64 选择阳台样式   图10-65 参数设置

06 在命令行中输入"E"，直接在绘图区框选阳台范围，即可创建立面阳台，如图10-66所示。

07 删除或修改线段，完善阳台，如图10-67所示。

08 在命令行输入"LMLK"命令，并按回车键或执行【立面】|【立面轮廓】命令，选择二维对

象并按回车键，轮廓线的宽度为50，如图10-67所示。

图10-66 立面阳台

图10-67 别墅立面图

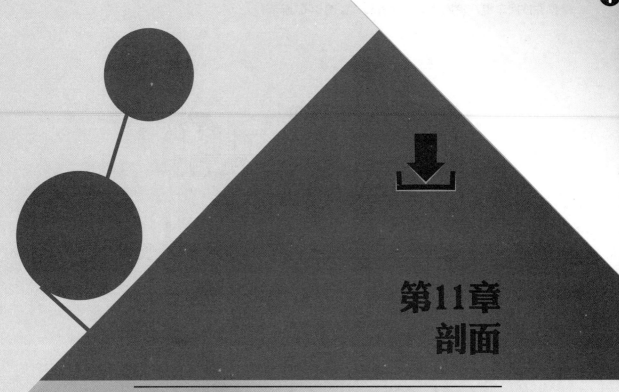

第11章
剖面

设计一幅完整的工程图纸，不仅需要绘制工程的各层平面图及立面图，还需要绘制剖面图以表达建筑物的剖面设计细节。建筑剖面图是假设用一个平面将建筑物沿着某一特定的位置剖开，移除剖切面与观察者之间的部分，然后将剩下的部分进行正投影而得到的正投影图。

天正剖面图是通过平面图构件中的三维信息在指定剖切位置消隐获得的纯粹二维图形。本节主要介绍如何创建建筑剖面图、加深剖面图和修饰剖面图。

天正建筑
TArch 2014
完全实战技术手册

11.1 创建建筑剖面图

剖面图的剖切位置依赖于剖切符号,所以事先必须在首层建立合适的剖切符号。在生成剖面图时,可以设置标注的形式,如在图形的哪一侧标注剖面尺寸和标高,设定首层平面的室内外高差,而且在楼层表设置中可以修改标准层的层高。

11.1.1 建筑剖面

【建筑剖面】命令按照【工程管理】命令中的数据库楼层表格数据,一次生成多层建筑剖面,如图11-1所示。

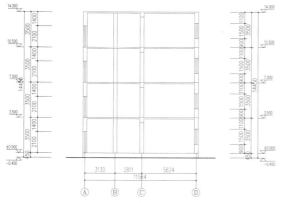

图11-1 建筑剖面图

在当前工程为空的情况下执行本命令,会出现警告对话框:"请打开或新建一个工程管理项目,并在工程数据库中建立楼层表!"

在TArch 2014中调用【建筑剖面】命令,确定剖切符号,选择轴线,弹出【剖面生成设置】对话框,如图11-2所示。单击生成剖面及存储路径即可完成建筑剖面的操作。

调用【建筑剖面】命令的方法如下。

★ 菜单栏:执行【剖面】|【建筑剖面】菜单命令。

★ 命令行:在命令行中输入"JZPM"命令并按回车键。

图11-2 【剖面生成设置】对话框

单击【生成剖面】按钮后,如果当前工程

管理界面中有正确的楼层定义,否则不能生成剖面文件。出现【标准文件】对话框时保存剖面图文件,输入剖面图的文件名及路径,单击"确定"按钮后生成剖面图。

1. 对话框控件的说明

[多层消隐/单层消隐]:前者考虑到两个相邻楼层的消隐,速度较慢,但可考虑楼梯扶手等伸入上层的情况,消隐精度比较好。

[内外高差]:室内地面与室外地坪的高差。

[出图比例]:剖面图的打印出图比例。

[左侧标注/右侧标注]:是否标注剖面图左右两侧的竖向标注,含楼层标高和尺寸。

[绘层间线]:楼层之间的水平横线是否绘制。

[忽略栏杆以提高速度]:勾选此复选项,为了优化计算,忽略复杂栏杆的生成。

2. 建筑剖面命令提示

在命令行输入"JZPM"命令并按回车键,或执行【剖面】|【建筑剖面】命令。命令行显示:

请选择一剖切线:

在平面图中选择剖切线。命令行显示:

请选择要出现在剖面图上的轴线:

选择需要在剖面图中出现的轴线,按回车键。设置完参数后操作完成。

 注意

执行本命令前必须先行存盘,否则无法对存盘后更新的对象创建剖面。

【案例11-1】:创建剖面图

素材:素材\第11章\11.1.1创建剖面图.dwg
视频:视频\第11章\案例11-1创建剖面图.mp4

01 在工程管理中打开配套光盘提供的"第11章/11.1.1创建剖面图/11.1.1创建剖面图.tpr"素材文件,如图11-3所示。

图11-3 打开工程

02 按【Ctrl+O】快捷键，打开配套光盘提供的"第11章/11.1.1创建剖面图/11.1.1创建剖面图.dwg"素材文件。

03 在命令行输入"JZPM"命令并按回车键或执行【剖面】|【建筑剖面】命令，在绘图区中选择剖切线，如图11-4所示。

04 选择需出现在剖面图中的轴线，按回车键，如图11-4所示。

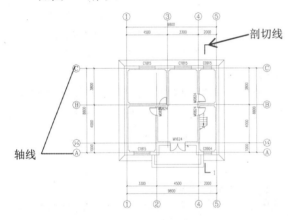

图11-4 选择剖切线

05 弹出【剖面生成设置】对话框，设置参数如图11-5所示。

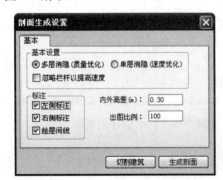

图11-5 【剖面生成设置】对话框

06 单击【生成剖面】按钮，弹出【输入要生成的文件】对话框，在其中设置文件名，如

图11-6所示。单击【保存】按钮，生成结果如图11-7所示。

图11-6 【输入要生成的文件】对话框

图11-7 剖面生成

11.1.2 构件剖面

【构件剖面】命令用于生成指定的二维构件的三维图形，如图11-8所示。

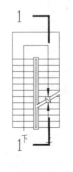
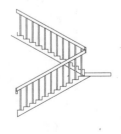

图11-8 构件剖面

在TArch 2014中调用【构件剖面】命令，确定剖切线，选择需要剖切的建筑构件，即可完成构件剖面的操作。

调用【构件剖面】命令的方法如下。

★ 菜单栏：执行【剖面】|【构件剖面】菜单命令。

★ 命令行：在命令行中输入"GJPM"命令并按回车键。

构件剖面命令提示

在命令行输入"GJPM"命令按回车键或执行【剖面】|【构件剖面】命令。命令行显示：

请选择一剖切线：

选择剖切线。命令行显示：

请选择需要剖切的建筑构件：

选择待剖切的建筑构件按回车键。完成操作。

【案例11-2】：创建构件剖面

素材：素材\第11章\11.1.2创建构件剖面.dwg
视频：视频\第11章\案例11-2创建构件剖面.mp4

生成图11-9所示的构件的剖面。

01 按【Ctrl+O】快捷键，打开配套光盘提供的"第11章/11.1.2创建构件剖面.dwg"素材文件，如图11-9所示。

02 在命令行输入"GJPM"命令并按回车键或执行【剖面】|【构件剖面】命令。选择图中1-1剖切线，如图11-9所示。

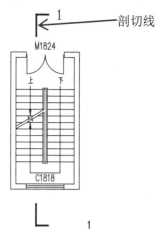

图11-9 构件素材

03 框选出需剖切的构件，按回车键，在绘图区中点取放置位置，生成剖切面如图11-10所示。

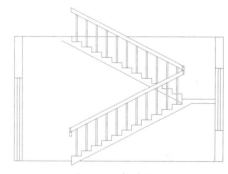

图11-10 构件剖面

11.1.3 实战——创建别墅剖面图

素材素材\第11章\11.1.3实战—创建别墅剖面图.dwg
视频视频\第11章\11.1.3实战—创建别墅剖面图.mp4

01 在工程管理中打开配套光盘提供的"第11章/11.1.3实战—创建别墅剖面图/11.1.3实战—创建别墅剖面图.tpr"，如图11-11所示。

图11-11 打开工程

02 按【Ctrl+O】快捷键，打开配套光盘提供的"第11章/11.1.3实战—创建别墅剖面图/11.1.3实战—创建别墅剖面图.dwg"素材文件。

03 在命令行输入"JZPM"命令并按回车键或执行【剖面】|【建筑剖面】命令，在绘图区中选择剖切线，如图11-12所示。

04 选择需出现在剖面图中的轴线并按回车键，如图11-12所示。

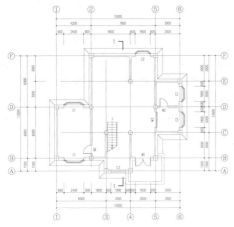

图11-12　选择剖切线

05 弹出【剖面生成设置】对话框，设置参数如图11-13所示。

06 单击【生成剖面】按钮，在弹出【输入要生成的文件】对话框中设置文件名，如图11-14所示。单击【保存】按钮，生成结果如图11-15所示。

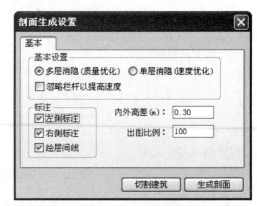

图11-13　【剖面生成】设置对话框

图11-14　【输入要生成的文件】对话框

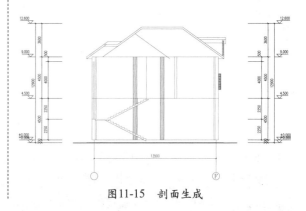

图11-15　剖面生成

11.2 剖面绘制

TArch 2014提供了绘制剖面图形的命令，主要有画剖面墙、双线楼板、预制楼板等。调用这些命令可以通过设置各项参数来绘制指定的剖面图形。比如调用【画剖面墙】命令，可以通过指定剖面墙的起点、终点和墙厚来绘制剖面墙图形。

11.2.1 画剖面墙

【画剖面墙】命令用于在指定的两点之间创建一定厚度的剖面墙体，如图11-16所示。

在TArch 2014中调用的【画剖面墙】命令，根据命令行的提示分别指定墙体的起点与终点，即可完成画剖面墙的操作。

图11-16 画剖面墙

调用"画剖面墙"命令的方法如下。

★ 菜单栏：执行【剖面】|【画剖面墙】菜单命令。

★ 命令行：在命令行中输入"HPMQ"命令并按回车键。

1. 画剖面墙命令提示

在命令行输入"HPMQ"命令按回车键或执行【剖面】|【画剖面墙】命令。命令行显示：

请点取墙的起点(圆弧墙宜逆时针绘制)[取参照点(F)单段(D)]<退出>:

点取直墙的起点。命令行显示：

请点取直墙的下一点[弧墙(A)/墙厚(W)/取参照点(F)/回退(U)] <结束>:

可以根据命令行提示输入相应的的字母，也可以直接点取下一点，完成操作。

2. 命令提示说明

［弧墙］：在命令行输入"A"，进入弧墙绘制状态。

［墙厚］：在命令行输入"W"，修改剖面墙宽度。

［取参照点］：在命令行输入"F"，如直接取点有困难，可输入"F"，取一个定位方便的点作为参考点。

［回退］：在命令行输入"U"，当在原有道路上取一点作为剖面墙墙端点时，本选项可取消新画的那段剖面墙，回到上一点等待继续输入。

【案例11-3】：画剖面墙

素材：素材\第11章\11.2.1画剖面墙.dwg
视频：视频\第11章\案例11-3画剖面墙.mp4

在图11-17所示的剖面图中画剖面墙。

01 按【Ctrl+O】快捷键，打开配套光盘提供的"第11章/11.2.1画剖面墙.dwg"素材文件，如图11-17所示。

02 在命令行输入"HPMQ"命令按回车键或执行【剖面】|【画剖面墙】命令。点取墙的起点，如图11-18所示。

图11-17 剖面素材

图11-18 点取墙起点

03 在命令行输入"w"（墙厚）命令，按回车键，设置左墙宽度为120，右墙宽度为120，点取墙的终点，如图11-19所示。

04 绘制的结果如图11-20所示。

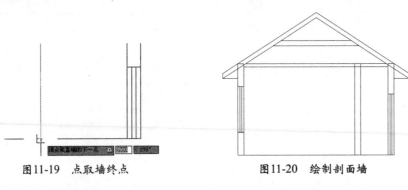

图11-19 点取墙终点   图11-20 绘制剖面墙

11.2.2 双线楼板

【双线楼板】命令用于通过指定楼板的起点和终点，定义楼板的宽度参数来绘制楼板图形，如图11-21所示。

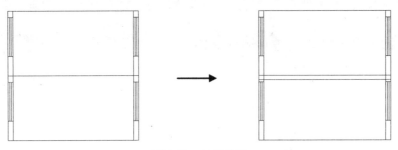

图11-21 双线楼板

在TArch 2014中调用【双线楼板】命令，根据命令行的提示分别指定楼板的起点与终点，即可完成双线楼板的操作。

调用【双线楼板】命令的方法如下。

★ 菜单栏：执行【剖面】|【双线楼板】菜单命令。

★ 命令行：在命令行中输入"SXLB"命令并按回车键。

在命令行输入"HPMQ"按回车键或执行【剖面】|【双线楼板】命令。命令行显示如下：

    请输入楼板的起始点 <退出>：

指定楼板的起始点。命令行显示：

    结束点 <退出>：

指定楼板的结束点。命令行显示：

    楼板顶面标高 <-209301>：

按下回车键。命令行显示：

    楼板的厚度（向上加厚输负值）<200>：

在命令行输入厚度参数，按回车键。完成操作。

【案例11-4】：创建双线楼板

    素材\素材\第11章\11.2.2创建双线楼板.dwg
    视频视频\第11章\案例11-4 创建双线楼板.mp4

在图11-22所示的剖面图中绘制双线楼板。

01 按【Ctrl+O】快捷键，打开配套光盘提供的"第11章/11.2.2创建双线楼板.dwg"素材文件，如图11-22所示。

图11-22 剖面素材

02 在命令行输入"SXLB"命令并按回车键或执行【剖面】|【双线楼板】命令，指点楼板的起始点及结束点，如图11-23所示。

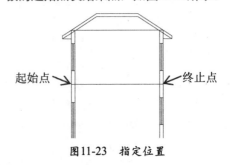

起始点   终止点

图11-23 指定位置

03 设置楼板厚度为120，如图11-24所示。

04 按回车键完成绘制，结果如图11-25所示。

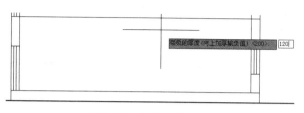

图11-24 设置厚度　　　　　　　图11-25 创建双线楼板

11.2.3 预制楼板

【预制楼板】命令用于通过设定楼板的类型及宽度等参数来创建预制楼板，如图11-26所示。

图11-26 预制楼板

在TArch 2014中调用【预制楼板】命令，弹出【剖面楼板参数】对话框，如图11-27所示。在【剖面楼板参数】对话框中设置参数，指定楼板的插入点和插入方向，即可完成预制楼板的操作。

调用【预制楼板】命令方法如下。

★ 菜单栏：执行【剖面】|【预制楼板】菜单命令。

★ 命令行：在命令行中输入"YZLB"命令并按回车键。

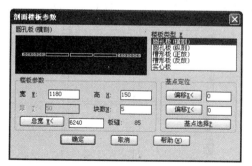

图11-27 【剖面楼板参数】对话框

1. 对话框控件说明

［楼板类型］：选定当前预制楼板的形

式："圆孔板"（横剖和纵剖）、"槽形板"（正放和反放）、"实心板"。

［楼板参数］：确定当前楼板的尺寸和布置情况：楼板尺寸"宽A"、"高B"和槽形板"厚C"及布置情况的"块数N"，其中"总宽<"是全部预制板和板缝的总宽度，单击从图上获取，修改单块板宽和块数，可以获得合理的板缝宽度。

［基点定位］：确定楼板的基点与楼板角点的相对位置，包括"偏移X<"、"偏移Y<"和"基点选择P"。

2. 预制楼板命令提示

在命令行输入"YZLB"命令并按回车键或执行【剖面】|【预制楼板】命令，在【剖面楼板参数】对话框设置完参数后单击"确定"按钮。命令行显示：

请给出楼板的插入点 <退出>：

指定插入点。命令行显示：

再给出插入方向 <退出>：

指定插入方向，完成操作。

【案例11-5】：创建预制楼板

素材素材\第11章\11.2.3创建预制楼板.dwg
视频视频\第11章\案例11-5创建预制楼板.mp4

在图11-28所示的剖面图中创建预制楼板。

01 按【Ctrl+O】快捷键，打开配套光盘提供的
"第11章/11.2.3创建预制楼板.dwg"素材文
件，如图11-28所示。

图11-28　剖面素材

02 在命令行输入"YZLB"命令按回车键或执
行【剖面】｜【预制楼板】命令，在【剖
面楼板参数】对话框设置完参数如图11-29
所示。

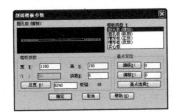

图11-29　参数设置

03 单击"总宽W<"按钮，在绘图区点取需要
插入预制板的起点和终点，如图11-30所示。

04 单击【确定】按钮，将预制板插入至相应位
置，并确定插入方向，如图11-31所示。

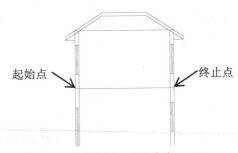

图11-30　确定宽度

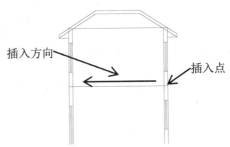

图11-31　插入位置及方向

05 绘制的结果如图11-32所示。

图11-32　绘制结果

11.2.4　加剖断梁

【加剖断梁】命令用于通过指定梁的插入点和宽度参数来绘制剖断梁，如图11-33所示。

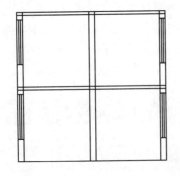
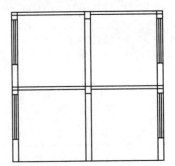

图11-33　加剖断梁

在TArch 2014中调用【加剖断梁】命令，指定剖面梁的参照点，根据命令行的提示分别设置梁
左侧、右侧、梁底边到参照点的距离，如图11-34所示，即可完成加剖断梁的操作。

调用【加剖断梁】命令的方法如下。

★ 菜单栏：执行【剖面】|【加剖断梁】菜单命令。

★ 命令行：在命令行中输入"JPDL"命令并按回车键。

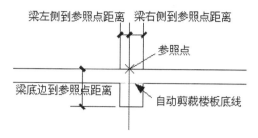

图11-34 参照点

加剖断梁命令提示

在命令行输入"JPDL"命令并按回车键或执行【剖面】|【加剖断梁】命令。命令行显示：

`请输入剖面梁的参照点 <退出>：`

指定剖断梁的参照点。命令行显示：

`梁左侧到参照点的距离 <100>：`

指定左侧到参照点的距离参数。命令行显示：

`梁右侧到参照点的距离 <100>：`

指定右侧到参照点的距离参数。命令行显示：

`梁底边到参照点的距离 <300>：`

指定底边到参照点的距离参数。操作完成。

【案例11-6】：创建剖断梁

`素材：素材\第11章\11.2.4创建剖断梁.dwg`
`视频：视频\第11章\案例11-6创建剖断梁.mp4`

在图11-35所示的剖面图中创建剖断梁。

01 按【Ctrl+O】快捷键，打开配套光盘提供的"第11章/11.2.4创建剖断梁.dwg"素材文件，如图11-35所示。

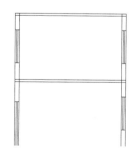

图11-35 剖面素材

02 在命令行输入"JPDL"命令按回车键或执行【剖面】|【加剖断梁】命令。指定剖面梁的参照点、梁左侧到参照点的距离0、

梁右侧到参照点的距离240、梁底边到参照点的距离500，如图11-36所示。

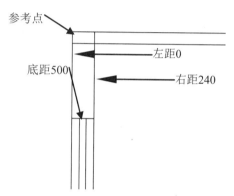

图11-36 参照距离位置

03 生成的剖断梁如图11-37所示。

图11-37 生成结果

04 重复操作，创建其他剖断梁，如图11-38所示。

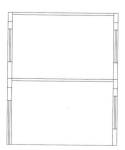

图11-38 创建其他剖断梁

11.2.5 剖面门窗

【剖面门窗】命令用于指定剖面门窗的各项参数及样式，直接在剖面图中插入门窗图形，如图11-39所示。

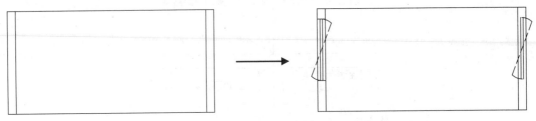

图11-39　剖面门窗

在TArch 2014中调用【剖面门窗】命令，弹出【剖面门窗样式】对话框，如图11-40所示。双击门窗样式弹出【天正图库管理系统】对话框，如图11-41所示。选择其他样式的门窗插入至绘图区，即可完成剖面门窗的操作。

调用【剖面门窗】命令的方法如下。

★　菜单栏：执行【剖面】|【剖面门窗】菜单命令。

★　命令行：在命令行中输入"PMMC"命令并按回车键。

图11-40　【剖面门窗样式】对话框

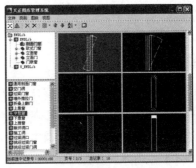

图11-41　【天正图库管理系统】对话框

剖面门窗命令提示

在命令行输入"PMMC"命令按回车键或执行【剖面】|【剖面门窗】命令，选择好门窗样式。命令行显示：

请点取剖面墙线下端或〔选择剖面门窗样式(S)/替换剖面门窗(R)/改窗台高(E)/改窗高(H)]<退出>：

● 直接点取剖面墙线下端

选择墙线插入门窗时，自动找到所点取墙线上标高为0的点作为相对位置，命令行显示：

门窗下口到墙下端距离<900>：

点取门窗的下口位置或键入相对高度值。命令行显示：

门窗的高度<1500>：

● 键入新值或回车接受默认值

分别输入数值后，即按所需插入剖面门窗，然后命令返回如上提示，以上一个距离为默认值插入下一个门窗，图形中的插入基点移到刚画出的门窗顶端，循环反复，以<ESC>键退出命令。

● 键入 S 选择剖面门窗

在命令行输入"S"，弹出【天正图库管理系统】对话框，以供选择剖面门窗样式。

● 键入 R 替换剖面门窗

在命令行输入"R"，替换剖面门窗选项，命令行显示：

请选择所需替换的剖面门窗<退出>:

此时在剖面图中选择多个要替换的剖面门窗，回车结束选择。

对所选择的门窗进行统一替换，返回命令行后回车结束本命令，或继续插入剖面门窗。

● 键入 E 修改剖面门窗

在命令行输入"E"，修改剖面窗台高选项，命令行显示：

请选择剖面门窗<退出>:

此时可在剖面图中选择多个要修改窗台高的剖面门窗，以回车键确认。命令行显示：

请输入窗台相对高度[点取窗台位置(S)]<退出>:

输入相对高度，正值上移，负值下移，或者：键入"S"，给点定义窗台位置；键入"H"，修改剖面门窗高度的选项，命令行显示：

请选择剖面门窗<退出>:

用户此时可在剖面图中选择多个要统一修改门窗高的剖面门窗，以回车键确认。命令行显示：

请指定门窗高度<退出>:

用户此时可键入一个新的统一高度值，以回车键确认更新。操作完成。

11.2.6 剖面檐口

【剖面檐口】命令用于在指定的点上绘制特定样式和参数的檐口图形，如图11-42所示。

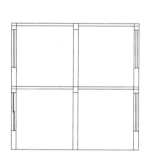

图11-42 剖面檐口

在TArch 2014中调用【剖面檐口】命令，在弹出的【剖面檐口参数】对话框中选择檐口样式及其他参数，如图11-43所示，单击【确定】按钮插入至绘图区，即可完成剖面檐口的操作。

调用【剖面檐口】命令的方法如下。

★ 菜单栏：执行【剖面】|【剖面檐口】菜单命令。

★ 命令行：在命令行中输入"PMYK"命令并按回车键。

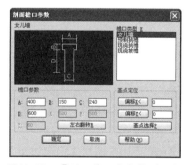

图11-43 【剖面檐口参数】对话框

对话框控件说明

[檐口类型]：选择当前檐口的形式，有4个切换按钮："女儿墙"、"预制挑檐"、"现浇挑檐"和"现浇坡檐"。

[檐口参数]：确定檐口的尺寸及相对位置。各参数的意义参见示意图，"左右翻转R"可使檐口做整体翻转。

[基点定位]：用以选择屋顶的基点与屋顶的角点的相对位置，包括："偏移X<"、"偏移Y<"和"基点选择P"3个按钮。

【案例11-7】：创建剖面檐口

素材素材\第11章\11.2.6创建剖面檐口.dwg
视频视频\第11章\案例11-7创建剖面檐口.mp4

在图11-44所示的剖面图中创建剖面檐口。

01 按【Ctrl+O】快捷键，打开配套光盘提供的"第11章/11.2.6创建剖面檐口.dwg"素材文件，如图11-44所示。

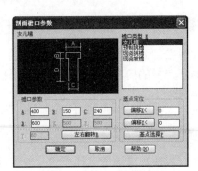

图11-45　参数设置

03 设置完参数后，单击【确定】按钮，指定剖面檐口的插入点，重复操作绘制另外一个剖面檐口，如图11-46所示。

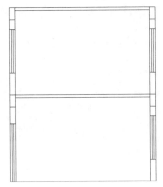

图11-44　剖面素材

02 在命令行输入"PMYK"命令，按回车键或执行【剖面】|【剖面檐口】命令。弹出【剖面檐口参数】对话框，设置参数如图11-45所示。

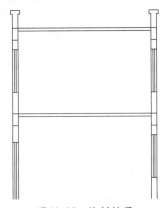

图11-46　绘制结果

11.2.7　门窗过梁

【门窗过梁】命令用于在剖面门窗上方画出给定梁高的矩形过梁剖面，并且带有灰度填充，如图11-47所示。

图11-47　门窗过梁

在TArch 2014中调用【门窗过梁】命令。选择需要添加过梁的剖面门窗，指定过梁的高度即可完成门窗过梁的操作。

调用【门窗过梁】命令方法如下。

★ 菜单栏：执行【剖面】|【门窗过梁】菜单命令。
★ 命令行：在命令行中输入"MCGL"命令并按回车键。

门窗过梁命令提示

在命令行输入"MCGL"命令并按回车键，或执行【剖面】|【门窗过梁】命令。命令行显示：

选择需加过梁的剖面门窗：	//选择剖面窗
输入梁高<120>：	//指定过梁的高度，按回车键，完成操作。

11.2.8 实战——完善别墅剖面墙体和梁

素材素材\第11章\11.2.8实战——完善别墅剖面墙体和梁.dwg
视频视频\第11章\11.2.8实战——完善别墅剖面墙体和梁.mp4

01 按【Ctrl+O】快捷键，打开配套光盘提供的"第11章/11.2.8实战——完善别墅剖面墙体和梁.dwg"素材文件，如图11-48所示。

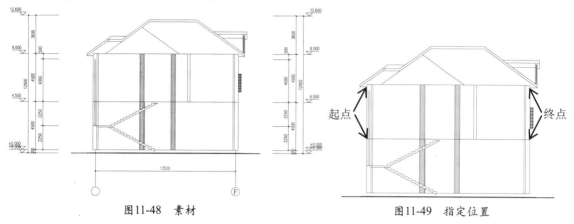

图11-48 素材　　　　　　　　　　　　　　　　图11-49 指定位置

02 在命令行输入"SXLB"命令并按回车键或执行【剖面】|【双线楼板】命令，指点楼板的起始点及结束点，如图11-49所示。

03 设置楼板厚度为120，按回车键，重复操作，绘制结果如图11-50所示。

04 在命令行输入"JPDL"命令并按回车键，或执行【剖面】|【加剖断梁】命令。指定剖面梁的参照点、梁左侧到参照点的距离为0、梁右侧到参照点的距离为370、梁底边到参照点的距离为500，如图11-51所示。

图11-50 创建楼板

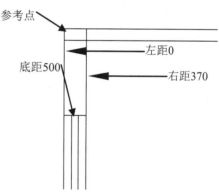

图11-51 参照距离位置

05 上述重复操作，最终效果如图11-52所示。

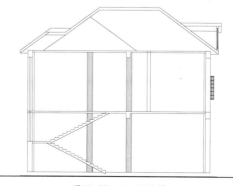

图11-52 加剖断梁

11.3 剖面楼梯与栏杆

TArch 2014提供了创建和编辑楼梯及栏杆的工具，有参数楼梯、参数栏杆等命令。调用这些命令，可以自定义参数和图形样式，来绘制楼梯或栏杆剖面图形。

▌▌ 11.3.1 参数楼梯

【参数楼梯】命令用于通过设置楼梯的步数和样式等参数来创建剖面楼梯图形，如图11-53所示。

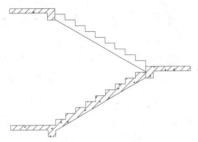

图11-53 参数楼梯

在TArch 2014中调用【参数楼梯】命令，在弹出的【参数楼梯】对话框中设置楼梯参数，如图11-54所示，插入至绘图区即可完成参数楼梯的操作。

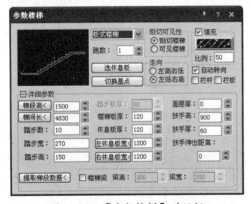

图11-54 【参数楼梯】对话框

调用【参数楼梯】命令的方法如下。

★ 菜单栏：执行【剖面】|【参数楼梯】菜单命令。

★ 命令行：在命令行中输入"CSLT"命令并按回车键。

对话框控件说明

［梯段类型选择］：选定当前梯段的形式，有3个互锁按钮，【板式楼梯1】、【梁式现浇2】和【梁式预制3】。

［梯段走向选择］：选择当前被编辑梯段的倾斜方向，有两个互锁按钮【左低右高G】和【左高右低D】，如图11-55所示。

［剖切可见选择］：用以选择画出的梯段是剖切部分还是可见部分，以不同的颜色表示，有【剖切梯段S】和【可见梯段V】两个互锁按钮，如图11-55所示。

［楼梯段数据框］：用以确定梯段具体尺寸，包括【踏步数N】、【踏步宽W】、【踏步高H】、【踏步板厚E】、【休息板厚F】和【楼梯板厚C】等项，如图11-55所示。

［左休息板宽<］［右休息板宽<］：用于在图形中取点来决定板宽值，在右方的编辑框中显示，并可进行修改；也可直接在右方的编辑框中键入板宽值，如图11-55所示。

［休息板选择］：用于确定是否绘出左右两侧的休息板：全有、全无、左有和右有，如图11-55所示。

［基点选择］：确定基点（绿色×）在楼梯上的位置，如图11-55所示。

［基点偏移X，Y］：分别表示基点相对于插入点（红色×）的偏移，如图11-55所示。

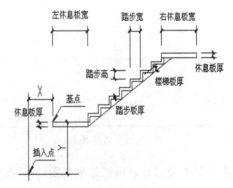

图11-55 对话框控件说明

注意

直接创建的多跑剖面楼梯带有梯段遮挡特性，逐段叠加的楼梯梯段不能自动遮挡栏杆，请使用AutoCAD剪裁命令自行处理。

【案例11-8】：创建参数楼梯

创建一个参数剖面楼梯。

01 在命令行输入"CSLT"命令并按回车键，或执行【剖面】|【参数楼梯】命令，弹出【参数楼梯】对话框，设置参数如图11-56所示。

02 在绘图区指定插入点，结果如图11-57所示。

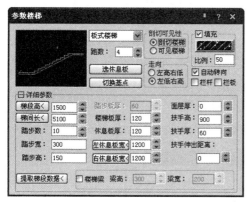

图11-56 参数设置

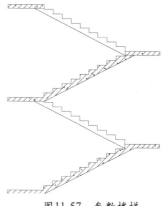

图11-57 参数楼梯

11.3.2 参数栏杆

【参数栏杆】命令用于指定栏杆的样式和参数，指定插入点来创建参数栏杆，如图11-58所示。

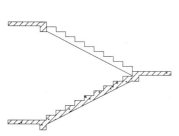

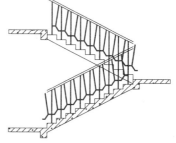

图11-58 参数栏杆

在TArch 2014中调用参数栏杆命令，弹出【剖面楼梯栏杆参数】对话框，如图11-59所示。在【剖面楼梯栏杆参数】对话框中设置与楼梯相对应的参数，即可完成参数栏杆的操作。

调用【参数栏杆】命令的方法如下。

★ 菜单栏：执行【剖面】|【参数栏杆】菜单命令。

★ 命令行：在命令行中输入"CSLG"命令并按回车键。

对话框控件说明

[栏杆列表框]：列出已有的栏杆形式。

[入库]：用来扩充栏杆库。

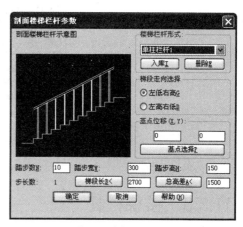

图11-59 【剖面楼梯栏杆参数】对话框

[删除]：用来删除栏杆库中由用户添加的某一栏杆形式。

[步长数]：指栏杆基本单元所跨越楼梯的踏步数。

[梯段长]：指梯段始末点的水平长度，通过给出梯段两个端点给出。

[总高差]：指梯段始末点的垂直高度，通过给出梯段两个端点给出。

[基点选择]：从图形中按预定位置切换基点。

【案例11-9】：创建参数栏杆

素材素材\第11章\11.3.2创建参数栏杆.dwg

视频视频\第11章\案例11-9创建参数栏杆.mp4

在图11-60所示的楼梯中创建参数栏杆。

01 按【Ctrl+O】快捷键，打开配套光盘提供的"第11章/11.3.2创建参数栏杆.dwg"素材文件，如图11-60所示。

02 在命令行输入"CSLG"命令并按回车键，或执行【剖面】|【参数栏杆】命令，在弹出的【剖面楼梯栏杆参数】对话框中设置参数，如图11-61所示。

03 单击【确定】按钮，点取插入点插入栏杆至楼梯的相应位置，如图11-62所示。

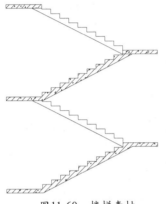

图11-60　楼梯素材

图11-61　参数设置

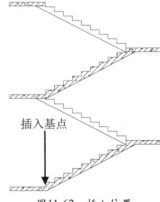

图11-62　插入位置

04 插入的结果如图11-63所示。

05 重复调用【剖面】|【参数栏杆】命令，在【参数栏杆】对话框中修改参数如图11-64所示。

06 单击【确定】按钮根据基点插入至绘图区，重复操作，最后绘制的结果如图11-65所示。

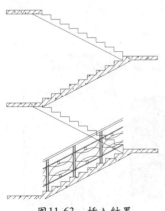

图11-63　插入结果

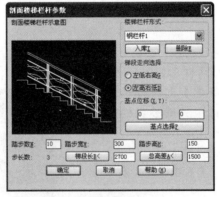

图11-64　修改参数

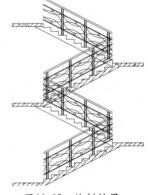

图11-65　绘制结果

11.3.3　楼梯栏杆

【楼梯栏杆】命令用于自动识别剖面楼梯和可见楼梯，从而创建楼梯栏杆和扶手图形，如图11-66所示。

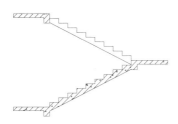

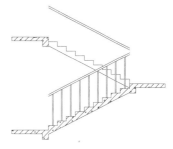

图11-66　楼梯栏杆

在TArch 2014中调用【楼梯栏杆】命令，根据命令提示设置栏杆高度，分别指定栏杆的起点和终点，即可完成楼梯栏杆的操作。

调用【楼梯栏杆】命令的方法如下。

★ 菜单栏：执行【剖面】|【楼梯栏杆】菜单命令。

★ 命令行：在命令行中输入"LTLG"命令并按回车键。

楼梯栏杆命令提示

在命令行输入"LTLG"命令并按回车键，或执行【剖面】|【楼梯栏杆】命令。命令行显示：

> 输入楼梯扶手的高度 <1000>:

输入扶手高度参数，按回车键。命令行显示：

> 是否要打断遮挡线(Yes/No)？<Yes>:

选择是否打断按回车键。命令行显示：

> 再输入楼梯扶手的起始点 <退出>:

指定栏杆的起始点。命令行显示：

> 结束点 <退出>:

指定栏杆结束点，操作完成。

【案例11-10】：创建楼梯栏杆

> 素材素材\第11章\11.3.3创建楼梯栏杆.dwg
> 视频视频\第11章\案例11-10创建楼梯栏杆.mp4

在图11-67所示的剖面楼梯中创建楼梯栏杆。

01 按【Ctrl+O】快捷键，打开配套光盘提供的"第11章/11.3.3创建楼梯栏杆.dwg"素材文件，如图11-67所示。

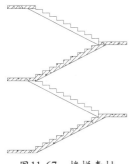

图11-67　楼梯素材

02 在命令行输入"LTLG"命令并按回车键，或执行【剖面】|【楼梯栏杆】命令，确定扶手高度为1000，提示是否打断遮挡线(Yes/No)?<Yes>。指定扶手的起始点和结束点，如图11-68所示。

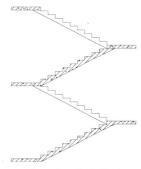

图11-68　指定位置

03 绘制结果如图11-69所示。

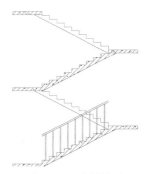

图11-69　绘制结果

04 重复操作，最后绘制结果如图11-70所示。

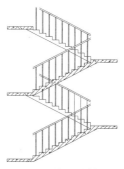

图11-70　最后绘制结果

▌11.3.4 楼梯栏板

【楼梯栏板】命令用于自动识别剖面楼梯和可见楼梯，绘制实心的楼梯栏板，如图11-71所示。

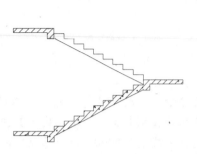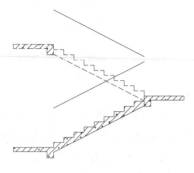

图11-71 楼梯栏板

在TArch 2014中调用【楼梯栏板】命令。根据命令提示设置栏杆高度，分别指定栏杆的起点和终点，即可完成楼梯栏板的操作。

调用【楼梯栏板】命令的方法如下。

★ 菜单栏：执行【剖面】|【楼梯栏板】菜单命令。
★ 命令行：在命令行中输入"LTLB"命令并按回车键。

楼梯栏板命令提示

在命令行输入"LTLB"命令并按回车键或执行【剖面】|【楼梯栏板】命令。命令行显示：

请输入楼梯扶手的高度 <1100>:

指定扶手高度，按回车键。命令行显示：

是否要将遮挡线变虚(Y/N)? <Yes>:

选择是否将遮挡线变虚按回车键。命令行显示：

再输入楼梯扶手的起始点 <退出>:

指定扶手的起始点。命令行显示：

结束点 <退出>:

指定栏杆结束点，操作完成。

▌11.3.5 扶手接头

【扶手接头】命令用于将框选中的扶手接头位置进行处理，并将其进行连接，如图11-72所示。

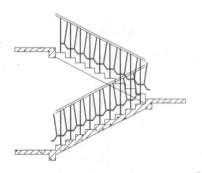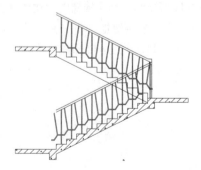

图11-72 扶手接头

在TArch 2014中调用【扶手接头】命令。根据命令提示设置扶手伸出距离，框选需要接头的栏杆，即可完成扶手接头的操作。

调用【扶手接头】命令的方法如下。

- ★ 菜单栏：执行【剖面】|【扶手接头】菜单命令。
- ★ 命令行：在命令行中输入"FSJT"命令并按回车键。

扶手接头命令提示

在命令行输入"FSJT"命令并按回车键，或执行【剖面】|【扶手接头】命令。命令行显示：

```
请输入扶手伸出距离<0>：
```

指定距离参数按回车键。命令行显示：

```
请选择是否增加栏杆[增加栏杆(Y)/不增加栏杆(N)]<增
加栏杆(Y)>：
```

选择是否增加栏杆，按回车键。命令行显示：

```
请指定两点来确定需要连接的一对扶手！选择第一个角点
<取消>：
```

指定第一个角点。命令行显示：

```
另一个角点<取消>：
```

指定另一个角点，操作完成。

> **注意**
>
> 本命令与剖面楼梯配合使用时，请先在状态行中单击【编组】按钮，解除剖面楼梯的编组，否则命令执行失败，并提示"选择扶手不匹配"。

【案例 11-11】：扶手接头操作

素材素材\第11章\11.3.5扶手接头操作.dwg
视频视频\第11章\案例11-11扶手接头操作.mp4

完善图11-73所示的楼梯扶手接头。

01 按【Ctrl+O】快捷键，打开配套光盘提供的"第11章/11.3.5扶手接头操作.dwg"素材文件，如图11-73所示。

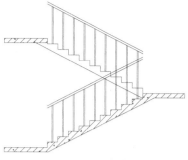

图11-73 楼梯素材

02 在命令行输入"FSJT"命令并按回车键，或执行【剖面】|【扶手接头】命令，设置扶手伸出距离为100，不增加栏杆，框选出需要接头的位置，如图11-74所示。

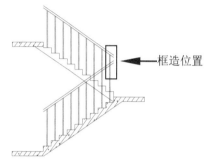

← 框造位置

图11-74 框选位置

03 扶手接头的绘制结果如图11-75所示。

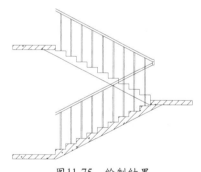

图11-75 绘制结果

11.3.6 实战——完善别墅剖面楼梯与栏杆

素材素材\第11章\11.3.6实战—完善别墅剖面楼梯与栏杆.dwg
视频视频\第11章\11.3.6实战—完善别墅剖面楼梯与栏杆.mp4

01 按【Ctrl+O】快捷键，打开配套光盘提供的"第11章/11.3.6实战—完善别墅剖面楼梯与栏杆.dwg"素材文件，如图11-76所示。

02 在命令行输入"CSLG"命令并按回车键，或执行【剖面】|【参数栏杆】命令，弹出【参数栏杆】对话框，设置参数如图11-77所示。

03 单击【确定】按钮根据基点插入至绘图区，重复操作，绘制结果如图11-78所示。

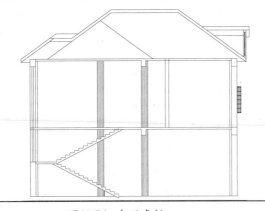

图11-76 打开素材

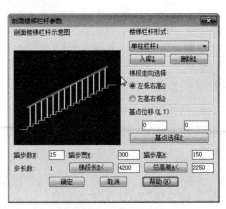

图11-77 参数设置

04 在命令行输入 "FSJT" 命令并按回车键，或执行【剖面】|【扶手接头】命令，设置扶手伸出距离为100，不增加栏杆，框选出需要接头的位置，如图11-79所示。别墅剖面楼梯与栏杆绘制完成。

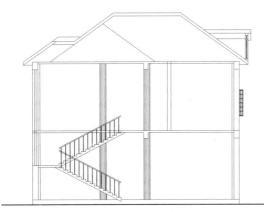

图11-78 插入栏杆

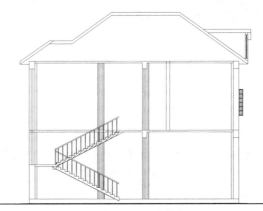

图11-79 扶手接头

11.4 剖面填充与加粗

绘制完成的剖面图形，可以对其进行图案填充或者加粗操作，使其与其他图形相区分。TArch 2014提供了绘制【剖面填充】和【加粗】的命令，有【剖面填充】、【居中加粗】、【向内加粗】等命令。

11.4.1 剖面填充

【剖面填充】命令用于自定义填充图案和比例，对剖面图绘制填充图案，如图11-80所示。

在TArch 2014中调用【剖面填充】命令。根据命令提示选取要填充的剖面墙线梁板楼梯，按回车键，在弹出【请点取所需的图案填充】对话框中设置参数，如图11-81所示。单击【确定】按钮即可完成剖面填充的操作。

调用【剖面填充】命令的方法如下。

★ 菜单栏：执行【剖面】|【剖面填充】菜单命令。

★ 命令行：在命令行中输入 "PMTC" 命令并按回车键。

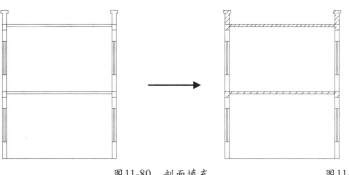 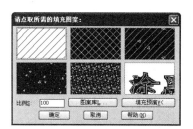

图11-80　剖面填充　　　　　　　图11-81　【请点取所需的填充图案】对话框

【案例11-12】：剖面填充操作

素材素材\第11章\11.4.1剖面填充操作.dwg
视频视频\第11章\案例11-12剖面填充操作.mp4

在图11-81所示的剖面图梁板中填充图案。

01 按【Ctrl+O】快捷键，打开配套光盘提供的"第11章/11.4.1剖面填充操作.dwg"素材文件，如图11-82所示。

02 在命令行输入"PMTC"命令并按回车键，或执行【剖面】|【剖面填充】命令，选择需要填充的剖面梁板线，如图11-83所示。

 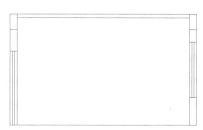

图11-82　剖面素材　　　　　　　图11-83　选择梁板线

03 在弹出的【请点取所需的填充图案】对话框中设置参数，如图11-84所示。

04 单击【确定】按钮，剖面填充绘制的结果如图11-85所示。

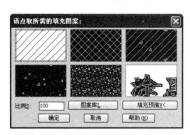 

图11-84　设置参数　　　　　　　图11-85　填充结果

11.4.2　居中加粗

【居中加粗】命令用于对所指定的剖切线向两侧加粗，如图11-86所示。

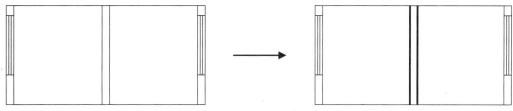

图11-86　居中加粗

在TArch 2014中调用【居中加粗】命令，根据命令提示选取要加粗的剖切线，即可完成居中加粗的操作。

调用【居中加粗】命令的方法如下。

★ 菜单栏：执行【剖面】|【居中加粗】菜单命令。
★ 命令行：在命令行中输入"JZJC"命令并按回车。

居中加粗命令提示

在命令行输入"JZJC"命令并按回车键，或执行【剖面】|【居中加粗】命令。命令行显示：

> 请选取要变粗的剖面墙线梁板楼梯线（向两侧加粗）<全选>：

点取需要变粗的剖面线，按回车键完成操作。

11.4.3　向内加粗

向内加粗命令用于将剖面图中的墙线向墙内侧加粗，能做到窗墙平齐的出图效果，如图11-86所示。

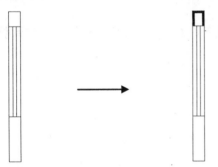

图11-86　向内加粗

在TArch 2014中调用【向内加粗】命令。

根据命令提示选取要加粗的剖切线，即可完成向内加粗的操作。

调用【向内加粗】命令的方法如下。

★ 菜单栏：执行屏幕左侧的天正建筑菜单栏下的【剖面】|【向内加粗】菜单命令。
★ 命令行：在命令行中输入"XNJC"命令并按回车键。

向内加粗命令提示

在命令行输入"XNJC"命令并按回车键，或执行【剖面】|【向内加粗】命令。命令行显示：

> 请选取要变粗的剖面墙线 梁板楼梯线（向内侧加粗）<全选>：

点取需要变粗的剖面线，按回车键完成操作。

11.4.4　取消加粗

【取消加粗】命令用于将已加粗的剖面墙线恢复原状，但不影响该墙线已有的剖面填充，如图11-87所示。

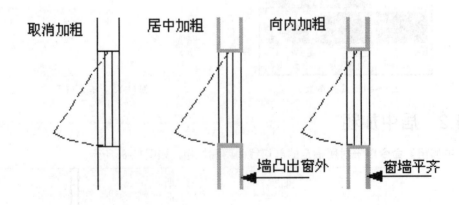

图11-87　取消加粗

调用【取消加粗】命令有如下两种方法。

★ 菜单：执行【剖面】|【取消加粗】菜单命令。
★ 命令行：键入"QXJC"命令并按回车键。

11.4.5 实战——完善别墅剖面图填充

素材素材\第11章\11.4.5实战——完善别墅剖面图填充.dwg
视频视频\第11章\11.4.5实战——完善别墅剖面图填充.mp4

01 按【Ctrl+O】快捷键，打开配套光盘提供的"第11章/11.4.5实战—完善别墅剖面图填充.dwg"素材文件，如图11-88所示。

02 在命令行输入"PMTC"命令并按回车键，或执行【剖面】|【剖面填充】命令。选择需要填充的剖面梁板线。

03 在弹出的【请点取所需的图案填充】对话框中设置参数，如图11-89所示。

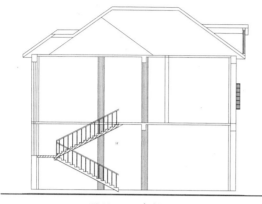

图11-88 素材

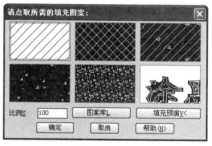

图11-89 参数设置

04 单击【确定】按钮，剖面填充绘制结果如图11-90所示。

05 重复填充其他位置，最终的结果如图11-91所示。

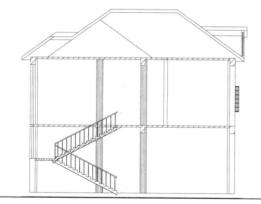

图11-90 图案填充

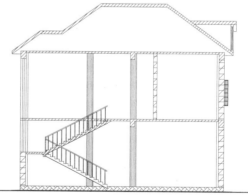

图11-91 填充其他区域

第12章
文件与布图

绘制好的图形需要经过布图后才可以打印输出。天正建筑软件提供了在模型空间进行单比例布图，以及在图纸空间进行多比例布图的方法。此外，为了解决用户之间的图纸文件兼容问题，从而实现不同版本之间的交流，天正软件提供了相关命令来转换图纸格式。

本章将向读者介绍图纸布局的方法，讲解图纸布局使用到的天正命令以及格式转换、图形转换命令。

天正建筑
TArch 2014
完全实战技术手册

12.1 图纸布局

与AutoCAD一样，天正建筑软件也有图纸空间和模型空间，单击绘图窗口下方的"模型"和"布局"标签，可在这两个空间之间切换，如图12-1所示。

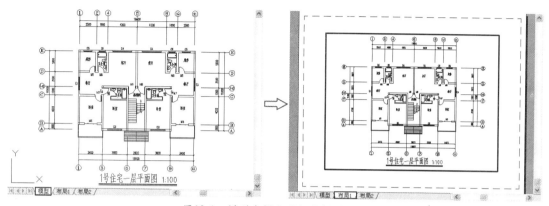

图12-1　模型空间和图纸空间的切换

模型空间和图纸空间的作用介绍如下：

★ 模型空间：主要用于绘制建筑图形。此外对于一些简单的图形，可以在模型空间中按一个比例布图（即单比例布图）并输出。

★ 图纸空间：主要用于图形布局并打印输出建筑图纸。在该空间中可以进行单比例布图，也可以按不同的比例（根据绘图时设置的绘图比例）将多个图形输出到一张图纸上（即多比例布图，需要创建多个视口）。

12.2 图纸布局命令

12.2.1 插入图框

【插入图框】命令用于在当前模型空间或图纸空间中插入图框，新增通长标题栏功能以及图框直接插入功能，预览图像框提供鼠标滚轮缩放与平移功能，插入图框前按当前参数拖动图框，用于测试图幅是否合适。图框和标题栏均统一由图框库管理，能使用的标题栏和图框样式不受限制，新的带属性标题栏支持图纸目录生成。

在TArch 2014中调用【插入图框】命令方法如下。

★ 菜单栏：执行【文件布图】|【插入图框】菜单命令。

★ 命令行：在命令行中输入"CRTK"命令并按回车键。

命令执行后，弹出的对话框如图12-2所示。

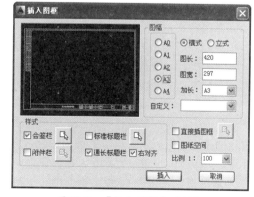

图12-2　【插入图框】对话框

1. 对话框控件说明

［图幅］：共有A0～A4 五种标准图幅，单击某一图幅对应的单选按钮，就选定了相应的图幅。

[图长/图宽]：通过键入数字，直接设定图纸的长、宽尺寸。还可以显示标准图幅的图长与图宽数值。

[横式/立式]：选定图纸格式为立式或横式。

[加长]：选定加长型的标准图幅，单击右边的箭头，出现国标加长图幅以供选择。

[自定义]：如果使用过在图长和图宽栏中输入的非标准图框尺寸，命令会把此尺寸作为自定义尺寸保存在此下拉列表中，单击右边的箭头可以从中选择已保存的20个自定义尺寸。

[比例]：设定图框的出图比例，此数字应与【打印】对话框的【出图比例】一致。此比例也可从列表中选取。如果列表中没有，也可直接输入。勾选【图纸空间】复选项后，此控件变为暗显，其比例自动设为1：1。

[图纸空间]：勾选此复选项后，当前视图切换为图纸空间（布局），"比例1：100"自动设置为1：1。

[会签栏]：勾选此复选项，允许在图框左上角加入会签栏。单击右边的按钮可以从图框库中选取预先入库的会签栏。

[标准标题栏]：勾选此复选项，允许在图框右下角加入国标样式的标题栏。单击右边的按钮，可以从图框库中选取预先入库的标题栏。

[通长标题栏]：勾选此复选项，允许在图框右方或者下方加入用户自定义样式的标题栏。单击右边的按钮可以从图框库中选取预先入库的标题栏，系统自动从用户所选中的标题栏尺寸判断插入的是竖向还是横向的标题栏，从而采取合理的插入方式并添加通长线。

[右对齐]：图框在下方插入横向通长标题栏时，勾选"右对齐"复选项时可使得标题栏右对齐，在左边插入附件。

[附件栏]：勾选【通长标题栏】复选项后，【附件栏】复选项变为可选。勾选【附件栏】复选项后，允许在图框一端加入附件栏。单击右边的按钮，可以从图框库中选取预先入库的附件栏，可以是设计单位徽标或者是会签栏。

[直接插图框]：勾选此复选项，允许在当前图形中直接插入带有标题栏与会签栏的完整图框，而不必选择图幅尺寸和图纸格式，单击右边的按钮，可以从图框库中选取预先入库的完整图框。

2. 图框的插入方法与特点

由图库中选取预设的标题栏和会签栏，实时组成图框插入，具体操作步骤如下所述。

01 可在图幅栏中先选定所需的图幅格式是横式还是立式，然后选择图幅尺寸是A0～A4中的某个尺寸，需加长时可以从加长中选取相应的加长型图幅。如果是非标准尺寸，可在图长和图宽栏内键入。

02 在图纸空间下插入时勾选该项，在模型空间下插入则选择出图比例，然后再确定是否需要标题栏、会签栏，是使用标准标题栏还是使用通长标题栏。

03 如果选择了通长标题栏，则进入图框库选择按水平图签还是竖置图签格式来布置。

04 如果还有附件栏要求插入，则进入图框库选择合适的附件。

05 确定所有选项后，单击【插入】按钮，屏幕上出现一个可拖动的蓝色图框，移动光标拖动图框，看尺寸和位置是否合适，在合适位置取点插入图框，如果图幅尺寸或者方向不合适，则需要返回对话框，再重新选择合适的参数。

直接插入事先入库的完整图框，具体操作步骤如下：

01 勾选【直接插图框】复选项，如图12-3所示。然后单击按钮，进入图框库选择完整图框，其中每个标准图幅和加长图幅都要独立入库，每个图框都是带有标题栏和会签栏、院标等附件的完整图框。

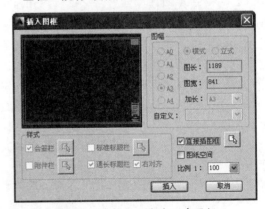

图12-3 直接插入事先入库图框

02 在图纸空间下插入时也要勾选该复选项，模型空间下插入则选择【比例】选项。

03 确定所有选项后,单击【插入】按钮,其他的操作与前面叙述相同。

单击【插入】按钮后,如果当前为模型空间,基点为图框中点,拖动以显示图框,命令行提示:

请点取插入位置<返回>:

点取图框位置即可插入图框,单击鼠标右键或按回车键可以返回对话框中重新更改参数。

在图纸空间中插入图框与模型空间的主要区别是,在模型空间中图框插入基点居中拖动套入已经绘制的图形,而一旦在对话框中勾选【图纸空间】,复选项绘图区立刻切换到图纸空间布局1,图框的插入基点则自动定为左下角,默认插入点为0、0,如图12-4所示。提示为:

请点取插入位置[原点(Z)]<返回>Z:

点取图框插入点即可在其他位置插入图框,键入Z默认插入点为0、0,按回车键返回重新更改参数。

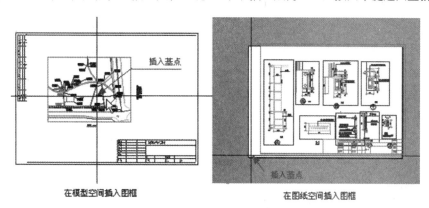

图12-4　图框在不同空间插入

高手支招

预览图像框提供对鼠标滚轮和中键的支持,可以放大和平移在其中显示的图框,可以清楚地看到所插入标题栏的详细内容。

12.2.2　图纸目录

图纸目录自动生成功能是按照国标图集04J801《民用建筑工程建筑施工图设计深度图样》4.3.2条文的要求,参考图纸目录实例和一些甲级设计院的图框编制的。

本命令的执行对图框有下列要求:

(1)图框的图层名与当前图层标准中的名称要保持一致(默认是PUB_TITLE)。

(2)图框必须包括属性块(图框图块或标题栏图块)。

(3)属性块必须有以图号和图名为属性标记的属性,图名也可用图纸名称代替,其中图号和图名字符串中不允许有空格,也不接受"图 名"这样的写法。

图纸目录命令要求配合具有标准属性名称的特定标题栏或者图框使用,图框库中的图框横栏提供了符合要求的实例,用户应参照该实例进行标题栏的用户定制,入库后形成该单位的标准图框库或者标准标题栏,并且在各图上双击标题栏即可将默认内容修改为实际工程内容,如图12-5所示。图纸目录的样式也可以由用户参照样板重新修改后入库,方法详见表格的用户定制有关内容。

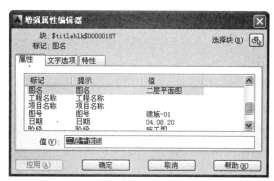

图12-5　图框标题栏的文字属性

在TArch 2014中调用【图纸目录】命令方法如下。

★ 菜单栏：执行【文件布图】|【图纸目录】菜单命令。

★ 命令行：在命令行中输入"TZML"命令并按回车键。

执行命令后，弹出图12-6所示的对话框并自动搜索图纸。

对话框控件的功能说明

[模型空间]：默认为勾选状态，表示在已经选择的图形文件中包括模型空间里插入的图框，取消选择则表示只保留图纸空间图框。

[图纸空间]：默认为勾选状态，表示在已经选择的图形文件中包括图纸空间里插入的图框，取消选择则表示只保留模型空间图框。

[从构件库选择表格]：用【构件库】命令打开表格库，用户在其中选择并双击预先入库的用户图纸目录表格样板，所选的表格就显示在左边图像框，如图12-7所示。

图12-6 【图形文件选择】对话框

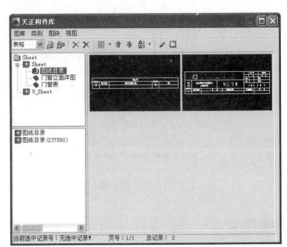

图12-7 构件库

[选择文件]：进入【标准文件】对话框，可以选择要添加入图纸目录列表中的图形文件，按Shift键可以一次选择多个文件。

[排除文件]：用于选择要从图纸目录列表中打算排除的文件，按Shift键可以一次选多个文件，单击该按钮可以把这些文件从列表中去除。

[生成目录]：完成图纸目录命令，结束对话框，由用户在图上插入图纸目录。

执行菜单命令后，系统开始在当前工程的图纸集中搜索图框（如果没有添加进图纸集则不会被搜索到），范围包括图纸空间和模型空间。其中立剖面图文件中有两个图纸空间布局，各包括一张图纸，图纸数是2，前面的0表示模型空间中没有找到图纸，后面的数字是图纸空间布局中的图框也就是图纸数。本命令生成的目录自动按图框中用户自己填写的图号进行排序。

用户接着可单击【选择文件】按钮，对其他参加生成图纸目录的文件进行选择，单击【生成目录】按钮，进入图纸以插入目录表格，如图12-8所示。

图纸目录				
序号	图号	图纸名称	图幅	备注
1	建施-01	二层平面图	A2	
2	建施-02	顶层平面图	A2	
3	建施-03	首层平面图	A2	

图12-8 生成图纸目录

在实际工程中，一个项目的专业图纸有几十张以上，生成的图纸目录会很长。为了便于布图，用户可以使用【表格拆分】命令把图纸目录拆分成多个表格。由于有些图纸目录表格样式会采用单元格合并，因此使得一列的内容在对象编辑返回电子表格后显示为多列，此时只有其中右边的一列有效。

12.2.3 定义视口

【定义视口】命令用于将模型空间的指定区域的图形以给定的比例布置到图纸空间，从而创建多比例布图的视口，如图12-9所示。

在TArch 2014中调用【定义视口】命令方法如下。

★ 菜单栏：执行【文件布图】|【定义视口】菜单命令。

★ 命令行：在命令行中输入"DYSK"命令并按回车键。

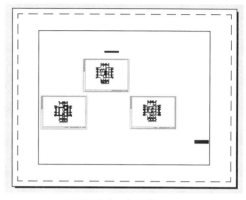

图12-9 定义视口

定义视口命令提示

在命令行输入"SKFD"命令并按回车键或执行【文件布图】|【视口放大】命令。如果当前空间为图纸空间，会切换到模型空间。命令行显示：

> 请给出图形视口的第一点<退出>：//点取视口的第一点

● 如果采取先绘图后布图

在模型空间中围绕布局图形外包矩形外点取一点，命令行接着显示：

> 第二点<退出>：

点取外包矩形对角点并将其作为第二点把图形套入，命令行提示：

> 该视口的比例1：<100>：

键入视口的比例，系统切换到图纸空间；

> 请点取该视口要放的位置<退出>：

点取视口的位置，将其布置到图纸空间中。

● 如果采取先布图后绘图

在模型空间中框定一空白区域选定视口后，将其布置到图纸空间中。此比例要与即将绘制的图形的比例一致。

可一次建立不同比例的多个视口，用户可以分别进入到每个视口中，使用天正软件的命令进行绘图和编辑工作。

12.2.4 视口放大

【视口放大】命令用于把当前工作区从图纸空间切换到模型空间，并提示选择视口按中心位置放大到全屏，如果原来某一视口已被激活，则不出现提示，直接放大该视口到全屏。

在TArch 2014中调用【视口放大】命令方法如下。

★ 菜单栏：执行【文件布图】|【视口放大】菜单命令。

★ 命令行：在命令行中输入"SKFD"命令并按回车键。

【视口放大】命令提示

在命令行输入"SKFD"命令并按回车键或执行【文件布图】|【视口放大】命令。命令行显示：

> 请点取要放大的视口<退出>: //点取要放大视口的边框线

此时工作区回到模型空间并将此视口内的模型放大到全屏，同时"当前比例"自动改为该视口已定义的比例。

12.2.5 改变比例

【改变比例】命令用于改变模型空间中命令指定范围内图形的出图比例，包括视口本身的比例。如果修改成功，会自动作为新的当前比例。【改变比例】命令可以在模型空间使用，也可以在图纸空间使用，执行后建筑对象大小不会变化，但包括工程符号的大小、尺寸和文字的字高等注释相关对象的大小会发生变化，如图12-10所示。

本命令除了在菜单栏执行外，还可通过单击【状态】栏右下角的【比例】按钮（AutoCAD 2002平台下无法提供）来执行。此时请先选择要改变比例的对象，再单击该按钮，然后设置要改变的比例，如图12-10所示。

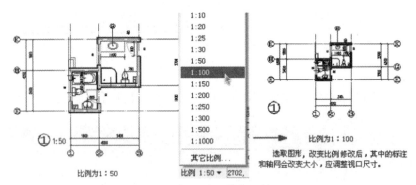

图12-10 改变比例

在TArch 2014中调用【改变比例】命令方法如下。

★ 菜单栏：执行【文件布图】|【改变比例】菜单命令。
★ 命令行：在命令行中输入"GBBL"命令并按回车键。

如果在模型空间中使用本命令，可更改某一部分图形的出图比例；如果图形已经布置到图纸空间，当需要改变布图比例时，可在图纸空间中执行【改变比例】命令。

改变比例命令提示

在命令行输入"GBBL"命令并按回车键或执行【文件布图】|【改变比例】命令。命令行显示：

> 选择要改变比例的视口：

单击图上要修改比例的视口。命令行显示：

> 请输入新的出图比例<50>：

将从视口取得的比例作为默认值，键入比例值后按回车键，此时视口尺寸缩小约一倍。命令行显示：

> 请选择要改变比例的图元：

从视口中以两对角点选择范围，按回车键确认结束后，各注释相关对象改变大小，操作结束。

> **提示**
>
> 此时连轴网与工程符号的位置会有变化。可以拖动视口大小或者进入模型空间拖动轴号等对象来修改布图。经过修改比例后的图形在布局中的大小有明显改变，但是维持了注释相关对象的大小相等。

12.2.6 布局旋转

【布局旋转】命令可以把要旋转布置的图形进行特殊旋转，从而方便布置竖向的图框，如图12-11所示。

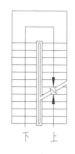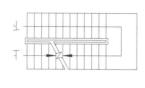

图12-11 布局旋转

在TArch 2014中调用【布局旋转】命令方法如下。

★ 菜单栏：执行屏幕左侧的天正建筑菜单栏下的【文件布图】|【布局旋转】菜单命令。

★ 命令行：在命令行中输入"BJXZ"命令并按回车键。

布局旋转命令提示

在命令行输入"BJXZ"命令并按回车键或执行【文件布图】|【布局旋转】命令，选择好门窗样式。命令行显示：

> 选择对象：

选择要布局旋转的天正对象。命令行显示：

> 请选择布局旋转方式[基于基点（B）/旋转角度（A）]<基于基点>：A

键入"A"即可设置转角参数。命令行显示：

> 设置旋转角度<0.0>：90

键入要设定的布局转角数值，操作完成。

为了出图方便，可以在一个大幅面的图纸上布置多个图框。这时可能要把一些图框旋转90度，以便更好地利用纸张。如果要求把图纸空间的图框、视口以及相应的模型空间内的图形都旋转90度，那么用一个命令全部完成旋转是有潜在问题的。由于在图纸空间旋转某个视口的内容，无法预知其结果是否将导致与其他视口内的内容发生碰撞，因此【布局旋转】命令被设计为在模型空间使用。本命令要求布局旋转的部分图形先旋转好，然后删除原有视口，再重新将其布置到图纸空间。

> 旋转角度总是从0起算的角度参数，如果已有一个45度的布局转角，此时再输入45是不发生任何变化的。

12.2.7 实战——布局输出办公楼平面图

> 素材素材\第12章\12.2.7实战——布局输出办公楼平面图.dwg
> 视频视频\第12章\12.2.7实战——布局输出办公楼平面图.mp4

01 按【Ctrl+O】快捷键，打开配套光盘提供的"第12章/12.2.7实战——布局输出办公楼平面图.dwg"素材文件，如图12-12所示。

02 采用单比例打印。单击绘图区左下角的【布局】标签，进入"布局1"操作空间，将原有视口删除，结果如图 12-13所示。

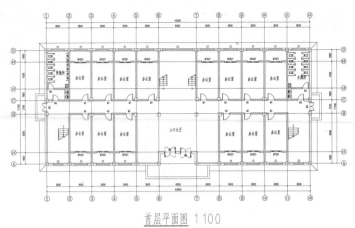

首层平面图 1:100

图12-12 素材

03 调用【文件布图】|【插入图框】命令，插入A3图框，调用【放缩】命令，调整图签的大小，结果如图12-14所示。

图12-13 "布局1"操作空间

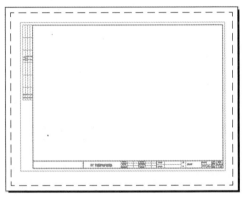

图12-14 加入图签

04 执行【视图】|【视口】|【一个视口】菜单命令，指定视口对角点，创建一个视口，结果如图12-15所示。

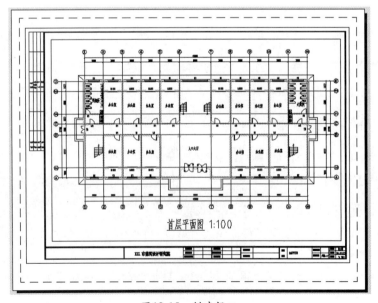

首层平面图 1:100

图12-15 创建视口

12.3 格式转换导出

使用带有专业对象技术的建筑软件不可避免会带来建筑对象的兼容问题,例如采用非对象技术的天正3版本就不能打开天正高版本软件,同时低版本的天正软件也不能打开高版本的天正对象,没有安装天正插件的AutoCAD也不能打开天正5以上使用专业对象的图形文件。

本节所介绍的多种文件导出转换工具以及天正插件可以解决这些用户之间的文件交流问题。

12.3.1 旧图转换

由于天正的升版,造成图形格式变化较大。为了保证用户升级时可以重复利用旧图资源来继续进行设计,本命令用于对天正建筑3格式的平面图进行转换,即将原来用AutoCAD图形对象表示的内容升级为新版的自定义专业对象格式。

在TArch 2014中调用【旧图转换】命令方法如下。

★ 菜单栏:执行【文件布图】|【旧图转换】菜单命令。

★ 命令行:在命令行中输入"JTZH"命令并按回车键。

执行【旧图转换】菜单命令后,显示的对话框如图12-16所示。

图12-16 【旧图转换】对话框

在该对话框中可以为当前工程设置统一的三维参数,在转换完成后,对不同的情况再进行对象编辑,如果仅转换图上的部分旧版图形,可以勾选其中的【局部转换】复选项,单击【确定】按钮后将只对指定的范围进行转换,适用于转换插入的旧版本图形。

旧图转换命令提示

在命令行输入"JTZH"命令并按回车键或执行【文件布图】|【旧图转换】命令,在【旧图转换】对话框中勾选【局部转换】复选项,单击【确定】按钮后,命令行显示:

选择需要转换的图元<退出>:	//选择局部需要转化的图形
选择需要转换的图元<退出>:	//回车结束选择

> **注意**
>
> 旧图转换完成后,还应该对连续的尺寸标注运用【连接尺寸】命令加以连接,否则尽管是天正标注对象,但是依然是分段的。

12.3.2 图形导出

【图形导出】命令将最新的天正格式DWG图档导出为天正各版本的DWG图或者各专业条件图。如果下行专业使用天正给排水、电气的同版本时,不必进行版本转换,否则应选择导出低版本号,从而达到与低版本兼容的目的,本命令支持对图纸空间布局的导出。天正对象的导出格式不再与AutoCAD图形版本关联,解决以前导出T3格式的同时,图形版本必须转为R14的问题。用户可以根据需要单独选择转换后的AutoCAD图形版本。

在TArch 2014中调用【图形导出】命令方法如下。

★ 菜单栏:执行【文件布图】|【图形导出】菜单命令。

★ 命令行:在命令行中输入"TXDC"命令并按回车键。

执行【文件布图】|【图形导出】菜单命令后,显示的对话框如图12-17所示。

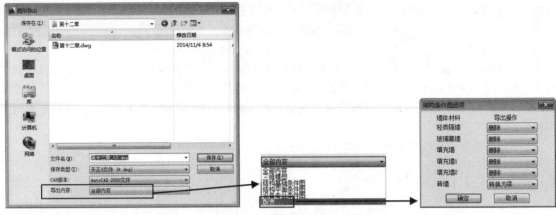

图12-17 【图形导出】对话框

对话框控件说明

[保存类型]：提供天正3、5、6、7、8、9等版本对象格式转换类型的选择，其中版本9表示格式不作转换，选择后自动在文件名加tX的后缀（X=3、5、6、7、8、9）。

[CAD版本]：从2014版开始独立提供AutoCAD图形版本转换，可以选择从R14、2000-2002、2004-2006、2007-2009、2010-2012、2014的各版本格式，与天正对象格式独立分开。

[导出内容]：在其下拉列表中选择如下的多个选项，系统将按各专业要求导出图中的不同内容：

[全部内容]：一般用于与其他使用天正低版本的建筑师来解决图档交流的兼容问题。

[三维模型]：不必转到轴测视图，在平面视图下即可导出天正对象构造的三维模型。

[结构基础条件图]：为结构工程师创建基础条件图，此时门窗洞口被删除，使墙体连续，可以选保留砖墙，填充墙被删除或者转化为梁，受配置的控制；其他的处理包括删除矮墙、矮柱、尺寸标注、房间对象；混凝土墙保留（门改为洞口），其他内容均保留不变。

[结构平面条件图]：为结构工程师创建楼层平面图，可以选保留砖墙（门改为洞口）或将其转化为梁，同样也受配置的控制；其他的处理包括删除矮墙、矮柱、尺寸标注、房间对象；混凝土墙保留（门改为洞口），其他内容均保留不变。

[设备专业条件图]：为暖通、水、电专业创建楼层平面图，隐藏门窗编号，删除门窗标注；其他内容均保留不变。

[配置]：默认配置是按框架结构转为结构平面条件图设计的，保留砖墙，删除填充墙，如果要转换为基础图，请选择【配置】选项，进入如下界面进行修改：

> **注意**
>
> 在当前图形被设置为图纸保护后的图形时，【图形导出】命令无效，结果显示为"eNotImplementYet"；符号标注在高级选项中，可预先定义文字导出的图层是随公共文字图层还是随符号本身图层。

12.3.3 批量转换

【批量转换】命令将当前版本的图档批量转化为天正旧版DWG格式，该命令同样支持图纸空间布局的转换。在转换为R14版本时，只转换第一个图纸空间布局，用户可以自定义文件的后缀。

在TArch 2014中调用【批量转换】命令方法如下。

★ 菜单栏：执行【文件布图】|【批量转换】菜单命令。

★ 命令行：在命令行中输入"PLZH"命令并按回车键。

执行【文件布图】|【批量转换】菜单命令后，显示的对话框如图12-18所示。

图12-18 批量转换

在该对话框中允许多选文件，从2014的版本开始，在对话框下面独立提供了天正对象的保存类型选择，不再与AutoCAD图形版本有关。还可以独立选择转换后的文件所属的CAD版本，操作方法与上一节图形导出命令相同；用户还可以选择导出后的文件末尾是否添加t3/t7等文件名后缀；用户在对话框中选择转换后的文件夹，进入到目标文件夹后，单击【确定】按钮即可开始转换，命令行会提示转换后的结果。

12.4 图形转换工具

12.4.1 图变单色

【图变单色】命令提供把按图层定义绘制的彩色线框图形临时变为黑白线框图形的功能，适用于为编制印刷文档前对图形进行前处理。由于彩色的线框图形在黑白输出的照排系统中输出时色调偏淡，【图变单色】命令将不同的图层颜色临时统一改为指定的单一颜色，为抓图做好准备。下次执行本命令时会将上次用户使用的颜色作为默认颜色。

在TArch 2014中调用【图变单色】命令方法如下。

★ 菜单栏：执行屏幕左侧的天正建筑菜单栏下的【文件布图】|【图变单色】菜单命令。
★ 命令行：在命令行中输入"TBDS"命令并按回车键。

图变单色命令提示

在命令行输入"TBDS"命令并按回车键或执行【文件布图】|【图变单色】命令，命令行显示：

请输入平面图要变成的颜色/1-红/2-黄/3-绿/4-青/5-蓝/6-粉/7-白/ <7>:

在命令行输入所需要变成颜色的数字并按回车键，操作完成。

12.4.2 颜色恢复

【颜色恢复】命令将图层颜色恢复为系统默认的颜色，即在当前图层标准中设定的颜色。

在TArch 2014中调用【颜色恢复】命令方法如下。

★ 菜单栏：执行屏幕左侧的天正建筑菜单栏下的【文件布图】|【颜色恢复】菜单命令。
★ 命令行：在命令行中输入"YSHF"命令并按回车键。

▌12.4.3 图形变线

【图形变线】命令把三维的模型投影为二维图形，并另存为新图，如图12-19和图12-20所示。常用于生成有三维消隐效果的二维线框图，此时应事先在三维视图下运行【Hide（消隐）】命令。

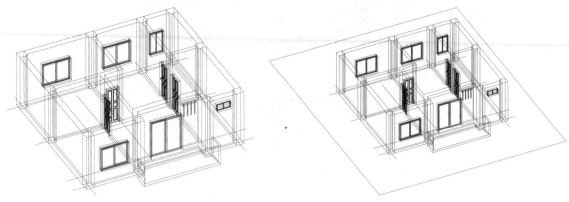

图12-19 三维图形   图12-20 二维图形

在TArch 2014中调用【图形变线】命令方法如下。

★ 菜单栏：执行【文件布图】｜【图形变线】菜单命令。
★ 命令行：在命令行中输入"TXBX"命令并按回车键。

转换后绘图精度将稍有损失，并且弧线在二维中由连接的多个LINE线段组成。

转换三维消隐图前，请使用右键快捷菜单命令设置着色模式为【二维线框】，坐标符号如图12-20所示，否则不能消隐三维模型。

12.5 图框的用户定制

天正软件具有通用图库管理标题栏和会签栏，这样用户可使用的标题栏得到极大扩充，从此建筑师可以不受系统的限制而能插入多家设计单位的图框，从而自由地为多家单位设计。

图框是由框线和标题栏、会签栏和设计单位标识组成的。本软件把标识部分称为附件栏，当采用标题栏插入图框时，框线由系统按图框尺寸绘制，用户不必定义，而其他部分都是可以由用户根据自己单位的图标样式加以定制；当勾选【直接插图框】选项时，用户在图库中选择的是预先入库的整个图框，可以直接按比例将其插入到图纸中。本节分别介绍标题栏的定制以及直接插入用户图框的定制。

表格是由表格对象和插入表格中的文字内容、图块组成的，其中图块为用户单位的标识图形，需要定制的是表格的表头部分。支持用户定制的表格目前适用于门窗表、门窗总表和图纸目录。

标题栏的制作有下列要求。

★ 属性块必须有以图号和图名为属性标记的属性；
★ 图名也可用图纸名称代替，其中图号和图名字符串中不允许有空格，也不接受"图名"这样的写法。

▌12.5.1 用户定制标题栏的准备

为了使用新的【图纸目录】功能，用户必须使用AutoCAD的属性定义命令（Attdef）把图号和图纸名称属性写入图框中的标题栏，把带有属性的标题栏加入图框库（图框库里面提供了类似的实例，但不一定符合贵单位的需要），并且在插入图框后把属性值改写为实际内容，才能实现图纸目录的生成。方法如下所述。

01 使用【当前比例】命令设置当前比例为1:1，此比例能保证文字高度的正确，具有十分重要的作用。

02 选择【插入图框】命令中的【直接插图框】选项，用1:1的比例插入图框库中需要修改或添加属性定义的标题栏图块。

03 使用【Explode（分解）】命令分解该图块，使得图框标题栏的分隔线为单根线。这时就可以进行属性定义了（如果插入的是已有属性定义的标题栏图块，双击该图块即可修改属性，请跳过4-6步）。

04 在标题栏中，使用【Attdef】命令输入如图12-21所示的内容。

图12-21 【属性定义】对话框

05 利用同样的方法，使用【Attdef】命令输入图号属性，【标记】、【提示】文本框中均为"图号"，【默认】文本框中是"建施-1"，待修改为实际值。【拾取点】应拾取图号框内的文字起始点左下角位置。

06 可以使用以上方法把日期、比例、工程名称等内容作为属性写入标题栏，从而使得后面的编辑更加方便，完成的标题栏局部如图12-22所示，其中属性显示的是"标记"。

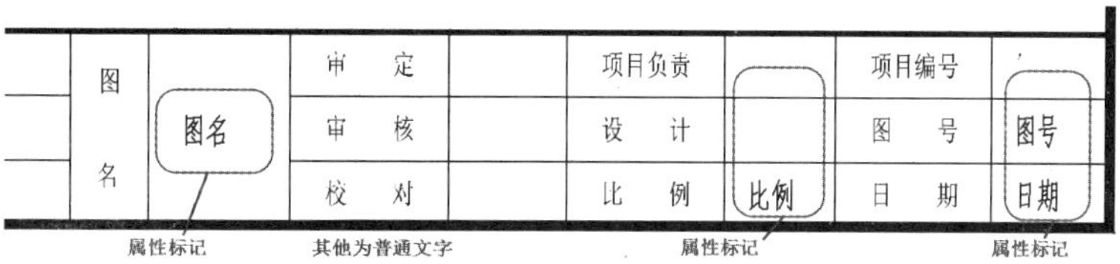

图 12-22 图框标题栏的文字属性

07 使用天正的【多行文字】或者【单行文字】命令在通长标题栏的空白位置写入其他需要注明的内容（如"备注：不得量取图纸尺寸，设计单位拥有本图著作权"等）。

08 把这个添加属性文字后的图框或者图签（标题栏）使用"重制"方式入库并取代原来的图块，即可完成带属性的图框（标题栏）的准备工作，插入点为右下角。

● 标题栏属性定义的说明

[文字样式]：按标题栏内希望使用的文字样式选取。

[高度]：按照实际打印图纸上的规定字高（毫米）输入。

[标记]：系统提取的关键字，可以是"图名"、"图纸名称"或者含有上面两个词的文字，如"扩展图名"等。

[提示]：在输入属性时用的文字提示，这里应与【标记】相同，它提示属性项中要填写的内容是什么。

[拾取点]：应拾取图名框内的文字起始点左下角位置。

[值]：属性块插入图形时显示的默认值，先填写一个对应于"标记"的默认值，用户最终要将其修改为实际值。

12.5.2 用户定制标题栏入库

图框库提供了部分设计院的标题栏，仅供用户作为样板参考，如图12-23所示。用户要根据自己实际服务的各设计单位标题栏进行修改，然后再将其重新入库。此对用户修改入库的内容有以下要求。

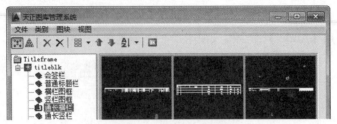

图12-23 图框库的标题栏

★ 所有标题栏和附件图块的基点均为右下角点。为了准确计算通长标题栏的宽度，要求用户定义的矩形标题栏外部不能注写其他内容，类似"本图没有盖章无效"等文字说明要写入标题栏或附件栏内部，或者定义为属性（旋转90度），在插入图框后将其拖到标题栏外。

★ 作为附件的徽标，要求其四周留有空白，要使用point命令在左上角和右下角画出两对角控制点，用于准确标识徽标范围，点样式为小圆点，入库时要包括徽标和两点在内，插入点为右下角点。

★ 作为附件排在竖排标题栏顶端的会签栏或修改表，其宽度要求与标题栏宽度一致，由于不留空白，因此不必画出对角点。

★ 作为通栏横排标题栏的徽标，包括对角点在内的高度要求与标题栏高度一致，如图12-24所示的实例。

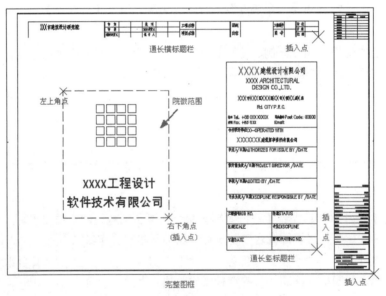

图12-24 通长标题栏和徽标构件入库

12.5.3 直接插入的用户定制图框

首先是以【插入图框】命令选择打算重新定制的图框大小，选择包括用户打算修改的类似标题栏，以1：1的比例插入图中，然后执行Explode分解图框图块，除了用Line命令绘制与修改新标题栏的样式外，还要按上面介绍的内容修改与定制自己的新标题栏中的属性。

完成修改后，选择要取代的用户图框，以通用图库的【重制】工具覆盖原有内容，或者自己创建一个图框页面类型，以通用图库的【入库】工具重新入库，注意此类直接插入图框在插入时不能修改尺寸，因此对不同尺寸的图框，要求重复按本节讲的内容，对不同尺寸包括不同的延长尺寸的图框分别入库。在重新安装软件时，图框库不会被安装程序所覆盖。

12.6 综合实战——打印输出别墅平[⚬]

素材素材\第12章\12.7综合实战—打印输出别墅平面图.dwg
视频视频\第12章\12.7综合实战—打印输出别墅平面图.mp4

01 按【Ctrl+O】快捷键，打开配套光盘提供的"第12章/12.7综合实战—打印输出别墅平面图.dwg"素材文件，如图12-25所示。

02 采用单比例打印。单击绘图区左下角的【布局】标签，进入"布局1"操作空间，将原有视口删除，结果如图12-26所示。

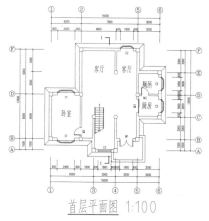

图12-25 素材

图12-26 "布局1"操作空间

03 调用【文件布图】|【插入图框】命令，插入A3图框，调用【放缩】命令，调整图签的大小，结果如图12-27所示。

04 执行【视图】|【视口】|【一个视口】菜单命令，指定视口对角点，创建一个视口，结果如图12-28所示。

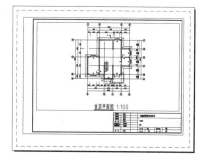

图12-27 加入图签

图12-28 创建视口

05 执行【文件】|【页面设置管理器】命令，在【页面设置管理器】对话框中为图纸指定绘图仪。

06 执行【文件】|【打印】命令，打开【打印_布局1】对话框，单击【预览】按钮，可对图形进行打印预览。

07 单击【打印】按钮，在弹出的【浏览打印文件】对话框中设置文件的保存路径及文件名，单击【保存】按钮，即可进行精确打印。

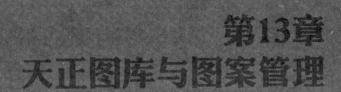

第13章
天正图库与图案管理

　　天正建筑软件的一大特色就是拥有齐全、完备的建筑图库，里面收录了带有材质的二维视图和三维视图的建筑相关图块，即调即用，可以大幅提高绘图者的工作效率。按使用方式区分，天正建筑软件TArch 2014的图库可分为"专用图库"和"通用图库"；按储存方式划分，可以分为"系统图库"和"用户图库"。多个图块文件经过压缩打包保存为DWB格式文件。

　　本章将详细介绍天正图库及图案管理的使用方法及相关技巧。

天正建筑
TArch 2014
完全实战技术手册

13.1 天正图块的概念

天正图块是基于AutoCAD普通图块的自定义对象，普通天正图块的表现形式依然是块定义与块参照。"块定义"是指插入到DWG图中，可以被多次使用的一个被"包装"过的图形组合，块定义可以有名字（有名块），也可以没有名字（匿名块）。"块参照"是指使用中引用"块定义"，重新指定了尺寸和位置的图块"实例"又称为"块参照"。

13.1.1 图块与图库的概念

块定义的作用范围可以在一个图形文件内有效（简称内部图块），也可以对全部文件都有效（简称外部图块）。如非特别申明，块定义一般指内部图块。外部图块就是有组织管理的DWG文件，通常把分类保存利用的一批DWG文件称为图库，把图库里面的外部图块通过命令插入图内，作为块定义，才可以被参照使用；内部图块可以通过Wblock导出为外部图块，通过图库管理程序保存称为"入库"。

天正图库按照使用方式可以分类分为专用图库和通用图库；按照物理存储和维护分类可以分为系统图库和用户图库，多个图块文件经过压缩打包保存为DWB格式文件。

［专用图库］：用于特定目的的图库，采用专门有针对性的方法来制作和使用图块素材，如门窗库和多视图库。

［通用图库］：即由常规图块组成的图库。其代表含义和使用目的完全取决于用户，系统并不认识这些图块的内涵。

［系统图库］：随软件安装提供的图库，由天正公司负责扩充和修改。

［用户图库］：由用户制作和收集的图库。对于用户扩充的专用图库（多视图库除外），系统给定了一个以"U_"开头的名称，这些图块和专用的系统图块一起放在DWB文件夹下，用户图库在更新软件重新安装时不会被覆盖，但是用户为方便起见会把用户图库的内容拖到通用图库中，此时如果重装软件就应该事先备份图库。

13.1.2 块参照与外部参照

块参照有多种方式，最常见的就是块插入（INSERT），如非特别申明，块参照就是指块插入。此外，还有外部参照，外部参照自动依赖于外部图块，即外部文件变化了，外部参照可以自动更新。

块参照还有其他更多的形式，例如门窗对象也是一种块参照，而且它还参照了两个块定义（一个二维的块定义和一个三维的块定义），与其他图块不同，门窗图块有自己的名称TCH_OPENING，而且在插入时门窗的尺寸受到墙对象的约束。

天正图库提供了插入AutoCAD图块的选项，可以选择按AutoCAD图块的形式插入图库中保存的内容，包括AutoCAD的动态图块和属性图块。在插入图块时出现的对话框中选择是按【天正图块】还是【按ACAD图块】插入，如图13-1所示。

图13-1　图块编辑

13.2 天正图块工具

13.2.1 图块改层

【图块改层】命令用于修改块定义的内部图层，以便能够区分图块不同部位的性质。图块内部往往包含不同的图层，在不分解图块的情况下无法更改这些图层。

在TArch 2014中调用【图块改层】命令方法如下。

★ 菜单栏：执行【图块图案】|【图块改层】菜单命令。

★ 命令行：在命令行中输入"TKGC"命令并按回车键。

在命令行输入"TKGC"命令并按回车键或执行【图块图案】|【图块改层】命令，选择要编辑的图块，弹出【图块图层编辑】对话框，如图13-2所示。

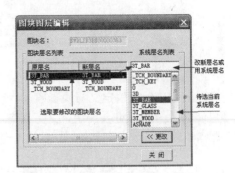

图13-2 【图块图层编辑】对话框

修改图块图层操作顺序如下：

01 选择左边列表中要修改的图层如"3T_BAR"，可在系统层名列表中选择已有的系统层名或新建目标层名，键入"E_0"这个新层名。

02 单击【<<更改】按钮，即可把图层由原层名"3T_BAR"改为新层名"E_0"。

03 继续更改层名，完成后单击【关闭】按钮，退出本命令。

图13-3所示中的三个沙发，如何使其拥有不同的面料材质呢？只要使用【图块改层】命令，在对话框中修改该图块面料所在图层即可。

图13-3 图块改层

13.2.2 图块替换

【图块替换】命令用于替换已经插入图中的图块，在图块管理界面也有类似的图块替换功能。

在TArch 2014中调用【图块替换】命令方法如下。

★ 菜单栏：执行【图块图案】|【图块替换】菜单命令。

★ 命令行：在命令行中输入"TKTH"命令并按回车键。

1. 图块替换命令提示

在命令行输入"TKTH"命令并按回车键或执行【图块图案】|【图块替换】命令。命令行显示：

选择插的图块<退出>：

选择图形中要替换的图块，进入图库进行图块选择。命令行显示：

[维持相同插入比例替换(S)/维持相同插入尺寸替换(D)]<退出>：

在命令行输入相应的字母并按回车键，操作完成。

2. 命令提示说明

[相同插入比例的替换]：维持图中图块的插入点位置和插入比例，适合于代表标注符号的图块。

[相同插入尺寸的替换]：维持替换前后的图块外框尺寸和位置不变，更换的是图块的类型，适用于代表实物模型的图块，例如替换不同造型的立面门窗、洁具、家具等图块。

13.2.3 图块转化

天正图块和AutoCAD块参照之间可以互相转化。本命令可将AutoCAD块参照转化为天正图块，而【Explode(分解)】命令可以将天正图块转化为AutoCAD块参照。它们在外观上完全相同，天正图块的突出特征是具有5个夹点，用户选中图块即可看到夹点数目，以此可以判断其为否是天正图块，如图13-4所示。

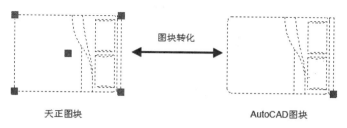

图13-4 图块转化

在TArch 2014中调用【图块转化】命令方法如下。

★ 菜单栏：执行【图块图案】|【图块转化】菜单命令。

★ 命令行：在命令行中输入"TKZH"命令并按回车键。

图块转化命令提示

在命令行输入"TKZH"命令并按回车键或执行【图块图案】|【图块转化】命令。命令行显示：

选择图块：

选择要转换到天正图块的AutoCAD图块，操作完成。

13.2.4 生二维块

【生二维块】命令利用天正建筑图中已插入的普通三维图块，生成含有二维图块的同名多视图图块，以便用于室内设计等领域。

在TArch 2014中调用【生二维块】命令方法如下。

★ 菜单栏：执行【图块图案】|【多视图块】|【生二维块】菜单命令。

★ 命令行：在命令行中输入"SEWK"命令并按回车键。

生二维块命令提示

在命令行输入"SEWK"命令并按回车键或执行【图块图案】|【多视图块】|【生二维块】命令。命令行显示：

选择三维图块：

选择已有的三维图块，按回车键结束选择，操作完成。

13.2.5 取二维块

【取二维块】命令可以将天正多视图块中含有的二维图块提取出来并将其转化为纯二维的天正图块，以便利用AutoCAD的在位编辑来修改二维图块的定义，如图13-5所示。

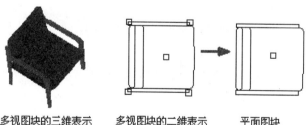

多视图块的三维表示   多视图块的二维表示   平面图块

图13-5 取二维块

在TArch 2014中调用【取二维块】命令方法如下。

★ 菜单栏：执行【图块图案】|【多视图块】|【取二维块】菜单命令。

★ 命令行：在命令行中输入"QEWK"命令并按回车键。

取二维块命令提示

在命令行输入"QEWK"命令并按回车键或执行【图块图案】|【多视图块】|【取二维块】命令。命令行显示：

选择多视图块：

选择图中已经插入的多视图块。命令行显示：

移动到临时位置以便在位编辑：

拖动平面图块到空白位置，操作完成。

13.2.6 任意屏蔽

【任意屏蔽】命令是AutoCAD的Wipeout命令，其功能是通过使用一系列点来指定多边形的区域并创建区域屏蔽对象，也可以将闭合的多段线转换成区域屏蔽对象，遮挡区域屏蔽对象范围内的图形背景，如图13-6所示。

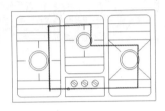 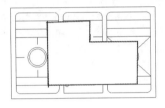 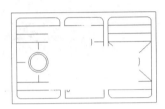

指定或创建闭合多线段　　　　　　　　创建屏蔽区域　　　　　　　　关闭屏蔽区域边框

图13-6　任意屏蔽

在TArch 2014中调用【任意屏蔽】命令方法如下。

★ 菜单栏：执行【图块图案】|【任意屏蔽】菜单命令。
★ 命令行：在命令行中输入"RYPB"命令并按回车键。

13.2.7 参照裁剪

【参照剪裁】命令是AutoCAD的XClip命令，将图形作为外部参照进行附着或插入块后，可以使用 XCLIP 命令定义剪裁边界，仅显示块或外部参照的界内部分，而不显示界外部分，但外部参照图形本身并没有被改变。

在TArch 2014中调用【参照剪裁】命令方法如下。

★ 菜单栏：执行屏幕左侧的天正建筑菜单栏下的【图块图案】|【参照裁剪】菜单命令。
★ 命令行：在命令行中输入"CZCJ"命令并按回车键。

参照剪裁命令提示

在命令行输入"CZCJ"命令并按回车键或执行【图块图案】|【参照裁剪】命令。命令行显示：

选择对象：

选择要裁剪的外部参照图形，按回车键结束。命令行显示：

输入剪裁选项　〔开(ON)/关(OFF)/剪裁深度(C)/删除(D)/生成多段线(P)/新建边界(N)〕　<新建>：

开始时应键入"N"或按回车键来新建边界，定义一个矩形或多边形剪裁边界，或者用【多段线】命令生成一个多边形剪裁边界。命令行显示：

指定剪裁边界：
〔选择多段线(S)/多边形(P)/矩形(R)〕　<矩形>：

在这里键入"S"，选择事先画好穿过单元公共墙体的闭合矩形多段线。命令行显示：

选择多段线：

选择刚才画好的多段线，创建参照裁剪，由于相邻单元也是一个外部参照，因此对相邻单元重复执行本命令。

使用时创建的这些多段线，在命令结束后不起作用，可以将其删除或者保存在一个关闭图层中。

开(ON)/关(OFF)

选项表示参照裁剪打开(起裁剪作用)，如果需要关闭，输入"OFF"即可。

13.3　天正图库管理

天正图库的逻辑组织层次为：图库组→图库(多视图库)→类别→图块。图库的使用涉及如下的术语。

图库：图库由文件主名相同的TK、DWB和SLB 3个类型文件组成，必须位于同目录下才能正确调用。其中的DWB文件由许多外部图块打包压缩而成；SLB为界面显示幻灯库，存放图块包内的各个图块对应的幻灯片；TK为这些外部图块的索引文件，包括分类和图块描述信息。

多视图库：多视图库文件组成与普通图库有所不同，它由TK、*2D.DWB、*3D.DWB和JPB组成。*2D.DWB保存二维视图，*3D.DWB保存三维视图，JPB为界面显示三维图片库，存放图块对应的着色图像JPG文件，TK为这些外部图块的索引文件，包括分类和图块描述信息。

图库组（TKW）：图库组是多个图库的组合索引文件，即指出图库组由哪些TK文件组成。

13.3.1　通用图库

【通用图库】命令是用于调用图库管理系统的菜单命令。

除了本命令外，其他很多命令也在其中调用图库中的有关部分进行工作，如插入图框时就调用了其中的图框库内容。图块名称表提供了人工拖动排序操作和保存当前排序功能，这样方便了用户对大量图块的管理，图库的内容既可以选择按天正图块来插入，也可以按AutoCAD图块插入，这就满足了用户插入AutoCAD属性块和动态块的需求。

在TArch 2014中调用【通用图库】命令方法如下。

★　菜单栏：执行【图块图案】|【通用图库】菜单命令。

★　命令行：在命令行中输入"TYTK"命令并按回车键。

执行菜单命令后，显示【天正图库管理系统】对话框，如图13-7所示。

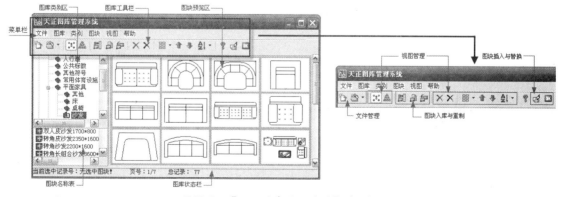

图13-7　【天正图库管理系统】对话框

对话框控件说明

［工具栏］：提供部分常用图库操作的按钮。

［菜单栏］：菜单栏和工具栏功能类似，以下拉菜单的形式提供常用图库操作的命令。

［类别区］：显示当前图库或图库组文件的树形分类目录。

［块名区］：图块的描述名称（并非插入后的块定义名称），与图块预览区的图片——对应。

选中某图块名称，然后单击该图块即可重新命名。

[图块预览区]：显示类别区被选中类别下的图块幻灯片或彩色图片，被选中的图块会被加亮显示，可以使用滚动条或鼠标滚轮来翻滚浏览。

[状态栏]：根据状态的不同显示图块信息或操作提示。

界面的大小可以通过拖动对话框右下角来调整；也可以通过拖动区域间的界线来调整各个区域的大小；各个不同功能的区域都提供了相应的的右键快捷菜单。

天正图库支持鼠标拖放的操作方式，只要在当前类别中点取某个图块或某个页面(类型)，按住鼠标左键拖动图块到目标类别，然后释放左键即可实现在不同类别、不同图库之间成批移动、复制图块。图库页面拖放操作规则与Windows的资源管理器类似，具体说就是：

在本图库(TK)中的不同类别之间拖动是移动图块，从一个图库到另一个图库的拖动是复制图块。如果在拖放的同时按住Shift键，则为移动。

13.3.2 文件管理

【文件管理】命令可通过图库工具栏的图标命令与右键快捷菜单命令来执行，如图13-8所示。

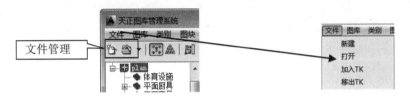

图13-8 文件管理

在类别单上单击右键执行【新建类别】快捷菜单命令，该命令的功能是在当前图库组中添加新图库或加入已有的图库，【移出TK】命令可以把图库从图库组中移出（文件不会从磁盘删除）。进行文件操作的时候，注意不要启用工具栏的"合并"功能，否则无法启动右键快捷菜单，类别区也看不到图库文件。

对话框功能说明

[新建库]：输入新的图库组文件的位置和名称，并选择图库类型是【普通图库】还是【多视图图库】，然后单击【新建】按钮即可。系统自动建立一个空白的TKW文件并准备将其加入图库（tk）。

[打开图库]：选择已有图库组文件 （TKW）或图库文件（TK）。如果选择图库文件，会自动为该图库建立一个同名的图库组文件。可以使用快捷方式打开图库组，快捷菜单列出了最近打开的图库组列表以及预定义的系统图库组列表。

[新建TK]：其功能类似【新建库】命令，只是新建的不是空白图库组而是空白图库。

[加入TK]：选择一个已经存在的图库（TK文件）并将其加入到当前图库组中。

13.3.3 视图管理

管理图库界面视图的排列，由于图库可以分很多批次下载，【合并】与【还原】命令使图库内查看和选择不同批次的图块变得更加容易，而通过【还原】命令可以保留管理具体图库文件的方便性，如图13-9所示。

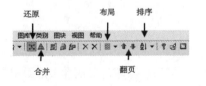

图13-9 视图管理

命令功能说明

[合并]：在合并模式下，图库集下的各个图库按类别合并，这样更加方便用户检索，即用户不需要分别对各个图库都进行查找，只要顺着分类目录查找即可，而不必在乎图块是在哪个图库里。

[还原]：如果要添加修改图块，那么就要取消合并模式，因为用户必须知道修改的是不同时期获得的某个图库里的内容。

[排序]：

★ 新增图块名称表的【临时排序】和【保存当前排序】功能，先使用【临时排序】功能，可将当前类别下的图块按图块描述名称的拼音字母排序，以方便用户检索。但【临时排序】功能仅在本次操作有效，退出图库管理命令后即恢复为默认顺序。如果需要保留当前的图块顺序，使用【保存当前排序】功能后在确认对话框单击【确定】按钮，把当前的排序保存下来，如图13-10所示。

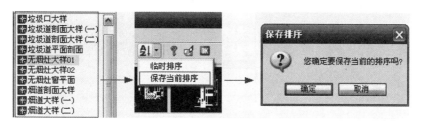

图13-10　排序

★ 新增图块名称表的【人工排序】操作，可以通过上下拖动图块名称来改变它们相对顺序，通过上述的【保存当前排序】功能保存排序结果。

[布局]：设置预览区内的图块幻灯片的显示行列数，以利于用户观察。

[上下翻页]：可以单击工具栏【上下翻页】按钮，也可以使用光标键和翻页键（PageUp/PageDown）来切换右边图块预览区的页面。

13.3.4　新图入库与重置

【新图入库】命令可以把当前图中的局部图形置转为外部图块并将其加入到图库。【批量入库】命令可以把磁盘上已有的外部图块按文件夹批量加入图库。【重置】命令利用新图替换图库中的已有图块或仅修改当前图块的幻灯片或图片，而不修改图库内容，也可以仅更新构件库内容而不修改幻灯片或图片，如图13-11所示。

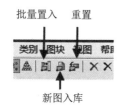

图13-11　图块入库与重置

13.3.5　图块插入与替换

从图库管理界面选择一个新图块并将其插入当前图形中，就是图块插入；对当前图形中所选择的图块进行替换就是图块替换。提供两种图块类型的插入，其中【天正图块】的插入不支持图块属性和动态块特性，如需要插入到图形中的图块支持属性和动态块特性时，请选择使用【ACAD图块】类型插入。

1. 图块插入

双击预览区内的图块或选中某个图块后单击按钮，系统返回到图形操作区，从命令行进行图块的定位，并可在【图块编辑】对话框中设置图块的大小，如图13-12所示。

图13-12　插入图块

用户在其中可选择输出的图块类型是【ACAD图块】还是【天正图块】。前者插入的是AutoCAD创建的图块，用于输出在天正图库保存的AutoCAD图块；后者插入的是带有天正夹点的嵌套图块，天正图块经分解后也可以得到AutoCAD图块。

> **注意**
>
> 插入动态图块时要选择【ACAD图块】类型，而且不要去掉对【统一比例】复选项的勾选，否则插入的就不是动态图块了。

2. 图块替换

用选中的图块替换当前图中已经存在的块参照，可以选中保持插入比例不变或保持块参照尺寸不变，如图13-13所示。

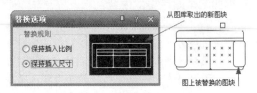

图13-13　图块替换

13.4　天正图案工具

13.4.1　木纹填充

【木纹填充】命令用于对给定的区域进行木纹图案填充，可设置木纹的大小和填充方向，适用于装修设计绘制木制品的立面和剖面，如图13-14所示。

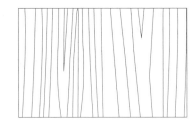

图13-14　木纹填充

在TArch 2014中调用【木纹填充】命令方法如下。

★　菜单栏：执行【图块图案】|【木纹填充】菜单命令。

★　命令行：在命令行中输入"MWTC"命令并按回车键。

【木纹填充】命令提示

在命令行输入"MWTC"命令并按回车键或执行【图块图案】|【木纹填充】命令。命令行显示：

> 输入矩形边界的第一个角点<选择边界>：

如果填充区域是闭合的多段线，可以按回车键并选择边界，否则直接给出矩形边界的第一对角点。命令行显示：

> 输入矩形边界的第二个角点<退出>：

给出矩形边界的第二个对角点。命令行显示：

> 选择木纹[横纹(H)/竖纹(S)/断纹(D)/自定义(A)]<退出>：S

键入"S"，选择竖向木纹或键入其他木纹选项，这时可以预览到木纹的大小，如果尺寸或角度不合适，则键入选项修改。命令行显示：

> 点取位置或[改变基点(B)/旋转(R)/缩放(S)]<退出>：S

键入"S"进行放大。命令行显示：

> 输入缩放比例<退出>：2

键入缩放倍数，放大木纹2倍。命令行显示：

点取位置或[改变基点(B)/旋转(R)/缩放(S)]<退出>:

拖动木纹图案，使图案在填充区域内取点定位，按回车键退出。操作完成。

13.4.2　图案加洞

【图案加洞】命令用于编辑已有的图案填充，在已有填充图案上开洞口，如图13-15所示。执行本命令前，图上应有图案填充，可以在命令中画出开洞边界线，也可以用已有的多段线或图块作为边界。

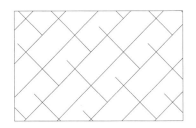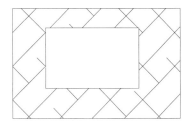

图13-15　图案加洞

在TArch 2014中调用【图案加洞】命令方法如下。

★　菜单栏：执行【图块图案】|【图案加洞】菜单命令。
★　命令行：在命令行中输入"TAJD"命令并按回车键。

图案加洞命令提示

在命令行输入"TAJD"命令并按回车键或执行【图块图案】|【图案加洞】命令。命令行显示：

请选择图案填充<退出>:

选择要开洞的图案填充对象。命令行显示：

矩形的第一个角点或[圆形裁剪(C)/多边形裁剪(P)/多段线定边界(L)/图块定边界(B)]<退出>: L

使用两点定义一个矩形裁剪边界或者键入关键字来使用命令选项，如果我们采用已经画出的闭合多段线作为边界，则键入"L"。命令行显示：

请选择封闭的多段线作为裁剪边界<退出>:

选择已经定义的多段线。操作完成。

程序自动按照多段线的边界对图案进行裁剪开洞，洞口边界将被保留，如图13-16所示。其余的选项与本例类似，以此类推。

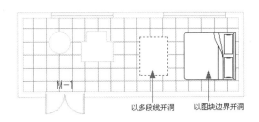

图13-16　裁剪开洞

13.4.3　图案减洞

【图案减洞】命令用于编辑已有的图案填充，在图案上删除被天正软件的【图案加洞】命令裁剪的洞口，恢复填充图案的完整性，如图13-17所示。

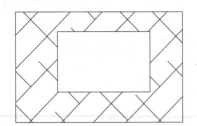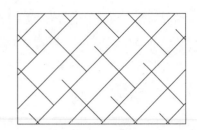

图13-17　图案减洞

在TArch 2014中调用【图案减洞】命令方法如下。

★　菜单栏：执行【图块图案】|【图案减洞】菜单命令。

图案减洞命令提示

执行【图块图案】|【图案加洞】命令。命令行显示：

请选择图案填充<退出>：

选择要减洞的图案填充对象。命令行显示：

选取边界区域内的点<退出>：

在洞口内点取一点，操作完成。

程序将立刻删除洞口，恢复原来的连续图案，但每一次操作只能删除一个洞口。

13.4.4　图案管理

【图案管理】命令包括以前版本的直排图案、横排图案、删除图案、多项图案的制作功能，用户可以利用AutoCAD绘图命令制作图案，本命令将其作为图案单元装入天正建筑软件提供的AutoCAD图案库，大大简化了填充图案的用户定制难度，图案库保存在安装文件夹下的sys文件夹中，文件名是acad.pat和acadiso.pat。【图案管理】对话框如图13-18所示。

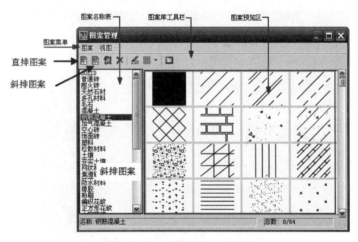

图13-18　【图案管理】对话框

在TArch 2014中调用【图案管理】命令方法如下。

★　菜单栏：执行【图块图案】|【图案管理】菜单命令。
★　命令行：在命令行中输入"TAGL"命令并按回车键。

对话框控件参数

［直排图案］：调用以前直排图案的造图案命令，在后面进行详细介绍。

［斜排图案］：调用以前斜排图案的造图案命令，在后面进行详细介绍。

［重制图案］：单击图案库中要重制的图案（如空心砖），从工具栏执行【重制】命令用直排或者斜排图案命令重建该图案。

[删除图案]：单击图案库中要删除的图案（如空心砖）， 在工具栏中单击【删除】按钮。

[修改图案比例]：单击图案库中要修改比例的图案（如木纹）。

[图案布局]：设置预览区内的图案幻灯片显示的行、列数，以利于用户观察。

[OK]：关闭对话框。

13.4.5 直排图案

在执行造图案命令前，要先在屏幕上绘制准备入库的图形。造图案时所在的图层及图形所处坐标位置和大小不限，但构成图形的图元只限于POINT（点）、LINE（直线）、ARC（弧）和CIRCLE（圆）4 种。如用【Polygon（多边形）】命令画的多边形和【Rectangle（矩形）】命令绘制的矩形，须用【Explode（分解）】命令分解为LINE（线）后再制作图案。

直排图案命令提示

单击图标命令后。命令行显示：

请输入新造图案的名字(直排) <退出>：

输入图案名称后并按回车键。

系统规定图案名称只能用英文命名，而且图案入库之后将与AutoCAD原有的图案合在一起并按字母顺序排列。命令行显示：

请选择要造图案的图元<退出>：

选定准备绘制成新图案的图形对象。命令行显示：

请选择要造图案的图元<退出>：

按回车键以完成选定。命令行显示：

图案基点<退出>：

图案的基点影响图案插入后的再现精度。最好选在圆心或直线、弧的端点。选定基点后，命令行显示：

横向重复间距<退出>：

可用光标点取两点来确定间距。这个间距是指所选中的造图案图形在水平方向上的重复排列间隔，是相对当前选中的图形而言的。输入这个间距后。命令行显示：

竖向重复间距 <XXXX>：

要横竖间距相同则按回车键 。操作完成。

尖括号内的数字是刚刚输入的横向重复间距。如果不要横竖间距相同则可输入竖向重复间距。输入后，就按所选定的图形和指定的间距绘制成图案并存入图案库中，如图13-19所示。

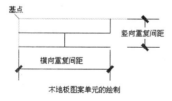

图13-19 直排图案实例

13.4.6 斜排图案

用户可以利用AutoCAD绘图命令制作一个斜排图案，本命令将其作为图案单元并装入天正建筑软件提供的AutoCAD图案库中，如图13-20所示。

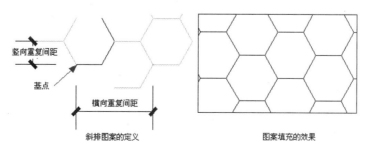

图13-20 斜排图案

本命令的操作方法与【直排图案】命令基本相同，只是命令行提示略有区别：

竖向重复间距<XXXX>：

尖括号内的数值不是刚输入的横向重复间距，而是横向重复间距的0.866（即32）倍。

13.4.7　线图案的自定义与填充

　　【线图案】命令用于生成连续的图案以填充的新增对象，它支持夹点拉伸与宽度参数修改，如图13-21所示。

　　在TArch 2014中调用【线图案】命令方法如下。

★　菜单栏：执行【图块图案】|【线图案】菜单命令。

★　命令行：在命令行中输入"XTA"命令并按回车键。

　　线图案对象提供了图案翻转、宽度属性，特别适用于绘制施工图中的详图。执行菜单命令后，对话框如图13-22所示。

图13-21　线图案

图13-22　【线图案】对话框

1. 对话框控件的说明

　　[动态绘制]：在图上连续取点，以类似pline的绘制方法来创建线图案路径，同时显示图案效果。

　　[选择路径]：选择已有的多段线、圆弧、直线，以此作为线图案路径。

　　[单元对齐]：有单元自调、两边对齐和中间对齐共3种对齐方式，用于调整图案单元之间的连接关系。单元自调是自动调整单元长度使若干个单元能拼接成总长度，两边对齐和中间对齐均不改变单元长度，单元之间的缝隙在两边对齐中为均布，而中间对齐则把缝隙留在线段的两边。

　　[图案宽度<]：定义线图案填充的真实宽度，可从图上以两点距离量度获得（不含比例）。

　　[填充图案百分比]：勾选此复选项后可设置填充图案与基点之间的宽度，用于调整保温层等内填充图案与基线的关系。若不勾选则默认为100%。

　　[基线位置]：有中间、左边和右边3种选择，用于调整图案与基线之间的横向关系与动态绘制确认。

　　[图案选择]：单击图像框即可进入图库管理系统，在其中可以选择预定义的线图案。

2. 线图案命令提示

● 在对话框定义好路径和图案样式、图案参数后，单击【动态绘制】按钮，将光标移到绘图区即可绘制线图案，命令提示：

起点<退出>：

　　给出线图案路径的起点。命令行显示：

直段下一点或　[弧段(A)/回退(U)/翻转(F)]<结束>：

　　取点或键入选项绘制线图案路径，同时动态观察图案尺寸、基线等是否合理；

● 在对话框定义好路径和图案样式、图案参数后，单击【选择路径】按钮，将光标移到绘图区并选择已有路径，命令提示：

请选择作为路径的曲线 (线/圆/弧/多段线) <退出>：

　　选择作为线图案路径的曲线，随即显示图案作为预览。命令行显示：

是否确定？[是(Y)/否(N)]<Y>：

观察预览并按回车键确认，或者键入"N"以返回上一个提示，然后重新选择路径或修改参数；
● 线图案可以进行对象编辑，双击已经绘制的线图案，命令行提示：

选择[加顶点(A)/减顶点(D)/设顶点(S)/宽度(W)/填充比例(G)/图案翻转(F)/单元对齐(R)/基线位置(B)]<退出>：

键入选项热键可进行参数的修改，切换对齐方式、图案方向与基线位置。

线图案镜像后的默认规则是严格镜像，在用于规范要求方向一致的图例时，请使用对象编辑的"图案翻转"属性纠正，如图13-23所示。如果要求沿线图案的生成方向翻转整个线图案，请使用右键快捷菜单中的【反向】命令。

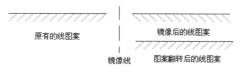

图13-23　线图案操作

第14章
三维建模及图形导出

　　在TArch 2014中可以创建三维模型，例如平板对象、竖板对象、路径界面对象等。同样，对绘制完成的三维模型，也可以调用线转面、实体转面等命令对其进行编辑修改。图形导出命令也可对图形进行转换和导出。

天正建筑
TArch 2014
完全实战技术手册

14.1 三维造型对象

　　　TArch 2014提供了绘制三维造型对象的命令，如平板、竖板、变截面体等对象，使用这些命令可以快速创建三维对象。

14.1.1 平板

　　【平板】命令用于构造广义的板式构件，例如实心和镂空的楼板、平屋顶、楼梯休息平台、装饰板等，如图14-1所示。

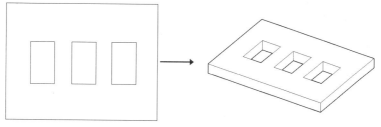

图14-1 平板

　　在TArch 2014中调用【平板】命令，根据命令行的提示选择封闭的多段线并设置各项参数，转换视图即可查看到创建完成的平板图像。

　　调用【平板】命令方法如下。

★ 菜单栏：执行【三维建模】|【造型对象】|【平板】菜单命令。

★ 命令行：在命令行中输入"PB"命令并按回车键。

1. 平板命令提示

　　在命令行输入"PB"命令并按回车键或执行【三维建模】|【造型对象】|【平板】命令。命令行显示：

> 选择一多段线<退出>:

　　选取一段多段线。命令行显示：

> 请点取不可见的边<结束>或[参考点(R)]<退出>:

　　点取一边或多个不可见边。

　　不可见边是实际存在的，只是在二维显示中不可见，主要是为了保证与其他构件衔接得更好。选取完毕后，命令行显示：

> 选择作为板内洞口的封闭的多段线或圆:

　　选取一段多段线，如果没有则按回车键。命令行显示：

> 板厚(负值表示向下生成)<200>:

　　输入板厚后，生成平板。操作完成。

　　如果平板以顶面定位，则输入负数表示向下生成；如要修改平板参数，选取平板后单击鼠标右键，执行【对象编辑】命令。命令行显示：

> [加洞(A)/减洞(D)/边可见性(E)/板厚(H)/标高(T)/参数列表(L)]/<退出>:

2. 命令提示说明

　　［加洞（A）］：在命令行输入"A"，可在平板中添加通透的洞口。

　　［减洞（D）］：在命令行输入"D"，可移除平板中的洞口。

　　［边可见性（E）］：在命令行输入"E"，可控制哪些边在二维视图中不可见，洞口的边无法逐个控制可见性。

［板厚（H）］：在命令行输入"H"，可改变平板的厚度。正数表示平板向上生成，负数表示向下生成。厚度可以为0，表示一个薄片。

［标高（T）］：在命令行输入"T"，可更改平板基面的标高。

［参数列表（L）］：在命令行输入"L"，程序会提供该平板的一些基本参数属性，便于用户查看修改。

【案例14-1】：创建平板

素材：素材\第14章\14.1.1创建平板.dwg
视频：视频\第14章\案例14-1创建平板.mp4

在图14-2所示的闭合多线段中创建平板。

01 按【Ctrl+O】快捷键，打开配套光盘提供的"第14章/14.1.1创建平板.dwg"素材文件，如图14-2所示。

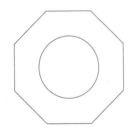

图14-2　素材

02 在命令行输入"PB"命令并按回车键或执行【三维建模】|【造型对象】|【平板】命令。根据命令提示选择封闭多段线以及板中洞口封闭多段线，如图14-3所示。然后输入板厚为500。

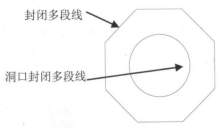

封闭多段线

洞口封闭多段线

图14-3　选择多段线

03 平板的绘制结果如图14-4所示。

图14-4　绘制平板

14.1.2　竖板

【竖板】命令用于构造竖直方向的板式构件，常用于遮阳板、阳台隔断等，如图14-5所示。

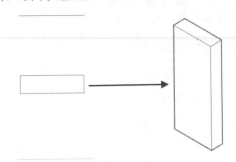

图14-5　竖板

在TArch 2014中调用【竖板】命令，根据命令行的提示分别单击指定竖板的起点和终点并设置各项参数，转换视图即可查看到创建完成的竖板图像。

调用【竖板】命令方法如下。

★ 菜单栏：执行【三维建模】|【造型对象】|【竖板】菜单命令。
★ 命令行：在命令行中输入"SB"命令并按回车键。

竖板命令提示

在命令行输入"SB"命令并按回车键或执行【三维建模】|【造型对象】|【竖板】命令。命令行显示：

起点或[参考点(R)]<退出>：

点取起始点。命令行显示：

终点或[参考点(R)]<退出>：

点取结束点。命令行显示：

起点标高<0>：

键入新值或按回车键以接受默认值。命令行显示：

终点标高<0>：

键入新值或按回车键以接受默认值，可将该竖板抬升至一定高度，作为阳台的隔断等。命令行显示：

起边高度<1000>：

键入新值或按回车键以接受默认值。命令行显示：

终边高度<1000>：

键入新值或按回车键以接受默认值。命令行显示：

板厚<200>:

键入新值或按回车键以接受默认值。命令行显示:

是否显示二维竖板?(Y/N)[Y]:

键入"Y"或"N"。操作完成。

如要修改竖板参数,可用【对象编辑】命令进行修改,选取竖板后单击鼠标右键,选取【对象编辑】命令,拖动夹点可改变竖板的长度。

14.1.3　路径曲面

【路径曲面】命令用于利用已经绘制的路径和形状来放样生成均匀截面的物体,如图14-6所示。

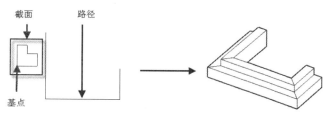

图14-6　路径曲面

在TArch 2014中调用【路径曲面】命令,在【路径曲面】对话框中设置参数,如图14-7所示。选择路径、截面、基点,转换视图即可查看到创建完成的路径曲面。

调用【路径曲面】命令方法如下。

★　菜单栏:执行【三维建模】|【造型对象】|【路径曲面】菜单命令。

★　命令行:在命令行中输入"LJQM"命令并按回车键。

图14-7　【路径曲面】对话框

1. 对话框控件说明

[路径选择]:单击此按钮进入图中选择路径,选取成功后出现"V"形手势,并有文字提示。路径可以是LINE、ARC、CIRCLE、PLINE或可绑定对象路径曲面、扶手和多坡屋顶边线,墙体不能作为路径。

[截面选择]:点取图中曲线或进入图库选择,选取成功后出现"V"形手势,并有文字提示。截面可以是LINE、ARC、CIRCLE、

PLINE等对象。

[路径反向]:路径为有方向性的PLINE线,如在预览时发现三维结果反向了,选择该复选项将使结果反转。

[拾取截面基点]:选定截面与路径的交点,缺省的截面基点为截面外包轮廓的形心,可单击该按钮在截面图形中重新选取。

2. 路径曲面命令提示

如要修改路径曲面参数,选取路径曲面后执行右键快捷菜单【对象编辑】命令,命令行提示:

请选择[加顶点(A)/减顶点(D)/设置顶点(S)/截面显示(W)/改截面(H)/关闭二维(G)]<退出>:

3. 命令提示说明

[加顶点(A)]:在命令行输入"A",可以在完成的路径曲面对象上增加顶点,详见"添加扶手"一节。

[减顶点(D)]:在命令行输入"D",可在完成的路径曲面对象上删除指定顶点。

[设置顶点(S)]:在命令行输入"S",可设置顶点的标高和夹角,提示参照点是取该点的标高。

[截面显示(W)]:在命令行输入"W",可重新显示用于放样的截面图形。

[关闭二维(G)]:在命令行输入"G",可关闭路径曲面的二维表达,由用户自

行绘制合适的形式。

[改截面（H）]：在命令行输入"H"，提示点取新的截面，可用新截面替换旧截面并重建新的路径曲面。

4. 路径曲面的特点

截面是路径曲面的一个剖面形状，截面没有方向性，路径有方向性，路径曲面的生成方向总是沿着路径的绘制方向，以基点对齐路径生成。

（1）截面曲线封闭时，形成的是一个有体积的对象。

（2）路径曲面的截面显示出来后，可以拖动夹点改变截面形状，路径曲面实现动态更新。

（3）路径曲面可以在UCS下使用，但是作为路径的曲线和断面曲线的构造坐标系应平行。

【案例14-2】：创建路径曲面

素材：素材\第14章\14.1.3创建路径曲面.dwg
视频：视频\第14章\案例14-2创建路径曲面.mp4

在图14-8所示的路径和截面中创建曲面。

01 按【Ctrl+O】快捷键，打开配套光盘提供的"第14章/14.1.3创建路径曲面.dwg"素材文件，如图14-8所示。

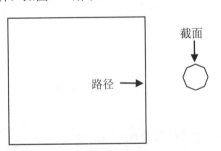

图14-8　素材

02 在命令行输入"LJQM"命令并按回车键或执行【三维建模】|【造型对象】|【路径曲面】命令。弹出【路径曲面】对话框，如图14-9所示。

图14-9　【路径曲面】对话框

03 单击【选择路径曲线或可绑定对象】选项组中的按钮，在绘图区中选择作为路径的曲线，如图14-10所示。按回车键返回【路径曲面】对话框。

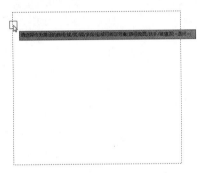

图14-10　选择路径

04 选择【截面选择】选项组下的【　点取图中曲线】单选项，单击其下方的按钮，在绘图区中选择作为断面形状的曲线。

05 返回【路径曲面】对话框，单击【确定】按钮，关闭对话框，完成路径曲面的绘制，结果如图14-11所示。

图14-11　路径曲面

▌ 14.1.4　变截面体

【变截面体】命令用于沿着一个路径对给定的多个截面放样生成变截面体，如图14-12所示。

在TArch 2014中调用【变截面体】命令，选择路径曲面的上端并分别选择图中的几个截面，根据命令行的提示进行各项操作，即可完成变截面体的操作。

调用【变截面体】命令方法如下。

★　菜单栏：执行【三维建模】|【造型对象】|【变截面体】菜单命令。

★　命令行：在命令行中输入"BJMT"命令并按回车键。

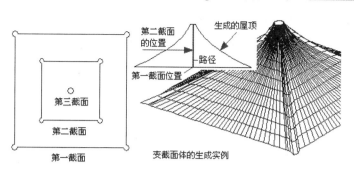

图14-12　变截面体

变截面体命令提示

在命令行输入"BJMT"命令并按回车键或执行【三维建模】|【造型对象】|【变截面体】命令。命令行显示：

请选取路径曲线（点取位置作为起始端）<退出>：

点取pline（如非pline要先转换）一端作为第一截面端。命令行显示：

请选择第1个封闭曲线<退出>：

选取闭合pline并将其定义为第一截面。命令行显示：

请指定第1个截面基点或[重心(W)/形心(C)]<形心>：

点取截面对齐用的基点。

……顺序点取若干截面封闭曲线和基点。命令行显示：

指定第2个截面在路径曲线的位置：

最后点取中间截面的位置，完成变截面体的制作。

14.1.5　等高建模

【等高建模】命令用于将一组具有不同标高的多段线转成山坡模型，如图14-13所示。

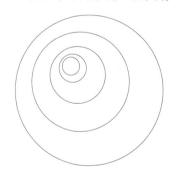

图14-13　等高建模

按【Ctrl+1】快捷键，在【特性】面板中设置各多段线【标高】参数，在TArch 2014中调用等高建模命令，框选多段线并按回车键即可完成等高建模的操作。

调用【等高建模】命令方法如下。

★　菜单栏：执行【三维建模】|【造型对象】|【等高建模】菜单命令。

★　命令行：在命令行中输入"DGJM"命令并按回车键。

14.1.6　栏杆库

【栏杆库】命令从通用图库的栏杆单元库中调出栏杆单元，以便编辑后进行排列生成栏杆。【天正图库管理系统】对话框中的栏杆如图14-14所示。

调用【栏杆库】命令方法如下。

★ 菜单栏：执行【三维建模】|【造型对象】|
【栏杆库】菜单命令。

★ 命令行：在命令行中输入"LGK"命令并按
回车。

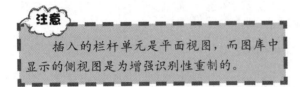

注意

　　插入的栏杆单元是平面视图，而图库中
显示的侧视图是为增强识别性重制的。

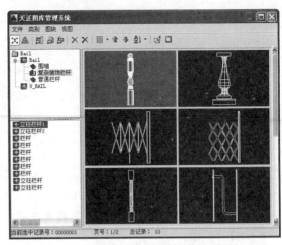

图14-14　【天正图库管理系统】对话框

14.1.7　路径排列

　　【路径排列】命令用于沿着路径排列生成指定间距的图块对象，本命令常用于生成楼梯栏杆，但是其功能不仅仅限于此，故没有命名为栏杆命令，如图14-15所示。

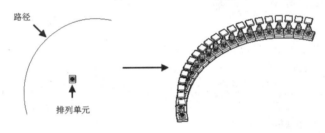

图14-15　路径排列

　　在TArch 2014中调用【路径排列】命令，选择路径以及排列单元，弹出【路径排列】对话框，如图14-16所示。单击【确定】按钮即可完成路径排列的操作。

　　调用【路径排列】命令方法如下。

★ 菜单栏：执行【三维建模】|【造型对象】|
【路径排列】菜单命令。

★ 命令行：在命令行中输入"LJPL"命令并按
回车键。

图14-16　【路径排列】对话框

对话框控件说明

　　［单元宽度<］：排列物体时的单元宽度，由刚才选中的单元物体获得单元宽度的初值。有时单元宽与单元物体的宽度是不一致的，例如栏杆立柱之间有间隔，单元物体宽加上这个间隔才是单元宽度。

　　［初始间距<］：栏杆沿路径生成时，第一个单元与起始端点的水平间距，初始间距与单元对齐方式有关。

　　［中间对齐］和［左边对齐］：单元对齐的两种不同方式，栏杆单元从路径生成方向起始端起排列。

　　［单元基点］：是用于排列的基准点，默认是单元中点，可通过取点重新确定，重新定义基点时，为准确捕捉，最好在二维视图中点取。

　　［视图］：生成后的栏杆通常属于纯三维对象，不提供二维视图。如果需要在二维视图中显示，则需要选择相应的单选项。

　　［预览<］：输入参数后，可以单击【预览】按钮，在三维视口获得预览效果，这时注

意在二维视口中是没有显示的，所以应该事先设置好视口环境，以回车键确认。

> **注意**
>
> 绘制路径时一定要按照实际走向进行，如作为单跑楼梯扶手的路径就一定要在楼梯一侧从下而上绘制，栏杆单元的对齐才能起作用。

14.1.8　三维网架

【三维网架】命令用于将空间的一组关联直线转换成网架模型，如图14-17所示。

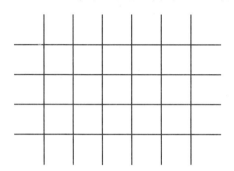
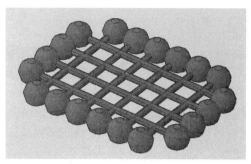

图14-17　三维网架

在TArch 2014中调用【三维网架】命令，根据命令行的提示选择直线或多段线，在弹出的【网架设计】对话框中设置参数，如图14-18所示。单击【确定】按钮即可完成三维网架的操作。

调用【三维网架】命令方法如下。

★ 菜单栏：执行【三维建模】|【造型对象】|【三维网架】菜单命令。

★ 命令行：在命令行中输入"SWWJ"命令并按回车键。

图14-18　【网架设计】对话框

对话框控件说明

［网架图层］：球和网架的所在图层，如果材质不同，需单独定义二者的图层，以便渲染。

［网架参数］：设定球和杆的直径。

［单甩节点加球］：勾选此复选项后，单根直线的两个端点也生成球节点。若去除勾选，则系统只在两根以上直线交汇节点处生成球节点。

> **注意**
>
> 本命令生成的空间网架模型不能指定逐个杆件与球节点的直径和厚度。

【案例14-3】：创建三维网架

素材：素材\第14章\14.1.8创建三维网架.dwg
视频：视频\第14章\案例14-3创建三维网架.mp4

根据图14-19所示的直线段创建三维网架。

01 按【Ctrl+O】快捷键，打开配套光盘提供的"第14章/14.1.8创建三维网架.dwg"素材文件，如图14-19所示。

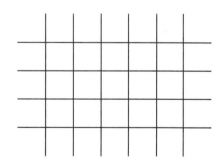

图14-19　素材

02 在命令行输入"SWWJ"命令并按回车键或执行【三维建模】|【造型对象】|【三维网架】命令。选择直线段后按回车键。弹出【网架设计】对话框，设置的参数如图14-20所示。

03 单击【确定】按钮，创建三维网架的结果如图14-21所示。

图14-20 参数设置

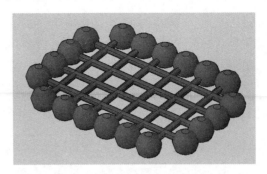

图14-21 三维网架

14.2 三维编辑工具

TArch 2014提供的三维编辑工具主要有线转面、实体转面、片面合成等。这些工具可将指定的二维图形转换成三维图形。

14.2.1 线转面

【线转面】命令根据由线构成的二维视图生成三维网格面，如图14-22所示。

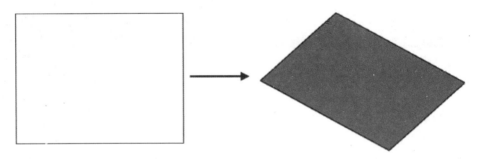

图14-22 线转面

在TArch 2014中调用【线转面】命令，根据命令行的提示选择构成面的边界，然后根据命令行的提示设置参数即可完成线转面的操作。

调用【线转面】命令方法如下。

★ 菜单栏：执行【三维建模】|【编辑工具】|【线转面】菜单命令。

★ 命令行：在命令行中输入"XZM"命令并按回车键。

【案例14-4】：线转面操作

素材：素材\第14章\14.2.1线转面操作.dwg
视频：视频\第14章\案例14-4线转面操作.mp4

在图14-22所示的矩形中进行线转面操作。

01 按【Ctrl+O】快捷键，打开配套光盘提供的"第14章/14.2.1线转面操作.dwg"素材文件，如图14-23所示。

图14-23 素材

02 在命令行输入"XZM"命令并按回车键或执行【三维建模】|【编辑工具】|【线转面】命令。选择构成面的边—矩形，在命令行提示"是否删除原始的边线?[是(Y)/否(N)]<Y>:"时，输入"N"。

03 线转面的结果如图14-24所示。

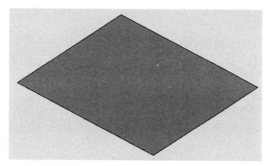

图14-24　线转面

14.2.2　实体转面

【实体转面】命令用于将AutoCAD的三维实体转化为网格面对象。

在TArch 2014中调用【实体转】面命令，根据命令行的提示选择需要换成面的实体，然后按回车键即可将实体模型转换成面模型，完成实体转面的操作。

调用【实体转面】命令方法如下。

★ 菜单栏：执行【三维建模】|【编辑工具】|【实体转面】菜单命令。

★ 命令行：在命令行中输入"STZM"命令并按回车键。

14.2.3　面片合成

【面片合成】命令用于将选中的三维面合并成多格面。

在TArch 2014中调用【面片合成】命令，根据命令行的提示选择需合成的三维面，然后按回车键即可将其合并为一个更大的三维网格面，完成面片合成的操作。

调用【面片合成】命令方法如下。

★ 菜单栏：执行【三维建模】|【编辑工具】|【面片合成】菜单命令。

★ 命令行：在命令行中输入"MPHC"命令并按回车键。

14.2.4　隐去边线

【隐去边线】命令用于将用户不需要显示的表面边线特性改为不可见，如图14-25所示。

图14-25　隐去边线

在TArch 2014中调用【隐去边线】命令，根据命令行的提示选择需要隐藏的边线即可完成隐去边线的操作。

调用【隐去边线】命令方法如下。

★ 菜单栏：执行【三维建模】|【编辑工具】|【隐去边线】菜单命令。

★ 命令行：在命令行中输入"YQBX"命令并按回车键。

14.2.5　三维切割

【三维切割】命令用于将三维对象进行切割，以便对其赋予不同的特性，如图14-26所示。

在TArch 2014中调用【三维切割】命令，根据命令行的提示单击需要剖切的三维对象，选择切割直线的起点和终点即可完成三维切割的操作。

调用【三维切割】命令方法如下。

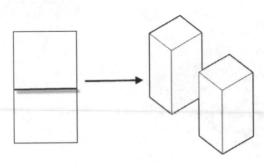

图14-26 三维切割

★ 菜单栏：执行【三维建模】|【编辑工具】|
【三维切割】菜单命令。

★ 命令行：在命令行中输入"SWQG"命令并
按回车键。

三维切割命令提示

在命令行输入"SWQG"命令并按回车键
或执行【三维建模】|【编辑工具】|【三维切
割】命令。命令行显示：

请选择需要剖切的三维对象：

给出第一点。命令行显示：

请选择需要剖切的三维对象：

给出对角点以指定图形范围。命令行显示：

选择切割直线起点或[多段线切割(D)]<退出>：

给出起点。命令行显示：

选择切割直线终点<退出>：

给出终点，两点连线为剖切线或者键入
"D"来选择已有多段线。

注意

本命令只能识别三维面，无法将三维面
与网格面进行合并。

【案例14-5】：三维切割

素材：素材\第14章\14.2.5三维切割.dwg
视频：视频\第14章\案例14-5三维切割.mp4

切割图14-27所示的三维图块。

01 按【Ctrl+O】快捷键，打开配套光盘提供的
"第14章/14.2.5三维切割.dwg"素材文件，
如图14-26所示。

02 在命令行输入"SWQG"命令并按回车键或
执行【三维建模】|【编辑工具】|【三维切
割】命令。选择需要剖切的三维对象并按
回车键，指定切割直线起点和终点，绘制
一条切割线，如图14-28所示。

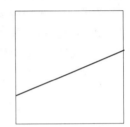

图14-27 素材　　　　　图14-28 切割线

03 切割完成的结果如图14-29所示。

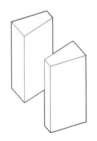

图14-29 三维切割

▌14.2.6 厚线变面

【厚线变面】命令用于将有厚度的线转换为三维面，如图14-30所示。

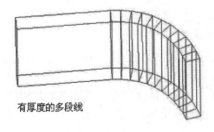

有厚度的多段线　　　　厚线变面生成的网格面

图14-30 厚线变面

在TArch 2014中调用【厚线变面】命令，根据命令行的提示选择具有厚度的曲线，然后按回车键即可完成厚线变面的操作。

调用【厚线变面】命令方法如下。

★ 菜单栏：执行【三维建模】|【编辑工具】|【厚线变面】菜单命令。
★ 命令行：在命令行中输入"HXBM"命令并按回车键。

厚线变面命令提示

在命令行输入"HXBM"命令并按回车键或执行【三维建模】|【编辑工具】|【厚线变面】命令。命令行显示：

选择有厚度的曲线：

点取要转换的对象，可以一次选择多个对象并将其一起转换。命令行显示：

选择有厚度的曲线 <退出>：

按回车键以结束选择，操作完成。

14.2.7 线面加厚

【线面加厚】命令用于引用拉伸单位命令，将选中的线和平面给予厚度，成为三维实体，如图14-31所示。

在TArch 2014中调用【线面加厚】命令，根据命令行的提示选择拉伸的对象并按回车键，弹出【线面加厚参数】对话框，如图14-32所示。单击【确定】按钮即可完成线面加厚的操作。

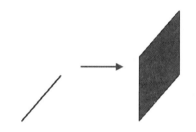

图14-31　线面加厚

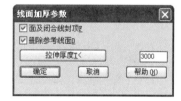

图14-32　【线面加厚参数】对话框

调用【线面加厚】命令方法如下。

★ 菜单栏：执行【三维建模】|【编辑工具】|【线面加厚】菜单命令。
★ 命令行：在命令行中输入"XMJH"命令并按回车键。

对话框控件说明

［面及闭合线封顶］：对封闭的线对象或平面对象起作用，用以确定在拉伸厚度后的顶部加封平面。

［删除参考线面］：指定在拉伸加厚之后，将已有对象删除。

［拉伸厚度<］：键入厚度值，或从图上点取厚度值，当厚度值为负值时，可以生成凹入的图形。

14.3 综合实战——绘制别墅三维模型

素材：素材\第14章\14.3综合实战——绘制别墅三维模型.dwg
视频：视频\第14章\14.3综合实战——绘制别墅三维模型.mp4

01 在【工程管理】菜单中打开配套光盘提供的"第14章/14.3综合实战—绘制别墅三维模型,如图14-33所示。

02 在命令行输入"SWZH"命令并按回车键或执行【三维建模】|【三维组合】命令,弹出【楼层组合】对话框,如图14-34所示。

图14-33　打开工程　　　　　　　　　　　　图14-34　【楼层组合】对话框

03 单击【确定】按钮,在弹出【输入要生成的三维文件】对话框中设置文件名,如图14-35所示。单击【保存】按钮,生成的结果如图14-36所示。读者可以继续使用本章所学的天正建筑三维造型功能,对别墅建筑模型进行优化和完善。

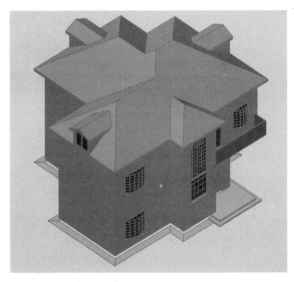

图14-35　【输入要生成的三维文件】对话框　　　　图14-36　别墅三维模型

第15章
多层住宅建筑设计

　　住宅为人们提供了休息和交往等日常起居活动的环境空间，是居住建筑的一类。建筑层数不同，其建筑结构也会不相同。例如多层住宅多使用砖混结构，而高层建筑则主要使用框架结构。

　　本章以某多层住宅为例，讲解住宅建筑的特点及绘制方法与技巧。

天正建筑
TArch 2014
完全实战技术手册

15.1 多层住宅特点及绘制思路

15.1.1 多层住宅的特点

多层住宅一般从建筑学方面而言，是指建筑物高度大于10米，小于24米，建筑层数大于3层，小于等于7层的建筑。但是人们通常将2层以上的建筑都笼统地概括为多层建筑。

在商品房的买卖中，多层住宅一般是指四层到六层由两个或两个以上户型上下叠加而成的商品房住宅。多层住宅允许不设置电梯，多层住宅的主要通道是楼层之间的楼梯。借助公共楼梯解决垂直交通，是一种最具代表性的城市集合住宅。

多层住宅一般一梯两户，每户都能实现南北自然通风，基本能实现每间居室的采光要求。多层住宅一般采用单元式，共用面积很小，这有利于提高面积的利用率，但同时也限制了邻里的交往。

在现阶段我国的都市里，多层住宅多属于中高档住宅，购买者一般是为了追求较高的生活品质，合理的户型设计和优美的社区环境是其关注的焦点。多层住宅效果图如图15-1所示。

图15-1 多层住宅效果图

总的来说，多层住宅具有以下优点。

★ 结构设计成熟、通常采用砖混结构，建材可就地生产，可大量工业化、标准化生产。

★ 它比低层住宅在占地上要节省，同时又比高层住宅建设工期短，一般开工一年内即可竣工。

★ 无须像高层住宅一样需要增加电梯、高压水泵、公共走道等方面的投资。

★ 用地较低层住宅节省，性能价格比高，公共空间与氛围较好，公摊面积少，物业费较低。

★ 多层住宅的容积率较低，环境较好，建筑形式多为条状，基本上是户户朝南。

多层住宅同时也有以下不足。

★ 底层和顶层的居住条件不理想。

★ 多层住宅存在共用部分不足、外观单调、需要爬楼梯而舒适性较差的缺点。

★ 由于设计和建筑工艺定型，使得多层在结构、建材、布局上难以创新，造成多层住宅建筑立面、建筑风格的呆板和缺乏变化。

★ 多层住宅的住户由于没有自家花园，使其对土地的亲近感淡薄了很多。

15.1.2 多层住宅的绘制思路

本案例绘制的多层住宅为砖混结构，坐北朝南，由2个单元组成，共2梯4户，户型左右对称，如图15-2所示。

本多层住宅需要绘制一层平面、标准层平面、顶层平面和屋顶平面共4张平面图。按照建筑绘图的流程，首先对本建筑进行平面图的创建，然后再创建工程管理，从而生成所需要的立面图、剖面图和三维模型图等文件。

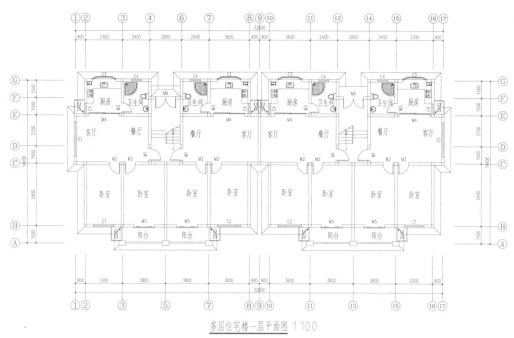

多层住宅楼一层平面图 1:100

图15-2 多层住宅一层平面图

15.2 绘制多层住宅一层平面图

素材：素材\第15章\多层住宅一层平面图.dwg
视频：视频\第15章\15.2绘制多层住宅一层平面图.mp4

本多层住宅由2个单元组成，每个单元包含2个二室二厅的户型。由于单元户型左右对称，因此在绘制平面图时，可以先绘制左侧的一个单元的轴网、墙体、柱子、门窗等对象，然后进行镜像复制以快速创建其他的户型。

15.2.1 绘制建筑轴网

在绘制建筑平面图之前，应先绘制定位轴线，从而确保准确地定位墙体位置以及标准柱和门窗等重要建筑构件的位置。绘制轴网主要调用TArch 2014中的【绘制轴网】命令，轴网绘制完成后，再调用【轴网标注】命令，标注轴网的开间、进深及轴号。

01 执行【轴网柱子】|【绘制轴网】命令或直接输入"HZZW"命令并按回车键，在弹出的【绘制轴网】对话框中单击【直线轴网】选项卡，选择【下开】单选项，设置下开参数，依次为900、3300、3800、

3800、3600、900、900、3600、3800、3800、3300、900，如图15-3所示。

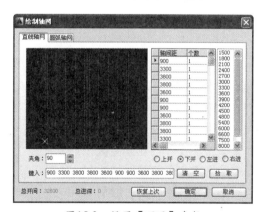

图15-3 设置【下开】参数

02 选择【上开】单选项，设置上开参数，依次为900、3300、2400、2800、2400、3600、900、900、3600、2400、2800、2400、3300、900，如图15-4所示。

03 选择【左进】单选项，设置左进参数，依次为1500、5400、1500、2700、1500、1500，如图15-5所示。

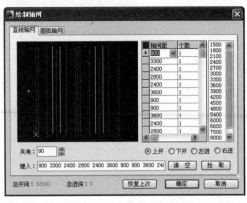

图15-4 设置【上开】参数

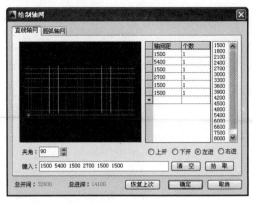

图15-5 设置【左进】参数

04 单击【确定】按钮，关闭
【绘制轴网】对话框。在
绘图区中点取插入位置，
绘制轴网的结果如图15-6
所示。

05 在命令行输入"ZWBZ"
命令并并按回车键或执行
【轴网柱子】|【轴网标
注】命令，弹出【轴网标
注】对话框，选择【双侧
标注】单选项，如图15-7
所示。

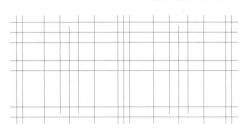

图15-6 绘制轴网

图15-7 【轴网标注】对话框

06 在绘图区分别指定水平轴
网的起始轴线和终止轴
线，创建的轴网标注如图
15-8所示。

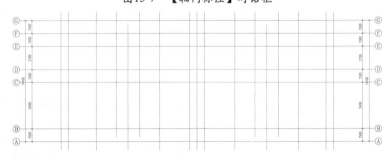

图15-8 轴网标注

07 重复上述操作，在绘图区
中分别指定垂直轴线的起
始轴线和终止轴线，绘制
的轴网标注如图15-9所示。

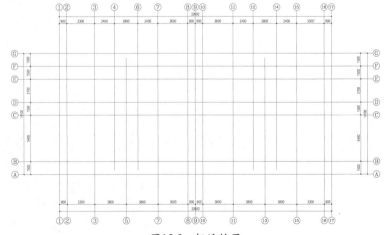

图15-9 标注结果

15.2.2 绘制标准柱

标准柱既可以在绘制墙体后绘制，也可以在绘制墙体前创建。标准柱是建筑物内部承载重量和分解重量的建筑构件，在大型建筑物中，标准柱图形是必不可少的。标准柱可以依据建筑物的实际情况来设置其高度、浇灌材料以及形状等。

01 绘制墙体柱子。在命令行输入"BZZ"命令并按回车键或执行【轴网柱子】|【标准柱】命令，在弹出的【标准柱】对话框中设置参数，如图15-10所示。

02 在绘图区中点取标准柱的插入点，绘制标准柱图形的结果如图15-11所示。

图15-10 设置参数

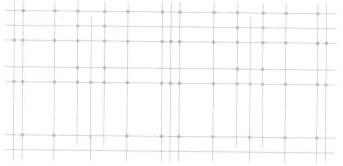

图15-11 绘制墙体标准柱

高手支招

住宅的柱子在轴网中的分布较为规则，在布置标准柱时，可以综合运用点选插入、沿一根轴线布置和在指定的矩形区域轴线交点布置等多种方式。

03 绘制阳台柱子。在命令行输入"BZZ"命令并按回车键或执行【轴网柱子】|【标准柱】命令，在弹出的【标准柱】对话框中设置参数，如图15-12所示。

04 在绘图区中点取阳台标准柱的插入点，绘制阳台标准柱的图形如图15-13所示。

图15-12 设置参数

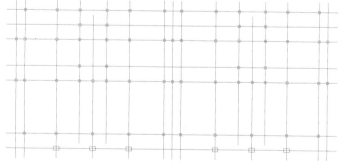

图15-13 绘制阳台标准柱

15.2.3 绘制墙体

标准柱绘制完成后，可以在标准柱的基础上绘制墙体，包括外墙和内墙。外墙主要为建筑物提供遮风、挡雨以及保温等功效；内墙则主要对建筑物的内部进行功能区的划分。

01 绘制外墙。在命令行输入"HZQT"命令并按回车键或执行【墙体】|【绘制墙体】命令，在弹出的【绘制墙体】对话框中设置

参数，如图15-14所示。

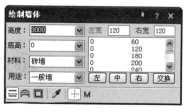

图15-14 参数设置

02 根据命令行的提示，在绘
图区中分别点取墙体的起
点和终点，绘制墙体的结
果如图15-15所示。

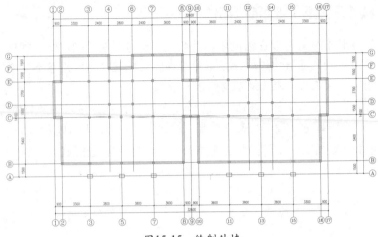

图15-15 绘制外墙

03 绘制内墙。继续调用【墙
体】|【绘制墙体】命令，保
持【绘制墙体】对话框参数
不变，如图15-14所示。

04 捕捉轴线各交点，完成绘
制内墙，如图15-16所示。

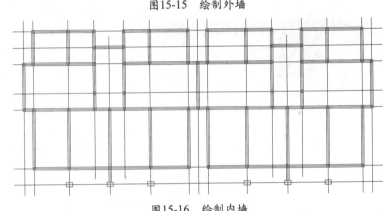

图15-16 绘制内墙

15.2.4 绘制首层门窗

在墙体图形和标准柱图形绘制完成后，再绘制门窗图形。门窗在建筑物中有采光和通风功能，
在对建筑物进行装饰装潢的同时，对门窗进行美化处理，也可为建筑物提供良好的装饰效果。在
TArch 2014中绘制门窗图形，可调用【门窗】命令，在弹出的【门】或【窗】对话框中设置门窗参
数即可绘制门窗图形。

本多层住宅门窗表如图15-17所示。

类型	设计编号	洞口尺寸(mm)	数量
普通门	M1	1000X2100	4
	M2	900X2100	8
	M3	800X2100	4
	M4	2800X2100	4
	M5	1800X2400	4
	M6	1800X1900	2
普通窗	C1	1800X1800	2
	C2	2100X1800	2
	C3	2100X1800	4
	C4	900X1800	8
	C5	3000X1800	2

图15-17 多层住宅门窗表

01 在命令行输入"MC"命令并按回车键或执行【门窗】|【门窗】命令，在弹出的【门】对话框
中的工具栏单击"插门"按钮，设置三维及二维图块以及参数，如图15-18~图15-23所示。

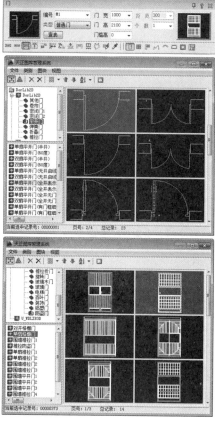

图15-18 M1参数设置

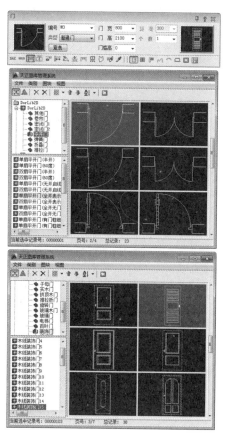

图15-20 M3参数设置

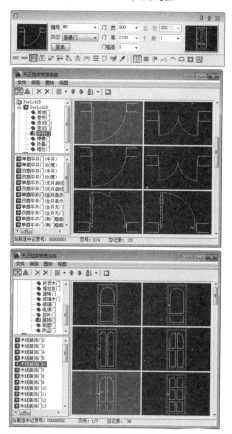

图15-19 M2参数设置

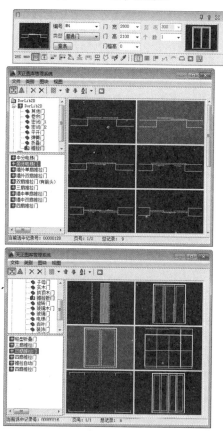

图15-21 M4参数设置

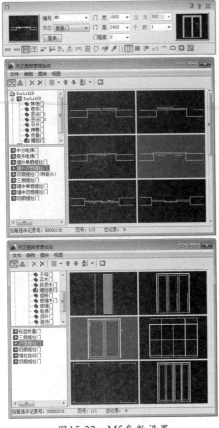

图15-22　M5参数设置

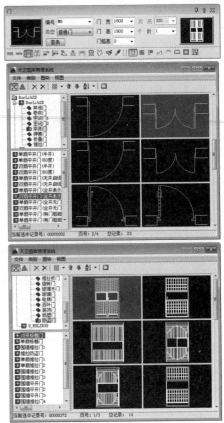

图15-23　M6参数设置

02 分别插入各类型门至建筑平面图中，如图15-24所示。

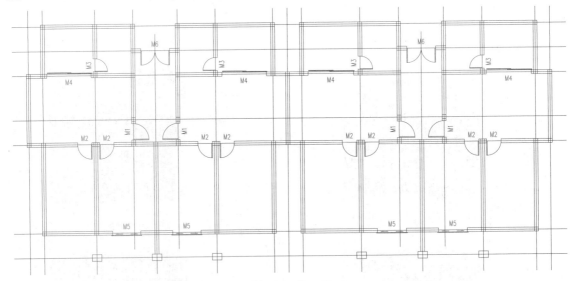

图15-24　插入门

03 绘制窗。在命令行输入"MC"命令并按回车键或执行【门窗】|【门窗】命令，在弹出的【门】对话框中的工具栏单击"插窗"按钮 ，弹出【窗】对话框，参考该层如图15-17所示门窗表来设置参数，如图15-25~图15-29所示。

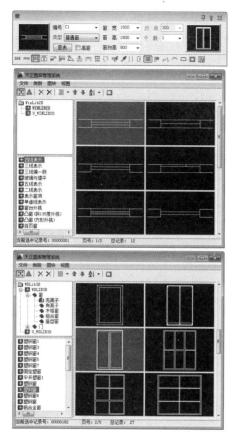

图15-25　C1参数设置

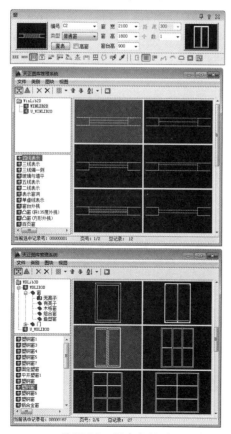

图15-26　C2参数设置

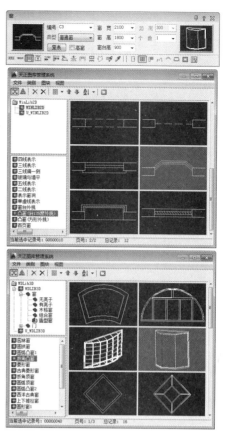

图15-27　C3参数设置

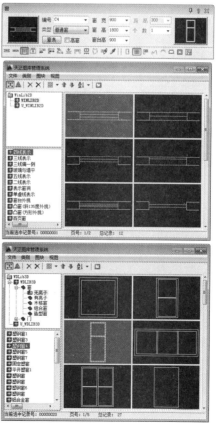

图15-28　C4参数设置

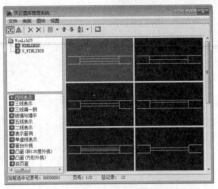 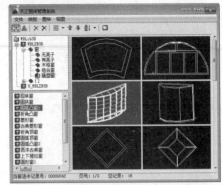

图15-29　C5参数设置

04 分别插入各类型窗至建筑平面图中,如图15-30所示。至此,建筑平面图的门窗图形绘制完成。

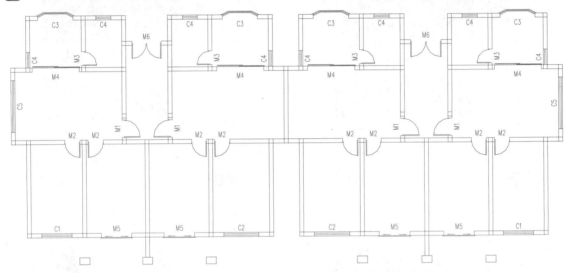

图15-30　插入窗

高手支招

对称结构的户型,其门窗可通过镜像、复制的方法快速绘制。

15.2.5　绘制首层楼梯

楼梯是建筑物中垂直交通的主要构件,主要用来连接上下楼层,是建筑物中必不可少的建筑交通构件之一。本多层住宅楼的楼梯分布在2户型的中间位置,为双跑楼梯形式。

01 绘制楼梯。在命令行输入"SPLT"命令并按回车键或执行【楼梯其他】|【双跑楼梯】命令,在弹出的【双跑楼梯】对话框中设置参数,如图15-31所示。

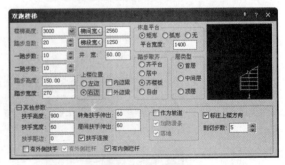

图15-31　参数设置

02 在绘图区中点取插入位置，包括左、右单元2个楼梯间，如图15-32所示。

03 按Esc键结束命令，绘制的结果如图15-33所示。

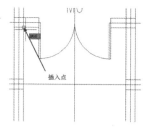

图15-32 指定插入位置

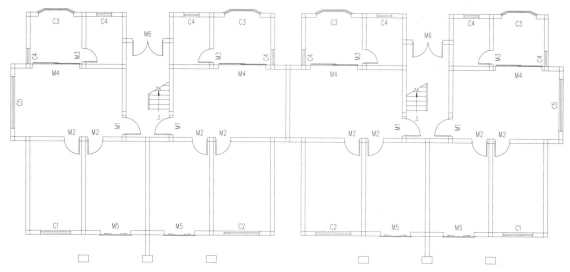

图15-33 绘制楼梯

15.2.6 绘制阳台、台阶及散水

　　阳台，除了具有与门窗相同的采光和通风功能之外，还能提供给人们室外活动的场地。阳台满足了在高层建筑中居住的人们到室外活动的区域，使人们可以享受室外的阳光。

　　台阶是用来连接室内外高差产生的垂直距离，使人们能轻松地从室外进入室内。散水是在建筑周围铺的用以防止雨水（雨水及生产、生活用水）渗入的保护层。

01 创建卧室阳台，这里创建的是卧室南边的阴角阳台。在命令行输入"YT"命令并按回车键或执行【楼梯其他】|【阳台】命令，在【绘制阳台】对话框中设置相应的参数，如图15-34所示。

02 根据命令行提示，分别指定阳台的起点和终点，绘制如图15-35所示的阳台。

图15-34 参数设置

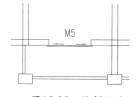

图15-35 绘制阳台

03 重复上述操作，创建住宅南侧的其他阳台，如图15-36所示。

04 创建楼梯间的台阶。在命令行输入"TJ"命令并按回车键或执行【楼梯其他】|【台阶】命令，弹出【台阶】对话框，设置的参数如图15-37所示。

05 沿图15-38所示的轨迹，绘制台阶平台轮廓线并按回车键。

06 根据命令行提示选择邻接的墙（或门窗）和柱，按回车键。

07 根据命令行提示点取没有踏步的边，按回车键。

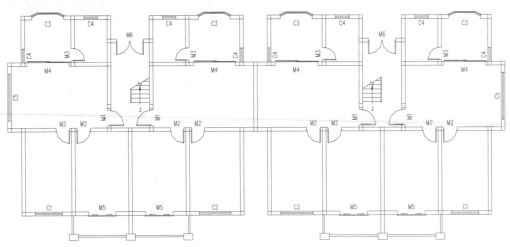

图15-36 创建其他阳台

08 绘制台阶的结果如图15-39所示。

图15-37 参数设置

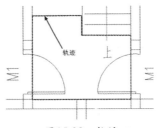

图15-38 轨迹

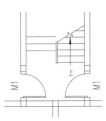

图15-39 台阶绘制

09 重复操作或镜像复制，得到右侧单元楼梯间的台阶，如图15-40所示。

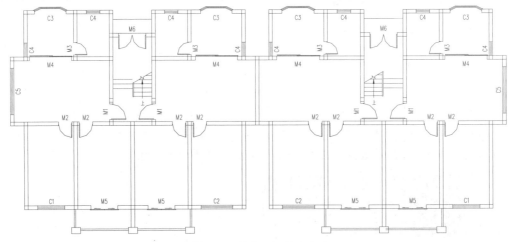

图15-40 创建右侧单元台阶

10 创建散水。在命令行输入"SS"命令并按回车键或执行【楼梯其他】|【散水】命令，在弹出的
【散水】对话框中设置参数，如图15-41所示。

图15-41 散水参数设置

11 框选一层所有墙体（包括门窗、阳台）后按回车键，散水绘制完成，如图15-42所示。

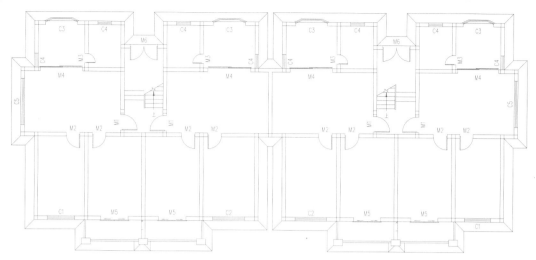

图15-42 创建散水

15.2.7 布置洁具等室内设施

室内洁具和厨具是现代建筑中室内配套不可缺少的组成部分。这里布置的是厨房和卫生间的室内设施，包括洗涤盆、沐浴房、煤气灶和洗脸盆等。

01 绘制厨房橱柜台面。调用【直线】命令，绘制直线来表示橱柜台面，如图15-43所示。厨具将沿台面进行布置。

02 在命令行输入"BZJJ"命令并按回车键或执行【房间屋顶】|【房间布置】|【布置洁具】命令。在弹出的【天正洁具】对话框中选择洗涤盆样式，如图15-44所示。

图15-43 绘制直线

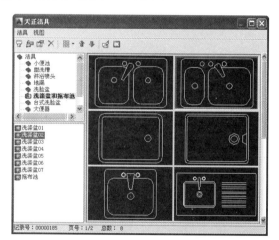

图15-44 【天正洁具】对话框

03 双击选择的洁具，在弹出的【布置洗涤盆02】对话框中设置参数，单击【沿墙内侧边线布置】按钮，如图15-45所示。

04 点取沿墙边线，插入洁具并按回车键，如图15-46所示。

05 按【Ctrl+O】快捷键，打开配套光盘中的"第15章/家具图例.dwg"文件，将其中的烟道和煤气灶图形复制至当前图形中，结果如图15-47所示。

06 重复调用"BZJJ"命令，插入卫生间沐浴房、马桶和洗脸盆图形，如图15-48所示。

图15-45　参数设置

图15-46　插入洁具

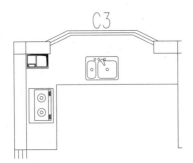

图15-47　复制图形

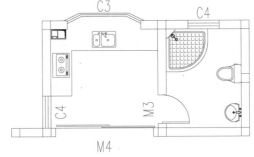

图15-48　插入卫生间洁具

07 调用【直线】命令。在墙角位置绘制直线，表示空调搁板，如图15-49所示。

08 按【Ctrl+O】快捷键，打开配套光盘中的"第15章/家具图例.dwg"文件，将其中的空调和地漏平面图形复制至当前图形中，结果如图15-50所示。

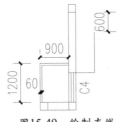

图15-49　绘制直线

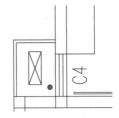

图15-50　复制图形

09 重复操作或直接复制，完成其他单元和户型洁具的绘制，如图15-51所示。

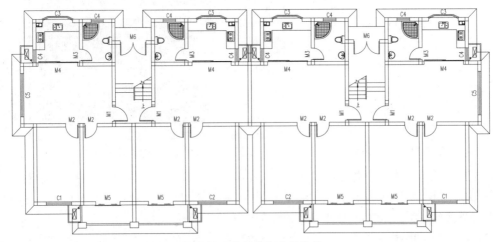

图15-51　绘制其他户型洁具

15.2.8　标注一层平面图

一层平面图基本创建完毕，接下来对其进行尺寸以及其他标注。

01 尺寸标注。调用【尺寸标注】|【门窗标注】命令、【内门标注】命令和【墙厚标注】命令，分别标注一层平面图的门窗、内门和墙厚尺寸，标注的结果如图15-52所示。

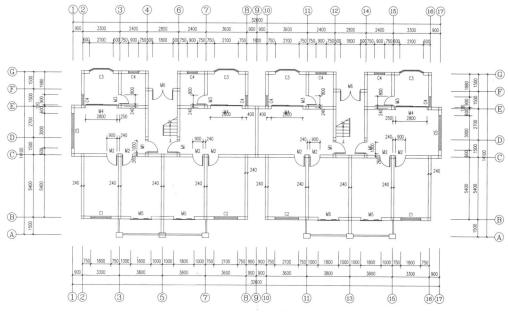

图15-52 尺寸标注

02 文字标注，以注明各房间的功能和布局。单击【文字表格】|【单行文字】命令，弹出【单行文字】对话框，设置的参数如图15-53所示。插入各房间的名称，如图15-54所示。

图15-53 参数设置

图15-54 参数设置

03 图名标注。图名标注是绘制平面图的最后一个步骤，用以标注该图所表示的图形区域。在命令行输入"TMBZ"命令并按回车键或执行【符号标注】|【图名标注】命令，在弹出的【图名标注】对话框中设置参数如图15-55所示。插入图名的结果如图15-56所示。

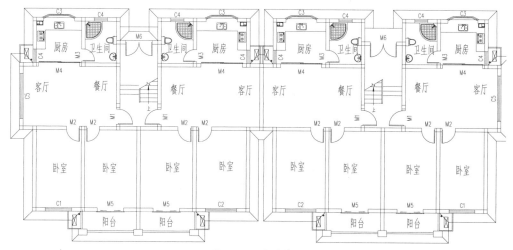

图15-55 文字标注

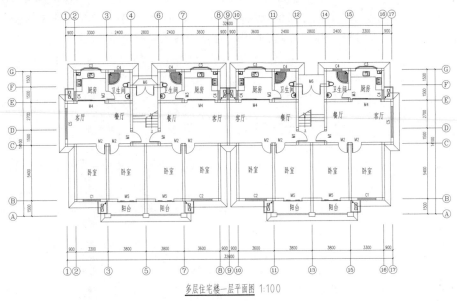

多层住宅楼一层平面图 1:100

图15-56 图名标注

15.3 绘制标准层和顶层平面图

素材：素材\第15章\多层住宅标准层、顶层平面图.dwg
视频：视频\第15章\15.3绘制标准层、顶层平面图.mp4

该多层住宅除一层和顶层（即6层）外，2层、3层、4层和5层的布局和结构是完全相同的，因此这里仅需绘制一个标准层即可。

▌ 15.3.1 绘制标准层平面图

标准层平面图和首层平面图的绘制方法大体相似。因此这里仅介绍大致的绘制流程。

01 用与绘制首层平面图相同的方法绘制轴网、柱子、墙体，阳台和洁具，如图15-57所示。

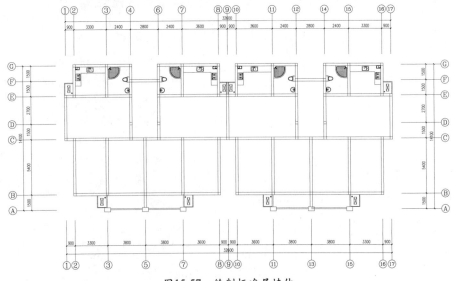

图15-57 绘制标准层墙体

02 插入门窗。除没有M6门外，标准层其他门窗与一层相同，绘制的结果如图15-58所示。

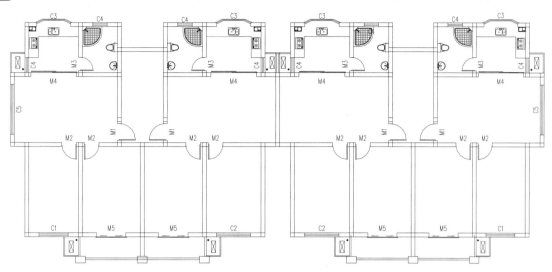

图15-58 绘制标准层门窗

03 插入楼梯。楼梯参数与插入位置与首层平面图也一样，只是在【双跑楼梯】对话框中的【层类型】中选择【中间层】选项，并调用【剖切符号】命令绘制剖切线，标准层绘制完成，如图15-59所示。

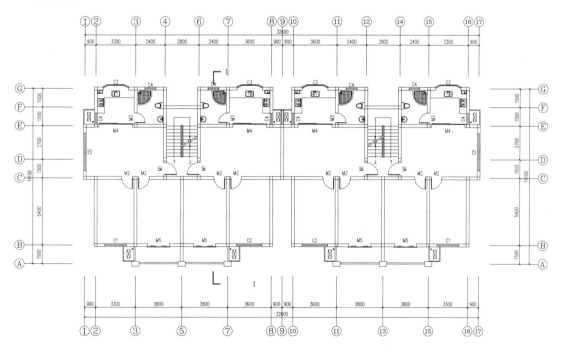

多层住宅楼标准层平面图 1:100

图15-59 标准层平面图

15.3.2 绘制顶层平面图

此住宅楼顶层平面图与标准层平面图仅有楼梯层类型不同，因此只需将"标准层"改为"顶层"楼梯即可，绘制完成的效果如图15-60所示。

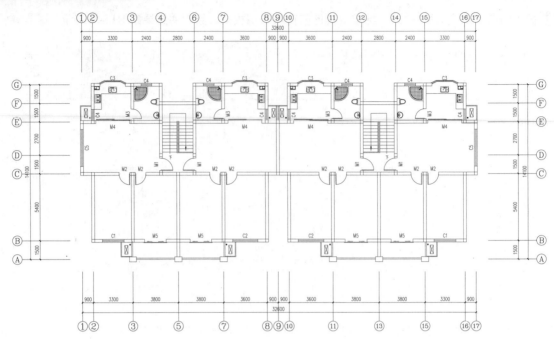

多层住宅楼顶层平面图 1:100

图15-60　顶层平面图

15.4 绘制屋顶平面图

素材：素材\第15章\多层住宅屋顶平面图.dwg
视频：视频\第15章\15.4创建屋顶平面图.mp4

　　屋顶平面图表明屋面排水情况和突出屋面构造的位置，如屋顶的形状和尺寸，屋檐的挑出尺寸，女儿墙的位置和厚度，突出屋面的楼梯间、水箱间、烟囱、通风道等。

01　按【Ctrl+O】快捷键，打开配套光盘提供的"第15章/顶层平面图.dwg"素材文件，如图15-60所示。

02　在命令行输入"SWDX"命令并按回车键或执行【房间屋顶】|【搜屋顶线】命令。在绘图区选择构成一完整建筑的所有墙体并按回车键，设置偏移外皮距离为400后按回车键，删除除轴网标注和屋顶线的所有构件，如图15-61所示。

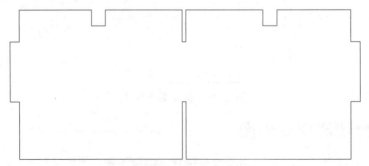

图15-61　搜屋顶线

03　采用夹点编辑，编辑搜屋顶线，如图15-62所示。

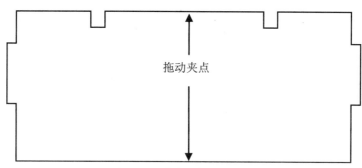

图15-62　夹点编辑搜屋顶线

04 在命令行输入"RYPD"命令并按回车键或执行【房间屋顶】|【任意坡顶】命令，在绘图区选择屋顶线并设置坡角为35度，出檐为600，绘制的屋顶如图15-63所示。

05 在命令行输入"JLHC"命令并按回车键或执行【房间屋顶】|【加老虎窗】命令。选择屋顶并按回车键，弹出【加老虎窗】对话框，设置的参数如图15-64所示。

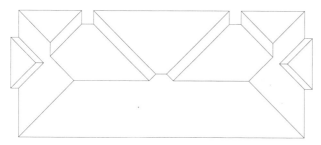

图15-63　生成坡顶

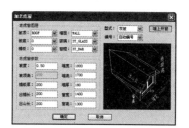

图15-64　【加老虎窗】对话框

06 设置完参数后单击【确定】按钮，在绘图区中点取老虎窗的插入位置，如图15-65所示。多层住宅屋顶平面图绘制完成。

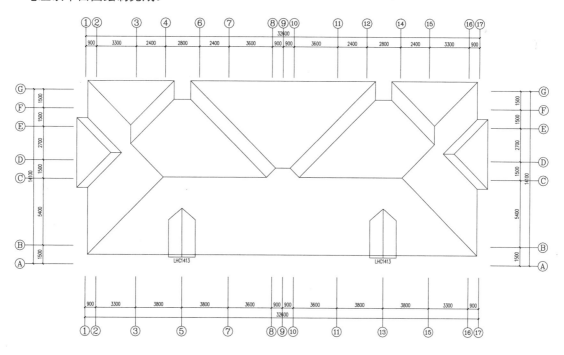

多层住宅楼顶层平面图 1:100

图15-65　插入老虎窗

15.5 绘制住宅立面图

素材:素材\第15章\住宅楼工程\住宅楼立面图.dwg
视频:视频\第15章\15.5绘制住宅立面图.mp4

多层住宅的一层、标准层、顶层和屋顶平面图绘制完成后，就可以使用天正建筑软件的立面功能自动创建立面图，然后再在此基础上进行完善和深化，得到准确的多层住宅立面图。

15.5.1 建立住宅工程管理

在生成立面图之前，需要创建住宅工程，并添加各平面图纸。

01 在命令行输入"GCGL"命令并按回车键或执行【文件布图】|【工程管理】命令，打开【工程管理】面板，执行下拉菜单中的"新建工程"命令，如图15-66所示。

02 在弹出的【另存为】对话框中输入工程文件名，并指定工程文件的保存位置，如图15-67所示。

03 单击【保存】按钮，即可完成住宅楼工程文件的创建。

04 在【图纸】选项组中，将鼠标置于【平面图】选项上，单击鼠标右键，在弹出的快捷菜单中执行【添加图纸】命令，如图15-68所示。

05 弹出【选择图纸】对话框，选中平面图，如图15-69所示。

06 单击【打开】按钮即可完成添加图纸。

07 在【工程管理】对话框中选择【楼层】选项组，在其中设置层号和层高，如图15-70所示。

08 在【楼层】选项组中单击【框选楼层】按钮 ，在绘图区框选出平面图并点选对齐点，如图15-71所示。

图15-66 【工程管理】界面　　　图15-67 【另存为】对话框

图15-68 添加图纸　　　图15-69 选择平面图文件

图15-70 设置层号层高　　　图15-71 指定各层平面图

09 重复操作，框选相应的平面图，点选相同位置的对齐点，如图15-72所示。

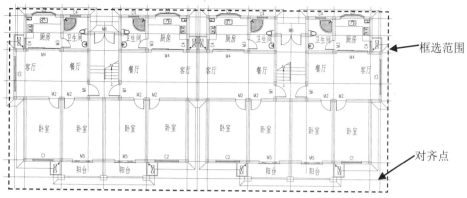

图15-72 指定对齐点

15.5.2 生成住宅立面图

在创建住宅楼的工程管理文件以后，就可以根据要求来创建住宅楼的立面图以及其他的剖面图和三维模型图等。

01 在命令行输入"JZLM"命令并按回车键或执行【立面】|【建筑立面】命令，选择【正立面（F）】选项，并在选择显示的轴线后按回车键，在弹出的【立面生成设置】对话框中设置参数，如图15-73所示。

02 单击【生成立面】按钮，弹出【输入要生成的文件】对话框，输入文件名和保存路径，如图15-74所示。

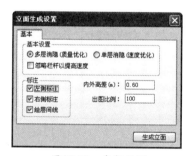

图15-73 参数设置

图15-74 保存文件

03 单击【保存】按钮，立面生成完成，删除立面图的多余线段图形，如图15-75所示。

图15-75 生成立面图

15.5.3 深化和完善立面图

01 替换立面门窗。在命令行输入"LMMC"命令并按回车键或执行【立面】|【立面门窗】命令，弹出【天正图库管理系统】对话框，选择需要替换的门窗样式，如图15-76所示。

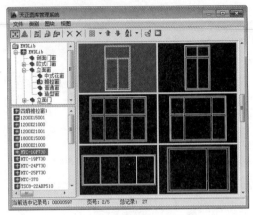

图15-76 选择替换窗样式

02 按【替换】按钮，选择需替换的对象并按回车键，替换完成，如图15-77所示。

图15-77 替换窗结果

03 替换阳台。在命令行输入"LMYT"命令并按回车键或执行【立面】|【立面阳台】命令。弹出【天正图库管理系统】对话框，选择立面阳台的样式，如图15-78所示。

04 按【替换】按钮，在弹出的【替换选项】对话框中设置参数，如图15-79所示。

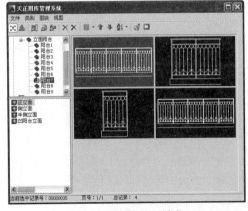

图15-78 选择阳台样式

图15-79 参数设置

05 选择需替换的阳台对象并按回车键，如图15-80所示。

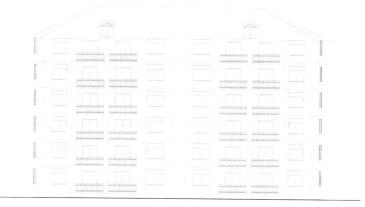

图15-80 替换阳台

06 调用【延伸】命令以完善立面图首层与地面的连接，如图15-81所示。

图15-81 延伸线段

07 图案填充。调用【填充】命令，设置的参数如图15-82所示。

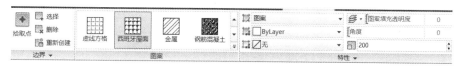

图15-82 参数设置

08 填充至屋顶的相应位置，如图15-83所示。

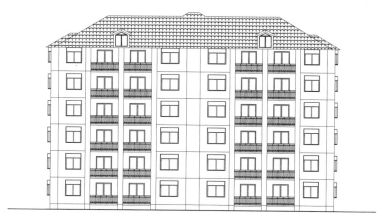

图15-83 屋顶填充

09 重复上述操作，填充阳台柱，如图15-84所示。

图15-84　柱填充

10 在命令行输入"YCBZ"命令并按回车键或执行【符号标注】|【引出标注】命令。在弹出的【引出标注】对话框中设置参数，如图15-85所示。

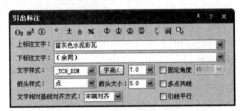

图15-85　设置【引出标注】参数

11 在绘图区中指定标注第一点、引线位置、文字基线位置，绘制外墙材料引出标注，如图15-86所示。

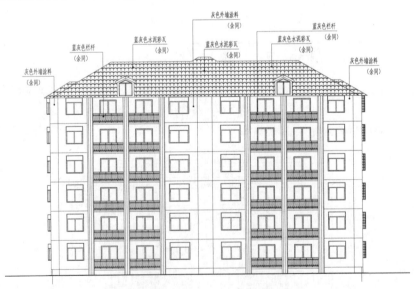

图15-86　引出标注

12 重复上述操作，绘制其他材料引出标注，如图15-87所示。

13 在命令行输入"TMBZ"命令并按回车键或执行【符号标注】|【图名标注】命令。在弹出的【图名标注】对话框中设置参数，如图15-88所示。

图15-87 标注其他材料

图15-88 图名标注对话框

14 在绘图区中插入图名标注至相应位置,如图15-89所示。

多层住宅楼立面图 1:100

图15-89 图名标注

15.6 绘制住宅剖面图

素材：素材\第15章\住宅楼工程\住宅楼剖面图.dwg
视频：视频\第15章\15.6绘制住宅剖面图.mp4

创建剖面图，需要先在指定的平面层上创建剖切符号，再根据前面创建的工程管理文件以及剖切符号来创建剖面图文件。

15.6.1 生成住宅剖面图

在绘制立面图时已经创建了工程文件，这里直接将其打开即可。

01 在命令行输入"GCGL"命令并按回车键或执行【文件布图】|【工程管理】命令，打开住宅工程。

02 在命令输入"JZPM"命令并按回车键或执行【剖面】|【建筑剖面】命令，在绘图区中选择剖切线，如图15-90所示。

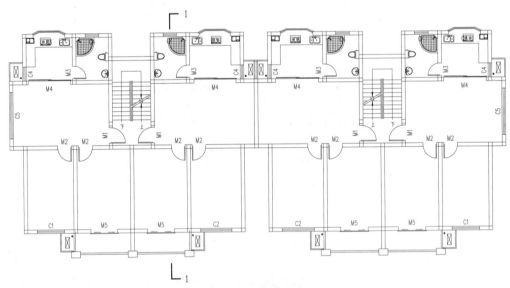

图15-90　选择剖切线

02 选择需出现在剖面图中的轴线，弹出【剖面生成设置】对话框，设置的参数如图15-91所示。

03 单击【生成剖面】按钮，在弹出【输入要生成的文件】对话框中设置文件名，如图15-92所示。单击【保存】按钮，生成剖面图，删除多余线条，结果如图15-93所示。

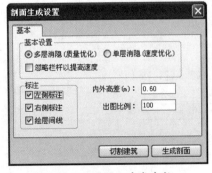

图15-91　设置剖面生成参数

图15-92　【输入要生成的文件】对话框

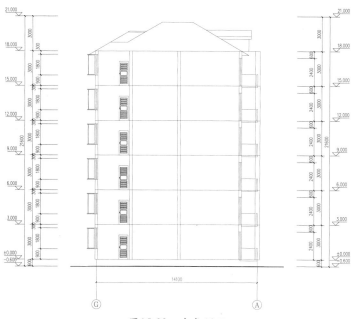

图15-93 生成剖面

15.6.2 深化和完善剖面图

系统生成的剖面图往往带有一定的缺陷，需要进行后期的编辑修改，才能绘制完整的剖面图。

01 在命令行输入"SXLB"命令并按回车键或执行【剖面】|【双线楼板】命令，指定楼板的起始点以及结束点，如图15-94所示。

02 设置板厚度为120，如图15-95所示。

起点   终点

图15-94 指定位置

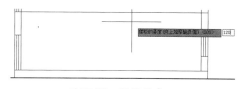

图15-95 设置厚度

03 绘制楼板的结果如图15-96所示。

图15-96 绘制楼板

04 重复上述操作，绘制的双线楼板如图15-97所示。

05 在命令行输入"JPDL"命令并按回车键或执行【剖面】|【加剖断梁】命令。指定剖面梁的参照点、梁左侧到参照点的距离0、梁右侧到参照点的距离为240、梁底边到参照点的距离为300，如图15-98所示。

06 绘制完成的效果如图15-99所示。

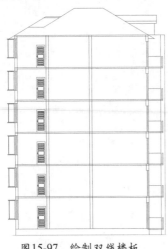

图15-97 绘制双线楼板

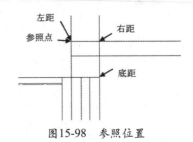

图15-98 参照位置

07 重复操作，剖断梁绘制完成，如图15-100所示。

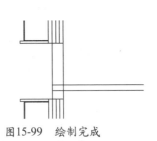

图15-99 绘制完成

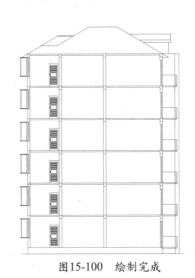

图15-100 绘制完成

08 在命令行输入"PMTC"命令并按回车键或执行【剖面】|【剖面填充】命令。选择需要填充的剖面梁板线。

09 在弹出的【请点取所需的图案填充】对话框中设置参数如图15-101所示。

10 单击【确定】按钮，剖面的填充结果如图15-102所示。

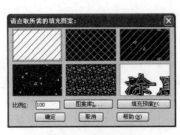

图15-101 参数设置

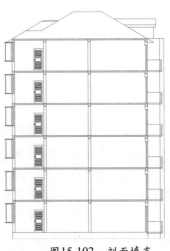

图15-102 剖面填充

11 调用【偏移】命令，将屋顶剖面线偏移100，并调用【直线】命令完善屋顶剖面，绘制完成的效果如图15-103所示。

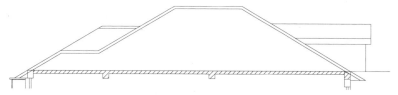

图15-103　绘制屋顶剖面线

12 调用【剖面填充】命令，填充屋顶剖面，如图15-104所示。

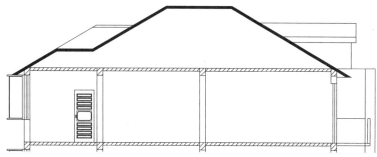

图15-104　填充屋顶剖面

13 调用【剖面填充】命令，填充地面剖面，如图15-105所示。

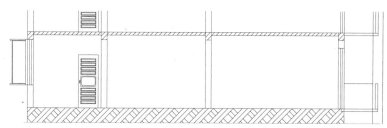

图15-105　填充地面剖面

14 插入阳台侧面图形。在命令行输入"LMYT"命令并按回车键，在弹出的【天正图库管理系统】对话框中选择阳台侧立面样式图形，如图15-106所示。

15 单击【替换】按钮 📑，在弹出的【替换选项】对话框中设置参数，如图15-107所示。

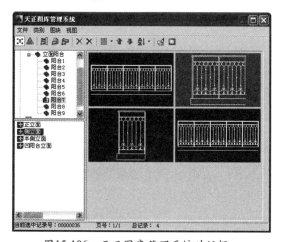

图15-106　天正图库管理系统对话框

图15-107　参数设置

16 选择需替换的对象并按回车键，绘制的立面阳台如图15-108所示。

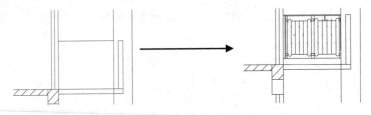

图15-108 绘制立面阳台

17 使用相同的方法，填充屋顶瓦片区域，绘制完成的效果如图15-109所示。

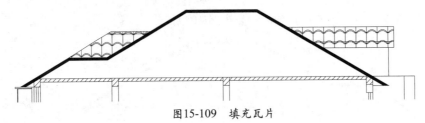

图15-109 填充瓦片

18 调用【直线】命令绘制顶层阳台，如图15-110所示。

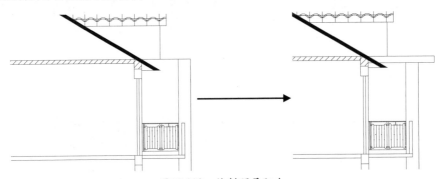

图15-110 绘制顶层阳台

19 标高标注。在命令行输入"BGBZ"命令并按回车键，在弹出的【标高标注】对话框中设置参数，完成标注标高，如图15-111所示。

20 引出标注。在命令行输入"YCBZ"命令并按回车键，在弹出的【引出标注】对话框中设置参数，标注屋顶材料，如图15-112所示。

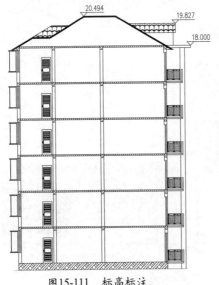

图15-111 标高标注

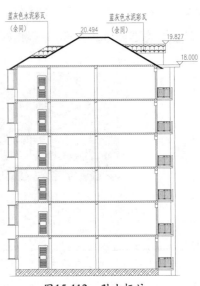

图15-112 引出标注

21 图名标注。在命令行输入"TMBZ"命令并按回车键，在弹出的【图名标注】对话框中设置参数，绘制的图名标注如图15-113所示。

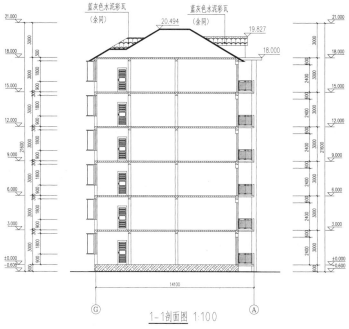

图15-113　图名标注

15.7 创建住宅楼门窗表

素材：素材\第15章\住宅楼工程\住宅楼平面图.dwg
视频：视频\第15章\15.7创建住宅楼门窗表.mp4

在创建完成住宅楼工程后，为了对住宅楼的门窗附件进行统一管理与查询，只需在工程管理面板中单击【门窗总表】按钮，如图15-114所示。单击按钮后，系统自动生成门窗表并将其插入至绘图区，如图15-115所示。

图15-114　工程管理

门窗表

类型	设计编号	洞口尺寸(mm)	数量					图集选用			备注
			1	2~5	6	7	合计	图集名称	页次	适用型号	
普通门	M1	1000X2100	4	4X4=16	4		24				
	M2	900X2100	8	8X4=32	8		48				
	M3	800X2100	4	4X4=16	4		24				
	M4	2800X2100	4	4X4=16	4		24				
	M5	1800X2400	4	4X4=16	4		24				
	M6	1800X1900	2				2				
普通窗	C1	1800X1800	2	2X4=8	2		12				
	C2	2100X1800	2	2X4=8	2		12				
	C3	2100X1800	4	4X4=16	4		24				
	C4	900X1800	8	8X4=32	8		48				
	C5	3000X1800	2	2X4=8	2		12				
老虎窗	LHC1413	1400X1300				2	2				

图15-115　门窗表

15.8 创建住宅楼三维模型

素材：素材\第15章\住宅楼工程\住宅楼三维.dwg
视频：视频\第15章\15.8创建住宅楼三维模型.mp4

01 打开之前所新建的住宅楼工程，在命令行输入"SWZH"命令并按回车键或执行【三维建模】|【三维组合】命令，弹出【楼层组合】对话框，如图15-116所示。

02 单击【确定】按钮，在弹出【输入要生成的三维文件】对话框中设置文件名，如图15-117所示。单击【保存】按钮，生成的结果如图15-118所示。

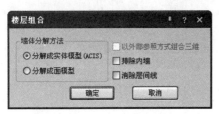

图15-116 【楼层组合】对话框 图15-117 【输入要生成的三维文件】对话框

03 渲染的模型如图15-119所示。

图15-118 生成模型

图15-119 渲染模型

15.9 住宅楼图纸的布局与输出

视频：视频\第15章\15.9住宅楼图纸的布局与输出.mp4

01 打开之前绘制的多层住宅楼的一层平面图，这里采用单比例打印。单击绘图区左下角的【布局】标签，进入"布局1"操作空间，将原有视口删除，结果如图15-120所示。

02 调用【插入】命令，插入A3图框，调用【放缩】命令，调整图签的大小，结果如图15-121所示。

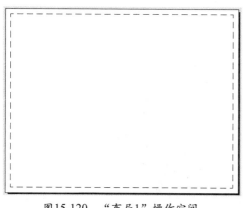

图15-120 "布局1"操作空间

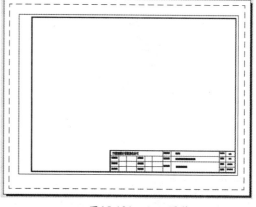

图15-121 加入图签

03 执行【视图】|【视口】|【一个视口】菜单命令，指定视口对角点，创建一个视口，结果如图15-122所示。

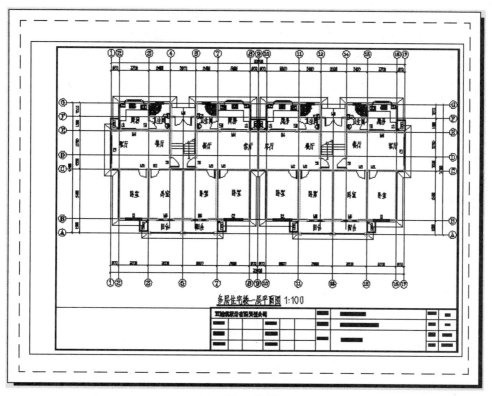

图15-122 创建视口

04 执行【文件】|【页面设置管理器】命令，在【页面设置管理器】对话框中为图纸指定绘图仪。

05 执行【文件】|【打印】命令，打开【打印_布局1】对话框，单击【预览】按钮，可对图形进行打印预览。

06 单击【打印】按钮，在弹出的【浏览打印文件】对话框中设置文件的保存路径及文件名，单击【保存】按钮即可进行精确打印。

第16章
医院门诊大楼建筑设计

医院门诊楼是医院的"窗口",是患者最先接触医院的地方。门诊人流复杂,在有限的空间和时间内,易形成健康人与患者混杂的局面,造成交叉感染。因此,合理的空间布局、人性化的候诊大厅成为门诊楼设计的重要原则。

本章以某医院门诊大楼为例,讲解医院门诊大楼的建筑特点和绘制方法。

天正建筑
TArch 2014
完全实战技术手册

16.1 医疗建筑特点及绘制思路

16.1.1 医疗建筑设计的特点

医院建筑是非常复杂的，要求特殊，牵扯面广，尤以门诊楼为甚。要建设一座现代化的城市医院不仅要有对医疗建筑有深刻的理解，更重要的是紧紧把握好现代医疗事业发展的动向，与医疗建筑的使用者紧密结合，更深入地了解他们的经营、组织及管理模式，并应具有十分的耐心和充分的信心与使用者一起不断调整设计，才能真正满足现代化医疗技术的发展需要，才能创造出现代化的医疗建筑设施。

总的来说，医疗建筑设计有如下几点要求。

★ 集中、高效、联系方便。
★ 垂直运输流线直接、明确。
★ 医院建筑要与病人需要的休养环境相适应。
★ 医院建筑要与医院功能相适应。医院除医疗任务外，还要承担教学科研任务，这也是医院建筑的功能要求。教室、示教室、学生宿舍要与门诊病房分开，减少相互间干扰，但二者也要便于联系。
★ 医院建筑要与医院设备设施相适应。
★ "以病人为中心"是医疗建筑设计的重点。

16.1.2 医院门诊大楼的绘制思路

本案例为某医院门诊大楼，考虑到主体建筑的平面布置与结构形式，为今后发展、改造和灵活分隔创造条件。本门诊大楼设计为长方形，长约48m、宽约15.3m。为满足门诊楼交通和疏散要求，共设置了4个出入口和两部楼梯，分布布置。门厅和走道宽敞明亮。

门诊大楼共6层，层高为3.9m，屋顶处四周的墙体高度为3m。下面详细介绍门诊大楼的绘制方法。

16.2 绘制医院门诊大楼首层平面图

素材：素材\第16章\医院首层平面图.dwg
视频：视频\第16章\16.2医院门诊大楼首层平面图的绘制.mp4

在绘制医院门诊大楼首层平面图时，根据绘图的顺序要求，首先创建轴网结构，然后创建高度为3.9m的墙体，再在墙体的基础上进行门窗的布置，接着进行其他附件的创建，最后根据图形的要求对平面图进行尺寸、文字和图名等的标注。

16.2.1 绘制建筑轴网

01 执行【轴网柱子】|【绘制轴网】命令或直接输入"HZZW"命令并按回车键，在弹出的【绘制轴网】对话框中选中【直线轴网】选项卡，选择【下开】单选项，设置下开参数，依次为6600、6600、3600、3600、7200、3600、3600、3300、3300、6600，如图16-1所示。

02 选择【上开】单选项，设置【上开】参数，依次为6600、3300、3300、3600、3600、3600、3600、3600、3600、3300、3300、3300、3300，如图16-2所示。

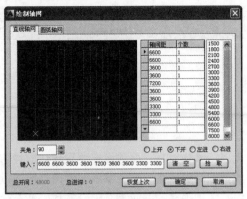

图16-1 设置【下开】参数

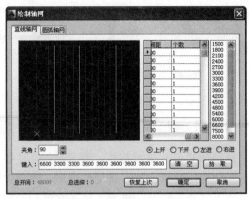

图16-2 设置【上开】参数

03 选择【左进】单选项,设置【左进】参数,依次为1200、4800、3300、3000、3000,如图16-3所示。

04 单击【确定】按钮,关闭【绘制轴网】对话框。在绘图区中选取插入位置,绘制轴网的结果如图16-4所示。

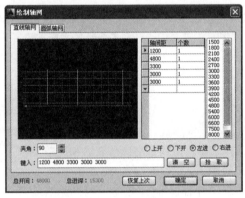

图16-3 设置【左进】参数

图16-4 绘制轴网

05 在命令行输入"ZWBZ"命令并按回车键或执行【轴网柱子】|【轴网标注】命令,在弹出的【轴网标注】对话框中设置参数,选择【双侧标注】单选项,如图16-5所示。

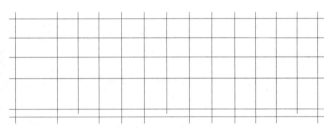

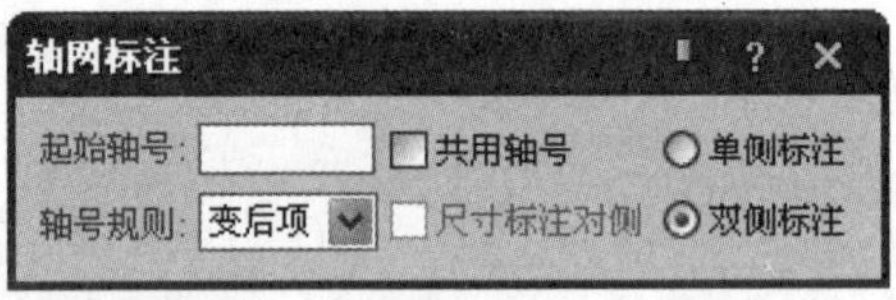

图16-5 【轴网标注】对话框

06 在绘图区分别指定起始轴线和终止轴线并按回车键,创建轴网标注的结果如图16-6所示。

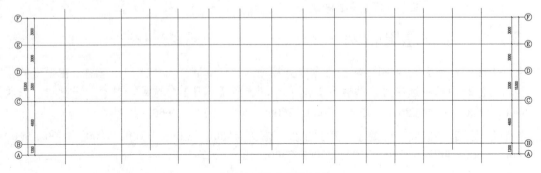

图16-6 标注水平轴线

07 重复上述操作，在绘图区中分别指定起始轴线和终止轴线并按回车键，绘制轴网标注的结果如图16-7所示。

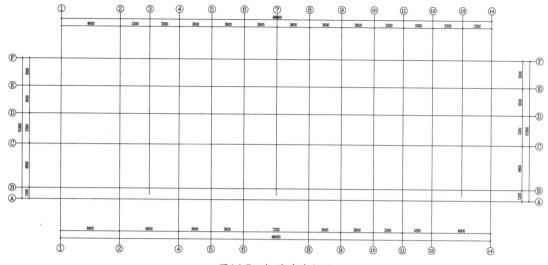

图16-7　标注垂直轴线

16.2.2　绘制标准柱

可以在绘制墙体完成后绘制标准柱图形，也可以在绘制墙体之前绘制。标准柱是建筑物内部承载重量和分解重量的建筑构件，在大型建筑物中，标准柱图形是必不可少的。标准柱可以依据建筑物的实际情况来设置其高度、浇灌材料以及形状等。在TAcrh 2014中绘制标准柱图形，可以调用【标准柱】命令，在弹出的【标准柱】对话框中设置柱子的参数即可绘制标准柱图形。

01 在命令行输入"BZZ"命令并按回车键或执行【轴网柱子】|【标准柱】命令，在弹出的【标准柱】对话框中设置参数。如图16-8所示。

图16-8　设置参数

02 在绘图区中选取标准柱的插入点，绘制标准柱图形的结果如图16-9所示。

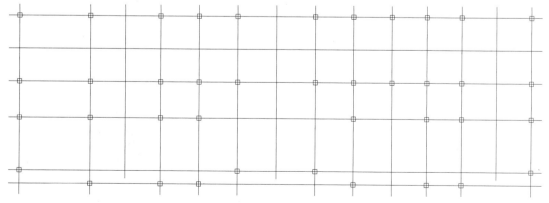

图16-9　绘制标准柱结果

16.2.3 绘制墙体

标准柱绘制完成后，可以在标准柱的基础上绘制墙体，包括外墙和内墙。外墙主要为建筑物提供遮风、挡雨以及保温等功效；内墙则主要对建筑物的内部进行功能区的划分。绘制墙体可以调用 TArch 2014中的【绘制墙体】命令，在弹出的【绘制墙体】对话框中分别设置外墙和内墙，根据标准柱的位置，即可绘制墙体图形。

01 绘制外墙。在命令行输入"HZQT"命令并按回车键或执行【墙体】|【绘制墙体】命令，在弹出的【绘制墙体】对话框中设置参数，如图16-10所示。

02 根据命令行的提示，在绘图区中分别选取墙体的起点和终点，绘制墙体的结果如图16-11所示。

03 绘制内墙和隔断墙。继续调用【墙体】|【绘制墙体】命令，在弹出的【绘制墙体】对话框中设置参数，如图16-12、图16-13所示。

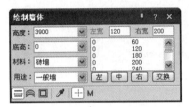
图16-10　参数设置

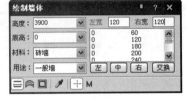
图16-12　参数设置

图16-13　参数设置

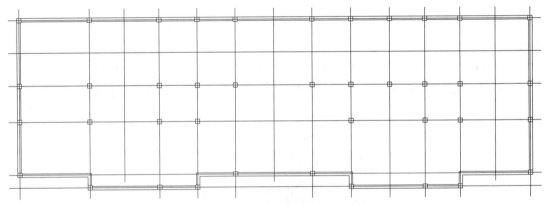
图16-11　绘制外墙

04 在命令行输入"ZQQB"命令并执行【轴网柱子】|【柱齐墙边】命令，选取墙边，选择对齐方式相同的多个柱子并按回车键，选取柱边并重复上述操作，绘制的结果如图16-14所示。

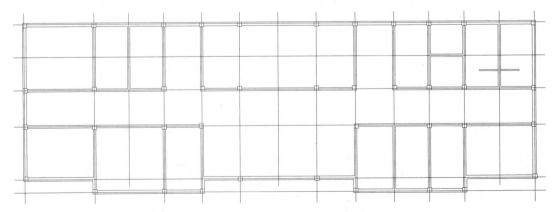
图16-14　墙体绘制结果

16.2.4 绘制门窗

在墙体图形和标准柱图形绘制完成后，再绘制门窗图形。门窗在建筑物中有采光和通风功能，在对建筑物进行装饰装潢的同时，对门窗进行美化处理，也可为建筑物提供良好的装饰效果。在TArch 2014中绘制门窗图形，可调用【门窗】命令，在弹出的【门】或【窗】对话框中设置门窗参数即可绘制门窗图形。

01 在命令行输入"MC"命令并按回车键或执行【门窗】|【门窗】命令，在弹出的【窗】对话框中的工具栏单击【插门】按钮 🔲，弹出【门】对话框，设置三维及二维图块以及参数，如图16-16~图16-20所示。可参考该层门窗表如图16-15所示。插入完成的结果如图16-21所示。

类型	设计编号	洞口尺寸(mm)	数量
普通门	M1	2000X3200	2
	M2	1800X2700	4
	M3	1000X2400	3
	M4	1100X2400	2
门连窗	MC-1	2400X2700	10
普通窗	C1	1800X1800	16
	C2	1800X1800	2

图16-15 门窗表

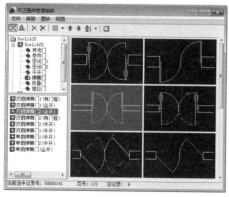

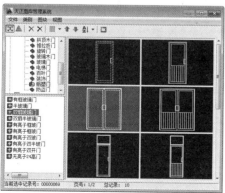

图16-16 M1参数设置

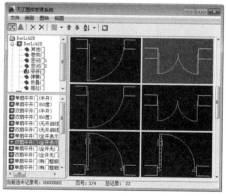

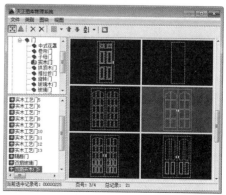

图16-17 M2参数设置

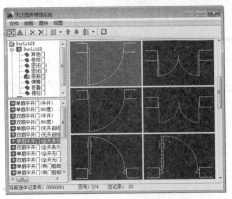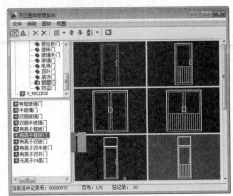

图16-18　M3参数设置

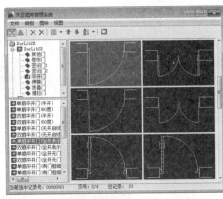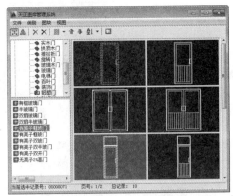

图16-19　M4参数设置

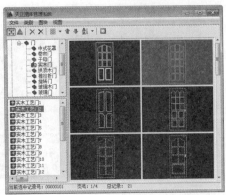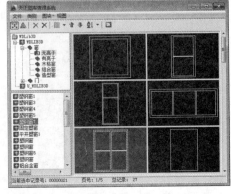

图16-20　MC-1参数设置

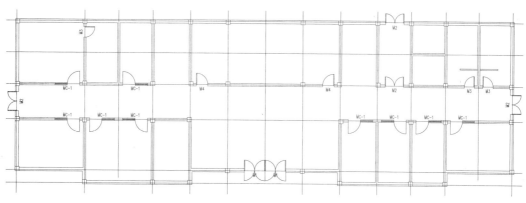

图16-21　插入门

02 在命令行输入"MC"命令并按回车键或执行【门窗】|【门窗】命令，在弹出的【门】对话框中的工具栏单击【插窗】按钮 ，弹出【窗】对话框，设置三维及二维图块以及参数，如图16-22和图16-23所示。可参考的该层门窗表如图16-15所示。

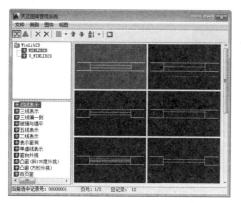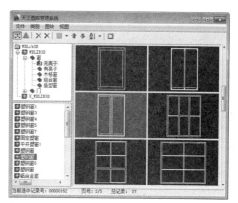

图16-22　C1参数设置

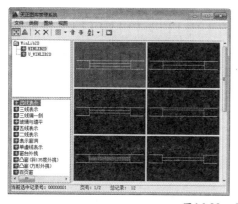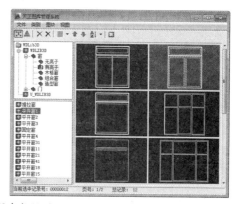

图16-23　C2参数设置

03 将上述窗图形分别插入至图中，如图16-24所示。

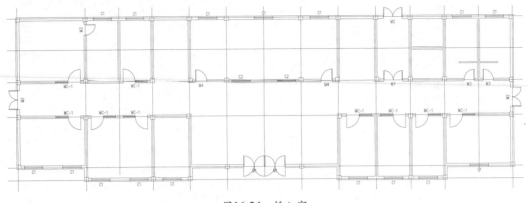

图16-24　插入窗

16.2.5　绘制楼梯和电梯

01 绘制楼梯。在命令行输入"SPLT"命令并按回车键或执行【楼梯其他】|【双跑楼梯】命令，在弹出的【双跑楼梯】对话框中设置参数，如图16-25所示。

02 在绘图区中选取插入位置，如图16-26所示。

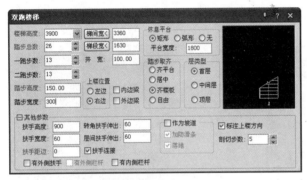

图16-25　参数设置

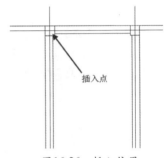

图16-26　插入位置

03 按Esc键结束命令，绘制的结果如图16-27所示。

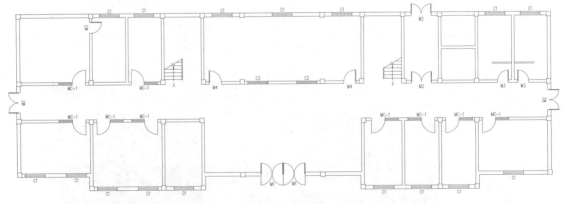

图16-27　插入楼梯

04 绘制电梯。在命令行输入"DT"命令并按回车键，在弹出的【电梯参数】对话框中设置参数，如图16-28所示。

05 根据命令行的提示进行操作，绘制电梯的结果如图16-29所示。

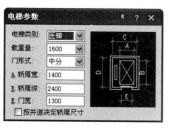

图16-28　参数设置

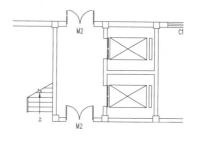

图16-29　绘制电梯

16.2.6　绘制室内外设施

1. 布置洁具

01 在命令行输入"BZJJ"命令并按回车键，在弹出的【天正洁具】对话框中选择洁具图形，双击选择的洁具图形，在弹出的【布置蹲便器（感应式）】对话框中设置参数，在绘图区中选取沿墙边线，插入的结果如图16-30所示。

02 重复上述操作，插入其他类型洁具，如图16-31所示。

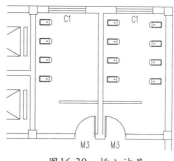

图16-30　插入洁具

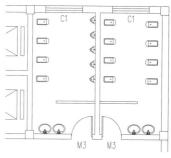

图16-31　布置其他洁具

03 在命令行中输入"BZGD"命令并按回车键，在绘图区中输入直线的起点，如图16-32所示。

04 输入直线的终点，如图16-33所示。

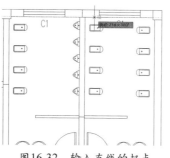

图16-32　输入直线的起点

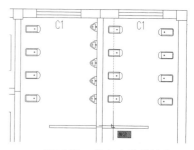

图16-33　输入直线的终点

05 在命令提示行选择隔板长度1100，隔断门宽600，按回车键确认，重复上述操作，绘制的结果如图16-34所示。

06 在命令行中输入"BZGB"命令并按回车键，在绘图区中输入直线的起点和终点，设置隔板长度为600，绘制的结果如图16-35所示。

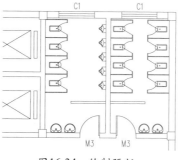

图16-34　绘制隔断

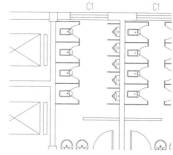

图16-35　绘制隔板

2. 绘制台阶

01 在命令行输入"TJ"命令并按回车键或执行【楼梯其他】|【台阶】命令,在弹出的【台阶】对话框中设置参数,如图16-36所示。

02 在绘图区分别指定台阶的第一个点和第二个点,绘制的结果如图16-37所示。

图16-36 设置参数

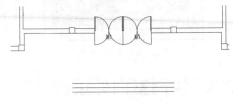

图16-37 绘制的结果

03 调用【直线】命令,完善台阶,如图16-38所示。

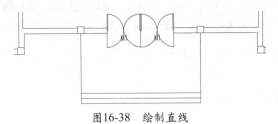

图16-38 绘制直线

3. 绘制坡道

01 调用【直线】命令,绘制的直线如图16-39所示。

02 调用【偏移】命令,设置偏移距离为50,向内偏移直线,根据图16-39所示的尺寸提示继续绘制坡道,结果如图16-40所示。

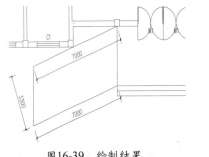

图16-39 绘制结果

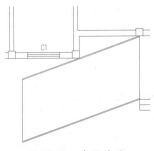

图16-40 直线偏移

03 调用【镜像】命令来完成另一边的坡道绘制,如图16-41所示。

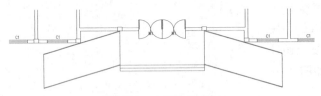

图16-41 大门坡道绘制

04 在命令行输入"PD"命令或执行【楼梯其他】|【坡道】命令,在弹出的【坡道】对话框中设置参数,如图16-42所示。

05 在绘图区中选取位置,根据命令行的提示"转90度(A)","改基点(T)",插入的坡道如图16-43所示。

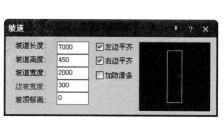

图16-42 设置参数

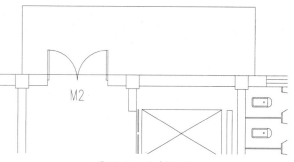

图16-43 绘制结果

06 调用【多段线】命令绘制多段线，调用【偏移】命令，设置偏移距离为80，向外偏移直线以完善图形，结果如图16-44所示。

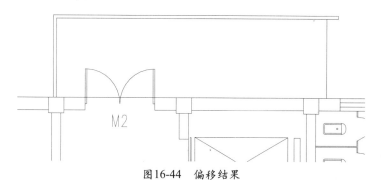

图16-44 偏移结果

07 重复上述操作，完成坡道绘制，如图16-45所示。

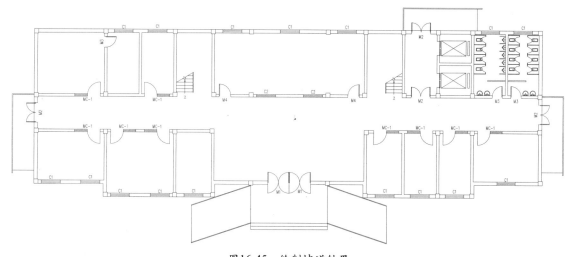

图16-45 绘制坡道结果

4. 绘制散水

01 在命令行输入"SS"命令或执行【楼梯其他】|【散水】命令，在弹出的【散水】对话框中设置参数，如图16-46所示。

图16-46 【散水】对话框

02 根据命令行的提示，选择构成一完整建筑物的所有墙体，按回车键即可创建散水。调用【修剪】命令来修剪多余的散水图形，结果如图16-47所示。

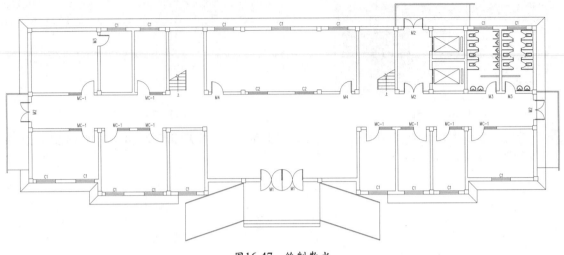

图16-47 绘制散水

16.2.7 绘制平面标注

医院门诊大楼平面图附属件基本创建完毕，接下来将对其进行尺寸以及其他标注。

1. 填充特殊房间墙体

01 调用【图案填充】命令，在弹出的【图案填充和渐变色】对话框中设置参数，如图16-48所示。

02 在绘图区单击填充区域，图案的填充结果如图16-49所示。

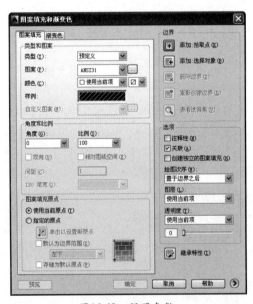

图16-48 设置参数

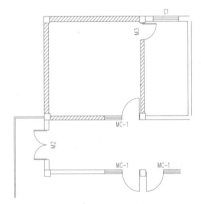

图16-49 图案填充

2. 标高标注与剖切线标注

01 在命令行输入"BGBZ"命令或执行【符号标注】|【标高标注】命令，在弹出的【标高标注】对话框中设置参数，如图16-50所示。

02 在绘图区中指定标高位置和方向，如图16-51所示。

03 重复标高标注，绘制完成，如图16-52所示。

图16-50 设置参数

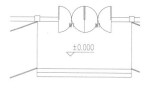

图16-51 标高标注

04 在命令行输入"PQFH"命令或执行【符号标注】|【剖切符号】命令，根据命令行的提示在绘图区中指定第一个剖切点，选取另一个剖切点，指定剖切方向，插入剖切符号，如图16-52所示。

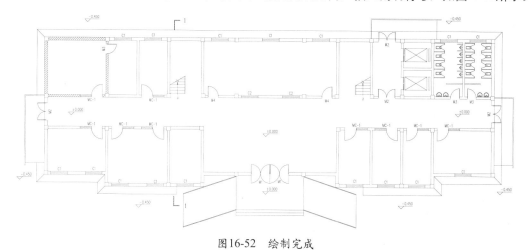

图16-52 绘制完成

3. 文字标注

01 执行【文字表格】|【单行文字】命令，在弹出的【单行文字】对话框中设置参数，如图16-53所示。

02 在绘图区选取文字的插入位置，结果如图16-54所示。

图16-53 设置参数

图16-54 文字标注

03 重复文字标注，绘制完成的结果如图16-55所示。

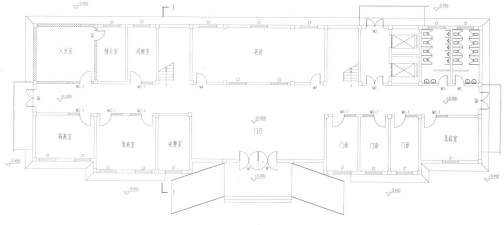

图16-55 标注完成

4. 图名标注

01 在命令行输入"HZBZ"命令或执行【符号标注】|【画指北针】命令，在绘图区指定指北针的
位置和角度，绘制的结果如图16-56所示。

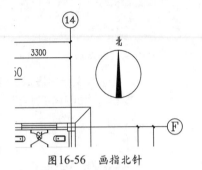

图16-56 画指北针

图16-57 设置参数

02 在命令行输入"TMBZ"命令或执行【符号标注】|【图名标注】命令，在弹出的【图名标注】
对话框中设置参数，如图16-57所示。

03 在绘图区选取插入位置，创建图名标注的结果如图16-58所示。

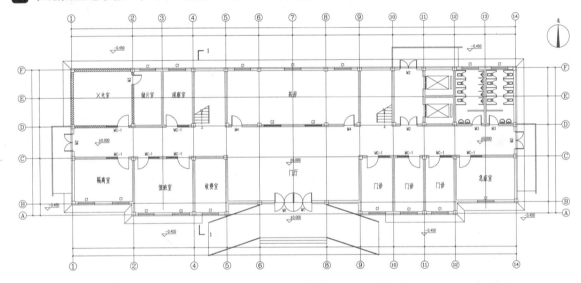

医院首层平面图 1:100

图16-58 图名标注

16.3 绘制医院门诊大楼二层平面图

素材：素材\第16章\医院二层平面图.dwg
视频：视频\第16章\16.3医院门诊大楼二层平面图的绘制.mp4

二层平面图与首层平面图大体相同，绘制二层平面图的方法与绘制首层平面图的方法基本一样。

16.3.1 绘制二层轴网柱子

按照绘制一层平面图的方法绘制轴网柱子，如图16-59所示。

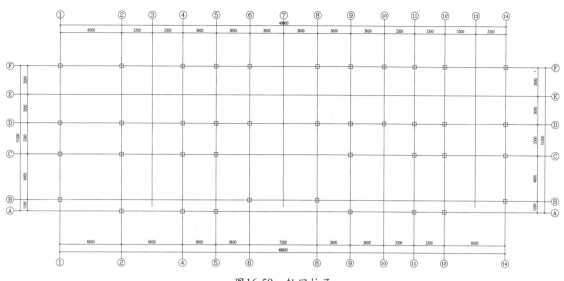

图16-59 轴网柱子

16.3.2 绘制二层墙体

01 绘制外墙。在命令行输入"HZQT"命令并按回车键或执行【墙体】|【绘制墙体】命令，在弹出的【绘制墙体】对话框中分别设置内墙和轻质隔墙的参数，如图16-60所示。

02 在绘图区中根据命令行的提示，分别选取墙体的起点和终点，绘制墙体的结果如图16-61所示。

03 绘制内墙和轻质隔墙。继续调用【墙体】|【绘制墙体】命令，在弹出的【绘制墙体】对话框中分别设置内墙和轻质隔离墙的参数，如图16-62和图16-63所示。

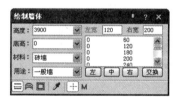

图16-60 参数设置

图16-61 参数设置

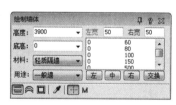

图16-62 参数设置

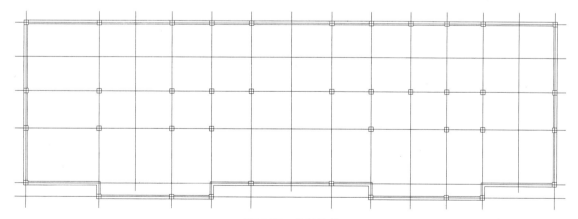

图16-63 绘制外墙

04 在命令行输入"ZQQB"命令并按回车键或执行【轴网柱子】|【柱齐墙边】命令，选取墙边，选择对齐方式相同的多个柱子并按回车键，选取柱边，重复操作，绘制的结果如图16-64所示。

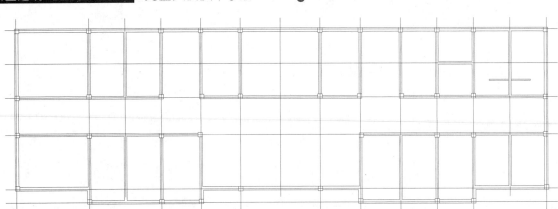

图16-64　墙体绘制结果

16.3.3　绘制二层门窗

01 绘制二层门窗的门窗样式与一层门窗样式一样，删除M1、M2，并且增加了C3窗样式，如图16-65所示。可参考的该层门窗表如图16-66所示。

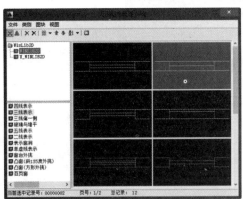 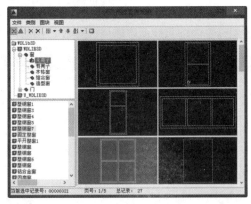

图16-65　C3参数设置

类型	设计编号	洞口尺寸(mm)	数量
普通门	M2	1800X2700	1
	M3	1000X2400	2
	M4	1100X2400	4
门连窗	MC-1	2400X2700	12
普通窗	C1	1800X1800	23
	C2	1800X1800	4
	C3	2700X2700	2

图16-66　门窗表

02 门窗绘制的结果如图16-67所示。

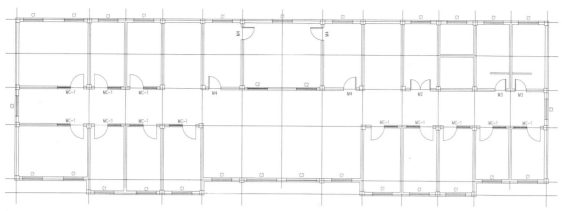

图16-67 二层门窗绘制

16.3.4 绘制二层楼梯及其他设施

1. 绘制楼梯与电梯

绘制楼梯的位置与步骤和一层平面图一样，只是将【双跑楼梯】对话框中【层类型】选项中的【首层】改为【中间层】，如图16-68所示。单击【确定】按钮，绘制完成的结果如图16-69所示。

绘制电梯的位置和步骤和一层平面图一样，参照前面的绘制方法即可，如图16-69所示。

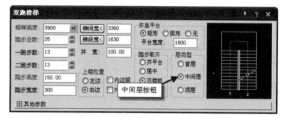

图16-68 参数设置

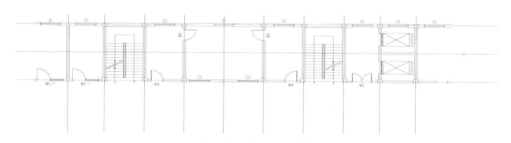

图16-69 绘制二层楼梯

2. 绘制走廊扶手

01 调用【直线】命令，绘制辅助直线，如图16-70所示。

02 在命令行输入"TJFS"命令或执行【楼梯其他】|【添加扶手】命令，选中上步绘制的辅助线，根据命令行提示设置扶手宽度为100，扶手顶面高度为1300，对齐方式为中间对齐，如图16-71所示。

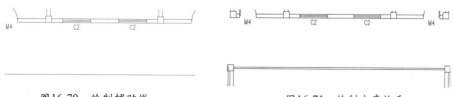

图16-70 绘制辅助线　　　　　图16-71 绘制走廊扶手

3. 布置洁具

二层平面图洁具和首层平面图洁具一样，可以按照相同步骤绘制即可，绘制完成的效果如图16-72所示。

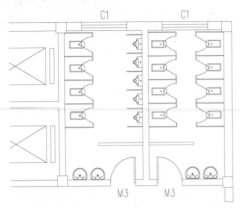

图16-72 布置洁具

图16-73 参数设置

4. 图名标注

01 在命令行输入"TMBZ"命令或执行【符号标注】|【图名标注】命令,在弹出的【图名标注】对话框中设置参数,如图16-73所示。

02 在绘图区中选取插入位置,创建图名标注的结果如图16-74所示。

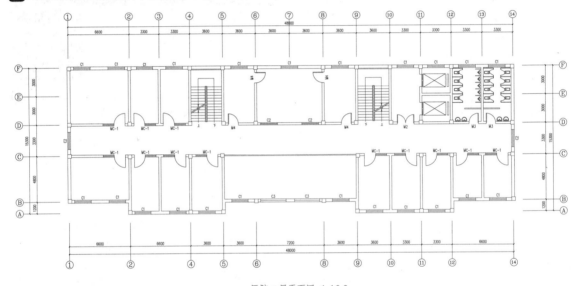

医院二层平面图 1:100

图16-74 图名标注

16.4 绘制医院门诊大楼三~五层平面图

素材:素材\第16章\医院三~五层平面图.dwg
视频:视频\第16章\16.4医院门诊大楼三~五层平面图的绘制.mp4

三~五层平面图与二层平面图基本相同,绘制三~五层平面图的方法与绘制二层平面图的方法基本一样,只需将走廊扶手去掉,如图16-75所示。

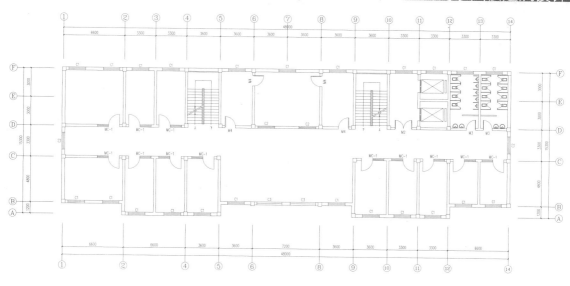

医院三—五层平面图 1:100

图16-75 三～五层平面图

16.5 绘制医院门诊大楼六层平面图

素材：素材\第16章\医院屋面平面图.dwg
视频：视频\第16章\16.5医院门诊大楼六层平面图的绘制.mp4

六层平面图也是屋顶平面图，设计屋顶为上人屋面，与平面图相比，绘制方法比较简单。

16.5.1 绘制轴网

01 执行【轴网柱子】|【绘制轴网】命令或直接输入"HZZW"命令并按回车键，在弹出的【绘制轴网】对话框中选中【直线轴网】选项卡，选择【下开】单选项，设置【下开】参数，依次为6600、6600、3600、3600、7200、3600、3600、6600、6600，如图16-76所示。

02 选择【左进】单选项，设置【左进】参数，依次为1200、8100、6000，如图16-77所示。

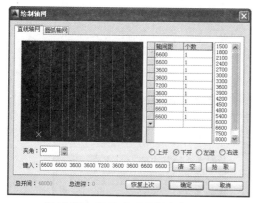

图16-76 设置【下开】参数

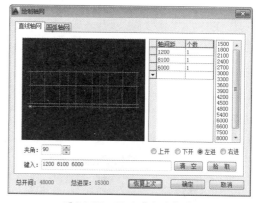

图16-77 设置【左进】参数

03 单击【确定】按钮，关闭【绘制轴网】对话框。在绘图区中点取插入位置，绘制轴网的结果如图16-78所示。

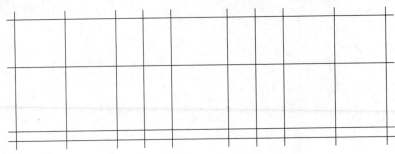

图16-78 绘制轴网

04 在命令行输入"ZWBZ"命令并按回车键或执行【轴网柱子】|【轴网标注】命令，在绘图区分别指定起始轴线和终止轴线并按回车键，创建轴网标注的结果如图16-79所示。

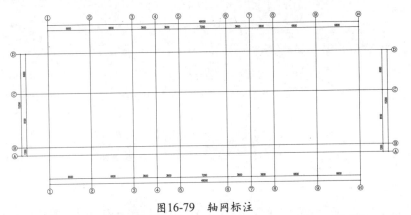

图16-79 轴网标注

▌16.5.2　绘制柱子墙体

01 在命令行输入"BZZ"命令并按回车键或执行【轴网柱子】|【标准柱】命令，在弹出的【标准柱】对话框中设置参数，如图16-80所示。

图16-80 设置参数

02 在绘图区中指定矩形区域内的轴线交点处插入柱子，绘制标准柱图形的结果如图16-81所示。

图16-81 绘制标准柱结果

03 绘制外墙。在命令行输入"HZQT"命令并按回车键或执行【墙体】|【绘制墙体】命令，在弹出的【绘制墙体】对话框中设置参数，如图16-82所示。

04 在绘图区中根据命令行的提示，分别选取墙体的起点和终点，绘制墙体的结果如图16-83所示。

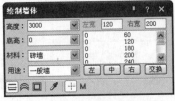

图16-82 参数设置

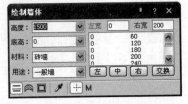

图16-83 参数设置

05 绘制女儿墙。继续执行【墙体】|【绘制墙体】命令，在弹出的【绘制墙体】对话框中设置参数，如图16-84所示。

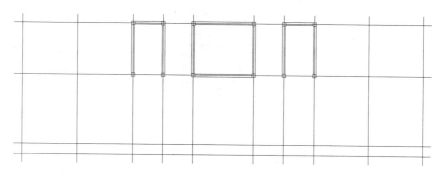

图16-84　绘制外墙

06 在命令行输入"ZQQB"命令并按回车键或执行【轴网柱子】|【柱齐墙边】命令，选取墙边，选择对齐方式相同的多个柱子并按回车键，选取柱边，重复上述操作，绘制的结果如图16-85所示。

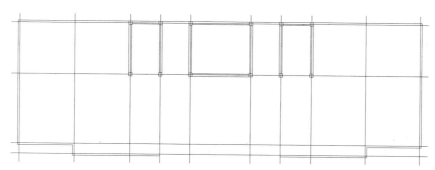

图16-85　墙体绘制结果

07 重复上述操作，绘制墙体的结果如图16-86所示。

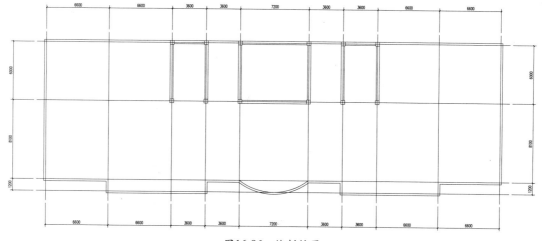

图16-86　绘制结果

16.5.3　绘制屋面楼梯

01 在命令行输入"SPLT"命令并按回车键或执行【楼梯其他】|【双跑楼梯】命令，在弹出的【双跑楼梯】对话框中设置参数，如图16-87所示。

02 在绘图区中选取插入位置,如图16-88所示。

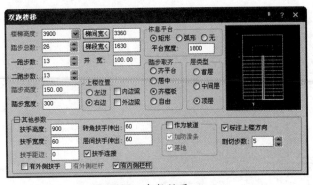

图16-87 参数设置

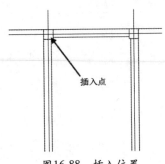

图16-88 插入位置

03 按Esc键结束命令,绘制的结果如图16-89所示。

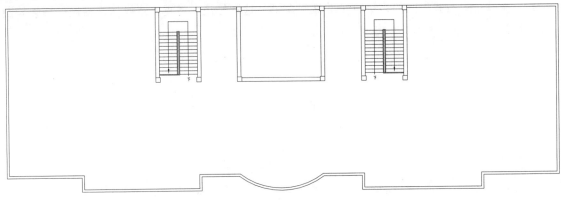

图16-89 插入楼梯

16.5.4 屋面构件绘制

01 执行【直线】命令来绘制排水坡道图形,如图16-90所示。

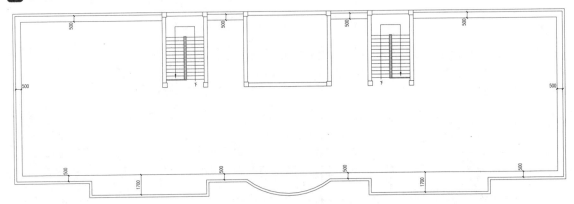

图16-90 绘制道

02 在命令行输入"JYSG"命令按回车键或执行【房间屋顶】|【加雨水管】命令,在绘图区中指定雨水管入水洞口的起始点,绘制雨水管图形的结果如图16-91所示。

03 绘制分仓缝。调用【直线】命令绘制直线,调用【偏移】命令偏移直线,然后将所绘制的直线的线型设置为虚线,分仓缝的绘制结果如图16-92所示。

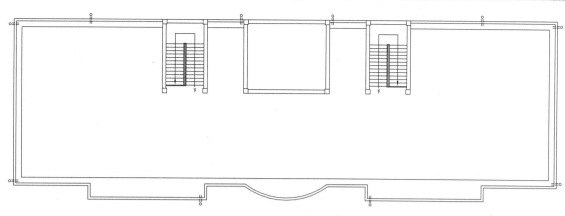

图16-91 绘制雨水管

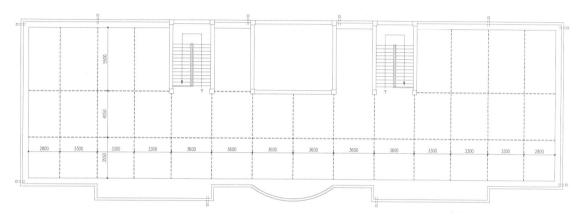

图16-92 绘制分仓缝线

16.5.5 绘制屋面标注

01 在命令行输入"JTYZ"命令并按回车键或
执行【符号标注】|【箭头引注】命令，在
弹出的【箭头引注】对话框中设置参数。
如图16-93所示。

图16-93 设置参数

02 根据命令行的提示指定箭头起点和直线下一点，绘制的箭头引注如图16-94所示。

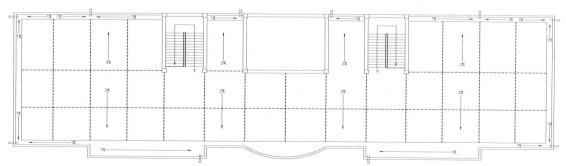

图16-94 绘制箭头引注

03 重复操作，完成箭头引注，如图16-95所示。

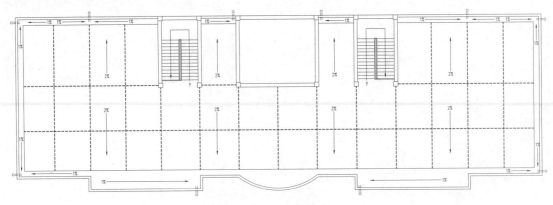

图16-95　完成箭头引注

04 执行【文字表格】|【单行文字】命令，在弹出的【单行文字】对话框中设置参数，如图16-96所示。

05 在绘图区中选取文字的插入位置，结果如图16-97所示。

图16-96　设置参数

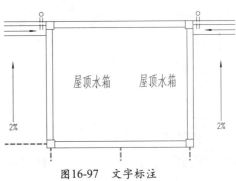

图16-97　文字标注

06 在命令行输入"YCBZ"命令并按回车键或执行【符号标注】|【引出标注】命令，在弹出的【引出标注】对话框中设置参数，如图16-98所示。

07 根据命令行的提示指定标注第一点，选取引线位置，选取文字基线位置，标注的结果如图16-99所示。

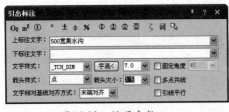

图16-98　设置参数

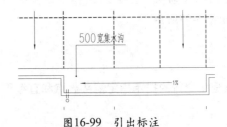

图16-99　引出标注

08 在命令行输入"BGBZ"命令并按回车键或执行【符号标注】|【标高标注】命令，在弹出的【标高标注】对话框中设置参数，如图16-100所示。

09 在绘图区中指定标高位置和方向，创建标高标注的结果如图16-101所示。

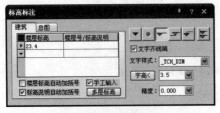

图16-100　设置参数

图16-101　标高标注

10 在命令行输入"TMBZ"命令或执行【符号标注】|【图名标注】命令，在弹出的【图名标注】对话框中设置参数，如图16-102所示。

图16-102　参数设置

11 在绘图区中选取插入位置，创建图名标注的结果如图16-103所示。

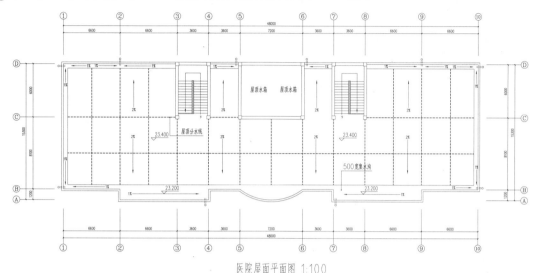

医院屋面平面图 1:100

图16-103　图名标注

16.6　创建医院门诊大楼工程管理

素材：素材\第16章\医院工程\医院平面图.dwg
视频：视频\第16章\16.6医院门诊大楼工程管理的创建.mp4

16.6.1　新建工程

通过前面的操作步骤，已将医院门诊大楼的所有平面图绘制完毕。为了方便系统自动生成立面和剖面图和三维模型，天正软件提供比较方便的工程管理面板。

01 在命令行输入"GCGL"命令并按回车键或执行【工程管理】命令。弹出【工程管理】面板，执行下拉菜单中的"新建工程"命令，如图16-104所示。

02 在弹出的【另存为】对话框中输入文件名，如图16-105所示。

03 单击【保存】按钮，即可完成新建医院工程。

图16-104　【工程管理】面板

图16-105　【另存为】对话框

16.6.2　添加图纸

01　在"图纸"选项组中，将鼠标置于【平面图】选项上，单击鼠标右键，在弹出的快捷菜单中执行【添加图纸】命令，如图16-106所示。

02　弹出【选择图纸】对话框，选中平面图，如图16-107所示。

03　单击【打开】按钮即可完成添加图纸。

图16-106　添加图纸　　　　　图16-107　【选择图纸】对话框

16.6.3　创建楼层表

01　在【工程管理】面板中选择【楼层】选项组，在其中设置层号和层高，如图16-108所示。

02　在【楼层】选项组中单击【框选楼层】按钮，如图16-108所示。在绘图区框选出平面图并选中对齐点。

03　重复上述操作，框选相应的平面图，选中相同位置的对齐点，设置的结果如图16-109所示。

图16-108　设置层号层高　　　　图16-109　设置结果

16.7　医院门诊大楼正立面图的创建

素材：素材\第16章\医院工程\医院正立面图.dwg
视频：视频\第16章\16.7医院门诊大楼正立面图的创建.mp4

　　一套完整的门诊楼施工图，不仅需要平面图，还需要各个方向上的立面图及特殊部位的剖面图，有时还根据需要绘制各个节点的详图。本节主要介绍门诊楼立面图的绘制方法。

16.7.1　生成医院门诊大楼立面图

　　在创建完医院门诊大楼的工程管理文件以后，就可以根据要求来创建医院门诊大楼的立面图以及其他的剖面图和三维模型图等。

01　在命令行输入"JZLM"命令并按回车键或执行【立面】|【建筑立面】命令，选择【正立面（F）】，选中显示的轴线并按回车键，弹出【立面生成设置】对话框，在该对话框中设置参数如图16-110所示。

02 单击【生成立面】按钮，弹出【输入要生成的文件】对话框，如图16-111所示。

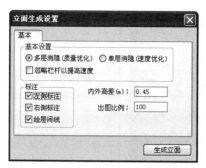 

图16-110　立面参数设置　　　　　　　　　图16-111　保存文件

03 单击【保存】按钮，完成立面生成，删除立面图的多余线段图形，如图16-112所示。

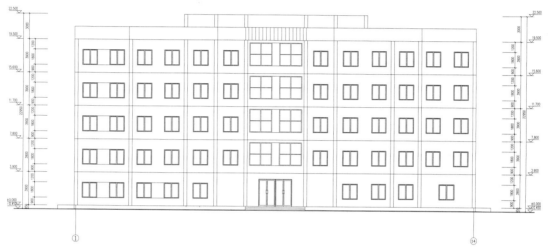

图16-112　生成立面图

16.7.2　深化和完善立面图

1. 编辑与替换立面门窗

01 调用【删除】命令，删除立面图中的多余图形，结果如图16-113所示。

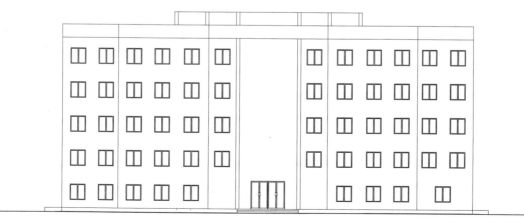

图16-113　清理图形

02 在命令行输入"LMMC"命令并按回车键或执行【立面】|【立面门窗】命令。弹出【天正图库管理系统】对话框，选择需替换的门窗样式，如图16-114所示。

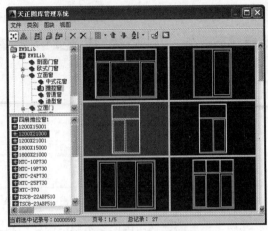

图16-114 选择替换窗样式

03 单击【替换】按钮 ，选择对象并按回车键，替换完成，如图16-115所示。

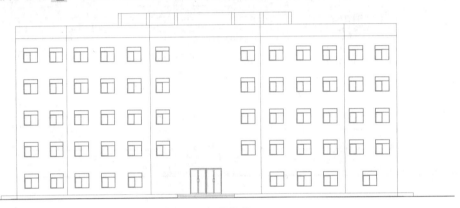

图16-115 替换窗

04 调用【移动】命令，左右移动立面窗图形，如图16-116所示。

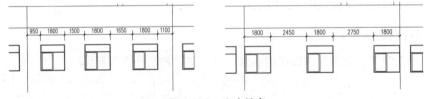

图16-116 移动门窗

05 移动完成，如图16-117所示。

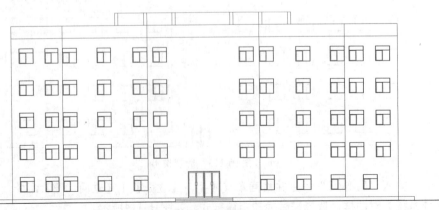

图16-117 移动结果

2. 绘制侧门雨棚和装饰

01 调用【直线】命令、【偏移】命令来绘制左侧门雨棚，如图16-118所示。

02 调用【直线】命令来绘制直线。调用【偏移】命令来偏移直线，绘制窗两侧的装饰条，如图16-119所示。

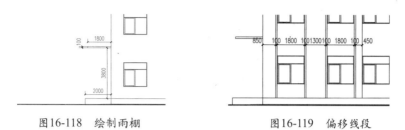

图16-118 绘制雨棚　　　　　图16-119 偏移线段

03 调用【镜像】命令，镜像复制雨棚和装饰条至立面图右侧，调用【修剪】命令来清理多余线段，如图16-120所示。

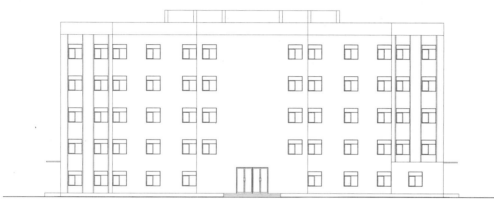

图16-120 镜像复制

04 调用【直线】命令、【偏移】命令、【延伸】命令和【修剪】命令，绘制水平装饰条和屋顶装饰，如图16-121所示。

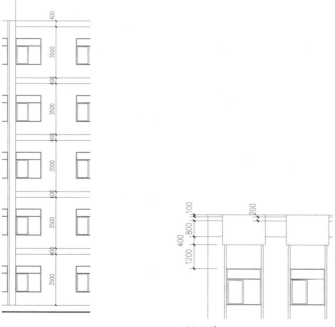

图16-121 绘制装饰

05 调用【镜像】命令，复制立面图案，镜像的结果如图16-122所示。

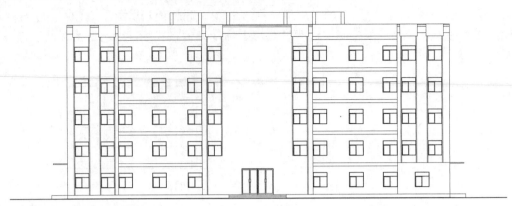

图16-122　镜像复制

3. 绘制大门雨棚

01 插入图块，按【Ctrl+O】快捷键，打开配套光盘提供的"第16章/家具图例.dwg"文件，将其中的欧式柱模型复制至当前图形中，如图16-123所示。

02 调用【直线】命令来绘制直线。调用【偏移】、【修剪】命令来偏移、修剪直线，绘制的大门雨棚如图16-124所示。

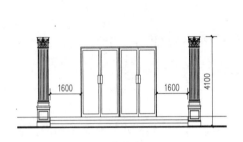

图16-123　复制柱图形

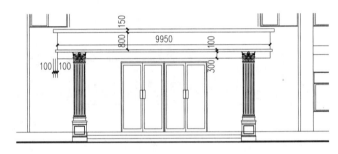

图16-124　绘制雨棚

4. 绘制顶部造型

01 调用【删除】命令来删除多余线段。调用【直线】命令来绘制直线并修剪，如图16-125所示。

02 调用【直线】命令来绘制直线，调用【偏移】、【延伸】、【修剪】命令来修改图形，如图16-126和图16-127所示。

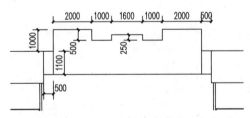

图16-125　绘制并修剪图形

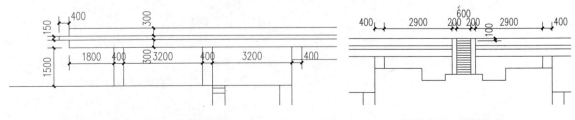

图16-126　绘制图形一

图16-127　绘制图形二

03 重复上述操作，绘制门诊楼顶部装饰造型，如图16-128所示。

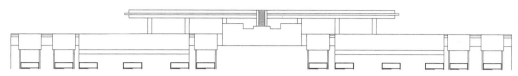

图16-128　屋顶造型绘制结果

5. 绘制玻璃幕墙

01 调用【直线】命令来绘制直线，如图16-129所示。

02 调用【直线】命令来绘制直线，调用【偏移】、【延伸】、【修剪】命令来修改图形，如图16-130所示。

03 调用【偏移】命令来设置偏移距离，分别为50、100、150、200、300、125，然后再向右偏移线段，如图16-131所示。

04 调用【镜像】命令，镜像复制偏移的直线，如图16-132所示。

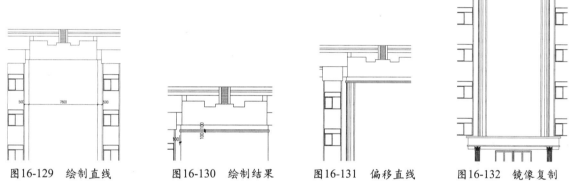

图16-129　绘制直线　　　图16-130　绘制结果　　　图16-131　偏移直线　　　图16-132　镜像复制

05 调用【直线】命令、【偏移】命令来绘制玻璃幕墙，绘制的幕墙分格如图16-133所示。

06 调用【直线】命令来绘制直线，如图16-134所示。

07 插入医院标志。按【Ctrl+O】快捷键，打开配套光盘提供的"第16章/家具图例.dwg"文件，将其中的标志模型复制至当前图形中，并调用【修剪】命令来清理多余图形，绘制完成的效果如图16-135所示。

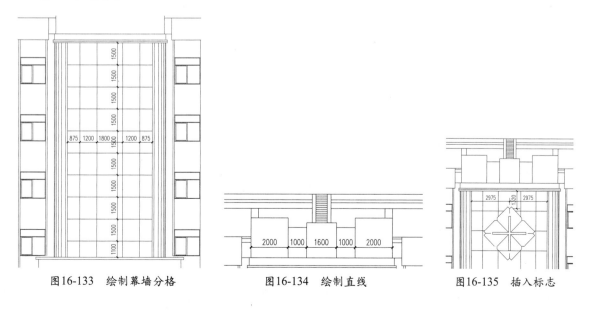

图16-133　绘制幕墙分格　　　　　图16-134　绘制直线　　　　　图16-135　插入标志

6. 绘制窗台

01 调用【直线】命令来绘制直线。调用【偏移】命令、【镜像】命令来复制图形，调用【修剪】命令来修剪多余线段，如图16-136所示。

02 重复上述操作，绘制的结果如图16-137所示。

图16-136 绘制窗台

图16-137 绘制窗台

7. 填充图案

01 调用【图案填充】命令，在弹出的【图案填充和渐变色】对话框中设置参数，如图16-138所示。

02 在绘图区指定填充区域，图案的填充结果如图16-139所示。

图16-138 设置参数

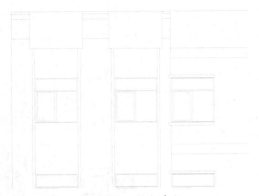

图16-139 图案填充

03 重复填充，填充其他区域，如图16-140所示。

8. 绘制立面轮廓

01 在命令行输入 "LMLK" 命令并按回车键或执行【立面】|【立面轮廓】命令。根据命令行的提示选择二维对象，设置轮廓线宽度为80，绘制的结果如图16-141所示。

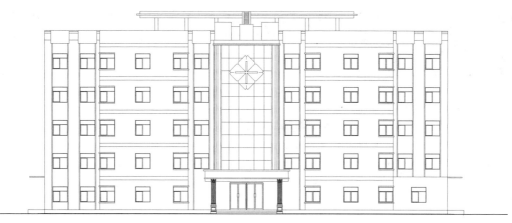

图16-140　填充其他区域

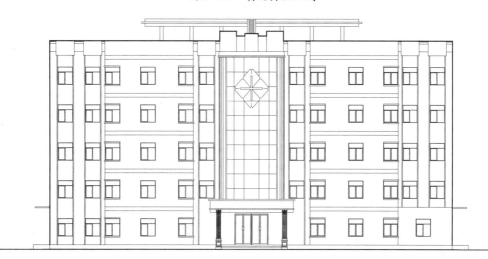

图16-141　绘制立面轮廓

9. 图名标注

01 在命令行输入"TMBZ"命令或执行【符号标注】|【图名标注】命令，在弹出的【图名标注】对话框中设置参数，如图16-142所示。

02 在绘图区中指定插入位置，创建的图名标注

结果如图16-143所示。

图16-142　参数设置

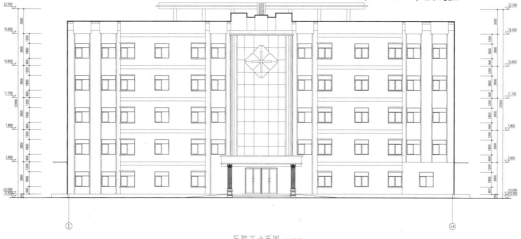

医院正立面图 1:100

图16-143　图名标注

16.8 医院门诊大楼剖面图的创建

素材: 素材\第16章\医院工程\医院剖面图.dwg
视频: 视频\第16章\16.8医院门诊大楼剖面图的创建.mp4

要准确地反映门诊楼内部各个空间的关系,需要绘制出门诊楼的剖面图。建筑的剖面图是指按一定比例绘制的建筑物竖直(纵向)的剖视图,即用一个假想的平面将建筑物沿垂直方向切开,切开后的部分用图线和符号来表示楼层的数量、室内立面的布置、楼板、地面、墙身和基础等的位置和尺寸。

16.8.1 生成医院门诊大楼剖面图

创建剖面图,需要先在指定的平面层上创建剖切符号,再根据前面创建的工程管理文件以及剖切符号来创建剖面图文件。

01 在命令行输入"JZPM"命令并按回车键或执行【剖面】|【建筑剖面】命令,在绘图区中选择剖切线,如图16-144所示。

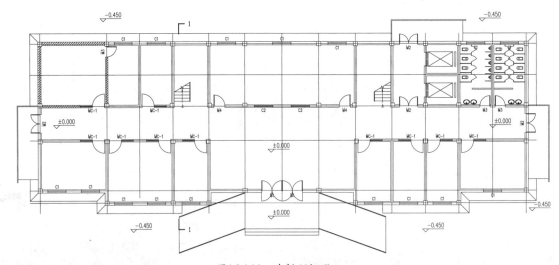

图16-144 选择剖切线

02 选择需出现在剖面图中的轴线,弹出【剖面生成设置】对话框,设置的参数如图16-145所示。

03 单击【生成剖面】按钮,在弹出的【输入要生成的文件】对话框中设置文件名,如图16-146所示。单击【保存】按钮,生成剖面图,删除多余线条,结果如图16-147所示。

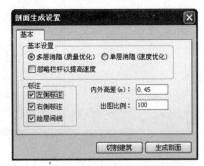

图16-145 【剖面生成设置】对话框

图16-146 【输入要生成的文件】对话框

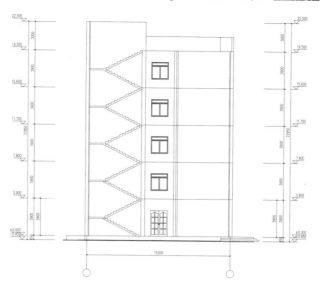

图16-147 生成剖面

16.8.2 深化和完善剖面图

01 在命令行输入"SXLB"命令并按回车键或执行【剖面】|【双线楼板】命令，指定楼板的起始点以及结束点，设置楼板的厚度为120，如图16-148所示。

02 在命令行输入"JPDL"命令并按回车键或执行【剖面】|【加剖断梁】命令。指定剖面梁的参照点、梁左侧到参照点的距离0、梁右侧到参照点的距离400、梁底边到参照点的距离600，如图16-149所示。

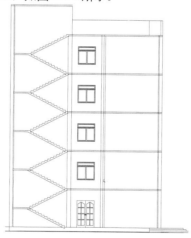

图16-148 绘制双线楼板

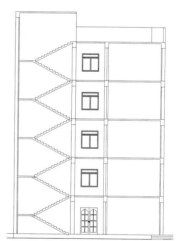

图16-149 绘制剖断梁

03 在命令行输入"CSLT"命令或执行【剖面】|【参数楼梯】命令，弹出【参数楼梯】对话框，设置的参数如图16-150所示。

04 插入至图中相应位置，如图16-151所示。

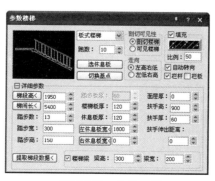

图16-150 参数设置

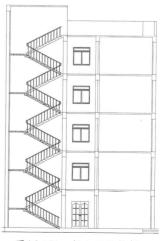

图16-151 插入剖面楼梯

05 在命令行输入"JPDL"命令并按回车键或执行【剖面】|【加剖断梁】命令。指定剖面梁的参照点、梁左侧到参照点的距离400、梁右侧到参照点的执行距离0、梁底边到参照点的距离600，绘制楼梯平台梁剖面，如图16-152所示。

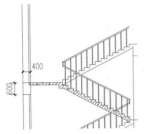

图16-152　绘制结果

06 重复绘制其他位置的剖断梁，如图16-153所示。

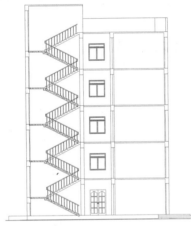

图16-153　绘制其他剖切梁

07 执行【图案填充】命令，在弹出的【图案填充和渐变色】对话框中设置参数，如图16-154所示。

图16-154　参数设置

08 填充至相应位置，如图16-155所示。

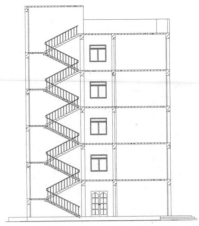

图16-155　填充图案

09 重复执行【图案填充】命令，在弹出的【图案填充和渐变色】对话框中设置参数，如图16-156所示。

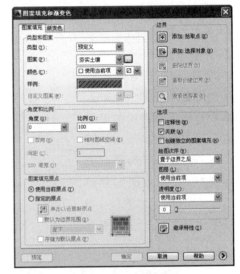

图16-156　参数设置

10 填充至相应位置，如图16-157所示。

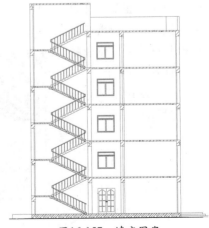

图16-157　填充图案

11 重复填充剖面墙体，如图16-158所示。

12 剖面填充绘制完成，如图16-159所示。

13 执行【文字表格】|【单行文字】命令，在弹出的【单行文字】对话框中分别设置参数为1F、2F、3F、4F、5F，在绘图区选取文字的插入位置，结果如图16-160所示。

14 在命令行输入"BGBZ"命令或执行【符号标注】|【标高标注】命令，在绘图区选取位置与方向，如图16-160所示。

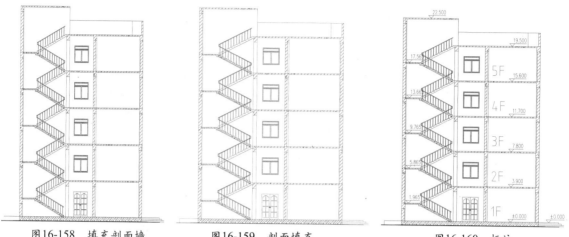

图16-158 填充剖面墙　　　　图16-159 剖面填充　　　　图16-160 标注

15 在命令行输入"TMBZ"命令或执行【符号标注】|【图名标注】命令，在绘图区中指定插入位置，创建图名标注的结果如图16-161所示。门诊大楼的剖面图绘制完成。

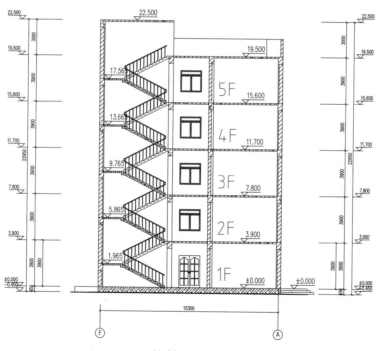

医院剖面图 1:100

图16-161 图名标注

第17章
专业写字楼建筑设计

写字楼是指用于办公的建筑物。写字楼通常交通便利，基础设施完备，常位于城市的CBD，且其配套设施配套齐全，有鲜明的建筑设计风格。

写字楼在外观和结构上具有其自身的一些特点，例如一般采用框架结构，开间大，以便于办公空间的自由分割。本章以某写字楼为例，讲解专业写字楼的建筑特点和绘制方法。

天正建筑
TArch 2014
完全实战技术手册

17.1 写字楼特点及绘制思路

写字楼就是专业商业办公用楼的别称，如图17-1所示。在进行写字楼施工图设计之前，需先对写字楼的总体设计特点和绘制思路进行介绍。

图17-1　写字楼

17.1.1　写字楼的特点

经济的全球化发展，跨国公司数量的猛增，使得写字楼越来越向专业化、一体化的方向发展。下面总结写字楼设计的总体要求。

1. 写字楼的外形

写字楼的外形要规整，尽量避免室内出现不规则的房间。写字楼的底部和底层裙房应考虑设置与写字楼品质相符的写字楼或企业标识位置。

2. 首层

大堂可考虑挑高处理。大堂入口处应尽量避免迎面柱或墙。大堂内应考虑预留2~3家小型商业位置，其主要功能是票务、旅行社、银行等，面积控制在20~30m²。

3. 标准层

标准层平面设计要尽量规整简洁。合理布置核心筒内的面积，尽量实现最优化设计，保证每层的使用率（含核心筒及宽1.8米走廊外的套内面积/层建筑面积）不小于75%。

4. 写字楼屋顶

应保证屋顶设置有不少于4个卫星基座。

17.1.2　写字楼的绘制思路

本专业写字楼为方形，采用框架结构，长约52m，宽约24m，其中一层为商场超市，2~13层为办公室，每个办公室都有独立的卫生间。因此需要绘制的平面图有一层平面图、二~十三层标准层平面图和顶层平面图。

作为专业的写字楼，本建筑南、北两面使用了大面积的玻璃幕墙结构，以减轻建筑物的重量，减少基础工程费用，同时具有视野好、透光性好的特点，体现出现代感。

17.2 绘制写字楼一层平面图

素材：素材\第17章\写字楼首层平面图.dwg
视频：视频\第17章\17.2专业写字楼一层平面图的绘制.mp4

写字楼平面设计及其施工图绘制是写字楼设计中最基本的内容，也是最重要的设计之一。平面功能布局关系写字楼设计的整体效果。

在绘制专业写字楼的一层平面图时，根据绘图的顺序要求，首先创建轴网结构，然后创建高度为4.500m的墙体，再在墙体的基础上进行门窗的布置，接着进行其他附件的创建，最后根据图形的要求对平面图进行尺寸、文字和图名等标注。

17.2.1 绘制写字楼轴网

01 执行【轴网柱子】|【绘制轴网】命令或直接输入"HZZW"命令并按回车键，在弹出的【绘制轴网】对话框中选中【直线轴网】选项卡，选择【下开】单选项，设置【下开】参数，依次为2500、5500、4500、4500、4500、4500、4500、4500、4500、4500、5500、2500，如图17-2所示。

02 选择【左进】单选项，设置【左进】参数，依次为3000、5000、8000、8000，如图17-3所示。

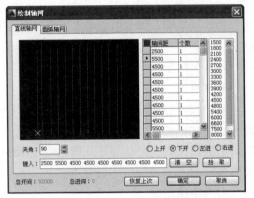
图17-2 设置【下开】参数

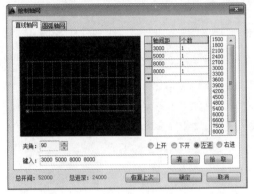
图17-3 设置【左进】参数

03 单击【确定】按钮，关闭【绘制轴网】对话框。在绘图区中选取插入位置，绘制轴网的结果如图17-4所示。

04 在命令行输入"ZWBZ"命令并按回车键或执行【轴网柱子】|【轴网标注】命令，弹出【轴网标注】对话框，选择【双侧标注】单选项，如图17-5所示。

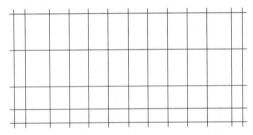
图17-4 绘制轴网

图17-5 【轴网标注】对话框

05 在绘图区分别指定起始轴线和终止轴线并按回车键，标注轴网的结果如图17-6所示。

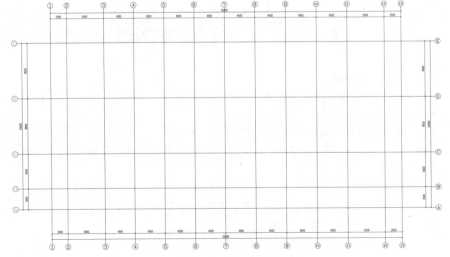
图17-6 轴网标注

06 执行【轴网柱子】|【主附转换】命令，在绘图区中选择需主号变附的轴号，重复操作，结果如图17-7所示。

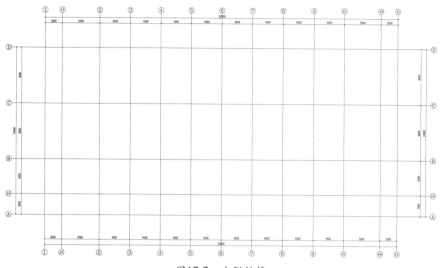

图17-7 主附转换

17.2.2 绘制标准柱

本写字楼左右对称，因此标准柱布置也具有相同的特点，可灵活使用多种方法进行快速布置。

01 在命令行输入"BZZ"命令并按回车键或执行【轴网柱子】|【标准柱】命令，在弹出的【标准柱】对话框中设置参数，如图17-8所示。

02 在绘图区中选取标准柱的插入点，绘制标准柱图形的结果如图17-9所示。

图17-8 设置参数

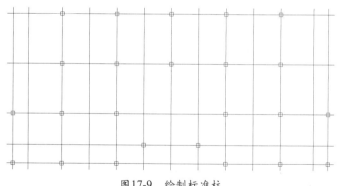

图17-9 绘制标准柱

17.2.3 绘制墙体

写字楼南、北两侧为玻璃幕墙，左、右两侧为钢筋混凝土实心墙体，在绘制时需要精准设置墙体的参数。

01 绘制外墙。在命令行输入"HZQT"命令并按回车键或执行【墙体】|【绘制墙体】命令，在弹出的【绘制墙体】对话框中设置参数，如图17-10所示。

02 根据命令行的提示，在绘图区中分别选取墙体的起点和终点，绘制左、右两侧墙体，如图17-11所示。

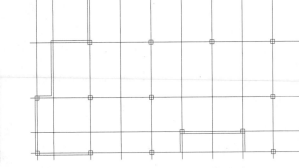

图17-10　外墙参数设置　　　　　　　　　　　　图17-11　绘制外墙

03 绘制玻璃幕墙。继续执行【墙体】|【绘制墙体】命令，在弹出的【绘制墙体】对话框中设置参数，如图17-12所示。绘制的玻璃幕墙如图17-13所示。

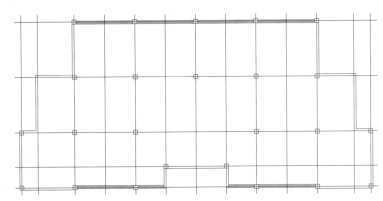

图17-12　玻璃幕墙参数设置　　　　　　　　　　图17-13　绘制玻璃幕墙

04 绘制内墙。继续执行【墙体】|【绘制墙体】命令，在弹出的【绘制墙体】对话框中设置参数，如图17-14所示，绘制的内墙如图17-15所示。

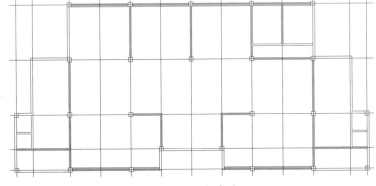

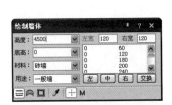

图17-14　内墙参数设置　　　　　　　　　　　　图17-15　绘制内墙

▌17.2.4　绘制一层门窗

　　写字楼一层为大型商场超市，为了方便人员疏散，在写字楼的东、西和南侧都设置了入口。该层的门窗表如图17-16所示。

01 创建主入口旋转门M1。在命令行输入"MC"命令并按回车键或执行【门窗】|【门窗】命令，在弹出的【窗】对话框中的工具栏单击【插门】按钮■，弹出【门】对话框，选择旋转门三维及二维样式，如图17-17所示。

类型	设计编号	洞口尺寸(mm)	数量
普通门	M1	5000X3000	1
	M2	3000X2700	2
	M3	3000X2700	2
	M4	2400X2700	1
	M5	1000X2700	2
	M6	1500X3000	2

图17-16　门窗表

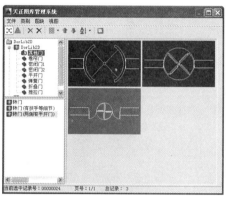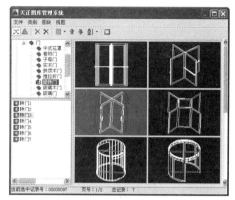

图17-17　M1参数设置

02 创建两侧的弹簧门M2，参数设置如图17-18所示。

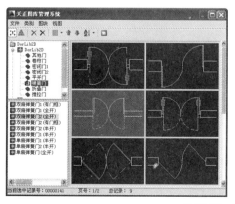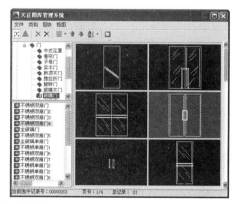

图17-18　M2参数设置

03 双扇平开门M3、M4和单扇平开门M5的参数设置分别如图17-19、图17-20和图17-21所示。

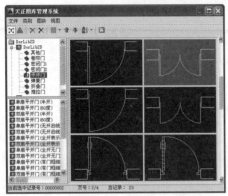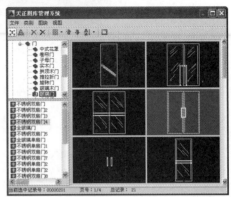

图17-19 M3参数设置

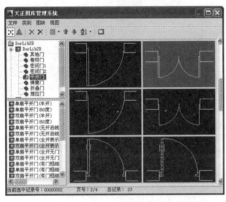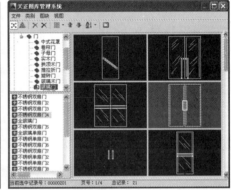

图17-20 M4参数设置

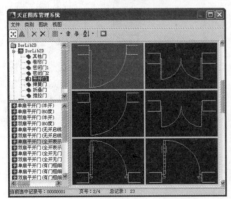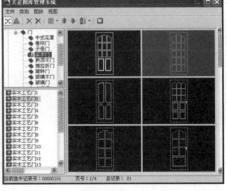

图17-21 M5参数设置

04 将上述各门插入至平面图的效果如图17-22所示。

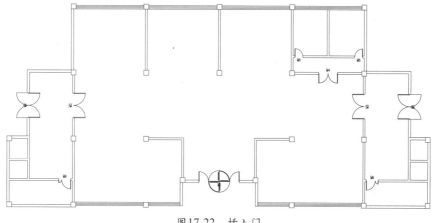

图17-22 插入门

17.2.5 绘制一层楼梯

在高层公共建筑中，作为交通、疏散的电梯和楼梯是必不可少的建筑设施。本写字楼的电梯、楼梯分别布置在建筑的东、西两侧。

1. 绘制楼梯

01 在命令行输入"SPLT"命令并按回车键或执行【楼梯其他】|【双跑楼梯】命令，在弹出的【双跑楼梯】对话框中设置参数，如图17-23所示。

02 在绘图区中选取插入位置，如图17-24所示。

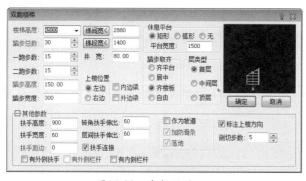

图17-23 参数设置

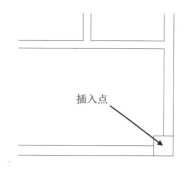

图17-24 插入位置

03 按Esc键结束命令，绘制的结果如图17-25所示。

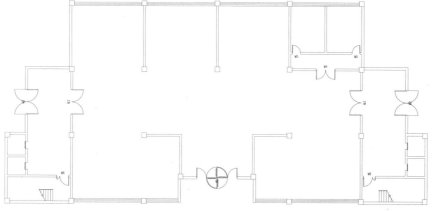

图17-25 插入楼梯

2. 绘制电梯

01 在命令行输入"DT"命令并按回车键，在弹出的【电梯参数】对话框中设置参数，如图17-26所示。

02 根据命令行的提示，完成绘制电梯，结果如图17-27所示。

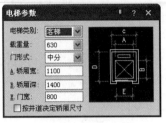

图17-26 参数设置

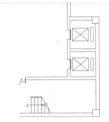

图17-27 绘制的电梯

17.2.6 绘制室内设施

一层的公共卫生间布置在平面图的东北角，分为男、女卫生间，在其中布置有相应的卫生洁具。

01 在命令行输入"BZJJ"命令并按回车键，在弹出的【天正洁具】对话框中选择洁具图形，双击选择的洁具图形，在弹出的【布置蹲便器（感应式）】对话框中设置参数，在绘图区中选取沿墙边线，插入的蹲便器如图17-28所示。

02 重复操作，插入男卫生间的小便器和外侧的洗手盆，如图17-29所示。

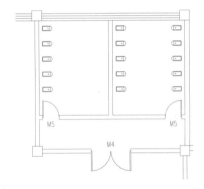

图17-28 插入蹲便器

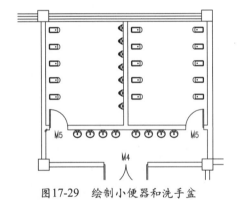

图17-29 绘制小便器和洗手盆

03 在命令行中输入"BZGD"命令并按回车键，在绘图区中指定直线的起点，如图17-30所示。

04 指定直线的终点，如图17-31所示。

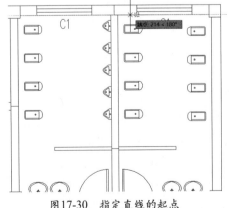

图17-30 指定直线的起点

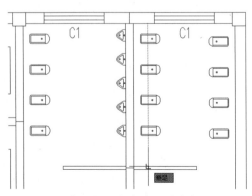

图17-31 指定直线的终点

05 在命令提示行设置隔板长度为1100，隔断门宽为600，按回车键确认，绘制蹲便器之间的隔断如图17-32所示。

06 在命令行中输入"BZGB"命令并按回车键，在绘图区中输入直线的起点和终点，设置隔板长度为400，绘制男卫生间小便器之间的隔板，如图17-33所示。

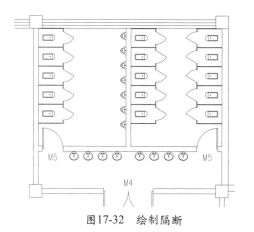

图17-32　绘制隔断　　　　　　　　　图17-33　绘制隔板

17.2.7　绘制台阶

一层平面图室内与室外有0.45m的落差，因此需要在大门入口位置绘制矩形三面台阶。

01 在命令行输入"TJ"命令并按回车键或执行【楼梯其他】|【台阶】命令，在弹出的【台阶】对话框中设置参数，如图17-34所示。

图17-34　设置台阶参数

02 在绘图区分别选取台阶的起点和终点，绘制的台阶如图17-35所示。

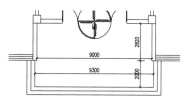

图17-35　绘制主入口台阶

03 重复操作，绘制边门台阶，如图17-36所示。

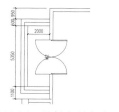

图17-36　绘制边门台阶

17.2.8　绘制散水

01 在命令行输入"SS"命令或执行【楼梯其他】|【散水】命令，在弹出的【散水】对话框中设置参数，如图17-37所示。

图17-37　参数设置

02 根据命令行的提示，选择构成一完整建筑物的所有墙体，按回车键即可创建散水。执行【修剪】命令，修剪多余的散水图形，结果如图17-38所示。

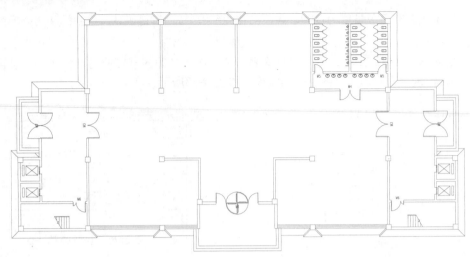

图17-38 绘制散水

17.2.9 绘制平面图标注

一层平面图标注包括标高标注、剖切线标注和图名标注等。

1. 标高标注与剖切线标注

01 在命令行输入"BGBZ"命令或执行【符号标注】|【标高标注】命令，在弹出的【标高标注】对话框中设置参数，如图17-39所示。

02 在绘图区中指定标高位置和方向，如图17-40所示。

图17-39 设置参数

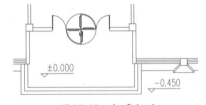

图17-40 标高标注

03 重复标高标注，结果如图17-41所示。

04 在命令行输入"PQFH"命令或执行【符号标注】|【剖切符号】命令，根据命令行的提示在绘图区中指定第一个剖切点，选取另一个剖切点，指定剖切方向，插入剖切符号，如图17-41所示。

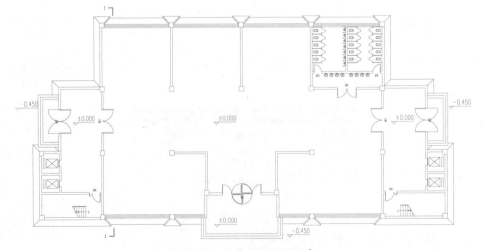

图17-41 标高其他位置标高

2. 文字标注

01 执行【文字表格】|【单行文字】命令，在弹出的【单行文字】对话框中设置参数，如图17-42
所示。

02 在绘图区选取文字的插入位置，标注一层各区域的功能分区，如图17-43所示。

图17-42 设置参数

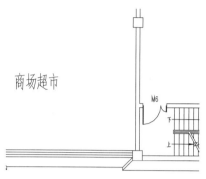

图17-43 文字标注

03 重复文字标注，绘制完成的效果如图17-44所示。

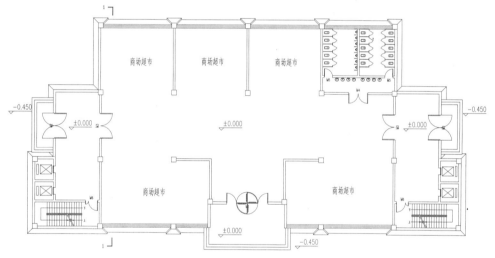

图17-44 标注其他区域文字

3. 指北针和图名标注

01 在命令行输入"HZBZ"命令或执行【符号标注】|【画指北针】命令，在绘图区指定指北针的
位置和角度，绘制的结果如图17-45所示。

02 在命令行输入"TMBZ"命令或执行【符号标注】|【图名标注】命令，在弹出的【图名标注】
对话框中设置参数，如图17-46所示。

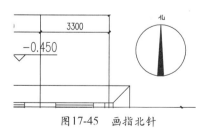

图17-45 画指北针

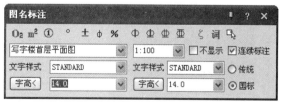

图17-46 设置参数

03 在绘图区中选取插入位置，创建的图名标注结果如图17-47所示。

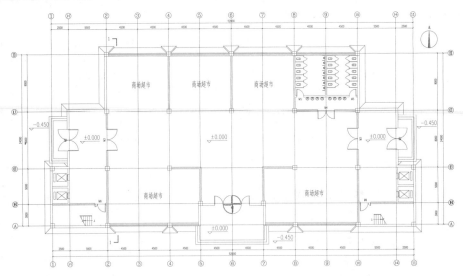

写字楼首层平面图 1:100

图17-47 图名标注

17.3 绘制写字楼标准层平面图

素材:素材\第17章\写字楼2~13层平面图.dwg

视频:视频\第17章\17.3专业写字楼标准层平面图的绘制.mp4

写字楼的2~13层为办公区域,由各个独立的办公室组成,因此需要绘制标准层平面图以表示其平面布局。

17.3.1 绘制标准层建筑轴线

01 执行【轴网柱子】|【绘制轴网】命令或直接输入"HZZW"命令并按回车键,在弹出的【绘制轴网】对话框中选中【直线轴网】选项卡,选择【下开】单选项,设置【下开】参数,依次为2500、5500、4500、4500、4500、4500、4500、4500、4500、4500、5500、2500,如图17-48所示。

02 选择【左进】单选项,设置【左进】参数,依次为3000、5000、2500、3000、2500、8000,如图17-49所示。

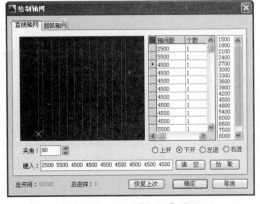

图17-48 设置【下开】参数

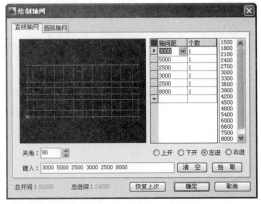

图17-49 设置【左进】参数

03 单击【确定】按钮,关闭【绘制轴网】对话框。在绘图区中选取插入位置,绘制轴网的结果如
图17-50所示。

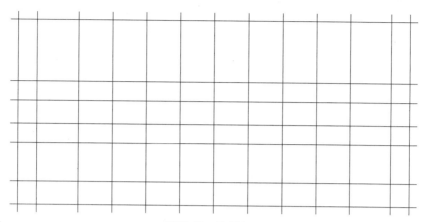

图17-50 绘制轴网

04 在命令行输入"ZWBZ"命令并按回车键或执行【轴网柱子】|【轴网标注】命令,在弹出的
【轴网标注】对话框中设置参数,选择【双侧标注】单选项,如图17-51所示。

图17-51 【轴网标注】对话框

05 在绘图区分别指定起始轴线和终止轴线并按回车键,重复操作,创建轴网标注的结果如图17-52
所示。

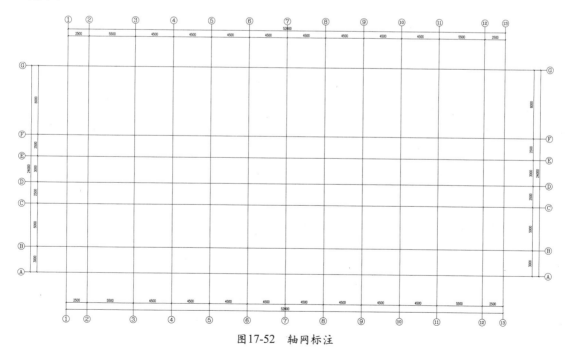

图17-52 轴网标注

06 执行【轴网柱子】|【主附转换】命令,在绘图区中选择需主号变附的轴号,重复操作,最后标
注的结果如图17-53所示。

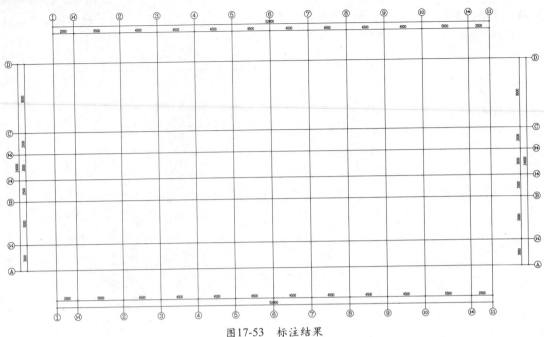

图17-53　标注结果

17.3.2　绘制标准层标准柱

01 在命令行输入"BZZ"命令并按回车键或执行【轴网柱子】|【标准柱】命令，在弹出的【标准柱】对话框中设置参数，如图17-54所示。

02 在绘图区中选取标准柱的插入点，绘制标准柱图形的结果如图17-55所示。

图17-54　设置参数

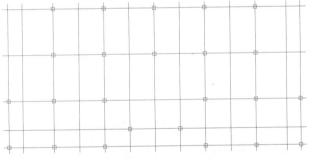

图17-55　绘制标准柱结果

17.3.3　绘制标准层墙体

01 绘制外墙。在命令行输入"HZQT"命令并按回车键或执行【墙体】|【绘制墙体】命令，在弹出的【绘制墙体】对话框中设置参数，如图17-56所示。

02 根据命令行的提示，在绘图区中分别点取墙体的起点和终点，绘制墙体的结果如图17-57所示。

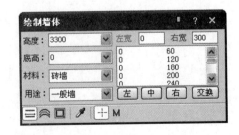

图17-56　外墙参数设置

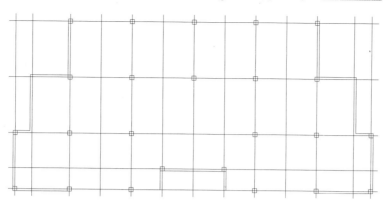

图17-57　绘制外墙

03 绘制玻璃幕墙。继续执行【墙体】|【绘制墙体】命令，在弹出的【绘制墙体】对话框中设置参数，如图17-58所示，绘制的玻璃幕墙如图17-59所示。

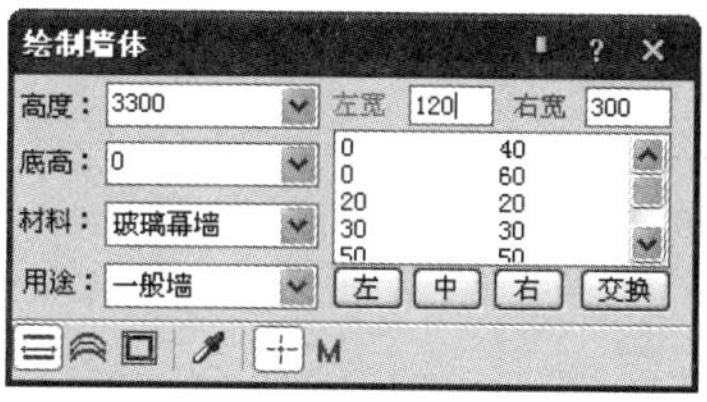

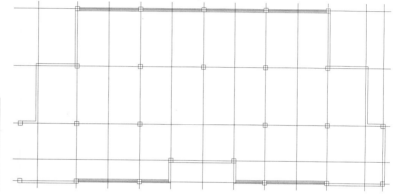

图17-58　玻璃幕墙参数设置

图17-59　绘制玻璃幕墙

04 绘制内墙。继续执行【墙体】|【绘制墙体】命令，在弹出的【绘制墙体】对话框中设置参数，如图17-60所示。绘制的墙体如图17-61所示。

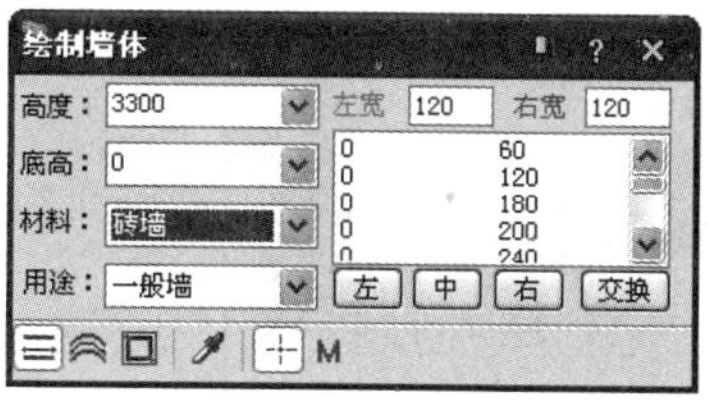

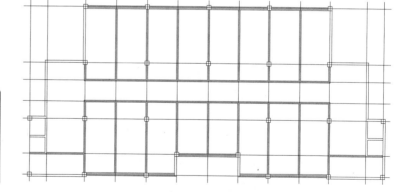

图17-60　内墙参数设置

图17-61　绘制内墙

05 绘制厕所隔墙。继续执行【墙体】|【绘制墙体】命令，在弹出的【绘制墙体】对话框中设置参数，如图17-62所示。绘制的墙体如图17-63所示。

图17-62　隔墙参数设置

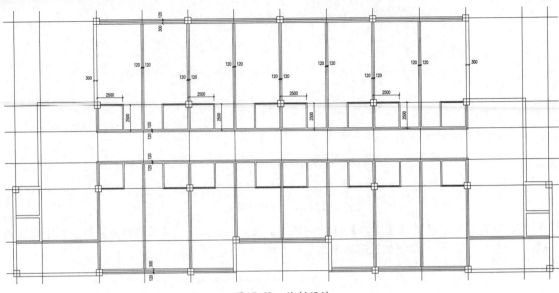

图17-63 绘制隔墙

17.3.4 绘制标准层门窗

标准层门窗表如图17-64所示，下面详细介绍标准层门窗的绘制方法。

类型	设计编号	洞口尺寸(mm)	数量
普通门	M6	1500X3000	2
	M7	1000X2700	16
	M8	800X2400	16
普通窗	C1	1800X1800	6

图17-64 标准层门窗表

01 标准层门窗包括首层的部分门窗，也增加了新的门窗样式，如图17-65～图17-68所示。

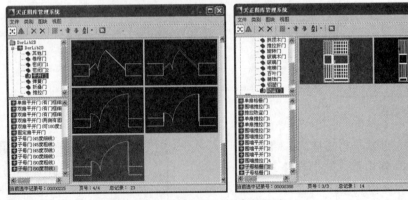

图17-65 M6参数设置

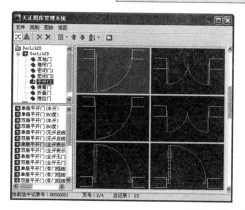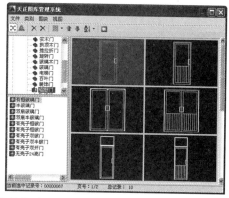

图17-66 M7参数设置

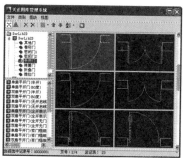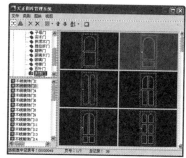

图17-67 M8参数设置

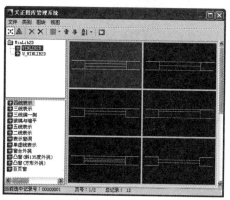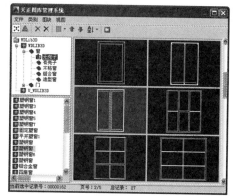

图17-68 C1参数设置

02 分别将门窗插入至标准层中，如图17-69所示。

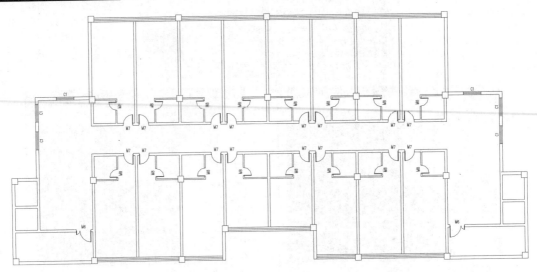

图17-69　插入门窗

17.3.5　绘制标准层楼梯

01 绘制楼梯。在命令行输入"SPLT"命令并按回车键或执行【楼梯其他】|【双跑楼梯】命令，在弹出的【双跑楼梯】对话框中设置参数，如图17-70所示。

02 在绘图区中选取插入位置，如图17-71所示。

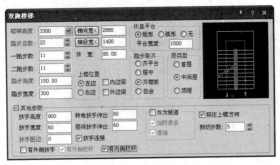

图17-70　参数设置

图17-71　插入位置

03 按Esc键结束命令，绘制的结果如图17-72所示。

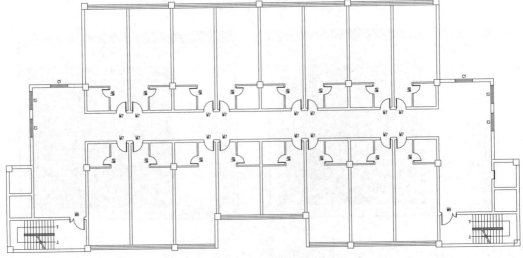

图17-72　插入楼梯

04 绘制电梯。在命令行输入"DT"命令并按回车键，在弹出的【电梯参数】对话框中设置参数，如图17-73所示。

05 根据命令行的提示，完成绘制电梯，结果如图17-74所示。

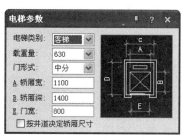

图17-73 参数设置

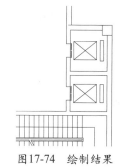

图17-74 绘制结果

17.3.6 绘制室外构件及标注

标准层办公室都拥有独立的卫生间，配置有沐浴房、浴缸、蹲便器、洗脸盆等卫生洁具，具体绘制方法在这里就不详细讲解了，布置完成的效果如图17-75所示。

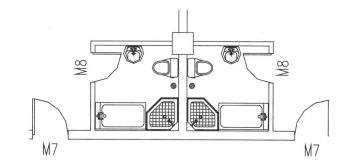

图17-75 洁具布置

17.3.7 图名标注

在命令行输入"TMBZ"命令并按回车键或执行【符号标注】|【图名标注】命令，在弹出的【图名标注】对话框中设置参数，在绘图区中插入绘制，创建图名标注的结果如图17-76所示。

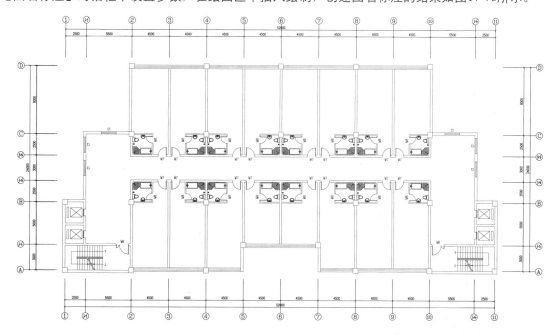

写字楼2~13层平面图 1:100

图17-76 图名标注

17.4 绘制写字楼屋顶平面图

素材:素材\第17章\写字楼屋顶平面图.dwg
视频:视频\第17章\117.4专业写字楼屋顶平面图的绘制.mp4

屋顶平面图主要表明屋面排水情况和突出屋面构造的位置。本写字楼屋顶为平屋顶,可通过楼梯直达屋顶,在发生火灾等意外情况时可以作为疏散、救援的平台。同时屋顶也具有一定的坡度,以方便排水。

17.4.1 绘制轴网

屋顶轴网与首层轴网相同,可以直接复制得到,如图17-77所示。

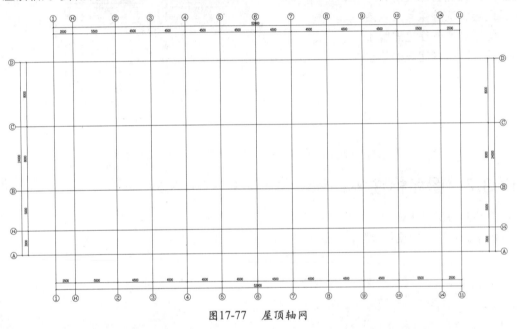

图17-77 屋顶轴网

17.4.2 绘制柱子和墙体

01 在命令行输入"BZZ"命令并按回车键或执行【轴网柱子】|【标准柱】命令,在弹出的【标准柱】对话框中设置参数,如图17-78所示。

02 在绘图区中选取标准柱的插入点,绘制的标准柱图形如图17-79所示。

图17-78 设置【标准柱】参数

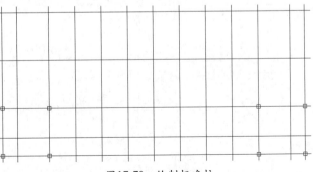

图17-79 绘制标准柱

03 在命令行输入"HZQT"命令并按回车键或执行【墙体】|【绘制墙体】命令，在弹出的【绘制墙体】对话框设置参数，如图17-80所示。

图17-80 外墙参数设置

04 在绘图区中根据命令行的提示，分别选取墙体的起点和终点，绘制墙体的结果如图17-81所示。

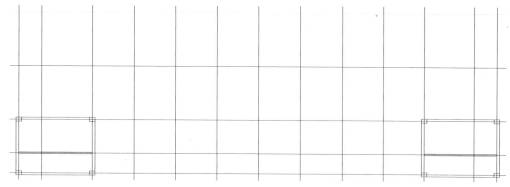

图17-81 绘制外墙

05 绘制女儿墙。继续执行【墙体】|【绘制墙体】命令，在弹出的【绘制墙体】对话框中设置参数，如图17-82所示。

06 沿屋顶外侧绘制女儿墙，如图17-83所示。

图17-82 女儿墙参数设置

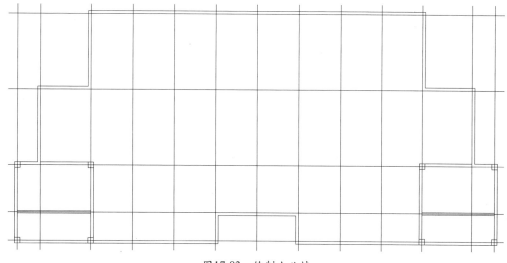

图17-83 绘制女儿墙

17.4.3 绘制屋面楼梯

01 在命令行输入"SPLT"命令并按回车键或执行【楼梯其他】|【双跑楼梯】命令，在弹出的【双跑楼梯】对话框中设置参数，如图17-84所示。

02 在绘图区中选取插入位置，如图17-85所示。

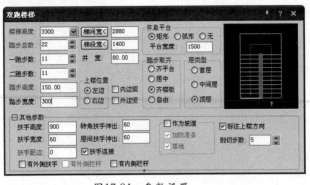

图17-84 参数设置

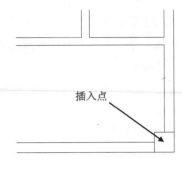

图17-85 插入位置

03 插入M6，按Esc键结束命令，绘制楼梯的结果如图17-86所示。

图17-86 插入楼梯

17.4.4 绘制屋面构件

01 执行【直线】命令绘制排水坡道图形，如图17-87所示。

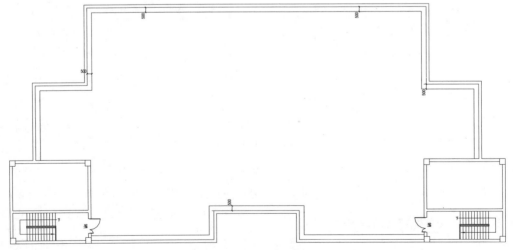

图17-87 绘制排水坡道

02 在命令行输入"JYSG"命令并按回车键或执行【房间屋顶】|【加雨水管】命令，在绘图区中指定雨水管入水洞口的起始点，绘制雨水管图形的结果如图17-88所示。

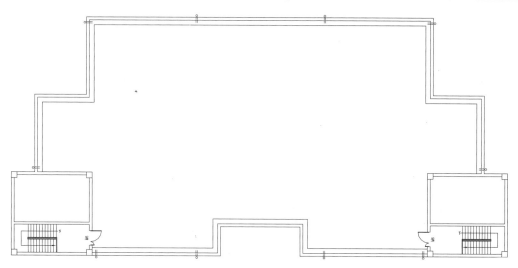

图17-88　绘制雨水管

03 绘制分仓缝。调用【直线】命令绘制直线，执行【偏移】命令偏移直线，同时将所绘制的直线的线型设置为虚线，分仓缝的绘制结果如图17-89所示。

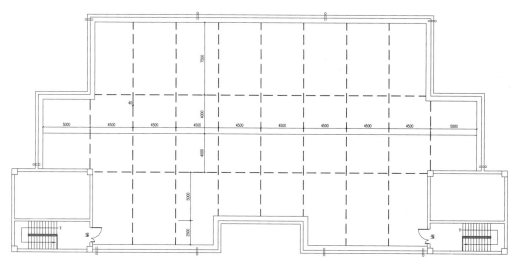

图17-89　绘制分仓缝线

17.4.5　绘制屋面标注

01 在命令行输入"JTYZ"命令并按回车键或执行【符号标注】|【箭头引注】命令，在弹出的【箭头引注】对话框中设置参数如图17-90所示。

图17-90　设置参数

02 根据命令行的提示指定箭头起点和直线下一点，绘制的箭头引注如图17-91所示。

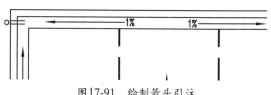

图17-91　绘制箭头引注

03 重复上述操作，完成箭头引注，如图17-92所示。

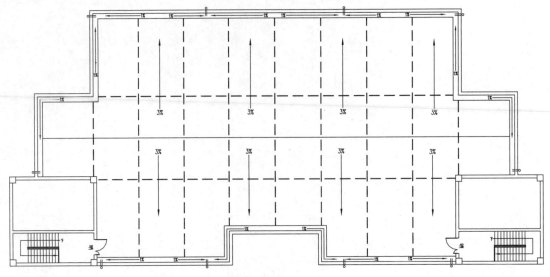

图17-92 绘制其他箭头引注

04 在命令行输入"YCBZ"命令并按回车键或执行【符号标注】|【引出标注】命令,在弹出的【引出标注】对话框中设置参数,如图17-93所示。

05 根据命令行的提示指定标注第一点,点取引线位置,选取文字基线位置,标注的结果如图17-94所示。

图17-93 设置引出标注参数

图17-94 引出标注

06 在命令行输入"BGBZ"命令并按回车键或执行【符号标注】|【标高标注】命令,在弹出的【标高标注】对话框中设置参数,如图17-95所示。

07 在绘图区中指定标高位置和方向,创建标高标注的结果如图17-96所示。

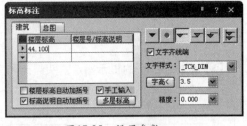

图17-95 设置参数

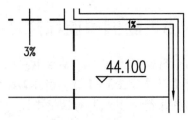

图17-96 标高标注

08 在命令行输入"TMBZ"命令或执行【符号标注】|【图名标注】命令,在弹出的【图名标注】对话框中设置参数,如图17-97所示。

图17-97 参数设置

09 在绘图区中插入图名，创建的图名标注结果如图17-98所示。

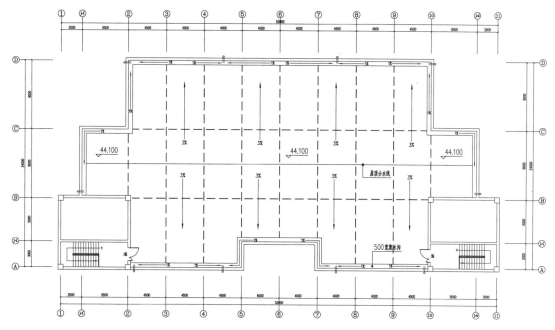

写字楼顶层平面图 1:100

图17-98 图名标注

17.5 创建写字楼管理工程

素材：素材\第17章\写字楼工程\写字楼平面图.dwg
视频：视频\第17章\17.5专业写字楼工程管理的创建.mp4

通过前面的操作步骤，已将专业写字楼的所有平面图绘制完毕，为了方便系统自动生成立面、剖面图和三维模型，需要创建写字楼工程。

17.5.1 新建工程

01 在命令行输入"GCGL"命令并按回车键或执行【文件布图】|【工程管理】命令。弹出【工程管理】面板，执行下拉菜单中的【新建工程】命令，如图17-99所示。

02 在弹出的【另存为】对话框中输入文件名，如图17-100所示。

03 单击【保存】按钮，即可完成写字楼工程创建。

图17-99 【工程管理】面板

图17-100 【另存为】对话框

17.5.2　添加图纸

01 在【图纸】选项组中，将鼠标置于【平面图】选项上，单击鼠标右键，在弹出的快捷菜单中执行【添加图纸】命令，如图17-101所示。

02 弹出【选择图纸】对话框，单击选中平面图，如图17-102所示。

03 单击【打开】按钮即可完成添加图纸。

图17-101　添加图纸

图17-102　【选择图纸】对话框

17.5.3　创建楼层表

01 在【工程管理】对话框中选择【楼层】选项组，在其中设置层号和层高，如图17-103所示。

02 在【楼层】选项组中单击【框选楼层】按钮 ，如图17-103所示。在绘图区框选出平面图并点选对齐点。

03 重复上述操作，框选相应的平面图，点选相同位置的对齐点，创建的结果如图17-104所示。

图17-103　设置层号层高

图17-104　设置结果

17.6　绘制写字楼正立面图

素材：素材\第17章\写字楼工程\写字楼正立面图.dwg
视频：视频\第17章\17.6专业写字楼正立面图的创建.mp4

　　写字楼为公共建筑，除了在建筑物内部设置合理的分区之外，建筑外立面的设计也要与内部设计风格相融合，从而达到和谐统一的效果。写字楼建筑的外立面设置了玻璃幕墙，辅以大理石和涂料来进行装饰，富有现代感。

17.6.1　生成写字楼立面图

　　在创建完写字楼的工程管理文件以后，就可以根据要求来创建写字楼的立面图以及其他的剖面图和三维模型图等。

01 在命令行输入"JZLM"命令并按回车键或执行【立面】|【建筑立面】命令，选择【正立面（F）】，在选择显示的轴线后按回车键，弹出【立面生成设置】对话框，参数设置如图17-105所示。

02 单击【生成立面】按钮，弹出【输入要生成的文件】对话框，如图17-106所示。

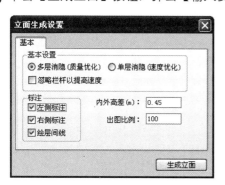

图17-105　参数设置　　　　　　　　　　　图17-106　保存文件

03 单击【保存】按钮，完成立面生成，删除立面图中的多余线段图形，如图17-107所示。

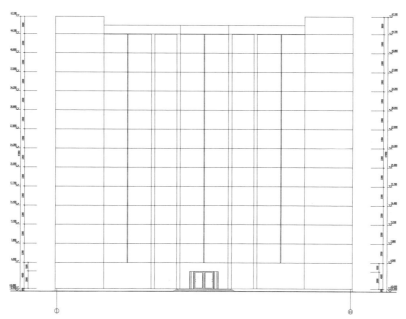

图17-107　生成立面图

▌17.6.2　深化和完善立面图

1. 绘制墙面装饰

01 调用【偏移】命令，偏移直线，如图17-108和图17-109所示（虚线范围为操作位置）。

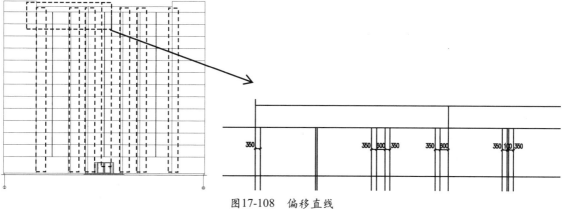

图17-108　偏移直线

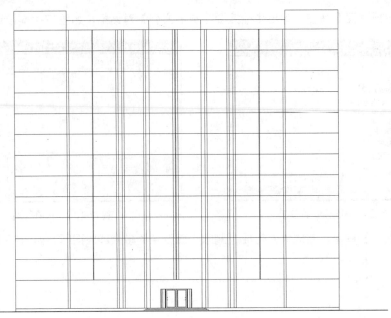

图17-109　偏移结果

02 调用【修剪】命令，修剪多余线段，如图17-110和图17-111所示。

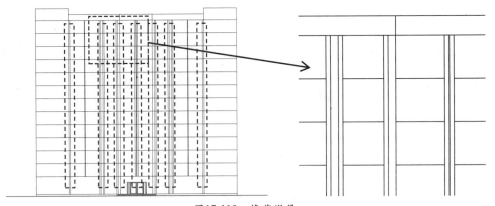

图17-110　修剪线段

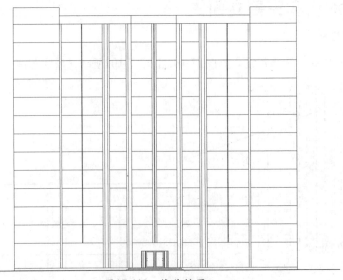

图17-111　修剪结果

03 调用【直线】、【偏移】、【修剪】、【删除】命令，绘制图形，如图17-112和图17-113所示。

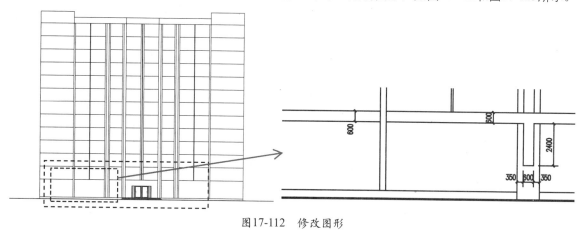

图17-112 修改图形

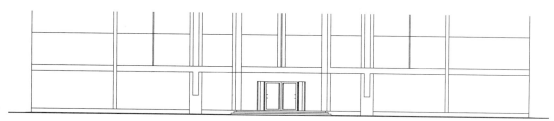

图17-113 修改结果

04 插入图块。按【Ctrl+O】快捷键，打开配套光盘提供的"第17章/家具图例.dwg"文件，将其中的柱模型复制至当前图形中，如图17-114所示。

05 调用【直线】、[偏移]、【修剪】命令，绘制雨棚，如图17-115所示。

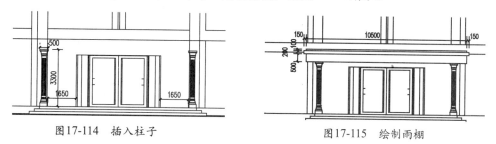

图17-114 插入柱子   图17-115 绘制雨棚

2. 编辑完善玻璃幕墙装饰

01 调用【直线】、【偏移】、【镜像】命令，绘制首层玻璃幕墙装饰线并设定其颜色为蓝色，如图17-116所示。

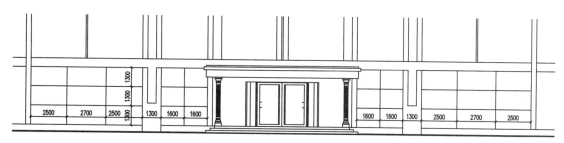

图17-116 绘制首层玻璃幕墙装饰

02 调用【直线】、【偏移】、【镜像】命令，绘制标准层玻璃幕墙外侧装饰线，如图17-117所示。

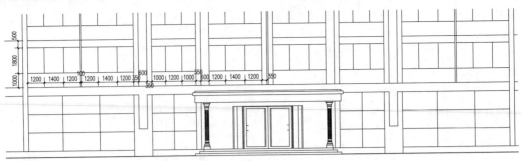

图17-117 绘制标准层玻璃幕墙装饰

03 调用【复制】、【修剪】命令，将标准层玻璃幕墙外侧装饰线复制到各楼层，如图17-118所示。

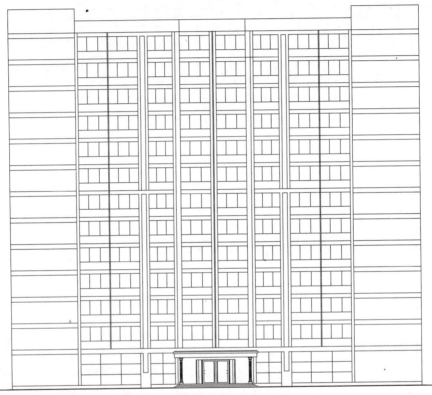

图17-118 绘制各层幕墙装饰

3. 绘制墙面突出条纹

01 调用【直线】、【偏移】命令，绘制突出条纹，如图17-119所示。

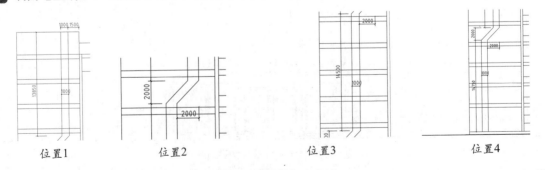

位置1   位置2   位置3   位置4

图17-119 绘制突出条纹

02 绘制完成的效果如图17-120所示。

03 调用【偏移】、【直线】、【修剪】命令，分别向左右偏移3000，修剪多余线条，如图17-121所示。

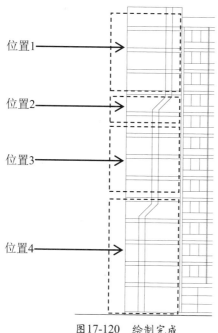

位置1

位置2

位置3

位置4

图17-120 绘制完成

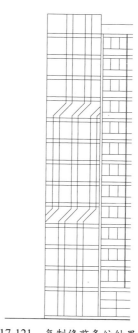

图17-121 复制修剪条纹结果

04 调用【镜像】命令，以正立面为对称轴线来镜像轴线，镜像完成，如图17-122所示。

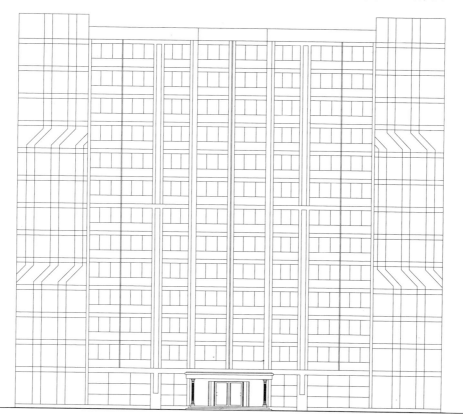

图17-122 完成镜像

4. 填充图案

01 调用【图案填充】命令，弹出【图案填充和渐变色】对话框，设置的参数如图17-123所示。填充至相应位置，如图17-124所示。

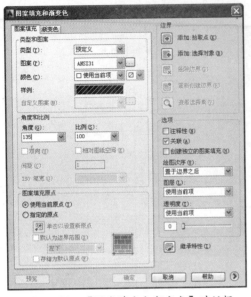

图17-123 【图案填充和渐变色】对话框

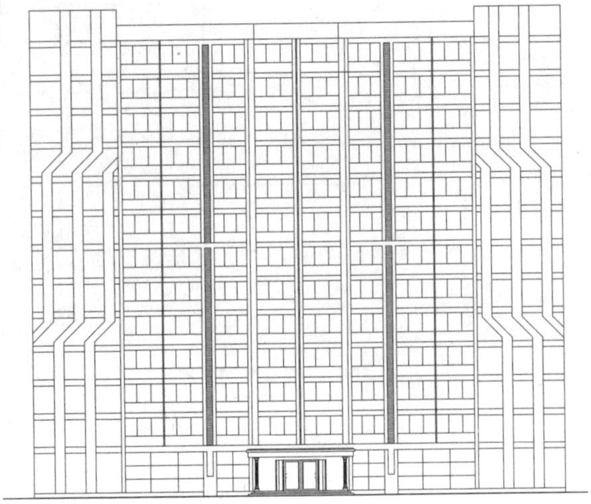

图17-124 填充图案

02 重复调用【图案填充】命令，填充图案至图中，填充完成并添加轮廓线，如图17-125所示。

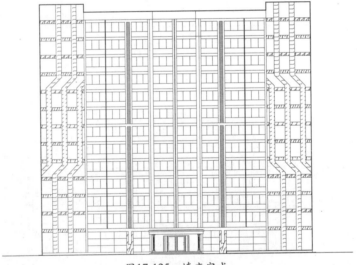

图17-125 填充完成

5. 添加标注

01 调用【引出标注】命令，标注立面图装饰材料，如图17-126所示。

图17-126 引线标注

02 在命令行输入"TMBZ"命令或执行【符号标注】|【图名标注】命令，创建图名标注的结果如图17-127所示。

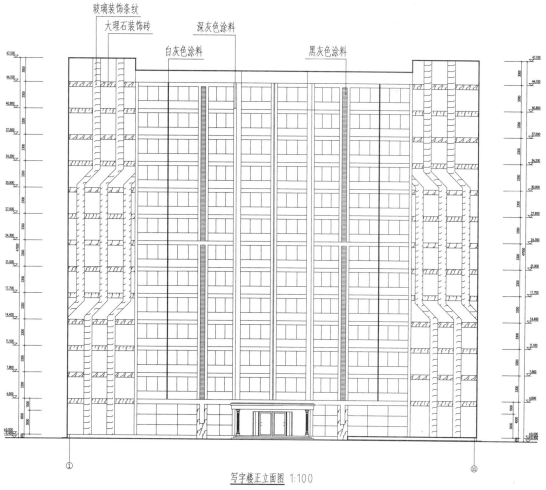

写字楼正立面图 1:100

图17-127 图名标注

17.7 绘制写字楼剖面图

素材：素材\第17章\写字楼工程\写字楼剖面图.dwg
视频：视频\第17章\17.7专业写字楼剖面图的创建.mp4

　　写字楼剖面图的绘制方法与立面图的绘制方法基本相同，都是由TArch 2014生成的，然后再使用AutoCAD命令对其进行修改完善。本节介绍写字楼剖面图的绘制方法。

17.7.1 生成写字楼剖面图

　　创建剖面图，需要先在指定的平面层上创建剖切符号，再根据前面创建的工程管理文件以及剖切符号来创建剖面图文件。

01 在命令行输入"JZPM"命令并按回车键或执行【剖面】|【建筑剖面】命令，在绘图区中选择剖切线，如图17-128所示。

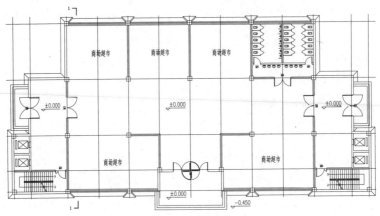

图17-128 选择剖切线

02 选择需出现在剖面图中的轴线，弹出【剖面生成设置】对话框，设置的参数如图17-129所示。

03 单击【生成剖面】按钮，在弹出的【输入要生成的文件】对话框中设置文件名，如图17-130所示。单击【保存】按钮，生成剖面图，删除多余线条，结果如图17-131所示。

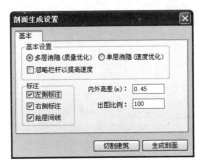

图17-129 【剖面生成设置】对话框

图17-130 【输入要生成的文件】对话框

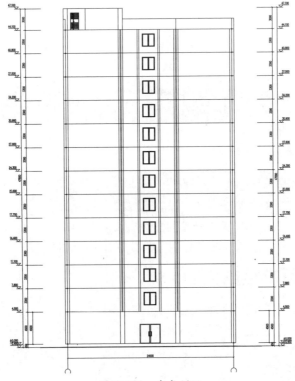

图17-131 生成剖面

17.7.2 深化和完善剖面图

01 在命令行输入"SXLB"命令并按回车键或执行【剖面】|【双线楼板】命令，指定楼板的起始点以及结束点，设置楼板的厚度为120，如图17-132所示。

02 在命令行输入"JPDL"命令并按回车键或执行【剖面】|【加剖断梁】命令。指定剖面梁的参照点、梁左侧到参照点的距离为0、梁右侧命令并到参照点的距离为300、梁底边到参照点的距离为600，如图17-133所示。

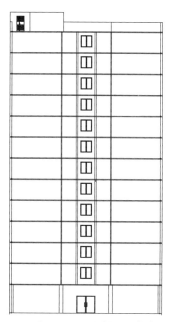

图17-132 绘制双线楼板

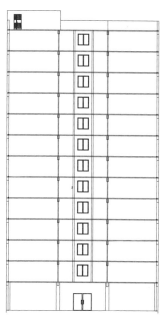

图17-133 绘制剖断梁

03 由于该写字楼用的是玻璃幕墙，所以不需添加剖断窗，只需填充图案即可。

04 调用【填充图案】命令，在弹出的【填充图案和渐变色】对话框中设置参数，如图17-134所示。

05 填充至相应位置，如图17-135所示。

图17-134 【填充图案和渐变色】对话框

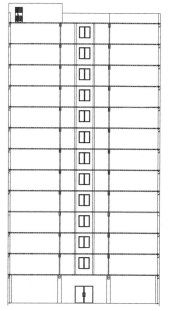

图17-135 梁柱填充

06 重复调用【填充图案】命令，填充楼地面，如图17-136所示。

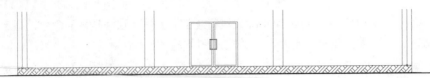

图17-136 楼地面填充

07 重复调用【填充图案】命令，填充墙及幕墙剖面，如图17-137所示。

08 执行【文字表格】|【单行文字】命令，在弹出的【单行文字】对话框中分别设置参数为1F、2F、3F，并依次类推，在绘图区点取文字的插入位置，结果如图17-138所示。

09 命令行输入"BGBZ"命令或执行【符号标注】|【标高标注】命令，在绘图区点取位置与方向，如图17-138所示。

10 在命令行输入"TMBZ"命令或执行【符号标注】|【图名标注】命令，在绘图区中指定插入位置，创建图名标注的结果如图17-138所示。

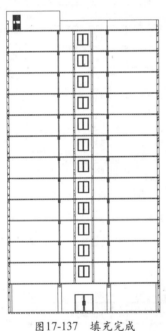

图17-137 填充完成

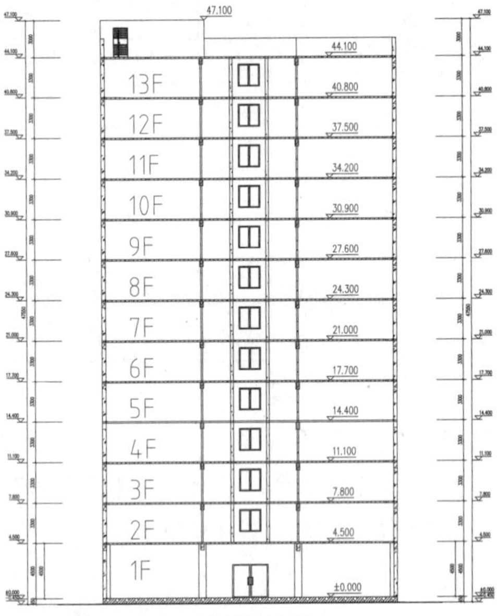

图17-138 完成绘制

17.8 写字楼图纸的布局与输出

视频：视频\第17章\17.8专业写字楼图纸的布局.mp4

01 采用单比例打印。单击绘图区左下角的【布局】标签，进入"布局1"操作空间，将原有视口删除，结果如图17-139所示。

02 调用【插入】命令，插入A3图框，调用【放缩】命令，调整图签的大小，结果如图17-140所示。

03 执行【视图】|【视口】|【一个视口】菜单命令，指定视口对角点，创建一个视口，结果如图17-141所示。

图17-139 "布局1"操作空间

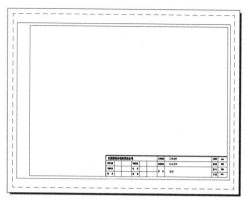

图17-140 加入图签

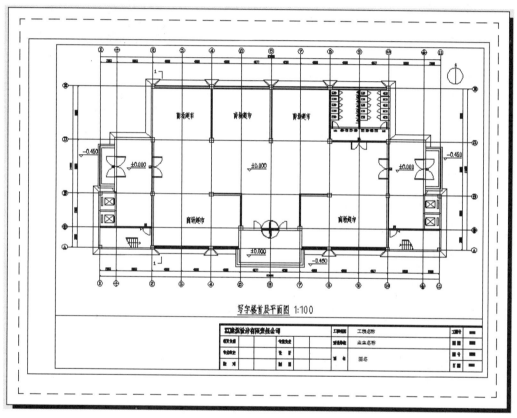

写字楼首层平面图 1:100

图17-141 创建视口

04 调用【文件】|【页面设置管理器】命令，在弹出的【页面设置管理器】对话框中为图纸指定绘图仪。

05 执行【文件】|【打印】命令，打开【打印_布局1】对话框，单击【预览】按钮，可对图形进行打印预览。

06 单击【打印】按钮，在弹出的【浏览打印文件】对话框中设置文件的保存路径及文件名，单击【保存】按钮即可进行精确打印。

第18章
住宅室内装潢设计

　　室内装潢设计是建筑物内部的环境设计，是以一定建筑空间为基础，运用技术和艺术因素制造的一种人工环境，它是一种以追求室内环境多种功能的完美结合，以充分满足人们生活、工作中的物质需求和精神需求为目标的设计活动。

　　利用天正软件强大的自定义对象和丰富的图块功能，也可以轻松、快速地进行室内装潢设计。本章以一套二居室为例，讲解使用天正建筑TArch 2014进行室内装潢设计的方法。

天正建筑
TArch 2014
完全实战技术手册

18.1 室内装潢设计概述

在讲解使用天正软件绘制室内装潢图纸之前，首先介绍室内装潢设计的基本概念及相关的基础知识。

18.1.1 室内设计的概念

室内设计也称为室内环境设计。随着社会的不断发展，建筑功能逐渐多样化，室内设计也逐渐从建筑设计中分离出来，成为一个相对独立的行业。它既包括视觉环境和工程技术方面的内容，也包括声、光、热等物理环境及气氛、意境等心理环境和文化内涵等内容。同时，它与建筑设计既相互联系又相互区别，是建筑设计的延伸，旨在创造合理、舒适、优美的室内环境，以满足人们使用和审美要求。

室内设计的主要内容包括：建筑平面设计和空间组织，围护结构内表面的处理，自然光和照明的运用，以及室内家具、灯具、陈设的造型和布置。此外，还有植物、摆设和用具等的配置。

18.1.2 室内设计绘图的内容

一套完整的室内设计图纸包括施工图和效果图。

1. 施工图和效果图

室内装潢施工图完整、详细地表达了装饰的结构、材料构成及施工的工艺技术要求等，它是木工、油漆工、水电工等相关施工人员进行施工的依据，具体指导每个工种、工序的施工。装饰施工图要求准确、详细，一般使用AutoCAD进行绘制。图18-1所示为施工图中的平面布置图。

设计效果图是在施工图的基础上，把装修后的效果用彩色透视图的形式表现出来，以便对装修进行评估，如图18-2所示。

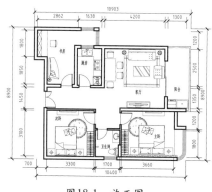
图18-1 施工图

图18-2 效果图

效果图一般用3ds Max绘制，它根据施工图的设计进行建模、编辑材质、设置灯光和渲染，最终得到一张彩色图像。效果图反映的是装修的用材、家具布置和灯光设计的综合效果。由于它是三维透视彩色图像，没有任何装修专业知识的普通业主也可轻易地看懂设计方案，了解最终的装修效果。

2. 施工图的分类

施工图可以分为立面图、剖面图和节点图3种类型。

施工图立面是室内墙面与装饰物的正投影图，它表明了室内的标高、吊顶装修的尺寸及梯次造型的相互关系尺寸、墙面装饰时的样式及材料、位置尺寸，墙面与门、窗、隔断的高度尺寸，墙面与顶、地的衔接方式等。

剖面图是将装饰面剖切，以表达结构构成的方式、材料的形式和主要支承构件的相互关系等。剖面图标注有详细尺寸、工艺做法及施工要求。

节点图是两个以上装饰面的汇交点，按垂直或水平方向切开，以标明装饰面之间的对接方式和固定方法。节点图应该详细表现出装饰面连接处的构造，标注有详细的尺寸和收口、封边的施工方法。

3. 施工图的组成

一套完整的室内设计施工图包括建筑平面图、平面布置图、顶棚图、地材图、电气图和给排水图等。

● 建筑平面图

在经过实地量房之后，设计师需要将测量结果用图纸表现出来，包括房型结果、空间关系、尺寸等，这是室内设计绘制的第一张图，即建筑平面。图18-3所示为建筑平面图。

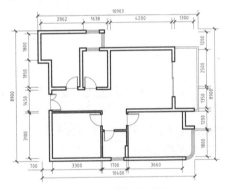

图18-3　建筑平面图

其他的施工图都是在建筑平面图的基础上绘制的，包括平面布置图、顶棚图、地材图和电气图等。

● 平面布置图

平面布置图是在原建筑结构的基础上，根据业主的要求和设计师的设计意图，对室内空间进行详细的功能划分和室内设施定位。

平面布置图的主要内容有：空间大小、布局、家具、门窗、人活动路线、空间层次和绿化等。图18-4所示为平面图。

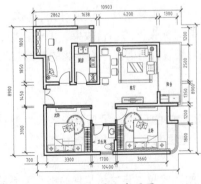

图18-4　平面布置图

● 地材图

地材图是用来表示地面做法的图样，包括地面用材和形式，其形成方法与平面布置图大致相同，其区别在于地面布置图不需要绘制室内家具，只需要绘制地面所使用的材料和固定于地面的设备与设施图形。图18-5所示为客房地材图。

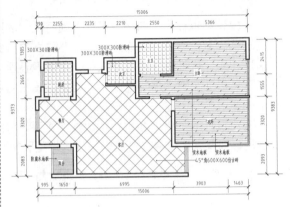

图18-5　地材图

● 电气图

电气图主要用来反映室内的配电情况，包括配电箱的规格、型号、配置以及照明、插座、开关等线路的铺设方式和安装说明等。图18-6所示为电气图。

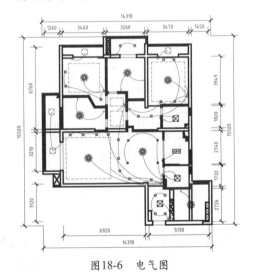

图18-6　电气图

● 顶棚图

顶棚图主要是用来表示顶棚的造型和灯具的布置，同时也反映了空间组合的标高关系和尺寸等。图18-7所示为顶棚图，包括各种装饰图形、灯具、文字说明、尺寸和标高。有时为了更详细地表示某处的构造和做法，还需要绘制剖面详图。

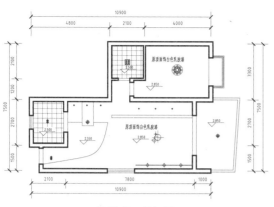

图18-7　顶棚图

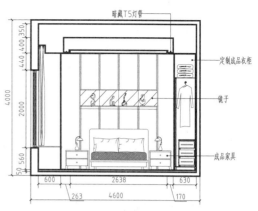

图18-8　立面图

● 立面图

立面图是一种与垂直界面平行的正投影图，它能够反映垂直界面的形状、装修做法和其上的陈设，如图18-8所示。

立面图所要表达的内容为四个面所围合成的垂直界面的轮廓和轮廓里面的内容，包括按正投影原理能够投影到地面上的所有构配件。

● 给排水图

家庭装潢中，管道有给水和排水两个部分。给水施工图就是用于描述室内给水和排水管道、开关等设施的布置和安装情况。图18-9所示为给排水图。

图18-9　给排水图

18.2　绘制室内装潢平面布置图

根据装潢施工图的要求，首先绘制出墙体的轮廓线，其次使用【单线变墙】命令生成墙体，再在墙体的基础上插入门窗，接着根据图形要求对平面图进行尺寸、文字标注，创建完平面结构后，最后对地面的家具进行布置。

18.2.1　设置绘图环境

01 在命令行输入"TZXX"命令或执行【设置】|【天正选项】命令，弹出【天正选项】对话框，设置当前层高为3000mm，比例为50，如图18-10所示。

02 执行【格式】|【图层】命令，在【图层特性管理器】面板中创建【墙体轮廓线】图层，并将其设置为当前图层，如图18-11所示。

图18-10　设置层高

图18-11　创建【墙体轮廓线】图层对象

■ 18.2.2　绘制墙体轮廓线

01 执行【多段线】命令，以左下角为起点，依次向不同方向输入不同的距离，完成外墙轮廓线绘制如图18-12所示。

02 重复执行上述命令，绘制内墙轮廓线，如图18-13所示。

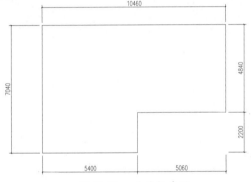

图18-12　外墙轮廓线

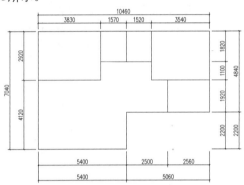

图18-13　内墙轮廓线

■ 18.2.3　内外墙体的生成

01 在命令行输入"DXBQ"命令或执行【墙体】|【单线变墙】命令，在弹出的【单线变墙】对话框中设置参数，如图18-14所示。

图18-14　参数设置

02 框选需生成外墙的直线并按回车键，生成的墙体如图18-15所示。

03 重复上述操作，设置墙厚为120，绘制户型内部的分隔墙体，如图18-16所示。

图18-15　生成外墙

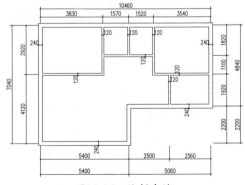

图18-16　绘制内墙

18.2.4 插入门窗

二居室门窗表如图18-17所示，其中包括平开窗、飘窗、单开门、推拉门等多种类型。

类型	设计编号	洞口尺寸(mm)	数量
普通门	M1	1000X2100	1
	M2	800X2100	4
	M3	1600X2100	1
普通窗	C1	2400X1800	1
	C2	1800X1800	2
	C3	1500X1800	1
	C4	1000X1800	2

图18-17 门窗表

01 在命令行输入"MC"命令或执行【门窗】|【门窗】命令，弹出对话框，分别设置相应的门窗参数，如图18-18~图18-24所示。

图18-18 M1参数设置

图18-19 M2参数设置

图18-20 M3参数设置

图18-21 C1参数设置

图18-22 C2参数设置

图18-23 C3参数设置

图18-24 C4参数设置

02 插入相应的位置，如图18-25所示。

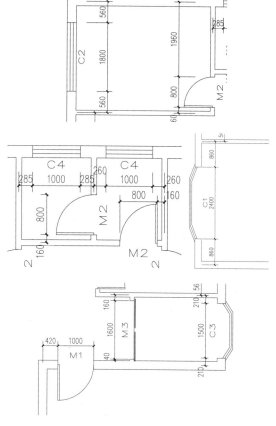

图18-25 插入位置

03 在户型图中插入门窗的效果如图18-26所示。将绘制完成的图形另存为"住宅原始平面图.dwg"文件。

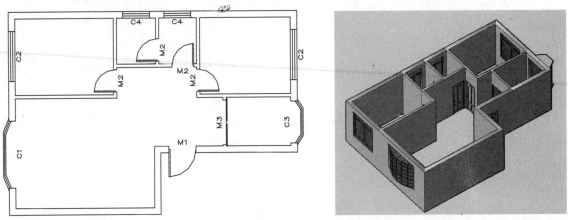

图18-26　绘制门窗结果

18.2.5　搜索房间并标注名称

01 在命令行输入"SSFJ"命令或执行【房间屋顶】|【搜索房间】命令，在弹出的【搜索房间】对话框中设置参数，如图18-27所示。

图18-27　设置参数

02 选择构成完整建筑物的所有墙体并按回车键，搜索房间以自动生成地板。调用【文字表格】|【单行文字】命令来添加房间名称，标注各房间的功能分区。绘制完成的效果如图18-28所示。

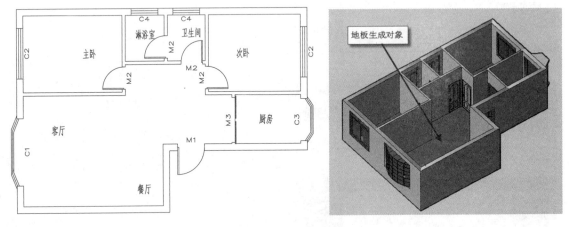

图18-28　搜索房间

18.2.6　尺寸标注

调用【两点】、【门窗】、【墙厚】等多种标注命令，完成的户型图标注如图18-29所示。

18.2.7 布置室内家具

墙体、门窗绘制完成后，还需要添加各类室内家具，以进行合理的室内布局。

01 绘制波导线。复制图18-29所示的户型图并删除详细标注，调用【多线段】命令，沿客厅和餐厅四周墙角处绘制一段封闭的多线段。

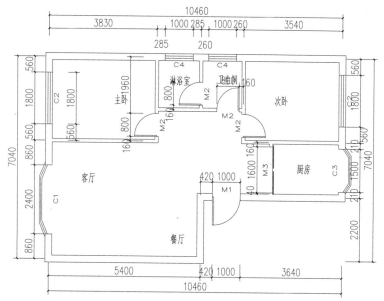

图18-29 标注尺寸

02 调用【偏移】命令，将多线段向内偏移120mm，删除原有多线段。创建波导线的效果如图18-30所示。

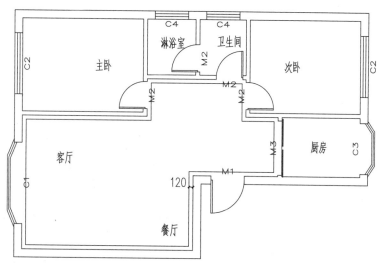

图18-30 创建波导线

注意

在室内装修过程中，波导线主要是起到进一步装饰地面的作用，使客厅的地面更富于变化。也能用于调节砖块或大理石的规格，以此达到节省原料和便于施工的目的。图18-31所示为波导线效果图。

图18-31　波导线效果图

03　在命令行输入"TYTK"命令或执行【图块图案】|【通用图库】命令，弹出【天正图库管理系统】对话框，执行"图库"|"多视图库"命令，如图18-32所示。

04　选择地柜，如图18-33所示。放置于左下角波导线交点处，如图18-34所示。

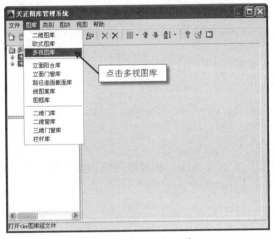

图18-32　选择多视图库

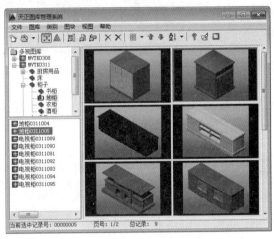

图18-33　选择地柜

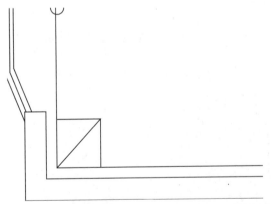

图18-34　插入地柜

05　使用相同的方法，对客厅的其他图块进行插入，如图18-35和图18-36所示。

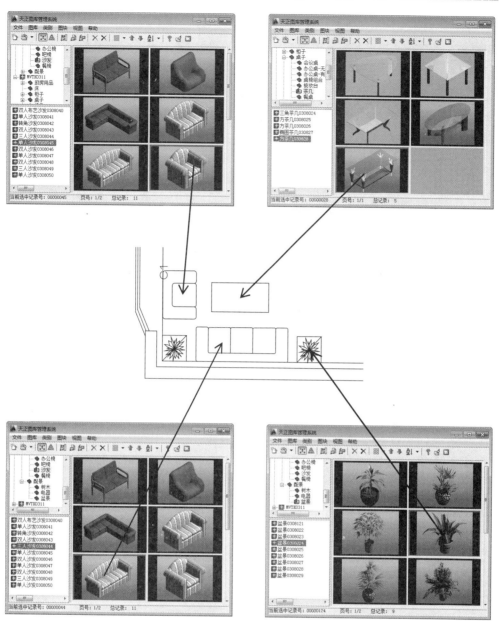

图18-35 插入盆景、沙发、茶几

图18-36 三维样式

06 用同样的方法布置电视柜及其他家具，如图18-37和图18-38所示。

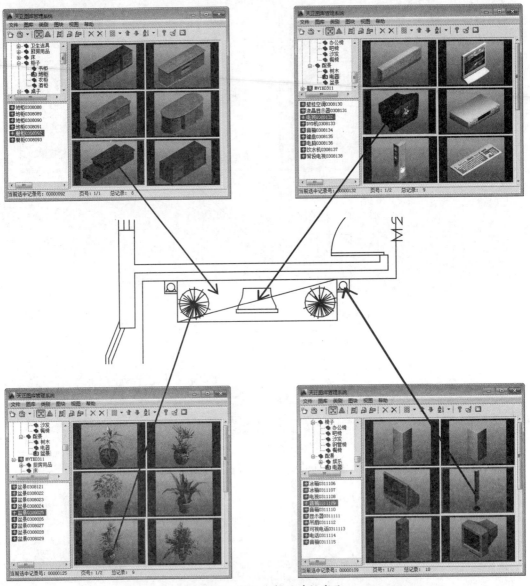

图18-37　插入电视及其他家具

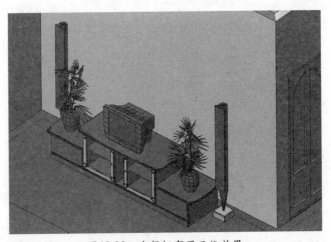

图18-38　电视柜布置三维效果

注意

可通过移动夹点来改变家具的大小或调整其位置。

07 布置餐厅，如图18-39和图18-40所示。

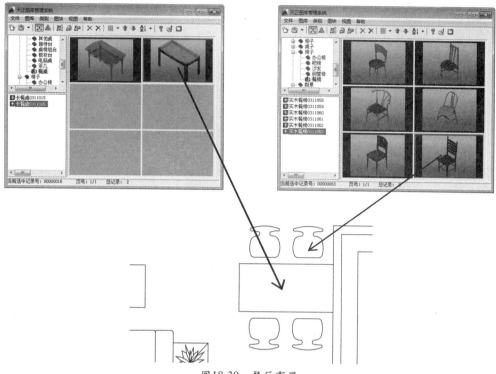

图18-39 餐厅布置

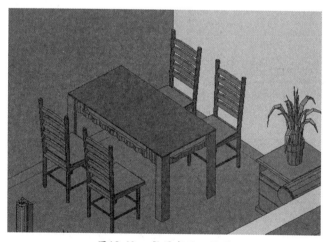

图18-40 餐厅布置三维图

08 布置厨房，如图18-41和图18-42所示。

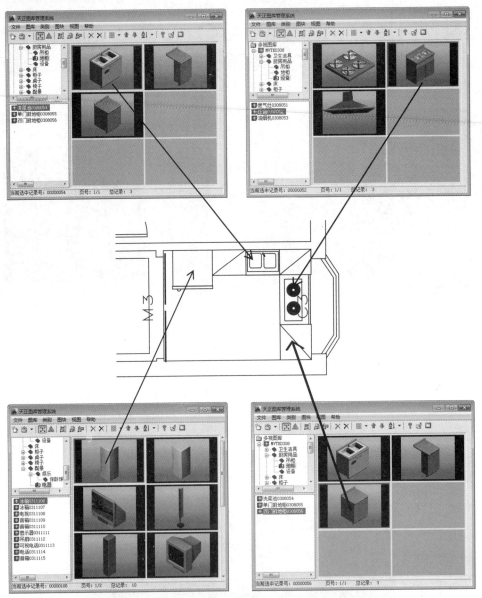

图18-41　厨房布置

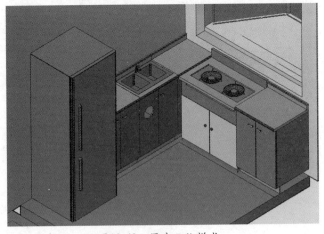

图18-42　厨房三维样式

09 选取需要的构件来布置卧室、厕所和玄关，如图18-43～图18-45所示。

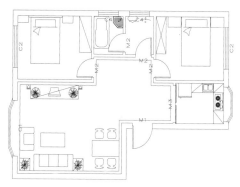
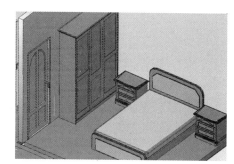

图18-43 主卧室布置

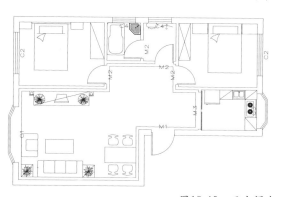
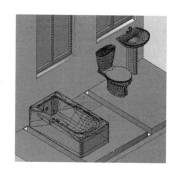

图18-44 客卧布置

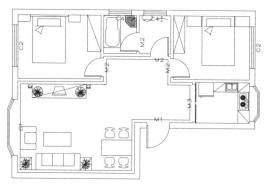
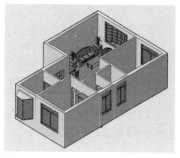

图18-45 卫生间布置

10 家具布置的效果图如图18-46所示，最后将其另存为"室内平面布置图.dwg"文件。

图18-46 家具布置效果图

18.3 绘制室内地面材质图

地材图是用来表示地面做法的图样，包括地面铺设材料和形式（如分格和图案等），地材图的形成方法与平面布置图相同，不同的是不需要在其上绘制家具，只需绘制地面所使用的材料和固定于地面设备与设施图形。

01 将上节完成的"家具平面布置图"另存为"室内地面材质图.dwg"文件。关闭插入的多视图块并将波导线向外偏移120，如图18-47所示。

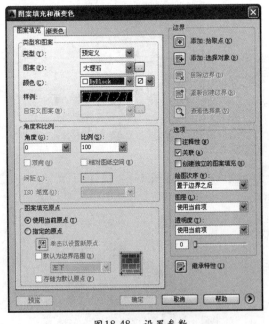

图18-47 关闭图层

02 调用【图案填充】命令，在弹出的【图案填充和渐变色】对话框中设置参数，如图18-48所示，填充的结果如图18-49所示。

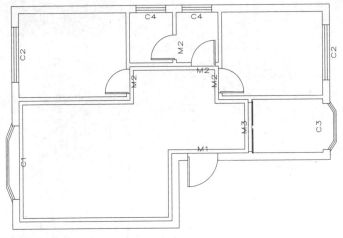

图18-48 设置参数

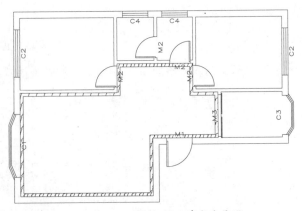

图18-49 填充波导线

03 重复使用相同方法，对室内地板材质进行布置，如图18-50所示。

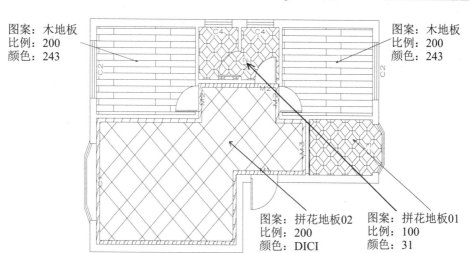

图案：木地板
比例：200
颜色：243
图案：木地板
比例：200
颜色：243
图案：拼花地板02
比例：200
颜色：DICI
图案：拼花地板01
比例：100
颜色：31

图18-50 地面材质图

18.4 绘制室内顶棚图

顶棚图是用来表达室内顶棚造型、灯具及相关电气布置的顶面水平镜像投影图。本节将讲解如何绘制顶面造型、灯具布置、文字尺寸标注和符号标注等内容。

01 打开“住宅原始平面图”，将其另存为“室内天棚布置图”。删除门窗对象，调用【直线】、【偏移】命令，创建门洞、窗洞，如图18-51所示。

02 调用【直线】、【偏移】命令绘制顶棚材质，如图18-52所示。

淋浴室
卫生间
主卧
次卧
客厅
厨房
餐厅

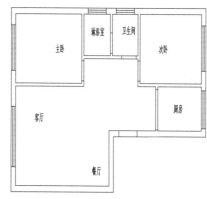

图18-51 封闭门洞

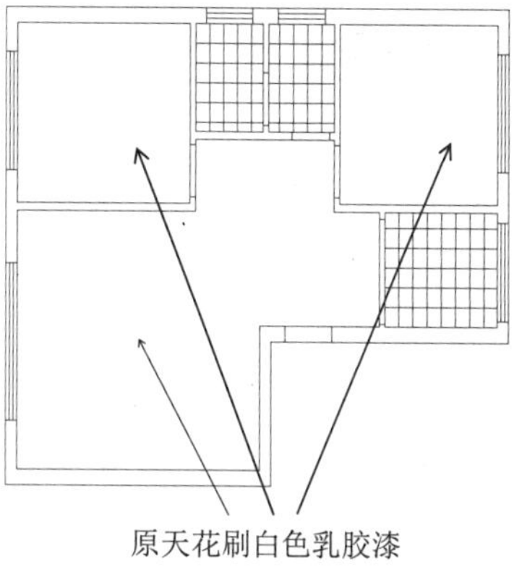

原天花刷白色乳胶漆

图18-52 绘制吊顶

03 使用【圆】、【直线】等命令，绘制灯具，如图18-53所示。

装饰灯
吸灯顶
简灯
吸雾灯

图18-53 创建灯具

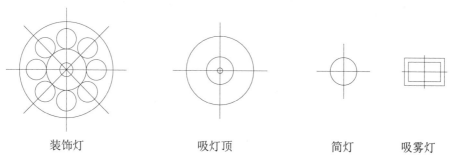

04 调用【复制】命令，将不同灯具放置在相应的位置，如图18-54所示。

05 调用【符号标注】|【标高标注】命令，在绘图区点取位置与方向，如图18-55所示。

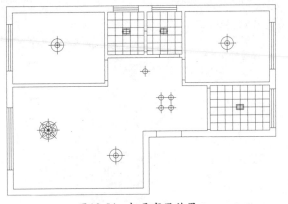

图18-54 灯具布置效果

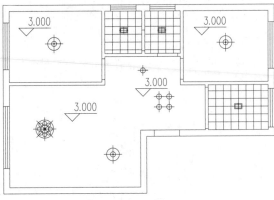

图18-55 标高标注

18.5 绘制客厅立面图

　　立面图所要表达的内容有4个面（左右墙、地面和顶面）所围合成的垂直界面的轮廓和轮廓里面的内容，包括依据正投影原理能够投影到画面上的所有构配件，如门、窗、隔断、窗帘、壁饰、灯具、家具、设备和陈设等。

　　为了更方便地生成立面图，可以对前面绘制的平面布置图进行剖切符号的创建，然后创建平面图的工程管理，生成需要的室内剖面图。

18.5.1 新建工程

01 将之前创建好的"家具平面布置图"另存为"室内客厅平面图"。调用【符号标注】|【剖切符号】命令来建立B—B剖切符号，如图18-56所示。

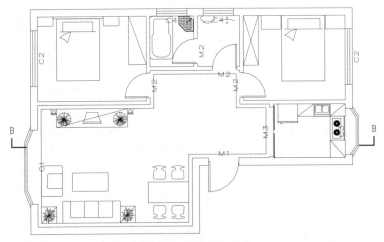

图18-56 创建剖切符号

02 在命令行输入"GCGL"命令并按回车键或执行【文件布图】|【工程管理】命令。弹出【工程管理】面板，执行下拉菜单中的【新建工程】命令，如图18-57所示。

03 在弹出的【另存为】对话框中输入文件名，如图18-58所示。

图18-57　【工程管理】界面

图18-58　【另存为】对话框

04 单击【保存】按钮即可完成新建室内工程。

05 在【图纸】选项组中，将鼠标置于【平面图】选项上，单击鼠标右键，在弹出的快捷菜单中执行【添加图纸】命令，如图18-59所示。

06 弹出【选择图纸】对话框，选择平面图，如图18-60所示。

图18-59　添加图纸

图18-60　【选择图纸】对话框

07 单击【打开】按钮即可完成添加图纸。

08 在【工程管理】对话框中选择【楼层】选项组，在其中设置层号和层高，如图18-61所示。

09 在【楼层】选项组中单击【框选楼层】按钮，如图18-61所示。在绘图区框选出平面图并点选对齐点，创建的结果如图18-62所示。

图18-61　设置层号层高

图18-62　创建结果

18.5.2 生成室内立面图

01 在命令行输入"JZPM"命令并按回车键或执行【剖面】|【建筑剖面】命令，在绘图区中选择剖切线并按回车键，如图18-56所示。

02 弹出【剖面生成设置】对话框，设置的参数如图18-63所示。

03 单击【生成剖面】按钮，在弹出【输入要生成的文件】对话框中设置文件名，如图18-64所示。单击【保存】按钮，生成立面图，删除多余线条，结果如图18-65所示。

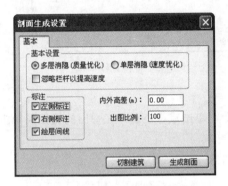

图18-63 【剖面生成设置】对话框　　　　图18-64 【输入要生成的文件】对话框

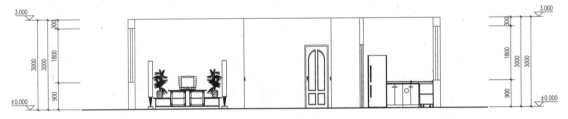

图18-65 生成剖面

18.5.3 编辑深化室内立面图

01 在命令行输入"TYTK"命令或执行【图块图案】|【通用图库】命令，弹出【天正图库管理系统】对话框，选取立面样式，如图18-66所示。插入到相应的位置，如图18-67所示。

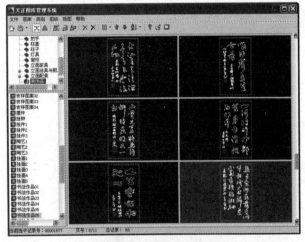

图18-66 选择立面样式

图18-67 插入立面装饰

02 重复上述操作，插入壁画至墙上，如图18-68所示。

图18-68 插入壁画

03 调用【填充】命令，对背景墙进行材质填充，如图18-69所示。最后完成客厅立面图的创建。

图18-69 填充材质